国家社会科学基金艺术学重大招标项目

"绿色设计与可持续发展研究"

项目编号：13ZD03

绿色设计与可持续发展经典译丛

激励变革：

MOTIVATING CHANGE:
SUSTAINABLE DESIGN and
BEHAVIOR in the BUILT ENVIRONMENT

[澳]罗伯特·克罗克　ROBERT CROCKER

[澳]斯蒂芬·莱曼　STEFFEN LEHMANN　著

侯海燕　邓小渠　译

建成环境中的可持续设计与行为

重庆大学出版社

序

在全球生态危机和资源枯竭的严峻形势下，世界上多数国家都意识到，面向未来，人类必须理性地以人、自然、社会的和谐共生思路制定生产和消费行为准则。唯有这样，人类生存的条件才能可持续，人类社会才能有序、持久、和平地发展，这就是被世界各国所认可和推行的可持续发展。作为世界最大的新兴经济体和最大的能源消费国与碳排放国，中国能否有效推进可持续发展，对全球经济与环境资源的影响举足轻重。设计是生产和建设的前端，污染排放的增加，源头往往就是设计产品的"生态缺陷"，设计的"好坏"直接决定产品在生产、营销、使用、回收、再利用等方面的品质。因此，设计是促进人、自然、社会和谐共生，大有作为的阶段，也是促进可持续发展的重要行动措施。

正是在这个意义上，将功能、环境、资源统筹考虑的绿色设计蓬勃兴起。四川美术学院从 2003 年开始建立绿色设计教学体系，探讨作为生产生活前端的设计专业应该如何紧跟可持续发展的历史潮流，在培养绿色设计人才和社会应用方面起到示范带动作用。随着我国生态文明建设的推进和可持续发展的迫切需要，2013 年国家社会科学基金艺术学以重大招标项目的形式对"绿色设计与可持续发展研究"项目进行公开招标，以四川美术学院为责任单位的课题组获得了该项目立项。

人类如何才能可持续发展，是一个全球性的课题。在中国，基于可持续发展的绿色设计需要以当代世界视野为参照，以解决中国现实问题为中心，将生态价值理念嵌入设计本体论，从生产与消费、生活与生态、环保与发展的角度，营建出适合中国国情、涵盖不同领域的绿色设计生态链条；进而建构起基于可持续发展的中国绿色设计体系，为世界贡献中国的智慧与经验。

目前世界上一些国家关于可持续发展的研究工作以及有关绿色设计学说的讨论与实践已经经历了较长的时间。尤其是近年来，海外绿色设计与可持续研究不断取得发展。为了更全面、立体地展现海外设计界和设计学术研究领域对绿色设计与可持续发展的最新研究成果，以便为中国的可持续设计实践提供有益的参考，有利于绿色设计与可持续发展研究起步相对较晚的我国在较短的时间内能迎头赶上并实现超越，在跟随先行者脚步的同时针对中国的传统文化背景与现实国情探寻我国的绿色设计发展之路，项目课题组经过反复甄选，组织翻译了近年国际设计界出版的绿色与可持续研究的数部重要著作，内容包括绿色设计价值与伦理、视野与思维、类型与方法等领域。这套译丛共有 11 本译著，在满足本项目课题组研究需要的同时，也具有为中国的可持续设计实践提供借鉴的意义，可供国内高校、研究机构和设计工作者参考。

"绿色设计与可持续发展研究"

项目首席专家：

目录

致　谢

许多人的努力付出才使本书可以成功面世。他们为此提供了直接帮助或间接支持。作为本书的编辑，我们非常感谢所有论文作者及该套丛书的评审们，同时也感谢迈克尔·布朗嘉（Michael Braungart）教授和道格·麦肯齐-莫尔（Doug McKenzie-Mohr）为本书作序。虽然他们采用的方式不尽相同，但是他们帮助我们组织了一场富有创新精神的对话，他们提出的多元对策和跨学科研究使本书在该领域显得与众不同、独树一帜，并且首次将建筑学和各类设计学融入行为改变的探讨中。

还有一些人，虽然并不为读者所了解，但是却是我们应该感谢的。首先，我们要感谢南澳大利亚州（以下简称"南澳州"）"零浪费"研究中心（Zero Waste SA）及其主管沃恩·莱维茨克（Vaughan Levitzke）。他对本书及该套丛书都给予了热心的支持。我们也要感谢南澳大利亚大学（以下简称"南澳大学"）的所有同仁，他们为本书的出版奉献了宝贵的精力和见解。我们希望为本书提供论文的所有作者都能为他们的付出和奉献感到欣慰。我们还要感谢为本书各章节审稿的各位学术专家，他们对本书中的所有文字材料都进行了细致、严谨的审阅。对于他们的无私帮助，我们不胜感激。

在很多人不懈的支持下，我们才得以实施本书中的调查研究。这些支持者不胜枚举，并且遍布各个大学的研究中心、政府部门和产业合作组织。他们都无私分享并提供了他们的见解和观点。感谢那些为我们出谋划策、开阔思路的人。他们是彼得·布兰登（Peter Brandon）、大卫·铃木（David Suzuki）、安妮·里奥纳德（Annie Leonard）、托·普拉萨德（Deo Prasad）、帕·阿卢瓦利亚（Pal Ahluwalia）、伊恩·洛（Ian Lowe）、罗伯特·塞维罗（Robert Cervero）、贺伯特·吉拉德（Hertbert Girardet）和亚历山大·施密特（Alexander Schmidt）。

我们还要特别感谢英国劳特里奇出版社（Routledge）的出版团队。本书能出版，他们功不可没。我们尤其要感谢尼基·丹尼斯（Nicki Dennis）和爱丽丝·奥尔德斯（Alice Aldous）给予我们的耐心支持。我们也要衷心感谢凯瑟琳·桑顿（Katharine Thornton），她智慧的编辑和校对让本书增色不少；同时，还要感谢莉莉·斯坦利（Lily Stanley）给予的行政支持和尽心奉献。我们感谢致力于可持续设计与行为研究的"零浪费"研究中心（the Zero Waste Centre for Sustainable Design and Behaviour）、中澳城市环境与可持续发展研究中心（the China-Australia Centre for Sustainable Urban Development）及低碳生活合作研究中心（the CRC for Low Carbon Living）的所有同仁所给予的不懈的、宝贵的支持。

最后，我要感谢梅里·罗素（Merrie Russell）和西达·德·阿拉贡（Cida de Aragon）。他们的乐观精神激励我们一路前行。

罗伯特·克罗克（Robert Crocker）和斯蒂芬·莱曼（Steffen Lehmann）

2013 年 2 月，于阿德莱德（Adelaide）

作者简介

主　编

罗伯特·克罗克　澳大利亚南澳大学艺术、建筑与设计学院高级讲师，主讲设计史和设计理论课程。他拥有牛津大学现代史博士学位。20 年前他参与了保护行人安全及权益的社区活动，由此开始对可持续发展产生兴趣。这促使他帮助该大学设立了可持续设计这一交叉学科的硕士学位，他现在也是这一学科的讲师。目前他正在编写一本关于消费主义、设计和可持续发展的书，并于最近出版了《"零浪费"设计》（*Designing for Zero Waste*，Earthscan/Routledge，2012）一书。该书由他和斯蒂芬·莱曼共同编写。他的研究涉及现代消费文化及设计史，以及设计和消费主义对过去和未来的表述及利用。他最近发表的一篇论文则探讨了 20 世纪早期在室内设计中采用纺织品所做的复兴主义设计。有关他的研究方向及出版物的详细信息，请查阅 robertcrocker 网站。

斯蒂芬·莱曼　博士，德国培养的建筑师，工程师及城市主义者。他拥有个人教席，并且在过去十年里他一直是澳大利亚的一名教授。他在南澳大学创办了可持续设计与行为研究中心（sd+b），并担任该中心主任一职。他还是该大学艺术、建筑与设计学院的教授，主讲可持续设计课程。他也是中澳城市可持续发展研究中心的联席主任，并于 2008 年到 2010 年期间担任联合国教科文组织亚太地区城市可持续发展项目教席。他近期出版的著作包括《回归城市》（*Back to the City*, Stuttgart：Hatje Cantz，2009），《绿色城市化原则》（*The Principles of Green Urbanism*, London：Earthscan，2010），《可持续建筑设计与城市发展》（*Sustainable Architecture and Urban Development*, Amman：CSAAR-Press，2010），以及与罗伯特·克罗克博士合作编著的《"零浪费"设计》（Earthscan/Routledge，2012）。其研究的重要价值和意义已经在国际社会得到认可。他在全世界多个城市被决策者们聘为可持续建筑设计方面的专家顾问。斯蒂芬一直受雇于政府、产业及其他机构组织。同时，他还是多所大学的客座教授，这些大学包括上海同济大学（2003）、柏林工大（2005）、新加坡国立大学（2009）、慕尼黑工大（2009），以及加州大学伯克利分校（2012）。详情请查阅 slab 网站。

论文作者

斯图尔特·W.巴尔（Stewart W. Barr）　埃克塞特大学地理学副教授。他发表了大量论文论述可持续发展区域、英国环保政策和可持续发展政策、环保生活方式与公民责任、可持续旅游、旅游和迁移、地理学中的定量研究法等。他参与了几个由经济与社会研究委员会、勒伍豪信托基金会，以及英国环境、食品和农村事务部共同资助的研究项目。他还著有《环境与社会：可持续发展、政策与公民》（*Environment and Society: Sustainability, Policy and the Citizen*, Ashgate）一书。

克丽·贝尔（Kerrie Bell）　2010 年获得南澳大学可持续环境（环境管理与保护）专业学士学位。2011 年又攻读了该专业的荣誉硕士学位。她的研究项目获得了 2011 年度南澳州"零浪费"帕姆·基廷纪念馆奖学金和芭芭拉哈迪奖学金的资助，她的研究为本书介绍的实证研究提供了主题选材。她的研究方向包括废物管理、社区参与和行为变革教育等。

迈克尔·布朗嘉（Michael Braungart）　他创办了"摇篮到摇篮"环境研究与设计有限公司，并担任该公司的首席科学执行官。该公司位于德国汉堡，是一家从事环保研究及咨询的国际机构。他还是弗吉尼亚州夏洛茨维尔市的布朗嘉化学设计公司的联合创始人之一。在位于吕内堡的吕内堡大学，他是"摇篮到摇篮"和生态效率等学科的教席负责人。在鹿特丹伊拉斯姆大学鹿特丹管理学院，他是"摇篮到摇篮"设计的创新性及质量这一学科的教席负责人。他也是荷兰屯特大学的"摇篮到摇篮"设计学教授。荷兰代尔夫特理工大学的建筑工程学教授。他还曾在美国卡内基梅隆大学、达顿商学院、包豪斯大学和威尔士大学等学校授课。

珍妮·查普曼（Janine Chapman） 南澳大学工作及生活中心的研究成员。她熟知如何从心理学及社会学的角度看待行为及行为干预理论和实践。她把这些理论和实践应用于许多与健康、福利及环保相关的议题。目前，她担任一个综合多种方式进行研究的大型项目的经理。该项目在澳大利亚调查工作、生活和可持续生活三者交叉的问题。

保罗·康内特（Paul Connett） 毕业于剑桥大学并获得了达特茅斯学院的化学博士学位。曾在纽约坎顿市的圣劳伦斯大学教化学；自1983年直至2006年5月退休，他一直在该大学专攻环境化学和环境毒理学。在过去27年里，他在美国的49个州、加拿大的7个省及55个其他国家共进行过2500多次有关废物管理的无偿公开演讲。拉尔夫·纳德（Ralph Nader）说，"就我所知，只有保罗·康内特才能让废物变得有趣"。2012年3月，他的著作《"零浪费"：一场方兴未艾的革命》（*Zero Waste: A Revolution in Progress*）一书授权在意大利出版。2013年，美国切尔西绿色出版社对该书的内容进行了一些扩充和修订，然后以英文版本再版。

汤姆·克朗普顿（Tom Crompton） 多年以来一直从事政策分析师职业，并为多家非政府国际环保组织当说客。但是让他越来越懊丧的是，政府并没有恰当地处理日益紧迫的环境问题，所以他转而研究社会科学以探索有哪些因素可以促成公众关注并参与解决环保问题。他发表及出版的成果（请查阅 valuesandframes 网站）包括《风向球与路标：处在十字路口的环境运动》（*Weathercocks and Signposts: The Environmental Movement at a Crossroads*，WWF，2008）和《迎战环境问题：人类的职责［与蒂姆·凯萨（Tim Kasser）合著］（*Meeting Environmental Challenges: The Role of Human Identity*）（WWF，2009），还有由英国非政府环境组织联盟于 2010 年发表的《共同任务：文化价值观的应用》（*Common Cause: The Case for Working with Cultural Values*），该著作在许多国家的第三部门引起了广泛的辩论。他曾于英国剑桥大学攻读自然科学专业，并获得英国莱切斯特大学的进化生物学博士学位。

克里斯娜·迪·普莱西斯（Chrisna du Plessis） 比勒陀利亚大学建筑经济学系的副教授。他目前正领头做一个与弹性可再生建造环境策略相关的研究计划。此前，他曾是科学与工业研究理事会的首席研究员，当时他主要研究城市可持续发展科学理论及技术。他在比勒陀利亚大学获得建筑学及可持续发展专业学士学位及硕士学位，然后又获得萨尔福德大学城市可持续发展专业博士学位，以及瑞士查尔姆斯理工大学的荣誉博士学位。

安吉丽·埃特蒙德（Angelique Edmonds） 积极热心地劝导社区居民参与跟他们的日常生活息息相关的公共空间设计。她是一位训练有素的建筑师，曾经与澳大利亚北部偏远地区的原住民社群居民一起生活和工作，并与悉尼西南地区的妇女及澳大利亚南部那些极有可能流离失所的年轻人一起设立了一些设计宣传项目。目前，她是建筑师学会南澳州分会委员、国家可持续发展委员会成员、澳大利亚的国家发展指数策导委员会成员（国家发展指数关注的是澳大利亚的福利）。安吉丽分别在澳大利亚和英国获得建筑学学士学位和硕士学位。她曾在四所不同的大学授课。现在她是南澳大学艺术、建筑与设计学院的一名讲师。

加布里埃尔·B. 菲茨杰拉德（Gabriele B. Fitzgerald） 在南澳大学，她在致力于可持续设计及行为研究的南澳州"零浪费"研究中心攻读博士学位，并获得过澳大利亚研究生奖学金（2011）。2011 年她获得了澳大利亚在职教师奋进奖学金，还获得了参加"2012 年度哈格雷夫斯研究所会议：创新、领导力与变革"的奖学金。她获得过以下学位：商业及行政管理专业硕士（2008），行为科学学士学位（荣誉）（2001），精神疗法、行为心理学及文化心理学等专业的大学心理学硕士学位（1993），现代史、德国现代文学与政治专业硕士（1987），历史与德语专业教育学学士学位（1985）。

谢恩·富奇（Shane Fudge）　社会学博士、埃克塞特大学讲师，主讲能源政策。他参与了英国政府主办的多个合作研究项目，这些项目涉及社区能源利用、管理和可持续发展等内容。它们分别是在欧盟层面改变消费者能源利用方式及行为的障碍与机遇，了解地方和社区对能源的管理，开辟创新可持续发展道路，以及以沟通的方式重构消费者对能源的需求。

史蒂文·吉尔伯特（Steven Guilbert）　英国国家图书馆的项目面试官（正在编写《电力供应行业口述史》（*An Oral History of the Electricity Supply Industry in the UK*），曾经是伦敦金斯顿大学地理、地质与环境学院的博士后研究员。他曾在诺丁汉大学研究渔网捕鱼文化地理学，在阿伯里斯特威斯大学和谢菲尔德大学都参与过一些重大研究项目，后来在金斯顿参与了莱弗休姆资助项目。

芭芭拉·科思（Barbara Koth）　南澳大学自然与建成环境学院的高级讲师。在加入南澳大学之前的 20 年里她曾在 15 个国家担任生态旅游和社区参与（以及跨太平洋航行）领域的国际开发顾问，曾和明尼苏达大学（美国）合作 10 年，完成一些外展推广工作。她还在美国联邦公路管理局风景道路计划中领头研究项目。她研究的重点是与交通、废弃物和食物采购决策等相关的行为改变和可持续发展，以及环保市民的塑造。

卡拉·利奇菲尔德（Carla Litchfield）　科学家。她曾与一些组织共同参与研究和社区工作。这些组织致力于改善动物（包括圈养和自然环境中的动物）的心理健康状况、有责任感的旅游和自然保护。她获得了阿德莱德大学的心理学博士学位（动物行为专业）。现任南澳大学讲师，并在南澳州动物园兼任保护心理学专家。1994 年，卡拉花了一年时间在乌干达观察野生黑猩猩群——自此以后她一直致力于研究非洲大型类人猿。2000 年，她获得了"澳大利亚科学界无名英雄"的称号。她也曾为沃尔克图书公司撰写儿童版的自然保护书籍。

埃齐奥·曼齐尼（Ezio Manzini） 20 多年以来，他一直从事可持续设计领域的研究工作，尤其关注社会创新。以此为主题，他创立了社会创新和可持续设计联盟，并且现在仍在协调该联盟的工作。社会创新和可持续设计联盟是一个国际化组织，它鼓励全世界设计类院校主动实施以可持续发展为目标的社会变革。曼齐尼一直是米兰理工大学的设计学教授。与此同时，他还和好几所国际大学建立了合作关系。目前，他还是上海同济大学、无锡江南大学和里约热内卢联邦大学工程研究生院等院校的客座荣誉教授。

道格·麦肯齐-莫尔（Doug McKenzie-Mohr） 以社区为中心的社会营销模式的开创人，著有《培养可持续行为：以社区为中心的社会营销模式简介》（*Fostering Sustainable Behaviour: An Introduction to Community Based Social Marketing*）。他在全世界范围内开办了多场研讨会，共计 4 万多位环保计划管理人参加过他开办的研讨会。他还为许多政府机构及非政府机构工作。麦肯齐-莫尔博士同时也是向加拿大民众宣传气候变化的顾问，以及国家有关环境与经济问题的圆桌会议的参与者。他获得了加拿大心理学会授予的"社会责任研究与社会行动方面的心理学家奖"和"向公众宣传社会问题的心理学研究社团奖学金"。他曾经是加拿大新不伦瑞克省圣托马斯大学的心理学教授，当时他负责环境与社会项目的协调工作。

艾伦·梅特卡夫（Alan Metcalfe） 朴次茅斯大学地理系的高级研究助理。他获得了兰卡斯特大学的社会学博士学位，参与了多个重大研究项目。这些项目包括"废物处理社会科技"（经济及社会调查理事会资助的"全球排废"计划项目的一部分）、"人、孩子与食物"（利华休姆信托资助的"改变家庭、改变食物"计划项目的一部分），以及经济及社会调查理事会资助的"废物处理、贬值与消费主义"。

乔柯·穆拉托夫斯基（Gjoko Muratovski）　博士，品牌及公共舆论管理专家。他现在就职于斯运伯恩科技大学设计学院。近20年来他一直从事国际化多学科设计和品牌推广工作，其工作足迹遍及欧洲、亚洲、美国和澳大利亚等地。多年来，他一直与多家机构合作，其中包括澳大利亚联合国协会、绿色和平组织、日本丰田汽车、联合国教科文组织旗下的世界文化遗产部、世界卫生组织、南澳州总理内阁部、马其顿总理办公室、苏格兰邓弗里斯和加洛韦理事会、南澳大学商学院营销研究中心及其他机构。

保罗·默里（Paul Murray）　普利茅斯大学可持续发展与可持续建筑专业副教授。20世纪90年代首批获得建筑学可持续发展方向学士学位者之一。2004年，他荣获英国高等教育学院授予的备受瞩目的国家教学奖。他开创了以价值观为导向的可持续发展培训技术，即使用《可持续发展的自我》（*The Sustainable Self*, Earthscan/Taylor and Francis, 2011）一书以面授的方式进行培训。保罗的研讨会参与者已逾千人。他发表过与可持续发展和积极转变相关的论文，并助普利茅斯大学获得了2007年度国家"绿袍奖"。

彼得·W.牛顿（Peter W. Newton）　墨尔本斯运伯恩科技大学可持续城市化专业研究教授。其研究重点是城市及其居民实现可持续性转变的途径。这些途径包括城市基础设施的技术创新［《转变：实现城市可持续发展的途径》（*Transitions: Pathways Towards Sustainable Urban Development*, Springer, 2008）］、城市规划与设计创新［建成环境中的技术、设计与流程创新（*Technology, Design and Process Innovation in the Built Environment*, Taylor & Francis, 2009）］、《灰色地带房屋改造模式革新》（*Towards a New Model for Housing Regeneration in the Greyfields*, AHURI, 2011），以及家庭消费行为分析［《城市消费》（*Urban Consumption*, CSIRO Publishing, 2011）］。他曾是联邦科学与工业研究组织的首席研究科学家，2007年后加入斯运伯恩科技大学。

劳拉·佩宁（Lara Penin）　帕森斯设计学院的助理教授。她负责协调服务设计研究方面的工作，并且是帕森斯可持续设计与社会创新实验室的创办人之一。其研究重点为服务设计和可持续社会创新设计。她是扩大创意社区项目的主要研究员，该项目获得了洛克菲勒基金会的资助。她还获得了意大利米兰理工大学产业设计和多媒体通信专业的博士学位，以及巴西圣保罗大学建筑与城市化专业的学士学位。

迈克尔·彼得斯（Michael Peters） 就职于萨里大学，在致力于生活方式、价值观与环境研究的英国政府调研组任高级研究员。他专门研究与低碳社会变革措施相关的环保宣传和社区参与。此前，迈克尔曾是东安格利亚大学的全球环境、社会和经济问题研究中心的高级研究助理。2009 年，他入选英国皇家艺术学会会员。他主编了最近出版的《低碳社区：地区抗击气候变化的创新办法》（*Low Carbon Communities: Imaginative Approaches to Combating Climate Change Locally*，Edgar Elgar）〔合编人：谢恩·富奇和提姆·杰克逊（Tim Jackson）〕。

马克·莱利（Mark Riley） 利物浦大学环境科学学院的人文地理学讲师。研究方向涉及乡村和环境变化的社会及文化特征，包括农场生活史和自然保护措施等方面的研究。他获得了诺丁汉大学的博士学位，曾在埃克塞特大学、圣安德鲁大学和朴次茅斯大学等高校任职。他也是《环境与历史》（*Environment and History*，White House Press）一书的评论编辑。

盖伊·M. 罗宾逊（Guy M. Robinson） 南澳大学区域参与中心主任，区域参与研究中心及农村医疗与社区发展中心主任。他在伦敦大学和牛津大学都获得了学位。此前，他曾是伦敦金斯顿大学的地理学教授。现在他任职于牛津大学和爱丁堡大学，同时还在北美和澳大利亚等地兼有 8 个访问学者席位。他的主要研究方向是环境管理。新作包括《乡村可持续体系》（*Sustainable Rural Systems*，Routledge）和《农业区域》（*Geographies of Agriculture*，Pearson）。他还是期刊《土地使用政策》（*Land Use Policy*，Elsevier）的编辑。

莎妮·塞尔（Sharni Seale）　她在南澳大学完成了她的心理学优秀毕业论文。论文探索了工作和生活领域的环保行为。她特别考察了环保环境中的工作经历会如何促进人们在工作场所以外，如家庭和社区坚持环保态度和行为。她对环境可持续发展、心理健康和福利等的社会决定因素兴趣浓厚。

娜塔莉·斯金纳（Natalie Skinner）　工作及生活中心的高级研究员。她的研究方向是工作场所的健康与福祉，对心理健康（如压力、疲劳与工作满意度）、工作质量（工作强度、灵活性和工作时间），以及工作与生活之间的相互影响尤其感兴趣。她对福祉的研究延伸至有偿工作如何影响个人成为"环保好市民"的能力。

弗吉尼亚·塔西纳里（Virginia Tassinari）　一直关注人生观、设计与媒体三者间的关联。在媒体艺术与设计学院（比利时）她一直致力于研究与社会相关的设计项目，以及如何协调社会创新领域的各种措施。她正在与自己的研究团队"社会空间"一起搭建可持续设计与社会创新实验室。她在研究和教学中关注社会创新与人生观、实践及理论之间的关系。在可持续设计与社会创新领域，她坚持把各种社会创新实践联系起来，并在可持续设计和社会创新观点讨论中坚持论述社会创新实践与理论之间的关系。她还是国际设计艺术院校联盟执行委员会成员。

特里·都铎（Terry Tudor）　北安普敦大学废弃物管理专业高级讲师。他曾在巴巴多斯从教，也曾任埃克塞特大学研究助理，研究康沃尔郡的国民医疗服务体系中的可持续废弃物管理，并因此获得该大学的博士学位。他是英国特许废料管理机构旗下的医疗废物管理特别兴趣研究小组成员。除了关注废料管理，他的研究方向还涉及资源效率、大型组织对环境变化的管理、环保行为及公司的社会责任。

卡洛·维左（Carlo Vezzoli）　从事可持续设计研究及教育超过 15 年时间。在米兰理工大学，他是"环境可持续性产品设计"课程和"可持续发展系统设计"课程的教授，可持续设计与创新研究中心以及设计与可持续发展实验室的主任。他曾在其他项目中推广"可持续发展学习交流网"，现在仍在协调这一工作〔"可持续发展学习网"（lens. polimi 网站）〕。该网站获得了欧盟委员会"亚洲连接"计划的资助。他的著作《环境可持续设计》（*Design for Environmental Sustainability*，London：Springer）被译成多种语言出版，其中包括英语、意大利语、葡萄牙语、简体中文和繁体中文（即将面世）。

斯图尔特·沃克（Stuart Walker）　英国兰卡斯特大学教授、设计研究实验室主任、兰卡斯特想象力实验室联席主任。他曾在英国金斯顿大学任可持续设计课程客座教授，在加拿大卡尔加里大学任兼职教授。他在世界各地发表过研究论文。他的概念设计曾在伦敦的设计博物馆、加拿大各地及罗马等地方展出。他的著作包括《让设计引领可持续发展：理论与实践探索》（*Sustainable by Design: Explorations in Theory and Practice*，Earchscan，2006）、《解决方案》（*Enabling Solutions*，University of Calgary Press，2008）〔与埃齐奥·曼齐尼和巴里·韦兰特（Barry Wylant）〕合著和《设计精神：实物、环境与寓意》（*The Spirit of Design: Objects, Environment and Meaning*，Routledge，2011）。

阿提克·乌斯·扎曼（Atiq Uz Zaman）　南澳大学从事可持续设计与行为研究的南澳州"零浪费"研究中心的博士生。提倡"零浪费"观念，并在瑞典皇家工学院获得环境工程与可持续基础设施专业硕士学位。他的主要研究方向包括"零浪费"管理、环境影响评估、生命周期评估及环境管理。他还是多家国际学术期刊的审稿人。

序一

迈克尔·布朗嘉

当整个社会意识到当前的行为方式不再有效时，行为变革就会发生。150年前，我们认为可以驯服和驾驭地球，可以让地球服从于我们的意志，接着我们用了几十年的时间建设和塑造地球，力图将其打造得完全符合我们的需要。社会的工业化导致了"从摇篮到坟墓"的物质流模式。我们从环境中开采所需资源，将其制成产品，然后使用这些产品，最后丢弃它们。

多年后，河流因倾泻的污染物失火，杀虫剂让百灵鸟的生存变得岌岌可危，环境开始于我们不利。这时，我们的社会出现了又一次重大的行为变革。不过，此次变革范式转向了另一方向。我们消极地看待自身对地球的作用，并且由此也消极地看待整个人类。我们处在一个自责和愧疚的时代。我们认为，人类正在毁灭地球母亲；我们认为，自身存在跟瘟疫无异，造成了太多浪费和破坏，所以我们必须设法减缓人类对地球的影响。我们当前的目标是让自己变得"没那么糟糕"。我们努力提高效率并节约资源，以减少对环境的影响，但是废弃物依然存在，环境也仍然在遭受破坏。依据上述理论我们能期望实现的最佳结果便是：将人类对环境影响最小化，对使用的物资进行有限回收。当然我们也希望，通过向政府施压促使政府通过减少影响或将其影响最小化的法律条规，这样我们就可以设法缓和我们对地球的毁坏活动。

但是当前的观点阻碍了我们的创新能力，且无法让我们以一种全新视角去应对挑战。我们过去的经历很可能制约子孙后代将我们对世界的影响缓慢发展成良性影响的能力。如果我们仍然认为没有了我们人类世界会变得更美好，我们将永远不能建成物产丰富的美丽世界，而事实上我们是有能力做到的。我们整个社会的内疚感和有缺陷的社会观念限制了我们的创造力和灵感。我们必须超越当下的体制性缺陷，清醒认识到大自然并不是我们需要细心呵护的受害者或者是我们要征服的对手，而是与我们合作共事的伙伴。只要我们调整思维并按正确路径创新设计材料及产品，我们就可以安享无尽的繁荣。

要发挥潜能，我们就必须摒弃以前的行为和观念。大自然智慧、美丽而富饶，要师法自然，人类需要在变革社会行为的同时转变思维模式。我们必须认识到，我们和一棵树或一只蝴蝶一样只是大自然的一部分。认识到这一点，我们人类社会才会开始反思自己处事的方式及与环境互动的方式。

当然，要实施并实现这些行为变革，我们面临许多挑战。几十年的观念不会一夜间彻底改变。当下许多观念、价值观和行为由于集体经验和习惯的长期作用而格式化了。幸运的是，变化是永恒的。本书认同这一观点：我们必须停止相互指责和羞辱，集中精力找到我们当前所面临问题的解决办法。本书由四个既相互独立又互为补充的部分组成："提出问题：消费、行为与可持续发展""传播变革：价值观、行为、媒体与设计""社会创新变革：以设计影响行为"和"城市系统变革设计：指向'零浪费'城市目标"。通过这四部分，本书探讨了成功变革社会行为所面临的错综复杂的环境和挑战。为了能够清楚地阐释这些挑战，各个章节按不同主题进行编排，并包括多位世界知名学者的论文。本书就影响及形成我们与世界之间的交流方式的历史因素、心理因素和物质因素提供了宝贵的见解。

本书的各部分均以全新视角审视了全社会行为变革的理论和实践。第一部分重点讨论了行为变革更大的社会、文化和历史背景，并让我们清楚地认识到，多少社会因素可能影响我们的行为，我们如何理解环境，以及这些内容反过来又如何影响我们应对环境的方式。乍一看，这不过是些显而易见的问题，接着会发现这又是生活中最复杂有趣的问题。

第二部分探索了宣传可持续发展的途径，我们的价值观和态度对日常行为塑造的重要性，以及媒体宣传在价值观和态度形成过程中发挥的重要作用。众所周知，市场营销和媒体宣传助长了一些不可持续行为，但是这些"行为塑造者"为创建可持续发展社会发挥积极作用的潜能却往往被忽视了。第三部分表明，我们可通过有助于大幅削减个人主义生活方式影响的社会、物质计划塑造日常集体行为。"社会创新"可谓设计的近亲，在社会关系被忽视、受损或不具有可持续性的地方，开展社会创新常常能重置或"构建"新型关系。因此，建筑师和设计师能率先将这个重要实用的改革手段引荐给广大受众，实乃幸事。最后一部分讨论了城市的物质和社会环境，说明了为什么"零浪费"城市不仅是可能的，而且也是切实可行的。其前提条件是得到政府和行业的更多支持，并且能够创造性地应对我们当前浪费的生活方式、出行方式、饮食方式和建筑模式。如果不久以后 70% 的世界人口将在城市安家，那么以下这些就变得尤其重要，即重新构建新城市世界的物流，确保可持续生活不仅可实现，且对多数人而言是"自然"、简单和惬意的。

本书并没有把行为变革简单定位成社会心理学的分支，而是揭示了行为变革的广大空间，不同背景的人们见解有别，可以共同探讨交流。实际上，本书主张，大家需要相互学习，过去不全是失败的，正因为有这样的过去，我们才有机会提高。本书不仅是精神食粮，还是一种鼓舞，它汇聚了来自各方的观点，为更美好的未来指引着方向。

序二

道格·麦肯齐—莫尔

　　我和妻子移居加拿大弗雷德里克顿市时，带上了一个后院堆肥器。乔迁后的第一个夏天和秋天，我们很勤快地往堆肥器添加物料堆肥。但是到了来年的 1 月份，我家后门到堆肥器之间的积雪达到了 3 英尺厚。1 月初，我曾怀着美好愿望，希望铲出一条路来或穿着几乎及膝的冬靴踏平雪堆。但是到了月末，气温降到了零下 30 华氏度，我真的受够了。顾不上当初的美好愿望，我把有机物扔进了路旁的垃圾桶里。

　　我违背环保的行为还不止季节性堆肥这一项。我还在教书的时候，每到春天、夏天和秋天（每年春夏秋三季），都骑自行车上班。但是到了冬天，弗雷德里克顿的冬天会从 11 月份持续到来年的 4 月份，我就打车上班。我明白，汽车是二氧化碳的主要排放源，而二氧化碳的排放又会直接导致全球变暖，那我为什么不走路或坐公车去上班呢？走路上班大约需要 30 分钟。虽然走路上班对我会非常有益，但是我更愿意争取更多时间和家人在一起。如果坐公交车，从我家到学校又没有直接的公交线路——这样坐公交车比步行所需要的时间更多。而且，打车费比公交车费贵不了多少，所以我更容易选择打车。然而，每年我这 6 个月的行为却又与我对环保的关注背道而驰。

从这两件不可思议的小事就能看到创建可持续社区所面临的挑战。堆肥可以显著减少城市固体废弃物排放，前提是人们选择堆肥。公共交通可以减少二氧化碳排放以及城市空气污染，前提是人们愿意把车停在家里，坐公交车或轨道交通出门。在许多其他可持续活动中，人的作用也同样至关重要。自动调温器可以降低家庭取暖花费并同时减少二氧化碳排放，但前提是人们要安装并使用自动调温器。节水马桶和节水淋浴器喷头可以明显减少住宅耗水，前提同样是人们要安装这些装置。购买环保产品会明显影响环境，但还是那句话，前提是人们愿意改变他们的购物习惯。

个人行为变革有多重要？托马斯·迪茨和他的同事们预估说，在未来10年里通过改变住宅能耗和非商务出行方式，美国的二氧化碳总排放量可以减少7.4%（Dietz et al.，2009）。他们注意到，这不仅可以显著减少排放，而且比其他减排方式收效更快，如，制造更多节能交通工具或采用可再生能源，因为这些转变需要时间。他们认为，行为变革将为我们赢得时间，以实施可以大幅减少未来排放的政策。

不管是农业还是商业领域，行为选择都意义非凡。在商业领域，日常行为会对排放、耗能、耗水及废弃物产生重要影响。同样，农业领域的日常选择也会显著影响二氧化碳排放和农田污水排放。

宣传活动

许多培养可持续行为的方案都有赖于大规模的宣传活动。这些活动通常以行为变革的两种模式之一为依托。其一，态度—行为模式。该模式让大众深入了解问题，如气候变化，并培养利于实现期望行为的态度，如选择坐公交车而非开车，这样就可以引起行为变革。因此，基于此视角的方案都力图通过提供信息，媒体广告，频繁地分发传单、宣传册和新闻刊物达到改变行为的目的。其二，经济自利模式，我们将在后面谈及。

态度—行为模式

增加了解或改变态度，人们的行为就会改变，这是真的吗？显然不是。无数实验证实，单靠教育几乎不会对可持续行为产生任何影响。例如，斯科特·盖勒和他的同事们研究了强化研习班对住宅节能的影响（Geller，1981）。这些研习班的学员以各种不同的形式（幻灯片展示、讲座等）学习宣传教育资料3小时。制作这些资料的目的是要让学员明白，我们可以显著减少家庭能耗。盖勒检测了学员在参加研习班前后的态度和想法，并以此判断研习班的影响。研习班刚结束，学员们就表明，他们更加了解能源问题，以及如何才能在自己家里减少能耗，并且愿意实施研习班倡导的那些改变。但是，尽管他们的认识和态度改变了，行为却毫无变化。接下来他们走访了40位研习班学员的家庭，结果只有一个家庭坚持采用推荐的热水自动调温器。有两位学员在自己的热水器上涂上了绝缘保温涂层，但是他们在参加研习班前就已经这样做了。事实上，40位研习班学员以及同样多的非学员唯一的区别体现在安装节水花洒方面。40位学员中有8位已经装好节水花洒，而40位非学员中只有2位已经装好。但是，学员并不只是因为教育宣传才安装节水花洒的，而是每一位研习班学员都免费得到了一个节水花洒。

这类研究的一些例子还包括：

• 荷兰的一项研究表明，让家庭了解节能信息并不会减少能耗（Midden et al.，1983）。

• 一些中学生参加了一个为期6天的研习班以增加他们的环保意识。结果发现，在接下来2个月的跟踪调查中，他们并不会有更大的意愿参与环保行动（Jordan et al.，1986）。

• 自愿参加一项为期10周的用水情况研究的家庭获得了一本最新的节水手册。手册描述了浪费水的行为，解释了用水与耗能之间的关系及非常详细的家庭节水方法。尽管费了很多心思准备手册，但编写者结果发现它并没有对水资源使用产生任何影响（Geller et al.，1983）。

• 加拿大二氧化碳减量运动"一吨碳挑战"主要通过媒体广告号召举国上下一致减少住宅二氧化碳排放。该运动的评估结果表明，51%的加拿大人都了解这一运动计划，但是几乎没有人改变行为（Environment Canada，2006）。

以上研究表明，强化认识和改变态度的活动通常不会对行为产生任何影响。还有更多的证据表明这种方式是无效的。如果增加了解和改变态度就能导致行为变革，那我们就可以这样说：态度和认识水平与行为是息息相关的。但是以下情况显示，态度和认识与行为毫无关系：

• 一些人参与了自愿检测汽车尾气排放的计划，同时也随机抽样调查了一些并没有检测自己汽车尾气排放情况的人。结果显示，他们对空气污染的态度或认识并没有差异（Tedeschi et al.，1982）。

• 大约500人参与了一项调查，当被问及人们是否有义务捡起垃圾时，他们中94%的人都表示人们有义务这样做。调查结束以后，研究者故意放置了一些垃圾，结果却只有2%的人捡拾了这些垃圾（Brickman，1972）。

• 瑞士的两次大型调查表明，环保信息、知识和认识与环保行为关系甚微（Finger，1994）。

• 一项研究结果显示，一些节能态度强烈的人并不会更可能节能（Archer et al.，1987）。

• 一项研究分别调查了一些实施循环利用的人和一些没有实施循环利用的人，结果表明，他们对循环利用的态度并没有差异（De Young，1989）。

虽然人们发现环保态度和认识与行为之间有联系，但是正如以上例证所显示，二者间的联系甚微，甚至不存在。为什么态度和认识与行为之间没有显著联系呢？想想我在本序开端提到的两件不可思议的事情，相对来说，我支持堆肥和使用可替换交通工具。我比较了解这些话题。但是在两件事情中都是同一个原因——冬日的不便——使得我的态度和认识无法预示我的行为。总而言之，存在着各种障碍制约个人参与可持续行为，而缺乏认知以及不支持环保的态度只是其中的两个障碍。

经济自利模式

第二种模式认为，人们会系统地评估自己的选择，例如是否要在阁楼添加绝缘材料或购买节能花洒，然后他们会根据自己在经济方面的获利情况采取行动。该观点主张，为了影响他们的决定，公用事业部门等机构只需要让公众明白，这样做有利于使他们的经济利益最大化，公众就会依此行动。但是，和关注改变认识和态度的宣传活动一样，强调可持续行为可能带来经济利益，比如安装小流量花洒或绝缘设备，同样没有取得多大成功。现在举两个这样的例子：

1   每一年，加利福尼亚公共事业部门会花费 2 亿美元宣传鼓励节能。其宣传目的在于鼓励家庭安装节能设施或养成节能习惯（如在白天关上百叶窗）。尽管花费巨大，这些活动并没有导致耗能减少（Costanzo et al.，1986）。

2   美国国会通过了一项法案，成立了住宅节能公共服务机构。该机构要求美国主要的燃气和电能公共事业部门向房主提供审计服务，以提高能效；并且，房主可以获得免息或低成本贷款，以及节能设备供应商和承包商的名单。共计 5.6% 符合条件的家庭请求住宅节能公共服务机构的评审员对他们家进行评估（Hirst，1984）。50% 接受评估的家庭采取了措施提高住宅能效，然而那些没有接受评估的家庭中只有 30% 这样做了（没有接受评估的家庭是那些正在排队接受评估的家庭）（Hirst et al.，1981）。他们都采取了哪些措施呢？一般来说，实施这些措施花费不高，不需要和别人签订合约。常用的节能措施包括补漏、安装防风防水条、安装自动调温器、调小热水器设定温度、为热水器安装绝缘罩等。这些措施可以让每个家庭平均减少耗能 2% ~ 3%（Hirst，1984）。如果花费百万美金用于住宅节能公共服务，就一定能让住宅能耗减少 20% 以上，那么每年仅可以节能 2% ~ 3% 的措施就可谓失败。为什么这一综合计划会失败呢？很大程度上，住宅节能公共服务机构失败的原因在于它没有充分关注促进可持续能源利用的人为因素。那些设计这些宏伟计划的人认为，如果房屋主人知道翻新他们的家可以使他们的经济利益最大化，他们就会这样做。虽然这样的经济学观点的确考虑了人在可持续行为中的作用，但是考虑太过简单。美国研究理事会的一项研究证实，有关人类行为的这一观点忽视了丰富多样的文化实践、社会交流，以及影响个人、社会团体和机构等的人类情感（Stern & Aronson，1984）。

宣传活动的影响

因为通过印刷品、无线电台或电视广告传播信息相对容易，所以信息活动激增（Larson & Massetti-Miller，1982）。但是广告宣传要深入人心通常需要花费巨资。遗憾的是，加利福尼亚公共事业部门花了更多钱宣传为低收入家庭住宅安装绝缘设备的好处（Pope，1982），而非提升这些住宅的绝缘等级。马克·科斯坦佐指出，"尽管广告宣传是提高认识的重要工具，但是把大部分精力用于难以奏效的影响策略仍然是非常浪费的"（Costanzo et al.，1986：526）。鼓励可持续行为的大众媒体活动失败的部分原因是信息制作水平不高，但是更重要的是它们低估了变革行为的难度（Costanzo et al.，1986）。科斯坦佐和他的同事注意到，大多数大众媒体努力促进可持续行为依赖的是传统营销策略，其中可持续行为被看作可以出售的"产品"。他们认为，广告宣传可以有效改变我们对某些品牌的偏好。但是改变消费者偏好并不等于新行为的产生，相反，它只会改变人们现在的行为。科斯坦佐和他的同事说，"小的行为改变通常并不需要人们付出很多的金钱或努力，也不需要他们明显改变生活方式"（Costanzo et al.，1986：526）；相反，激励人们参与新活动，比如步行或骑自行车去上班，却难得多。步行或骑自行车上班面临很多障碍，比如时间、安全、天气和便捷程度等问题。任何可持续行为面临的各种障碍都意味着，单独依靠信息活动并不能实现行为变革。

迄今为止，我们都忽略了，我们需要保证我们实施的这些活动计划可以引起行为变革。制订可以有效引起人们行为变革的计划是可持续发展的基础。如果要优雅地实现向可持续未来转型，我们就必须思考如何引导个人参与群体性可持续行为，并依此制订相应的计划。

另辟蹊径：以社区为中心的社会营销策略

以社区为中心的社会营销策略可以有效替代宣传活动。经证实，与传统方式相比，以社区为中心的社会营销策略更能有效地促进行为变革。它之所以有效是由于它务实的方针。这一方针包括：精心遴选可推广行为；识别选定行为的好处及面临的阻碍；制定利用行为变革工具的策略，以攻克阻碍并呈递好处。在社区中小范围实施策略。最后，大范围实施这一策略之后马上评估计划效果。

以社区为中心的社会营销人认为，人们广泛参与任何形式的可持续行为都面临多种内部及外部阻碍；并且对于不同的人来说，他们面临的阻碍也不尽相同。例如，相对于男性来说，女性在选择公共交通的时候会更多地考虑它的安全性。与刚刚讨论过的态度—行为模式和经济自利模式相比，以社区为中心的社会营销策略试图尽可能多地消除阻碍。社会科学研究表明，阻碍人们参与一种可持续行为方式（如给阁楼安装绝缘设施）的障碍，通常与阻碍人们参与其他可持续行为方式（如拼车出行）的障碍毫无关系（McKenzie-Mohr et al.，1995）。并且，这一研究证实，即使是针对同类可持续行为（如减少废弃物）也会出现不同的障碍（Oskamp et al.，1991）。例如，循环利用、堆肥和源头削减等行为面临的障碍就各不相同。因为阻碍人们参与可持续行为的障碍会因为活动不同而各不相同，所以以社区为中心的社会营销策划人只有识别了某一具体活动的障碍和益处之后才会着手制定策略。一旦识别了这些障碍和益处，他们就会制定出一个社会营销策略来消除障碍、增进益处。

以社区为中心的社会营销策略正被全球成千上万个计划项目采用。虽然就激励和促进可持续行为来说，以社区为中心的社会营销策略并没有完全取代信息活动模式，但是其广泛应用确实足以表明，环保计划的设计者们愿意应用社会科学知识来设计和制订环境计划。

从跨学科角度了解行为变革

以社区为中心的社会营销策略成功开辟了一条变革行为的道路，但是它对社会科学知识及技能的实际应用表明，要激励并促成持久的变革，仅仅依靠个人和提供信息是远远不够的。本书是这一广阔领域的重要著作，它启发人们深入思考，如何将不同学科知识，包括教育、历史、心理学、工程与建筑及设计学等直接应用于可持续发展。在我看来，行为改变是可持续发展的基础，而本书以及整套丛书（第一套由莱曼和克罗克于 2012 年出版）正是这一不断扩展的领域中应运而生的非常重要的著作。

本书第一部分论文作为框架性讨论，确定并探讨了理解和改变那些承袭至今的观念、态度及行为的不同方式，以及怎样才能重新设计大型社会技术系统和城市系统，这些系统都已经成为最主要的行为改变障碍。第二部分论文考察了在教育、广告和媒体等宣传活动中形成的价值观和态度是如何促成日常可持续行为模式的，以及怎样才能重塑我们的价值观和态度以让它们更加有利于改变。第三部分主张：只有在集体环境中才能发生真实改变。一些非常有趣的案例研究展示了如何在不同领域，如服务经济、农业和食品供应等，以及在以社区为中心、参与者更多的城市设计过程中，运用这一理念。最后一部分继续讨论了大规模人类活动、大型体系和城市环境。这部分论文主要涉及"零浪费"城市，新兴低碳城市建设方式，以及高效、对环境影响小的城市垃圾和厨余垃圾处理项目。这些论文证实，要实现行为变革和可持续发展，仅仅通过信息宣传和征税促使人们改变行为是不够的，我们必须依靠集体的力量，众志成城，以促成实质性改变。

注 释

1. 本序改编自我为《培养可持续行为：以社区为中心的社会营销活动简介》（*Fostering Sustainable Behaviour: An Introduction to Community-Based Social Marcheting*）（第 3 版）所作的序。© 道格·麦肯齐-莫尔。

参考文献

1.Archer, D., Pettigrew, T., Costanzo, M., Iritani, B., Walker, I. and White, L. (1987) 'Energy conservation and public policy: The mediation of individual behaviour', *Energy Efficiency: Perspectives on Individual Behaviour*, pp69-92

2.Bickman, L. (1972) 'Environmental attitudes and actions', *Journal of Social Psychology*, vol 87, pp323-324

3.Costanzo, M., Archer, D., Aronson, E. and Pettigrew, T. (1986) 'Energy conservation behaviour: The difficult path from information to action', *American Psychologist*, vol 41, pp521-528

4.De Young, R. (1989) 'Exploring the difference between recyclers and non-recyclers: The role of information', *Journal of Environmental Systems*, vol 18, pp341-351

5.Dietz, T., Gardner, G. T., Gilligan, J., Stern, P. and Vandenbergh, M. P. (2009) 'Household actions can provide a behavioural wedge to rapidly reduce US carbon emissions', *Proceedings of the National Academy of Sciences*, vol 106, no 44, pp18452-18456

6.Environment Canada (2006) 'Evaluation of the one-tonne challenge program'

7.Finger , M. (1994) 'From knowledge to action? Exploring the relationships between environmental experiences, learning, and behaviour', *Journal of Social Issues*, vol 50, pp141-160

8.Geller, E. S. (1981)'Evaluating energy conservation programs: Is verbal report enough?', *Journal of Consumer Research*, vol 8, pp331-335

9.Geller, E. S., Erickson, J. B. and Buttram, B. A. (1983) 'Attempts to promote residential water conservation with educational, behavioural and engineering strategies', *Population and Environment*, vol 6, pp96-112

10.Hirst, E. (1984) 'Household energy conservation: A review of the federal residential conservation service', *Public Administration Review*, vol 44, pp421-430

11.Hirst, E., Berry, L. and Soderstrom, J. (1981) 'Review of utility home energy audit programs', *Energy*, vol 6, pp621-630

12.Jordan, J. R., Hungerford, H. R. and Tomera, A. N. (1986) 'Effects of two residential environmental workshops on high school students', *Journal of Environmental Education*, vol 18, pp15-22

13.Larson, M. A. and Massetti-Miller, K. L. (1984) 'Measuring change after a public education campaign', *Public Relations Review*, vol 10, pp23-32

14.Lehmann, S. and Crocker, R. (eds) (2011) *Designing for Zero Waste: Consumption, Technologies and the Built Environment*, Earthscan/Routledge, London

15.McKenzie-Mohr, D., Nemiroff, L. S., Beers, L. and Desmarais. S. (1995) 'Determinants of responsible environmental behaviour', *Journal of Social Issues*. vol 51，ppl 39-156

16.Midden, C. J., Meter, J. E., Weenig, M. H. and Zieverink. H. J. (1983)' Using feedback，reinforcement and information to reduce energy consumption in households: A field- experimem'. *Journal of Economic Psychology*，vol 3, pp65-86

17.Oskamp, S., Harrington, M. J., Edwards, T. C., Sherwood, D. L., Okuda, S. M. and Swanson, D C. (1991) 'Factors influencing household recycling behaviour', *Environment and Behaviour*, vol 23,pp494-519

18.Pope, E. (1982) 'PG & E's loans aimed at poor miss the mark', *San Jose Mercury*, 10 December, p6B

19.Stern, P. C. and Aronson, E. (eds) (1984) *Energy use*: *The human dimension*, Freeman, New York. NY

20.Tedeschi, R. G., Cann, A. and Siegfried, W. D. (1982) 'Participation in voluntary auto emissions inspection', *Journal of Social Psychology*, vol 117, pp309-310

前言　激励消费与行为变革

罗伯特·克罗克　斯蒂芬·莱曼

可持续发展的政治体系与不可持续性的历史沿革

我们现今面临的环境问题已波及全球、相互牵扯，且伴有错综复杂的物质关系，其局面已非某几个国家凭一己之力所能有效应对。经济学开出的处方是：政治经济的头等大事是要用一切手段求发展（Jackson，2009；Stutz，2010）。这一文化的传播使本就复杂的局面变得更加失控。这种文化将异常严峻的环境威胁粉饰成可计算风险，又包装为未来投资的折现率，好像我们大可预测，我们甚至可以设法生活在一个将升温 2 ~ 4 华氏度的世界（Meadows et al.，2004）。

上述问题一部分是认识和沟通的问题：我们中没有谁有全球思维的意识，受过这样专业教育而有这种思维的人在深受危害的媒体中又得不到大众关注，而且，他们也不能使用经济学和新自由主义政治学的话语交流，而现在正步步逼近的"生态悬崖"就是在这样的话语体系中形成的（Princen，2002）。上述问题的第二个很重要的内容是我们集体留下的"沉没资本"遗产：我们花了200年时间建立起一个极其高效、复杂的社会技术网络系统，这个系统是我们今天赖以依靠的根本系统，即使它是造成我们生态灾难的主要原因（Cohne，2011；见Crocker，第1章）。如同一艘正在穿越狭窄海湾的远洋班轮一样，尽管水手都众志成城且身手不凡，但这艘地球之星巨轮却一动也不动，难以转身。

我们的问题是一个相对晚近的问题：第二次世界大战后的10年间，生活水平上升带动期望上升，导致出现不可持续的能源资源使用模式，这一趋势延续下来且愈演愈烈，终于形成了日益一体化的消费驱动、资源匮乏和能源密集型的多套系统——这些系统贯穿资源开采、生产、运输、通信和零售各个环节（Trentmann，2011）。20世纪30年代发生的经济危机跌宕、起伏，此间构想提出的增加大众消费的目标被认为是未来繁荣的关键且得到了工业界和政府采纳，成为战后十分显著的西方共识（Cohen，2004）。直到20世纪60年代，一些科学家才认识到"无止境工业发展"导致的环境问题，等到某些政策制定者认真关注这个"问题"的全球影响时，又是10年之后了（Meadows et al.，1972，2004）。布伦特兰委员会发布的《我们共同的未来》（Our Common Future）（Brundtland，1987）报告反映出：很多干预政策都涉及是否应在全球层面上同时开展减贫和环境改善工作的争论。

遗憾的是，此后多数政客只愿对经济增长体制给予小修小补（Princen，2002），这几乎没有任何例外。里约峰会已过去二十余年了，我们在气候变化问题上的许多行动（不行动）表现出矛盾心理，分歧重重，影响到关于排放的多轮谈判。想到这里，我们就知道这其中肯定有害怕"杀鸡取卵"的畏惧心理。全球减贫和减少快速发展经济导致的排放和环境损害这个双重目标常常会自相矛盾，很难有统一的可能性（Charlton，2011）。

重新利用发展经济的遗留设施系统，或许是我们将面临的最大物质和文化挑战，其中有原油运输系统、燃煤发电站、塑料和化学品、浪费型施工系统和消费主义媒体营销机制（Dauvergne，2008）。虽然这些系统具有明显的"不可持续性"，但是修正或取代这些系统所需策略和成本必然带来直接风险和潜在损失，这些损失往往难以计算。这已经挫伤了多个领域的政策和环保行动。处理航空公司、采矿和能源生产这些大产业危害环境的问题，在政治和经济上均难以接受，所以直到现在，多数政府领导人和工业界领袖对于环境问题常采用"非常柔和"的方法来解决（Clapp & Dauvergne，2011）。

嵌入这个结构背景的还有发展经济的引擎中另一个看似颇为棘手的问题："消费文化"或称"消费主义"及其必然牵涉的不可持续性行为（Smart，2010）。针对这个问题，各国政府设法改造国民思想，帮助他们摆脱过去那些污染性、浪费性及碳密集型的恶习（Crocker，2012a；McKenzie-Mohr et al.，2012）。通常，多数政府对宣传运动和相互抵触而又优柔寡断的"绿色"经济策略情有独钟，可这些无助于实现现在需要的减排目标，也根本改变不了大家对"消费主义"的缄默不语，尽管消费主义这架引擎已驱动全球生态"超载"日趋升级（Hertwich，2006；Jackson，2009）。

行为变革的主要障碍

直接有效解决我们现在面临的环境问题遇到集体性持续失败，这既是不断逼近的"生态悬崖"的结果，也是原因，可归结于多种因素，在此讨论五大特别关联要素。

第一，政府和工业界在宣传计划上浪费大量资源，这些计划力图"个别解决""过度"消费问题，改变人们的行为。殊不知，在很多地方，这些行为都是在促销系统环境中日积月累形成的，已成了日常的"必然"习惯（Maniates，2002；Sanne，2002，2005；见 Fudge & Peters，第 4 章）。从现有心理学与社会科学关于行为变革的大量文献看，必须先有支撑或实现框架系统，改变每日惯例、观念和价值观，方谈得上改变习惯性行为（Kollmuss & Agyeman，2002，McKenzie-Mohr et al.，2012）。仅靠资讯或激发个人改变，而不清除妨碍可持续行为的障碍，早已一再失败（见 McKenzie-Mohr，序言）。

第二，多数政府和企业并未对未来的"绿色经济"进行充足、明智和持久的投资，却常资助小型市场化的"标志性"绿色试点项目，也资助可视性企业行为，只要这些行为能产生声誉，或至少分散对现有盈利却破坏环境的"棕色"活动的不寻常关注（Pearse，2012；Rogers，2010）。这导致许多国家绿色投资出现混乱的停止—启动模式，常常引起高度政治化的论战，一方面担心气候变化将产生不可预知的高额成本，另一方面又担心调整、整顿将带来社会和工业的深远变化。论战双方莫衷一是，各执一词，民粹主义、误导人的错误信息令人汗颜（Princen，2010）。

第三，许多政府仍在暗中贴补某些掠夺破坏环境的产业，误以为这些产业作为国民经济的支柱能对国民经济给予核心支持。这一观点还得到了一帮主张维持现状的游说者与辩护者的赞同（Oreskes Conway，2011）。这些隐性回归投资常常是"沉没成本"效应的典型实例，我们集体成为人质，被过去的决策和其"沉没成本"所绑架，然而，这些曾经理性的决策现在却有极大破坏性（见Crocker，第1章）。

第四，多数政府和企业对营销、媒体、广告和零售业从事"编辑行为"的活动及由此产生的负面环境效应乐得睁一只眼闭一只眼，这些行业定位的目标基本上就是提高消费量和频率，无视任何环境成本或社会成本。生产商因为碳排放和污染可能面临加税，而营销商和零售商却可以放任自流不受管束。例如，他们可以出售使用寿命短、"制成即坏"的产品，或者鼓励用户购买使用一个月就更换的产品（Crocker，2012b；Slade，2007）。他们还通过广告让消费者习惯他们的产品和服务，自由地操控着消费者的价值观和观念，这与系统行为变革所要求的环保行为直接背道而驰（Alexander et al.，2011；见Crompton，第6章）。

最后，对排放影响的科学认识不断提高，引起了欧洲、美国和澳大利亚的一些保守政府、能源公司、"智库"和游说团体的质疑，认为这有"争议和矛盾"、有"极端主义"和"利己主义"倾向，并企图扼杀和政治化这样的认识。各国一小撮势力宣扬的这股"否定主义"思潮不仅延误了制定气候变化政策和采取相应行动，而且混淆视听，使对新兴绿色经济开展深入讨论变得不可能，资源也被抽走（Oreskes & Conway，2011；Zerubavel，2007）。这是过去"烟草巨头"和"石油巨头"惯用的一种经典公关策略，是想利用我们规避变革潜在风险的心理和我们对未来的乐观憧憬（见Ewen，1996；Norgaard，2011）。

要控制和重塑处于全球经济核心的过度消费，我们必须直面影响变革的这些深层而顽固的障碍，必须认真反复地研究行为及其依存的物质和文化关系（Urry，2011：48-65）。政府和大企业大多不愿进行这项事业，但是过去视若神圣的"自由"市场经济近年遭遇重大失败，一些领导人不得不质询我们是否还能回到"一切正常"的状态，他们开始寻求走出现有困境的办法，着手投资绿色经济，而非仅仅装样子（Grantham，2011）。现在不采取富有成效的行动，以后就将有更高风险和更多环境成本，诸如海平面上升、极端气象更为剧烈频繁、海洋酸化加剧，以及随之而来的食品安全和全球流行病（Meadows et al.，2004）。气候怀疑论者提供的救生筏不结实，要抱住这艘救生筏和固守工业游说团体的误导宣传已越来越站不住脚了。我们应该清楚：值得信赖的科学家们毫不怀疑全球性人为气候变化是真实的，且正在发生；气候变化不仅需要我们迫切关注，而且还要有积极的协调一致的响应，要直接与普通人的日常生活建立关联（Meadows et al.，2004；Shove，2010；Stutz，2010）。

激励变革：变革性知识和关系重组

上述有效变革的障碍有着深刻持久的心理、行为、社会和物质背景，是在根基深厚、威力强大的经济社会技术供给劝导系统里累积形成的。这些凑在一起，便刺激、启动和规范出损害环境的资源开采、批量生产、销售、劝导和大众消费方式（Owen，2012；Smart，2010）。这些系统无处不在，其成功、效率和便利明摆着，对象群体又在不断扩大，公开批评它们令人难以接受，往往很难进行。故此，许多政治家和经济学家希望能找到"一次性"行政和技术解决办法（最好加以列举），以最小成本"挽救"我们，使"一切正常"的状态能延续下去，不发生重大断裂（Thiele，2011；见 Newton，第 2 章）。

过去 20 年，许多政府和企业都提倡行为变革要个体化，但显而易见已经失败了（McKenzie-Mohr et al.，2012；Princen，2010），在大体雷同的增长经济和消费社会里，简单依靠绿色高效的技术手段解决问题也未获成功（Owen，2012），本册文集开篇就触及了这个问题。简单的"一次性"技术手段不可能改变复杂的、相互影响且相互依存的社会行为——这些技术手段可能会给某些政治家们留下深刻印象（见 Lehmann & Crocker，2012）。正如科尔姆斯和阿杰曼（Kollmuss & Agyeman，2002）指出的，内外环境、观念、行动和关系交融共济，塑造着我们日常的习惯行为，要实现持久变化，这些因素作为一个整体都要有所涉及（McKenzie-Mohr et al.，2012）。

本书在心理学、社会与物质语境下详细研究了行为与消费之间的相互作用，也探讨了设计的功能，大致设想该功能为重塑和重构互为依存的文化、社会与物质关系。这必然涉及个人、家庭、社区、城市乃至国家的各个层面（见 Lehmann，2010），以及各种尺度的影响：价值、观念、态度、媒体、日常惯例及制约塑造个人集体行为的社会和技术大系统。据此构想的可持续发展不是一个完美和谐和生态平衡的乌托邦未来，而是一个为实现更好的生物社会平衡不断调整的漫长进程，真正的"行为变革"的积极目标必定也是这样（Thiele，2011）。如此，可持续设计就设想成了为实现这一目标重构我们依附的社会与物质关系的进程（Crocker，2012a）。

第一部分的数篇文章首先探讨了认识激励变革广阔背景的不同侧面，之后的其他部分讨论了三个重要视角，每个视角皆能启发设计师和其他"变革推动者"找到发现可行的补救措施。首先是媒体设计背景下的价值观和信仰，以及其潜在传播、塑造、重构环保态度与行为的力量（第二部分）。第二个视角是通过以设计为主导、以社区为基础的社会创新计划和共享型"产品服务体系"，实现持续至今的个人消费模式朝可持续的集体消费模式转向（第三部分）。本书最后一部分利用城市建成环境这枚超大透镜透视系统的以设计为主导的干预措施，可潜在减少过度消费和最大限度降低浪费，具有深远的积极影响（第四部分）。

本书开篇之作是罗伯特·克罗克对现代消费主义历史根源的框架讨论，特别突出了媒体和营销在加深消费主义扩张增速上的作用（第1章）。接着，彼得·牛顿对城市环境下的个人与集体过度消费展开了广泛讨论，他认为，优化城市设计可以在家庭、社区和城市的交叉层面上减少不可持续性消费（第2章）。正如这些文章表明的，学者们就消费和行为范畴绘制的特定边界及应采用的方法，需进一步质疑和拓展，以便考虑和制定有效的灵敏的系统策略。接下来，在由珍妮·查普曼、娜塔莉·斯金纳与莎妮·塞尔撰写的文章里，他们提出了一个观点，要认真考虑在工作场所鼓励塑造环保行为，将其作为有潜力的社会文化场所，而非仅仅是思考能源利用和物质吞吐量的场地（第3章）。随后，谢恩·富奇和迈克尔·彼得斯又指出，早就应该料到，将个人行为变革定位为"个人选择""公民责任"的英国政策注定会遭到失败。这又一次清楚表明，我们的议事日程要扩充：我们不可以认为过度消费是源于单一的个体行为或者能从这得到救治（第4章）。最后一个部分是克里斯娜·迪普莱西斯的文章，她在文中重点讨论了都尼勒·梅多斯的独到见解（Meadows，1999）：支撑我们世界观的信念与价值观是撬动变革系统的最强杠杆，她也分析了这对我们今天所面临环境问题的意义（第5章）。通过这些文章的分析，可以认为，可持续消费——这只许多政府政策追求的"圣杯"，与其说是个人选择决策的产物，不如说是动态的社会、经济与文化进程的产物，这个进程将贯穿不同的个人、家庭、工作场所、技术、社会和制度。

本书第二部分将读者注意力转移到行为发生的"内在"环境问题上，迪普莱西斯（在第5章）即对此有了预告，她强调价值观这个长杠杆对塑造信念、态度和习惯行为的重要性。此部分首先是汤姆·克朗普顿那篇可能激起争端的文章，他提出社会固有价值观对于塑造环保行为具有核心作用（第6章）。保罗·默里的文章在一定程度上是前文的补充，他提出，通过他称之为"自我领导可持续发展"的过程，可唤醒和确定环保价值观的重要性（第7章）。接下来的两篇文章又回到媒体的问题上来，卡拉·利奇菲尔德在第一篇审视了媒体描绘中的动物，发现媒体对环保行为的影响大体上是负面的（第8章），乔柯·穆拉托夫斯基在第二篇提请注意广告营销对塑造态度与行为（包括潜在环保行为）的作用（第9章）。这两篇文章的视角从梅多斯"最长"的世界观杠杆移到价值观和态度上，具有启发性。斯图尔特·沃克在结尾篇里思考可持续设计赋予日常物品的意义，以及如何调整该过程从而改变我们的经验对象，从消费主义的经验转向更为稳定持久的关系（第10章）。此文采纳了克罗克的见解（第1章），即消费主义其实是一种"人为设计"的视觉物质文化，并非只是产生于抽象的经济和社会力量，且与视觉和物质世界保持距离。这样，我们又折回来思考设计师的工作，设计潜力不只在于改造世界，还在于影响价值观和信念，塑造态度和行为。

第三部分专注于讨论社会创新和新的社会协作参与式可持续消费。如曼齐尼和塔西纳里（第11章）所指出的，这并不是真正的传统消费，而是要搭建桥梁连通生产和消费；也并不是要占有使用寿命短的生产品，而是要求集体协作社会参与的新型关系，以探索设计在可持续发展中的作用，并提供新模板。随后两个案例研究例证了这些设计主导的社会创新原则对于城市实践的意义：劳拉·佩宁探讨了纽约的两大创新项目（第12章），安吉丽·埃特蒙德透过南澳州阿德莱德的某一大型项目，研究了儿童作为未来可能的"设计领袖"和协作人的作用（第13章）。卡洛·维左针对职业设计师和设计教育工作者，探讨了产品服务体系的潜在作用，这个体系是可持续消费的重要推手，对设计和生产消费都有不同寻常的意义（第14章）。本部分结尾一文由盖伊·罗宾逊和其合作者撰写，文章报道了针对伦敦污染行为的一个大型研究项目，显示出社区差异对制订围绕可持续行为的合作计划十分重要（第15章）。

第四部分回应牛顿的呼吁（第2章），重提建成环境的讨论，认为应该将建成环境视为改变行为的重要场所，前面两篇文章有关"零浪费"城市概念（第16章和第17章）。阿提克·乌斯·扎曼和斯蒂芬·莱曼在第一篇文章里介绍了"零浪费"城市概念，"零浪费"城市在城市地区层面是培养可持续消费的手段（第16章）。第二篇的作者保罗·康内特是"零浪费"实践的先驱，他提出了将"零浪费"原则作为变革策略（第17章）。接着，克丽·贝尔、芭芭拉·科思和斯蒂芬·莱曼检视了临时住所环境中的食品浪费问题，再次引起对产生及处理浪费的共有集体环境的重视（第18章）。斯蒂芬·莱曼与加布里埃尔·菲茨杰拉德在本书最末一章探讨了未来低碳城市开发中，交叉层压木板作为一种替代性建材对于可持续建筑在材料和环保上的双重效益（第19章）。

本书透过设计多样的视觉和物质表象，探究了设计的潜在功能，设计本质上是一个行为塑造过程，潜力巨大，可在不同环境、不同层面上"鼓舞激励"变革。从这个角度看，可持续设计无疑就是一个多学科流程，可以启动各种依存关系的重构，这些关系对于我们现在的环境危机起了直接或间接的作用（见 Thorpe，2012）。

参考文献

1.Alexander, J., Crompton, T. and Shrubsole, G.（2011）*Think of Me as Evil? Opening the Ethical Debates in Advertising*, Public Interest Research Centre（PIRC）, WWF-UK, Godalming, Surrey
2.Brundtland, G.H. (1987) *Our Common Future: World Commission on Environment and Development,* Oxford

University Press, Oxford and New York

3.Charlton, A. (2011) 'Man-made world: choosing between progress and the planet', *Quarterly Essay*, Melbourne, vol 44, pp1-72

4.Clapp, J. and Dauvergne, P. (2011) *Paths to a Green World: The Political Economy of the Global Environment* (2nd edn), MIT Press, Cambridge, MA

5.Cohen, L. (2004) *A Consumers' Republic: The Politics of Mass Consumption in Postwar America*, Vintage Books, New York, NY

6.Cohen, M.J. (2011) '(Un)sustainable consumption and the new political economy of growth', in K.M. Ekstrom and K. Glans (eds) *Beyond the Consumption Bubble*, Routledge, London, pp 174-190

7.Crocker, R. (2012a)'"Somebody else's problem": consumer culture, waste and behavior change – the case of walking', in S. Lehmann and R. Crocker (eds) *Designing for Zero Waste: Consumption, Technologies and the Built Environment*, Routledge/Earthscan, London, pp11-34

8.Crocker, R. (2012b)'Getting closer to zero waste in the new mobile communication paradigm: a social and cultural perspective', in S. Lehmann and R. Crocker (eds) *Designing for Zero Waste: Consumption, Technologies and the Built Environment,* Routledge/Earthscan, London, pp115-130

9.Dauvergne, P. (2008) *The Shadows of Consumption: Consequences for the Global Environment*, MIT Press, Cambridge, MA

10.Ewen, S. (1996) *PR! A Social History of Spin*, Basic Books, New York, NY

11.Grantham, J. (2011) 'Time to wake up: days of abundant resources and falling prices are over forever ', *GMO Quarterly Letter*, April, accessed 3 June 2012

12.Hertwich, E.G. (2006) 'Accounting for sustainable consumption: a review of studies of the environmental impacts of households', in T. Jackson (ed) *The Earthscan Reader in Sustainable Consumption*, Earthscan, London, pp88-108

13.Jackson, T. (2009) *Prosperity without Growth: Economics for a Finite Planet*, Earthscan, London

14.Kollmuss, A. and Agyeman, J. (2002), 'Mind the gap: why do people act environmentally and what are the barriers to pro-environmental behaviour?', *Environmental Education Research*, vol 8, no 3, pp239-260

15.Lehmann, S. (2010) *The Principles of Green Urbanism: Transforming the City for Sustainability*, Earthscan, London

16.Lehmann, S. and Crocker, R. (eds) (2012) *Designing for Zero Waste: Consumption, Technologies and the Built Environment*, Earthscan/Routledge, London

17.McKenzie-Mohr, D., Lee, N.R., Schultz, P.W. and Kotler, P. (2012), *Social Marketing to Protect the Environment: What Works*, Sage, London

18.Maniates, M. (2002) 'Individualization: plant a tree, buy a bike, save the world?', in T. Princen, M. Maniates and K. Conca (eds) *Confronting Consumption*, MIT Press, Cambridge, MA

19.Meadows, D. (1999), 'Leverage points: places to intervene in a system', *The Sustainability Institute*, Hartland, VT, accessed 10 September 2012

20.Meadows. D., Meadows, D. L., Randers, J. and Behrens, W. W.(1972) *The Limits to Growth: A Report for the Club of Rome's Project on the Predicament of Mankind*, Universe Books, New York, NY

21.Meadows, D., Randers, J. and Meadows, D.(2004) *Limits to Growth*: *The 30-Year Update,* Chelsea Green, White River Junction, VT

22.Norgaard, K.M (2011) *Living in Denial*：*Climate Change, Emotions and Everyday Life*, MIT Press, Cambridge, MA

23.Oreskes, N. and Conway, E. M. M. (2011) *Merchants of Doubt: How a Handful of Scientists Obscured the Truth, from Tobacco Smoke to Global Warming* (2nd edn), Bloomsbury, London

24.Owen, D.(2012) *The Conundrum: How Scientific Innovation, Increased Efficiency, and Good Intentions Can Make Our Energy and Climate Problems Worse*, Scribe, Melbourne and Penguin, London

25.Pearse, G. (2012) *Greenwash: Big Brands and Carbon Scams*, Black Inc, Melbourne

26.Princen, T. (2002) 'Consumption and its externalities: where economy meets ecology',in T. Princen, M. Maniates and K. Conca (eds) *Confronting Consumption*, MIT Press, Cambridge, MA, pp23-42

27.Princen, T. (2010)'Consumer sovereignty,heroic sacrifice two insidious concepts in an endlessly expansionist economy',in M. Maniates and J. M. Meyer(eds) *The Environmental Politics of Sacrifice*. MIT Press. Cambridge,

MA,pp145-164

28. Rogers, H. (2010) *Green Gone Wrong: How Our Economy is Undermining the Environmental Revolution*, Scribner, New York, NY

29. Sanne, C. (2002) 'Willing consumers – or locked-in? Policies for a sustainable consumption', *Ecological Economics*, vol 42, pp273-287

30. Sanne, C. (2005) 'The consumption of our discontent', *Business Strategy and the Environment*, vol 14, pp315-323

31. Shove, E. (2010) 'Beyond the ABC: climate change policies and theories of social change', *Environment and Planning A*, vol 42, pp1273-1285

32. Slade, G. (2007) *Made to Break: Technology and Obsolescence in America*, Harvard University Press, Cambridge, MA

33. Smart, B. (2010) *Consumer Society: Critical Issues and Environmental Consequences*, Sage, London

34. Stutz, J. (2010) 'The three-front war: pursuing sustainability in a world shaped by explosive growth', *Sustainability: Science, Practice and Policy*, vol 6, no 2, pp49-59

35. Thiele, L. P. (2011) *Indra's Net and the Midas Touch: Living Sustainably in a Connected World*, MIT Press, Cambridge, MA

36. Thorpe, A. (2012) *Architecture and Design versus Consumerism: How Design Confronts Growth*, Berg, Oxford

37. Trentmann, F. (2011) 'Consumers as citizens: tensions and synergies', in K. M. Ekstrom and K. Glans (eds) *Beyond the Consumption Bubble*, Routledge, London, pp99-111

38. Urry, J. (2011) *Climate Change and Society*, Polity Press, Cambridge

39. Zerubavel, E. (2007) *The Elephant in the Room: Silence and Denial in Everyday Life*, Oxford University Press, Oxford

第一部分

提出问题：消费、行为与可持续发展

1 从满足最低生活需求到过度消费：

消费主义、"强制"消费和行为变革

罗伯特·克罗克

【提要】

如今失控的消费主义被认为是全球排放的一个重要引擎。许多讨论认为它与可持续消费是相对立的，然而却几乎没有人给失控的消费主义下过定义，并通常认为它是个人决策的产物。这样的观点是极其可疑的。不可持续的个人行为通常发生于庞大的社会技术系统中。这样的社会技术系统鼓励我们所说的过度消费，并使其常态化。

本章在简要讨论了消费主义的含义、历史和起源后指出，剖析当代消费主义最好从其扩张性和强制性的典型特征入手。这包括并依赖于诸多社会技术的启动系统——（资源的）开采、生产、经销、劝导和沟通——其导向目标便是在全球范围内复制和加速大众消费，第二次世界大战以后更是如此。由于这些社会技术系统的"沉没成本"效应，实现可持续发展实质性变革的政治和经济成本极其高昂，当然不作为也正在为此付出越来越多沉重的代价。厘清形成这些系统的种种关系，就得到了一个几曾忽略的机会来设计或重置这些系统的组成部分，以取得显著的可持续效果。本章在分析手机消费趋势（和营销体系）之后，讨论了如何才能促成可持续行为变革。

导言："不足""过度"和"消费主义"

> 当拉尔夫·纳德告诉我，他想让我的车变得便宜却又丑又慢时，其实他是在强加一种生活方式给我，而这种生活方式却是我拼死抗拒的。
>
> （语出 Timothy Leary，引自 Metcall，1986：57）

在哥本哈根峰会上，安德鲁·查尔顿在一篇文章中概述了自己担任澳大利亚政府经济顾问的经历。他认为，"我们最关键的两大挑战是应付气候变化和消除全球贫困。在哥本哈根我们了解到这些挑战是息息相关的"（Charlton，2011：4）。一方面，高消费国家本着有义务保护我们这个星球的态度，希望减少碳排放；另一方面，那些低消费的发展中国家政府本着相似的负责任的精神，必须通过发展经济努力改变本国国民的贫困状态，而这又常常会在短期内增加碳排放。要在这两股相互抗衡的力量之间找到他们都能接受的妥协方案并不是一件容易的事情（Charlton，2011；也见 Stutz，2010）。

我们也会发现，采取行动满足环境可持续发展的需求与增进社会和经济的可持续发展的需求之间的冲突存在于每一个国家。面对污染大、盈利高的行业，不管是在政治方面还是经济方面都需要付出高昂的代价，因此，大多数高消费国家的民主政府都选择了一些比较容易实现的目标项目，包括渐进式立法变动，标志性绿色工程，以及以媒体为基础的信息活动和行为变革运动。这些项目针对的都是"浪费"的个人消费行为，其国家目标在于以某种方式建立可持续消费模式（Crocker，2012a）。人们多次指出，即使这些策略在地方备受瞩目，但是由于工业扩张在全世界蔓延，所以它们并不能实现最低的全球排放目标，并且不足以影响同样大幅度扩张的消费主义这头"房间里的大象"[1]（Crocker，2012a；Shove，2010）。但是正如查尔顿解释的那样，我们需要共同努力，在低消费国家增加消费以确保他们可以达到合理的最低生活标准；同时还要抑制发达国家特有的过度消费现象（Jackson，2009）。事实上，大规模生产和大众消费在全世界范围内形成了一个

---

[1]　指闭口不谈却明显存在的事实。——译者注

愈加一体化也更加复杂的体系，然而，进入这一体系也就意味着跨入了过度消费的门槛。这样一来，我们要共同努力实现目标就变得更加不容易。更何况，努力达到最低生活标准势必需要激励过度消费（Hilton，2007；Humphery，2010）。

无论是从环保还是从政治方面来看，满足最低生活标准和过度消费之间都看似相互矛盾对立却又息息相关。在许多方面，消费主义一词本身就体现了这些矛盾。大多数词典都对消费主义一词给出了三个定义，这三个定义虽然各不相同，但是从历史发展的角度看它们又是相关的。第一定义：消费主义是指消费者拥有获得满足最低生活水平所需的商品和服务的权利，并从这些商品和服务中获益——这一定义和我标题中出现的满足最低生活需求是一致的（见 Hilton，2007）。第二定义源于 20 世纪早期的经济学，该定义后来成了一个很受青睐的理论，即"日渐增加的对商品和服务的消费"不论对于社会还是经济来说都是有利的。历史上，这一观念与工业社会中满足人们最低生活标准的需求演化和发展有着千丝万缕的联系（见 Cohen，2004）。第三定义简明地概括了我在标题中提出的过度消费一词，是这一概念的个性化理解，这一定义在当下被普遍认为是贬义的，即"过分追求物质产品"（见 Jackson，2006；定义部分见 *American Heritage Dictionary*，2012；*Oxford Dictionaries*，2012）。消费主义一词还有第四定义。这是一个越来越受到认同的定义，常见诸文化研究、人类学、社会学和诸多政策辩论中。根据第四定义，消费主义被认为是一种当代人的"生活方式"和"一种精神状态"。据此，社会意义和身份都要通过购买、使用和展示所选择的商品以及服务来表现（见 Smart，2010：7-8）。这是生活在发达社会的人的共同生活体验。发达社会的特征是：充裕、繁荣以及持续的经济扩张。这些特征主要产生于高度复杂和一体化的大规模生产系统、运输系统、零售系统、劝导系统和信息提供系统——这些系统让我们在越来越多的领域里都习惯于过度消费（Smart，2010）。

尽管消费主义含义的迥异令人惊讶，但是现在在探讨可持续性这一话题的时候，"消费主义"一词几乎被用于专指"过度的"个体消费现象及与之相关的观点和行为，也暗指在"过度"之外还存在一种可持续消费。令人惊讶的是，这种可持续消费又常常针对集体来定义（见 Cohen & Murphy，2001：5；Humphery，2010）。把"消费主义"一词的含义局限于表达扩张性消费社会中出现的相对"过度"（通常用于指个人而非群体），然后就发展为探讨"足迹"问题及发达国家减少消费的整体要求（Hertwich，2006；Jackson，2006）。然而对于个人来说，在全球工业经济中任何程度地满足最低生活需求都暗含着个人"过度消费"的可能，除非已经实现了这一消费目标（Hilton，2007）。所以，促进可持续消费就必须首先承认，在现代工业消费经济中可持续消费不合常规，也并不根深蒂固。也就是说，通过扩大可利用率、创新技术和降低价格实现体面生活（或是"最低生活需求"）的想法很快就会悄然转变为实现"过度消费"的梦想和希望，这样的梦想有可能是一处更大的房子，一辆更宽敞的车或是许多太阳能电池板。消费者的欲望就和遭遇海难的水手渴望出现若隐若现的地平线一样强烈，不管是借助道德说教、合理规划、还是有关气候变化的客观信息，再或者是通过规定何为必要或足够的，都不能降服它。只能通过对个人和集体"标准"予以更加明确而实际的立法干预才能做到，这样的干预措施必须以以下几个方面为出发点：最小的经济代价、可用性、消费者可支配收入，以及媒体和现在无处不在的劝导系统对这些干预措施的影响等。

在这一章，我将首先再次审视当今"消费主义"的扩张历程，并以此为序曲，接着讨论如何通过政策和设计来逆转它对环境造成的损害。因此我将谈到如何识别桑内（Sanne，2005）所谓的"强制性"消费在日常生活中最重要的分化性特征，即使可持续消费努力变得不可能、不可行，或是带有个人英雄主义色彩的体系与实践之间的日常结盟。我也会在讨论中谈到"沉没成本"这一被人忽视的问题，该问题推迟或阻碍对最明显和最具破坏性的过度消费模式的处理。我要论证的最根本的问题是，虽然因为受到"沉没成本"的影响，要改变个人消费通常是非常困难和有限的，但是通过设计、"社会变革"和谨慎的政策干预等方式改变消费主义的体系，还是可能在行动上或是环保方面取得理想的成果，只是各国政府和跨国公司常常抵制这种做法。

本章通过有关手机消费的一个短小案例，探讨了如何在每个领域重新设计或重新设置典型的不可持续关系（见Crocker，2012b）。本章展示的这一案例试图揭示如何"重新设置"，以及我们从中可以学到什么，同时表明我们需要更加精确地重新定义可持续性一词，它是生物社会的一种动态平衡，而不是像个人英雄主义似的过于不切实际地去实现未来环境、经济和社会的协调发展（特别见Thiele，2011）。从这个角度来看，"可持续设计"并不是理想化的"完美"设计，而是在一个特定的领域里，从道德的层面去分析并有意地重新设置那些不可持续的关系和行为（见 Thorpe，2012；Walker，2011）。

现代消费主义发展简史

生产某种东西（产品）的结果必定是使用它（消费），并且很多消费品都超出了基本需求的范畴，从这个意义上讲，我们一直都是"消费者"。但是我们还是要从历史发展的角度清楚地区分工业化前的消费形式和工业化后的消费形式。许多有关当代"消费文化"的研究都忽略了这一点（见 Kroen，2004；Lodziak，2002）。例如，在文艺复兴时期的欧洲宫廷里各种奢侈的消费形式盛极一时，后来在 18 世纪的城市中产阶级中这样的宫廷消费呈现出早期的现代民主化，他们越来越喜欢尝试稀有的异国风味的餐饮及其他"奢侈品"（Berg，2005；Campbell，1987；de Vries，2008）。尽管 17 世纪晚期欧美消费者的典型心态和行为在许多方面都和当今的消费者相似，但是"现代化前"的早期消费结构和一个世纪后在西方国家工业经济发展中形成的消费模式的结构是不同的，后者更加适度并且适合更多人。在那个时候更多人和家庭可以消费那些批量生产、有包装并且不贵的品牌商品（Kroen，2004）。我们在谈及二者的相似之处的时候要特别谨慎，因为把商品和服务传送给更多人群的社会技术体系是不同的，而且通常人们的消费动机可能和我们乐于假定的情况也不同（Lodziak，2002）。

第一次世界大战前，多数工业化国家的主要政治问题是通过让人们过上体面的生活而非满足中上阶层的过度消费需求（Hilton，2007），快速实现城市化和工业化。这使得工人群体大增，他们更加依赖批量生产的商品，因此需要给他们这样的社会经济参与者发足够多的工资。然而事实却是，在 19 世纪的工业国家中工人们在为维持基本的生活需求而斗争，满足最低生活需求这一问题被高度政治化（Hilton，2007，2009）。差不多在整个 20 世纪，由于生活成本高、可支配收入不足并且技术落后，人们可获得的物质非常有限。因此，在很多国家，满足最低生活需求一直都是最主要的政治任务。所以，在第一次世界大战前的美国和第二次世界大战前的欧洲，对于大多数工人来说，"消费主义"通常被定义为（在我们的第一定义之后）以获得安全、清洁与价格合理的日常商品和服务为目的而进行的长期斗争，以及满足这一需求所需的最低工资或收入（Hilton，2009；Trentmann，2011）。

满足消费需求、过上体面生活的愿望很快就转变成了期望可能满足额外消费的想法。其原因正是消费主义的核心：含义不明的非理性和感性（Campbell，2004；McCracken，2008）。其中价格、可利用率、创新和收入是关键因素，因为降低价格，或提高可利用率，或逐步增加收入可能成为获得新产品或服务的途径，也可能让人希望得到更多或是得到以前无法获得的东西。因此，批量化工业生产在前面列出的消费主义的四种含义间起到了承上启下的作用，因为它极其灵活地满足了最低消费需求，同时创造并提供满足最低需求之外的商品和服务。这样就使得消费本身成为体现社会身份和表现自我的手段（Dwyer，2009；McCracken，2008）。因此，过去的奢侈消费行为和 19 世纪晚期高效的批量生产所导致的大量廉价产品，都是当代消费主义以及与之相关的环境问题出现的原因。并且在 20 世纪，还可以利用这些方法来满足消费者们更加综合协调的消费需求。

在 19 世纪中期的欧洲和美洲，人们渴望使用大工厂生产的、全世界都可以买得到的廉价日用品，比如肥皂、剃须刀、去污粉、假药和各种批量生产的小饰品，如梳子、吊坠及其他饰品等。这些并不是满足最低生活需求必需的东西，而是额外的消费（Church，2000；Shell，2009）。生产商设计出这些日用品，并为之冠名和打广告，同时还借鉴了早期的那些新颖的营销和推广手段，以此在多个国家长久占有可观的市场份额，或是开辟更大的销售区域（Church & Clark，2001；Low & Fullerton，1995）。这些商品的数量和种类都在增加，并且很快就有了家具和各种家用电器。它们实用，质量好并且价格低，又受人关注，所以成为最早流行的家用"品牌"（Edwards，2005；Moor，2007）。因此，20 世纪早期大众消费的快速扩张不仅根植于日益壮大的中产阶层的享乐需求，而且还在于生产、推销和供应等社会技术系统的扩张。这些早在 19 世纪晚期的批量生产中就已经形成了，其中包括率先使用运输和交通物流，借助于印刷品的早期营销和宣传形式，铁路、供气、供水和排污等供给设施系统，以及其他被人忽视的或普通的集体消费形式（Low & Fullerton，1995；也见 Warde & Gronow，2001）。建造、生产和平面设计的发展史与那些被大力推广和批量生产的廉价商品的广泛流通是密不可分的，而且每个领域都越来越要求市场差异化和专业化（Edwards，2005；Forty，1992）。

早期大众市场的一个重要特征是，以英国的布茨为杰出代表的一些新兴的低成本百货店和连锁店策略性地利用了工人阶层和中产阶层日益增加的可支配收入，他们的商品就属于大众市场（Scanlon，1995；Whysall，1997）。这股风潮在临近20世纪时成就了那些廉价品大亨，如美国的伍尔沃思和西尔斯（Shell，2009；Strasser，1995）。这些人通过大宗购买，专业、巧妙地运用营销和广告手段，并利用高效的运输和交通物流，都建立了企业王国。巨商们的传奇将促使消费主义成为工人阶层的文化核心，并激励他们渴望满足更多的消费需求，同时刺激了政策性消费。这样，它就与我们对这个语义矛盾的词的第一定义产生了密切的联系，即为了过上那种难以形容的体面生活，需要有获得最低限度的商品和服务的权利（Cohen，2004；Hilton，2007；Kroen，2004：721）。

专业化劝导

现在，随着技术进步以及广告和印刷成本的降低，交流和劝导系统的影响力和作用在不断提高，这些都是劝导专业化的体现（Ewen，1996；Strasser，1995）。受其影响，大企业和政府的营销及公关工作日益专业化，其影响力也日渐扩大（Ewen，1996；Low & Fullerton，1995）。第一次世界大战时期，已经不存在受过良好教育的社会精英和没有文化的大众之间的差异，取而代之的是消费者和读者群。这是一个由中低收入者构成的群体，他们不仅会购物，还会大量阅读报纸杂志，并且在很多国家还根据自己了解的信息参与投票选举（Ewen，1996）。一位美国广告公司的总经理在1920年说道，"在民主国家，公众意见就是'无冕之王'。广告商的工作就是站在王冠上写演说词"（Schwarzkopf，2011：10）。需要工资以维持生计的工人不仅是关心某个阶层集体的经济、社会和政治利益的消费者，也是工业化民主政权的参与者。对于那些拥有、生产或销售产品及服务的人来说，这也有助于他们通过愈加重要的公民消费者这一说法操纵政治和经济（Cohen，2004；Crowley，2008；Hilton，2007；Pavitt，2008）。由此来看，一个国家的消费者似乎反映了市场的运转，作为消费者满意了，他就有望成为在政治上和经济上都感到满足的公民（Cohen，2004；Schwarzkopf，2011；Trentmann，2011）。

20 世纪早期，美国企业自视为促进全球进步的主力，愈加自负地运用公共关系战略扩张自己在全世界的利益，瓜分了欧洲和南美诸多国家的市场份额（de Grazia，2005；Marchand，1998；Schröter，2005）。一大群精力充沛的营销和公共关系专家帮助这些企业在新的市场促销、售卖甚至生产产品，从而提高其生产、市场分析和劝导的效率（Schröter，2005；Scully，1996）。20 世纪 30 年代，可口可乐公司在纳粹德国取得的成功颇受争议，却证实了这些方法的有效性。然而，早在 30 年前美国就已经使用了这些方法（Marchand，1998；Schutts，2007）。两次世界大战之后，像可口可乐这样的大公司之所以能不断在全世界增加其市场份额，都受益于美国在胜利后取得的有利条款。施罗特（Schröler，2005）指出，欧洲企业和政府都研究并套用了这些大公司的方法和结构体系，尤其是在冷战期间，当时大多数欧洲领导人都急切希望采用更民主和美国化的方案来重建国家（Cohen，2004；Crowley，2008；de Grazia，2005）。"消费者主权"和"公民消费者"成为西方的一种整体意识形态："民主"是实现大众消费的"保障"，其中蕴含着对社会进步和超越最低消费的期许。这源于理论上的"自由选择"：选产品，选房子，选工作，选车或选学校；在政治方面，选党派或选政府（Cohen，2004；May，2008；Schröter，2005）。

尼克松（时任副总统）与赫鲁晓夫展开"厨房辩论"是一次处心积虑的尝试。这位诡计多端的未来总统旨在利用自己提出的民主国家"公民消费者"这一核心观点（Reid，2008）。他指出，普通美国人与任何地方的共产主义者不同，美国人有能力先于他们享受现代厨房。令人自豪的是现代厨房是由美国通用电气公司赞助并创建的（Oldenzeil & Zachmann，2009）。科恩认为，战后美国工业与经济的"复苏"完全基于这样的经济理念：只要扩大批量生产，人们的生活水平就会提高，这样就不用担心工人阶级的政治意识会被唤醒。第二次世界大战后这一理念又传到了欧洲（Cohen，2004：62 ff.）。同时，美国的大公司，开始采用产品开发和推销的市场营销模式。这是一场"营销革命"，采用新的推销技术使商品或服务的概念设计、开发和销售都针对特定的目标市场。公司的重心转变了，为了公司的公众形象，不仅需要包装产品，还需要通过视觉资料宣传公司。公司不仅要有经济实力，还要塑造良好的社会形象。这些都可以通过商标设计、品牌塑造、产品或服务设计，以及广告宣传和产品包装等得以实现（Dawson，2003；Marchand，1998）。

20世纪60年代早期，消费水平提高了，加上政府出资扶助工业发展、住房安置、食品生产、医疗保健和教育发展，使得美国人作为消费者的"权益"和期望都令人艳羡（Hilton，2007，2009）。所以，一方面，满足最低生活需求的诸多问题仍然在塑造着民主政治和经济理论；另一方面，许多政治家和企业家都把已然出现的过度消费现象看成经济繁荣、国泰民安的迹象或预兆（Cohen，2011；Hilton，2007；Trentmann，2011）。

令人惊讶的是，在这个过程中设计的作用被忽视了。前面我们提到过，工业设计直接支撑着营销革命，它还反映和促进了新消费主义，从而给环境和社会都造成一些负面影响（Crowley，2008；Pavitt，2008）。维克多·帕帕奈克严厉地批评了消费主义，这段知名的批评启发了20世纪60年代的设计同行们：

> 一旦他们给人们的生活带来不如意，他们就会想出一个权宜之计。也就是说一旦创造了弗兰肯斯坦，他们就会渴望设计出他的新娘。

（Papanek，1984：215）

在工业设计的黄金年代，新的思维习惯和状态导致了更加全球化的消费主义。设计师把这样的思维习惯广泛、稳固地融入了家庭日用品及其系统的设计风格中。因此，他们实际上推动了过度消费（Crowley，2008；Margolin，2002；Meikle，2005；Pavitt，2008）。设计史上的这种潜在冲突和满足最低消费需求与过度消费之间的冲突是相似的：随着收入的提高，可以获得更多的商品和服务，工人阶级的生活水平提高了，也有了新的需求和习惯，以及以前没有的一些浪费行为。并且它有点像棘轮，会导致人们的消费水平和期望越来越高，在人们的家里或是通过其家具和家用电器，可以清楚地发现这样的发展变化（Dwyer，2009；Marcus，1998；Shove，2003）。美式"内置"报废或风格化报废与一种全新的消费主义美学联系起来，成为各地设计师被要求实施的"技巧"（Boradkar，2010：80 ff.）。许多设计师的想法也印证了这一点，他们认为，他们在以一种方式预见和创造更加美好的未来，迎合消费者对新颖产品和服务的期待（Crowley，2008）。那段时期，有良知的设计师努力设计出一些所有人都可以获得的实用商品和服务，为民主提供了物质保障（Marcus，1998；Meikle，2005；Pavitt，2008）。

"过度"消费的"强制性"特征

因此，早期发生的与经济、社会、技术和媒体等相关的许多变革逐渐融合，由此产生了现代扩张性消费主义，其发展相对较晚且模棱两可，并在第二次世界大战后发展成熟。西方盟国故意推行消费主义也起到了推波助澜的作用，当时，刺激消费被认为是提高生活水平的必要条件，也是防范工人阶级政治激进主义和潜在共产主义威胁的重要保障。逐步增加商品消费将有益于社会和经济并在政治上受欢迎，这一经济信念早就与鼓吹自由、民主和选择权的言辞结合在了一起。第二次世界大战后，美国人的这一基本教义被传到了西欧和其他地方（de Grazia，2005；Schröter，2005），并成为冷战宣传中重要的固定套路：只有致力于增加大众消费的西方民主社会才可能提高生活水平，增加社会流动性，并实现种种自由（de Grazia，2005；Hilton，2009；Masey & Morgan，2008）。

冷战思想以及公司和政府发起的市场营销活动深刻地塑造了"日常生活"中物质世界、消费主义行为及本论文将重点讨论的消费主义观念。例如，20世纪30年代，美国公司为大众市场设计了流水线生产；20世纪50年代，欧美的新现代主义设计或"现代"设计，尤其是新电器、白色商品（大型家用电器）和汽车设计，都反映了新的大众消费主义（May，2008）。麦克拉肯（McCracken，2005）认为，由于采用了战斗机的外观，战后美国汽车的设计成了西方技术实力及美帝国在全球的势力范围的象征。这种汽车动力强劲，大量镀铬并且"有翼"，它似乎在向购买者展示前所未有的奢华，通过物质生活重塑自我的自由，以及看似由民主消费主义所赋予的颇多的物质和社会回报（McCracken，2005；Meikle，2005）。由于设计可以启发人们想象未来的自由状态，因此一旦买了车，人们就可以享受或接触到社会经济发展带来的自由、进步和转变（Gartman，1994；McCracken，2005）。这种富有想象力的汽车设计直接取代或淘汰了选择较多的公共交通系统；在没有公共交通系统的情况下，城市的扩张使得汽车和其他省时的装置一样，似乎是人们的生活必需品（Sanne，2005；Soron，2009）。

第二次世界大战后，我们从很多方面都可以发现消费具有不可抗拒的行为塑造特征，比如美国和西欧设计生产的汽车及其在现代民主社会公民生活中的重要地位，以及大多数其他产品和系统。我认为，这些特征有助于识别当今超前消费主义文化发展的速度、特点和强度，并把它与过去更为缓慢，更倾向于中上阶层的消费主义区分开来（Lipovetsky，2011）。

社会技术系统日趋一体化以鼓励消费

20世纪50年代，一系列资金密集的社会技术基础设施相互融合并且彼此高度依赖，它们支持并强化了现代消费主义行为和观念（Schröter，2005）。运输、制造、零售、媒体、劝导和通信等行业都可以见证这一点。这些系统通过排斥或展示老旧缓慢、无法接受以及可替换的消费形式，愈加紧密地融合在一起，使得当代消费主义显得"正常"。随着收入增加、价格下跌和可用性增加，并通过"编辑选择"的集成系统，我们更加依赖于关键技术设备和系统（Sanne，2002，2005；Soron，2009）。

从汽车案例中可以清晰看到：通过这种方式，在降低实际价格、降息和增加可用性的同时，满足最低消费需求必然无情地导致"过度"消费。汽车看似只是一种"使能"工业产品，但同时私人汽车却成了消费升级或增多的载体，比如购物、休闲娱乐活动和社交（Conley，2009；Soron，2009；Urry，2004）。厄里注意到，汽车的灵活性掩盖了它的强制性特征，这就暗示了大众消费整体上存在深刻的矛盾（Trentmann，2011）。一旦使用汽车，它似乎就会变得具有强制性。替换汽车很难，既危险又很慢，这就导致人们普遍更加依赖汽车（Urry，2004）。汽车行业的扩张轨迹与以道路为基础的后勤系统并行。它整合了制造业、配送业，以及零售业与大卡车和集装箱货船的联系。大卡车和货船穿梭于各大洲之间，把货物运送到零售目的地，这些都由计算机跟踪系统和仓储系统协调（更加异乎寻常的例子可见于 de Botton，2009：35 ff.，作者自己就曾跟随这样的货船环游世界）。

在其他系统中同样可以发现与灵活方便性和强制性相关的含混的故事。以电视为例，它逐渐改变了起居室布局以及居住者看待世界甚至自我的方式。电视观众对世界了解更多，同时由于电视可以清晰地诠释消费者的世界观，因此他们更清楚地意识到自己是消费者（May，2008；Spigel，2001）。要找工作，去上班，或成为当代城市居民都需要首先成为消费者，并且观赏电视节目成为现代消费者必要的娱乐活动（Dauvergne，2008；Sanne，2005）。

不断开展技术革新以扩大消费

现代消费主义也涉及被密切关注、受营销驱动并愈加频繁爆发的技术进步。市场营销和设计过程中的技术创新在早期是促成过度消费的关键因素（Boradkar，2010：179）。比如去年购买的苹果手机，它和之前的许多明星产品一样，必定会被机身更薄、反应更快以及电池和相机功能更好的最新版替代（Crocker，2012b）。技术创新利用我们渴望灵活、便捷、声誉、能力以了解和探索世界或接触他人的心理，诱使我们去商店或是网购，并且抛弃或卖掉一种产品，然后购买新的。

跟上新技术的步伐已经成为过度消费和浪费增多最重要的原因。因为今年的笔记本电脑或苹果手机到明年的这个时候就过时了，零售商们也乐于让我们相信这一点（Dawson，2003：86-95；Slade，2007）。持续不断的升级和更新会大量挥霍能源和物质资源，这样的代价极少能在新购买的产品中得到偿还，因此会造成过度消费资源的结果。可持续设计的核心挑战之一就是如何减少这种过度消费。如果不弃旧换新就会落后的错觉会让消费者认为新技术可以解决那些本来无法解决的或是与设备自身有关的问题（Pocock et al.，2012；Turkle，2006）。

愈加普遍地采用声誉营销以强化消费

为了将我们的欲望转化为需求，广告商们已经专注于外在价值很久了（Alexander et al.，2011；Dittmar，2008）。我们拥有的东西，我们的工作，我们的穿衣打扮，我们开的车，我们的餐饮，或是我们吸的什么烟都会在别人眼中形成我们的"声誉"。1888年，英国肥皂商 W. H. 利弗在去美国的途中购买了一条标语："为什么女人比男人衰老更快？"这是早期的一种简单、典型的广告形式。它试图通过强调我们的身体、外貌或是自尊感等方面的缺憾来塑造行为（Church，2000：640）。广告中强调的问题，加上令人难过的社会暗示在购买者心中形成了一个缺口，而只有购买广告中展示的"方法"才能填补这一缺口（Dittmar，2008）。

通常，大多数媒体企图通过对内容进行主题化包装，使他们的目标客户感到有所缺失，借此把消费者"带到"他们的赞助商面前。因此杂志、电视节目或网站可能展示一些主题描述来唤起人们在某方面有所缺失的感觉：他们的房子需要重新粉刷；起居室可能会因为这样或那样的新沙发更美观；和别人家的院子相比，自家的院子看起来很糟糕，所以需要翻新；汽车用久了需要换新的；笔记本电脑勉强还行但速度很慢。这样的例子不胜枚举（Turow，2011）。很明显，广告在不断地根据文化的变化而发展（Leiss et al.，2005），但是创造需求这一基本要求却不曾改变，尽管有时候它创造的需求会非常微小。广告商常常借用生活中的老套故事创作出简单的生活叙事作品，以此让观众认为有些东西是值得拥有的。通过狂轰滥炸式的广告宣传，消费在逐步增加，这意味着鼓励消费的"信息"、图像或故事很快成为消费目标（Dittmar，2008；Jannson，2002）。

为谋求利润而打的广告不仅可能错误表达消费者的缺失，也可能错误表达它所推销的东西。例如，皮尔斯（Pearse，2012）最近在有关绿色产品营销的调查中发现，大多数取得环保资质的大型知名企业就错误表达了其产品、服务或其投资项目的制造、运输或销售过程（见 Rogers，2010）。皮尔斯指出，每年的可持续性报告成了公司公共关系部门的专长；其目的并不是报告或评价公司的可持续变化，而只是给那些通常并不具有可持续性的产品、服务或投资项目"增添价值和声誉"（Pearse，2012；Rogers，2010）。

宣传未来乐享的虚幻需求以拉动消费

当代消费主义具有紧迫性特征并且面向未来（Lipovetsky，2011）。清仓大甩卖、减价日、限时抢购以及其他销售策略都鼓励消费者立即购买那些以前可能因为太贵没考虑买或是不太想买的东西。在这种情况下，消费者受到怂恿，认为他们必须决定购买，否则就可能错失机会。之所以能制造出这样的紧迫感，并不是因为优惠的销售条款，而是因为激发了消费者对满意度的期许（Sanne，2005；Sullivan & Gershuny，2004）。

促使消费者迫切希望满足未来需求的典型策略还有分期付款方案，这样消费者在完全支付之前就可以拥有想要的东西；还有产品扩张方案，为了能够安全正确地使用产品，消费者必须购买配件或护壳。许多这样的策略还在不断增加，它们只不过是在劝说消费者淘汰产品（Slade，2007）。这样做的目的无非是人为地使产品看起来老旧过时、功能老化或是加速终止它们需要提供的服务（Boradkar，2010：179 ff.；Dawson，2003：86-

88）。正如许多设计师所猜想的一样，这不仅是物质问题，而且最重要的是心理问题。以手机为例，使用者被迫按设计的条件进行升级，这样的条件包括故意留下的设计不足，以及假想如果不在方案结束前替换，手机可能会停止工作。大多数移动电话服务公司在6个月的签约服务期内都为消费者提供更令人满意的新手机。这样做的结果却是，手机使用寿命的持续下降：在日本，手机用户平均每12个月升级一次，在美国是每17个月（Crocker，2012b），并且两次升级的间隔时间呈现出缩短的趋势。

重要的是，一旦喜欢上满足未来需求的假想，也许是一次海外度假、一部新智能手机、一辆新车，就可以促使消费者忽视他们曾经拥有和享用的东西，并且不管从理智的角度还是情感的角度都贬低了它的价值（Chapman，2005）。这样会贬低曾经拥有或享用的东西的价值（并且引申开来，还包括和他人的关系），还可能降低消费者的自尊心（Kasser，2002）。由于假想未来会有更加满意的产品，替换他们曾体验过或拥有过的东西，这就导致消费者实际上永远无法获得满足感。

代替或掩盖交易关系以加速消费

快速交易甚至即时交易是现代消费的典型特征。在过去的商业环境中，人们有更多面对面的交谈，交易缓慢。而电子化即时交易掩盖了这种交易的作用，部分原因就是技术进步。这是社会加速发展的重要社会技术成分，也是网络化社会的重大发展，这种发展虽然被忽视了，但却非常强大、规范（Manzerolle & Kjosen，2012；Tomlinson，2007）。其目的就是要提高交易频率、增加利润，最终导致多样、频繁、密集的消费行为。缓慢的商务关系容许人们在决定购买前可以反复思考，和商家面对面交流，并且会对购买的东西心仪很久。但是快速的以交易为基础的消费却怂恿人们转移注意力、草率决定，并冲动购买（Dawson，2003；Schwarz，2004）。通过网络化生产和商业环境，从烤面包、制鞋到购买三明治，以及和服务商设立记账户头，每一个程序、每一个步骤都变得自动化和脚本化，在分工明确的交易行为中不再有不对称的互动关系（Manzerolle & Kjosen，2012）。不再专注于工人的技艺，而是训练他们以交易为基础完成毫无个性可言的、单调的生产任务；同时引导消费者加速交易，增加交易量、交易频率，然后获利，比如我们有时候在宜家组装家具或在麦当劳排队（见 Muratovski，第 9 章）。

　　和以前促成一次或多次交易的面谈相比，新的即时交易成为全球化网上消费的重要体现（Tomlinson，2007）：目的就是要摒弃并终止以前惯用的一对一的、慢条斯理的，并且有互动的面对面交流（Sennett，1998）。所以，现在的购销关系不过是主要由营销部门掌握的一段"故事"和一个品牌（Moor，2007）。为了促成重要交易，这种"关系"会被程式化并精心管理。程式化交易过程就像一段芭蕾舞剧，服务行业职员可以表现得非常娴雅，根本就不必和消费者打交道（见 Duteurtre，2008）。

　　虽然很多消费者也想和他人从容地建立社交关系，哪怕是在商业环境中，但是他们受困于多种角色，忙于赶路、持家、工作和购物，时间压力迫使他们接受购物中心和超市这样的"便捷"的购物场所（Sanne，2005；Tomlinson，2007）。但是他们仍然偏好"面对面"购物，以及这种购物方式带来的信任感和互动关系。例如，我们发现要实现农贸市场和其他"可替代性"消费形式的非凡发展都比较费时费工，但是不管是从交易本身还是交易背景来看，这些消费形式都包含更多"面对面"交流，并且因此更有吸引力（Seyfang，2007，2009）。互联网在很大程度上也反映了这一矛盾，它一方面让人们可以和朋友或其他人远距离交流，另一方面也成就了快速交易，以及为了各种商业目的对社会传播进行的"脚本化"干预。有时这两方面可能在同一平台上产生剧烈冲突（Turow，2011）。

抵制变革与消费中的"沉没成本"效应

　　许多批评家注意到，这些特征越加迅速和广泛地相互影响，并因此在全球范围内形成了巨大的、不断扩展的商品和服务体系，即在世界范围内批量生产、批量安装、批量配送和批量推销的东西堆积如山，使得终端客户延迟了解或是很难了解这些产品所造成的真实的社会环境成本，甚至因为其掩盖行为使他们对此无从了解（Maniates，2002；Princen，2002）。为保持"经济增长"这架巨型引擎的运转，许多珍稀资源被耗光，大量物种被毁灭，并且整体环境恶化。以此为代价，商品才能被生产、配送、销售并短暂使用，然后被抛弃和替换。很明显，这些商品变得更具吸引力并且更加迎合消费者的需求。最终，消费者数量前所未有地激增，从而润滑了运转中的经济大轮（Lipovetsky，2011）。过度保护消费的行为本身并不具备稳定性和可持续性，它对社会不负责，对环境造成损害，但是目前它具有一定的社会意义和文化意义，并且也影响着经济，所以很难替换或改变（Cohen，2011）：用什么来替换这一体系，如何改变这一体系，最让人困惑的是它为什么如此难以改变？不管我们考虑过人口过剩的问题没有，面对越来越多的证据证实气候改变、资源枯竭、污染、物种毁灭，以及让人难以接受的频繁的有毒废物的堆积，我们却特别抵制改变生产运输以及使用和处置物品的方式，这无疑让人困惑且有悖常理（Orr，2002）。

然而"沉没成本"效应就像一个有用却几乎被人完全忽视的镜头，透过它却可以发现抵制变革甚至否认存在问题这样的现象（Tan & Yates，1995）。这个词运用于人类学、经济学、哲学和心理学，意即在目前和未来的决策中，始终坚持致力于过去已然成功的投资。凯利（Kelly，2004）以一张昂贵的戏票为例简单解释了这个词：如果有人给了我们一张200美元的戏票，即使我们不是特别喜欢这场戏，我们也常常觉得有必要去看。这张票的"沉没成本"会影响我们的决定（效果），尽管我们本想在家看看书。这就意味着，一旦我们做出了决定，这个决定就可能不再属于我们自己，或者并不由我们控制：即使我们也怀疑甚至确定它是错误的，我们还是觉得有必要尊重它，并遵照执行。我想指出的是，从前我们以类似的方式决定设立全球化的社会、文化、经济和政治秩序时是以增加大众消费为前提的，包括通过多种社会技术途径促进消费。这些都导致了"沉没成本"，这些"沉没成本"最后发展成了惯例并且常态化了，所以很难觉察到它的存在（见 Shove，2003）。

人们常常以提高效率、省时和省钱为借口决定沿用"沉没成本"，还自相矛盾地把它称为奉献（见 Maniates & Meyer，2010）。人们为"沉没成本"所累而很难舍弃不可持续的获利方式并不断为此找托词。如果改变这些方式会导致可以预见的风险、看起来很麻烦并且效率很低、很明显会造成损失（或是失面子）或者需要作出牺牲时，更是如此。因此放弃驾车、步行去上班可能看似要牺牲已有的方便及汽车带给我们的迅速灵活的感受，并且步行也很费时。但是，普林森（Princen，2010）指出，实际上步行（就像骑自行车一样）也是有好处的：观察世界、无干扰地思考、和邻居或朋友交谈，所有这些都是步行带来的好处，更别提它还能起到锻炼的作用，使身体更健康（Crocker，2012a）。很有讽刺意味的是：开车才是真正的牺牲，因为这样就无法享受步行带来的简单的快乐。并且有了车就必须付汽油费和维修费，也常常因为车坏了待在原地几个小时而一筹莫展，还会给自己和别人带来很大的危险（Princen，2010）。

另外，以移动电话产业为例，它的主要"沉没成本"是人和服务商的基础技术设施建设，沃达丰和威瑞森等通信公司就是这样。长期以来，这些公司开发出了"即买即用"的凭卡消费模式：消费者必须购买了手机和卡才能进入系统，一次性使用一个月；或是依计划签订短期合同的模式：个人和公司签约入网，使用期常常在 1 ～ 2 年。服务商将巨幅折扣购机或赠机条款打包写入合同，通常还有预防意外损坏或手机故障等条款，以此诱惑消费者。合同期一结束，手机就变得看似毫无价值，因为在合同期内，手机费已经付清。接着，消费者又被鼓动签一份新合同，然后得到一部新的免费手机（Crocker，2012b）。结果，每年数以百万计的手机提前报废，大量手机被堆放在家里，只有9% ～ 10%被再次利用或翻新（Crocker，2012b；Wilhelm et al.，2011）。

多数服务商对此给出的托词还是老一套——"沉没成本"：手机客户快速流失的原因在于技术创新的速度或是消费者的偏好，意即一部手机只用一年是消费者自己的决定。然而这并非实情。事实上消费者别无选择，他们常常被极力鼓动提前报废自己的手机，这被视为新常态。就像开车上班一样，在别无选择的情况下，这样的系统变成必需品。对于消费者来说，这些选择都毫无意义，因为接受新合同和新手机就可以保证手机无惧损坏和故障，并且人们也越来越接受这样的方式（Crocker，2012b；Park，2010）。这样，受到市场营销模式"沉没成本"的影响，新手机的周期性消费已成惯常和必需，并且还是商业和技术水平发展的结果，其目的就是让消费者更多地消费新增服务项目，并使得消费者更加依赖服务商。

当然，这些系统所造成的物资快速流失也影响了生产商，他们更多地采用轻薄便宜的材料制作手机（现在是平板电脑），逐步降低价格并增加手机容量。因为需要依赖大量的顾客，他们也设法吸引更多的消费者，签更多的合同，让顾客们更频繁地和他们签合同。一台装饰得较花哨的手机或平板电脑会煽动顾客想象自己并不落后，是跟得上科技发展步伐的（Crocker，2012b；Slade，2007）。然而，事实上各款苹果手机在技术应用上几乎没有差异。例如，苹果手机每次推出新款时，硬件功能的改善就很微小。虽然普通手机的技术能力在两三年内并不会逊色于智能手机，还可以通过更新软件弥补自身不足，并且近期智能手机所用的材质明显不如从前。但是，即便是这样，市场营销的需求仍然是淘汰普通手机、使用智能手机。所以，除非立法要求普通手机更新软件，否则普通手机将最终被淘汰。实际上，现在并没有这样的法律（Crocker，2012b；Wilhelm et al.，2011）。

可持续消费何以必须包括可持续营销？

改变这样的"过剩"体系就必须分析系统中的重要关系及其驱动方式，以及各个领域的营销人、广告人、公共关系专家和接收赞助的媒体撰稿人等散播的那些亦真亦假的信息（Dawson，2003）。目的就是要制定出一套可供替换的可持续方案，以减少稀缺资源的巨大浪费，延长现有设备和家电的使用寿命，同时让服务商和生产商继续获利（Crocker，2012b）。这才是真正的可持续性市场营销，而不是仅仅给那些本非"绿色产品"的东西贴上"绿色"的标签，或者推销那些貌似"绿色"环保的产品或服务（Pearse，2012）。但是当前，移动电话的使用在很多层面上都具有强制性，手机的过度消费也是这样。为了克服这一点，还需要重新构思设计各种关系，哪怕手机的材料使用在初期也只是勉强算得上"绿色"环保。例如，诺基亚就率先把手机当作珍宝一样对待：把手机部件做得更加结实，手机还可以内部升级和定制外观。虽然这样的举措仅限于针对高端客户，但是它却表明，可以借用奢侈品牌手机采用的办法重新配置目前的市场营销系统（Vertu，2012；也见 Crocker，2012b）。如果一台普通手机能被珍视，还可以内部升级，那么设想这台手机能使用 5 年并且价格还能再高点都是合情合理的。但在现有系统中，这样具有可持续性的选择简直不可能（Park，2010）。

实质性改变完全可能实现，但是由于"沉没成本"很高，并且通常各行各业只围绕价格、功能和外观等细枝末节激烈竞争，因此几乎所有的企业都不愿意冒险（Crocker，2012b）。让人难以理解的是，和手机一样，多数领域的可持续性讨论都无视营销框架，然而正是营销框架为过度换新和资源利用创造了条件和环境。一方面，消费者们因为愈加膨胀的欲望受到指责；另一方面，在生产和设计产品及服务的时候，都会迎合消费者的欲望，主要营销方式中蕴含着对利润最大化的憧憬，替换品就是这样被生产出来的。因此就提供移动电话服务而言，一方面，环境和社会成本被转嫁给了使用者（通常以个体化方式），但另一方面，也会转嫁给不易接近的品牌生产商（他们又常常能够把这一问题转嫁给别人）。然而人们却不明白，正是推销导致了过度消费及其后果（Clapp，2002；Maniates，2002）。通过大规模的媒体宣传，这种强制性的供给机制虽然带来沉重的"沉没成本"，却受到支持并被认为是合情合理的。可是很明显，它不具有可持续性，它将全世界 50 多亿使用者置于精心伪造的提前报废体系中（Crocker，2012b；Park，2010）。

詹森等（Janssen et al.，2004）在有关古代社会的案例分析中指出，在等级森严的社会里，"沉没成本"效应对具有前瞻性的理性决策具有更大的限制作用。无疑，"沉没成本"足以解释，为什么很多国家可能为了国家利益，无视减排政策，纵容那些污染严重的知名企业（例如，澳大利亚的大煤矿、美国的石油公司和欧洲的航空工业及世界各地像汽车制造这样的重点产业）。查尔顿（Charlton，2011）指出，由于长期严重依赖煤炭产业，澳大利亚根本无法承诺严格的减排目标。在打造不可持续性体系及其配套政策的时候，这些"沉没成本"发挥了关键作用。接着就会有某家忠实的媒体为这些体系和政策提供"解释"和"辩护"，证明它们是"合乎情理的"（Janssen et al.，2004）。

在移动电话案例中，并不环保却很成功的营销方案蛊惑人们频繁报废手机以购买售价更高的新手机，这一行为极为浪费，却为这个体系中的管理者们创造了双赢的局面。但是它后来所导致的环境成本却被转嫁给了使用者。就这样创建了一个非常不规范的产业（Crocker，2012b；Wilhelm et al.，2011）。结果，被废弃的移动电话堆积如山，和其他的电子垃圾一样形成一个巨大的有毒垃圾库（Stevels et al.，2012）。这表明我们无法干预貌似神圣不可侵犯的营销领域。

结论：重组更多可持续性关系

当下可持续发展的众多话语中，消费主义就像谚语所说的仍然是"房间里的大象"，它是个人选择不当导致的令人沮丧的结果，而非现有大众生产、供给、营销和零售系统引发的系统性、强制性结果。消费主义的影响已经持续多年，这些体系逐步"编辑"了我们的日常行为。我们愈加过度消费，我们有能力消费，并且更多更频繁的消费才能证实我们的公民身份（Cohen，2004；Trentmann，2011）。自相矛盾的是：过度消费的形成始于20世纪早期，当时人们千方百计地满足大多数工人都能过上体面生活的需求。

从移动电话供给的案例可以看出，种种庞大系统一直在"编辑"行为，旨在排除获取或提供现有必须服务的备选方式，并通过促销机制积极鼓励过度消费现有产品和服务，从而使过度消费和"不可持续性"成为"强制性"常态。由于其经济力和影响，这些集权机制总是使减排的立法努力变得徒劳无功：它们过于庞大，终将屹立不倒并无法撼动。并且由于其"沉没成本"巨大，显然，改变它们需要付出太大的代价，因此无法实现。所谓的"绿色"技术革新、正常行为、信念、态度及媒体的强大宣传支持使生产方式、物品使用或行为处事的可替代方式看起来不仅充满了困难风险，而且是奇怪的个人英雄主义，其中涉及的浪费之大令人震惊却被其严密掩盖。以当前移动电话服务的营销和组织为例，尽管政府和企业有"消费者至上""消费者权利"的言辞，那些很难算得上环保或全社会共同作出的决策仍然逐步常态化并且变得无法改变，几乎每个领域都是这样。在产品服务不可持续的生产消费方式中形成的"沉没成本"造成了巨大影响，而且又易于转移对这些影响的注意，将一个体系性"难题"变成了意识形态上可接受的个人选择问题（Cohen，2011；Maniates，2002；Princen，2002）。因此，"个人主义"不仅被普遍误解为造成过度消费的原因，而且还将人们的注意力从不可持续消费行为的社会技术支撑系统上转移开来，同时又为无法面对这些不可持续的强大系统造成的"沉没成本"效应提供辩护和解释。

所有消费行为都涉及长期以来形成的种种动态关系，在影响消费行为的互作用力中，只要其中之一一旦发生重大变化，便可在较短时间内改变我们的行为，只要这是显而易见的需求，或是立法所要求的（Dauvergne，2008；Thiele，2011）。只要我们无视这个塑造行为或"编辑行为"的动态社会技术循环系统的一个或多个组成部分，无视日常行为、信念和期望，无视媒体的决定性影响，就必定会削弱我们对消费主义是社会心理与社会技术关系系统共同的作用结果的认识，削弱我们对改变消费主义解决办法的有效性的认识。

从这个角度看，我们必须改变我们的可持续发展和可持续设计理念：我们不能再将可持续发展设想成一个未来的乌托邦，即市场关系一般靠道德维系，消费最低化，个人行为最优化，并完全免除环境影响。但这种思维方式带来的后果随处可见：孤立的"理想化"绿色村庄或城镇周边遍布"褐色"的开发区，除了那些一次性产品和设备以外，还有每天堆积如山的示范产品和服务，它们新颖巧妙却并"不环保"；以及有限的"行为变革"和信息类节目，这些节目说服了上千人一年中有一天走路去上班，而在其他时间里，城里人都享有以车代步的合适环境。必须改变这种不切实际的、虚假的可持续发展，我们再也不能只空想美好未来。我们必须从动态关系的角度去理解可持续发展，这样，生物社会平衡和物质平衡才不会只存在于想象中，而是会在实践中逐步实现（Thiele，2011：5-8）。

首先要广泛了解消费主义的历史维度，消费主义与工业发展是一对必然的、重要的、又大体上矛盾交错的组合，并可借助有效立法、设计、社会计划和媒体干预得到重塑或限制（Cohen，2011）。例如，通过立法，使生产销售移动电话等过于廉价的"耐用品"的成本大幅提高，采纳生产者延伸责任制，使生产商必须参与这些有毒产品的最后翻新或处置。目前这些商品的营销宣传都鼓励报废和提前报废。然而，绿色营销加上有针对性的有效立法可减缓报废速率。可是，当前该领域的法规多半是无效的，忽略了消费主义者营销宣传的强大影响力（见 Manzini，2002）。

铺张浪费的过度消费、资源枯竭、环境退化和社会贫困都是现行消费主义加速扩张的恶果——这些全球术语描绘的情形可见于人类活动各领域的特定依存关系中，都有其抗拒变革的阻力点，有其巨大的"沉没成本"。我们不能指望单纯靠资源定价就可变革行为，我们必须探究给现今各领域的世界危机"输送"组件的不可持续关系系统，以及这些系统间的历史关系和相关"不可持续性"的具体表现（Ehrenfeld，2008）。这些不可持续系统的"沉没成本"巨大，避免系统变革似乎"在意料之中"，或者说具有经济合理性。与之相悖的是，汽车制造、采煤和出口业这些资助产业说明，法规政策保护和加强了长期受资助却不可持续的关系系统，这往往阻碍了变革。可持续设计跟有效行为变革一样，必须推动这些关系的重组，而不是为享有一个理想化的未来，简单地制造出一些高效的"绿色"物品、建造"绿色"区域或系统。

参考文献

1. Alexander, J., Crompton, T. and Shrubsole, G. (2011) *Think of Me as Evil? Opening the Ethical Debates in Advertising*, Public Interest Research Centre (PIRC), WWF-UK, Godalming, Surrey

2. American Heritage Dictionary (2012) *The American Heritage Dictionary of the English Language*, accessed 12 June 2012

3. Berg, M. (2005) *Luxury and Pleasure in Eighteenth Century England*, Oxford University Press, Oxford

4. Boradkar, P. (2010) *Designing Things: A Critical Introduction to the Culture of Objects*, Berg, Oxford

5. Campbell, C. (1987) *The Romantic Ethic and the Spirit of Modern Consumerism*, Blackwell, Oxford

6. Campbell, C. (2004) 'I shop therefore I know that I am: the metaphysical basis of modern consumerism', in K. H. Ekstrom and H. Brembek (eds) *Elusive Consumption*, Berg, Oxford, pp27-43

7. Chapman, J. (2005) *Emotionally Durable Design: Objects, Experiences and Empathy*, Earthscan, London

8. Charlton, A. (2011) 'Man-made world: choosing between progress and the planet', *Quarterly Essay*, vol 44, pp1-72

9. Church, R. (2000) 'Advertising consumer goods in nineteenth century Britain: reinterpretations', *Economic History Review*, new series, vol 53, no 4, pp621-645

10. Church, R. and Clark, C. (2001) 'The product development of branded packaged household goods in Britain, 1870-1914: Coleman's, Reckitt's, and Lever Brothers', *Enterprise and Society*, vol 2, pp503-542

11. Clapp, J. (2002) 'The distancing of waste: overconsumption in a global economy', in T. Princen, M. Maniates and K. Conca (eds) *Confronting Consumption*, MIT Press, Cambridge, MA, pp155-175

12. Cohen, L. (2004) *A Consumers' Republic: The Politics of Mass Consumption in Postwar America*, Vintage Books, New York, NY

13. Cohen, M. J. (2011) '(Un)sustainable consumption and the new political economy of growth', in K. M. Ekstrom and K. Glans (eds) *Beyond the Consumption Bubble*, Routledge, London, pp174-190

14. Cohen, M. J. and Murphy, J. (2001) 'Consumption, environment and public policy', in M. J. Cohen and J. Murphy (eds) *Exploring Sustainable Consumption: Environmental Policy and the Social Sciences*, Pergamon, Oxford, pp3-17

15. Conley, J. (2009) 'Automobile advertisements: the magical and the mundane', in J. Conley and A. T. McLaren (eds) *Car Troubles: Critical Studies of Automobility and Auto-Mobility*, Ashgate, Farnham, pp37-58

16. Crocker, R. (2012a) ' "Somebody else's problem": consumer culture, waste and behaviour change— the case of walking', in S. Lehmann and R. Crocker (eds) *Designing for Zero Waste: Consumption Technologies and the Built Environment*, Earthscan/Routledge, London, pp11-34

17. Crocker, R. (2012b) 'Getting closer to Zero Waste in the new mobile communications paradigm: a social and cultural perspective', in S. Lehmann and R. Crocker (eds) *Designing for Zero Waste: Consumption, Technologies and the Built Environment*, Earthscan/Routledge, London, pp115-130

18. Crowley, D. (2008) 'Europe reconstructed, Europe divided', in D. Crowley and J. Pavitt (eds) *Cold War Modern: Design, 1945-1970*, Victoria and Albert Museum, London, pp43-65

19. Dauvergne, P. (2008) *The Shadows of Consumption: Consequences for the Global Environment*, MIT Press, Cambridge, MA

20. Dawson, M. (2003) *The Consumer Trap: Big Business Marketing in American Life*, University Of Illinois Press, Chicago, IL

21. de Botton, A. (2009) *The Pleasures and Sorrows of Work*，Penguin, Harmondsworth

22. de Grazia, V. (2005) *Irresistible Empire: America's Advance through Twentieth-Century Europe*, Harvard University Press, Cambridge, MA

23. de Vries, J. (2008) *The Industrious Revolution: Consumer Behaviour and Household Economy, 1650 to the Present*, Cambridge University Press, Cambridge

24. Dittmar, H. (2008) *Consumer Culture, Identity and Well-being: The Search for the 'Good Life' and the 'Body Perfect'*, Psychology Press, Hove

25. Duteurtre, B. (2008) *Customer Service (The Contemporary Art of the Novella)*, Melville House, London

26. Dwyer, R. (2009) 'Making a habit of it: positional consumption, conventional action and the standard of living',

Journal of Consumer Culture, vol 9, no 3, pp328-347

27.Edwards, C. (2005) *Turning Houses into Homes: A History of Retailing and Consumption of Domestic Furnishings*, Ashgate, Aldershot

28.Ehrenfeld, J. R. (2008) *Sustainability by Design: A Subversive Strategy for Transforming our Consumer Culture*, Yale University Press, New Haven, CT

29.Ewen, S. (1996) *PR! A Social History of Spin,* Basic Books, New York, NY

30.Forty, A. (1992) *Objects of Desire: Design and Society: 1750-1986*, Thames and Hudson, London

31.Gartman, D. (1994) 'Harley Earle and the art and color section: the birth of styling at General Motors', *Design Issues*, vol 10, no 2, pp3-26

32.Hertwich, E. G. (2006) 'Accounting for sustainable consumption: a review of studies of the environmental impacts of households', in T. Jackson (ed) *The Earthscan Reader in Sustainable Consumption*, Earthscan, London, pp88-108

33.Hilton, M. (2007)'Consumers and the state since the Second World War', *Annals of the American Academy of Political and Social Sciences*, vol 611, pp66-81

34.Hilton, M. (2009) *Prosperity for All: Consumer Activism in an Era of Globalization*, Cornell University Press, Ithaca, NY and London

35.Humphery, K. (2010) *Excess: Anti-Consumerism in the West*, Polity Press, Cambridge

36.Jackson, T. (2006) 'Challenges for sustainable consumption policy', in T. Jackson (ed) *The Earthscan Reader in Sustainable Consumption*, Earthscan, London, pp109-128

37.Jackson, T. (2009) *Prosperity without Growth: Economics for a Finite Planet*, Earthscan, London

38.Jannson, A. (2002)'The mediatization of consumption: towards an analytic framework of image culture', *Journal of Consumer Culture*, vol 2, no 1, pp5-31

39.Janssen, M. A., Kohler, T. A. and Scheffer, M. (2004) 'Sunk cost effects and vulnerability to collapse in ancient societies', *Current Anthropology*, vol 44, no 5, pp722-728

40.Kasser, T. (2002) *The High Price of Materialism*, MIT Press, Cambridge, MA

41.Kelly, T. (2004) 'Sunk costs, rationality and acting for the sake of the past', *Nous*, vol 38, no 1, pp60-85

42.Kroen, S. (2004)'A political history of the consumer', *The Historical Journal*, vol 47, no 3, pp709-736

43.Leiss, W., Kline, S., Jhally, S. and Botterill, J. (2005) *Social Communication in Advertising: Consumption in the Mediated Marketplace* (3rd edn), Routledge, London

44.Lipovetsky, G. (2011) 'The hyperconsumption society', in K. M Ekstrom and K. Glans (eds) *Beyond the Consumption Bubble*, Routledge, London, pp25-36

45.Lodziak, C. (2002) *The Myth of Consumerism*, Pluto Press, London

46.Low, G. S. and Fullerton, R. A. (1995) 'Brands, brand management and the brand manager system: a critical-historical evaluation', *Journal of Marketing Research*, vol 31, no 2, pp173-190

47.McCracken, G. (2005) 'When cars could fly: Raymond Loewy, John Kenneth Galbraith and the 1954 Buick', in G. McCracken(ed) *Culture and Consumption II: Markets, Meaning and Brand Management*, Indiana University Press, Bloomington, IN, pp53-90

48.McCracken, G. (2008) *Transformations: Identity Construction in Contemporary Culture*, University of Indiana Press, Bloomington, IN

49.Maniates, M. (2002) 'Individualization: plant a tree, buy a bike, save the world?', in T. Princen, M. Maniates and K. Conca (eds) *Confronting Consumption*, MIT Press, Cambridge, MA

50.Maniates; M. and Meyer, J. M. (eds) (2010) *The Environmental Politics of Sacrifice*, MIT Press, Cambridge, MA

51.Manzerolle, V. R. and Kjosen, A. M. (2012) 'The communication of capital: digital media and acceleration', *Triple C: Cognition, Communication and Cooperation*, vol 10, no 2, pp214-229

52.Manzini, E. (2002) 'Context-based wellbeing and the concept of regenerative solution: a conceptual framework for scenario building and sustainable solutions development', *Journal of Sustainable Product Design*, vol 3, no 2, pp141-148

53.Marchand, R. (1998) *Creating the Corporate Soul: The Rise of Public Relations and Corporate Imagery in American Big Business*, University of California Press, Berkeley, CA

54.Marcus, G. H. (1998) *Design in the Fifties: When Everyone Went Modern*, Prestel, Munich

55.Margolin, V. (2002) *The Politics of the Artificial: Essay on Design and Design Studies*, Chicago University Press, Chicago, IL

56.Masey, J. and Morgan, C. L. (2008) *Cold War Confrontations: US Exhibitions and Their Role in the Cultural Cold War,* Lars Muller Publishers, Baden, Switzerland

57.May, E. T. (2008) *Homeward Bound: American Families in the Cold War Era* (rev edn), Basic Books, New York, NY

58.Meikle, J. (2005) *Design in the USA*, Oxford University Press, New York, NY

59.Metcalf, F. (1986) *The Penguin Dictionary of Humorous Quotations,* Penguin, Harmondsworth

60.Moor, L. (2007) *The Rise of the Brands*, Berg, Oxford

61.Oldenzeil, R. and Zachmann, K. (2009) *Cold War Kitchen: Americanization, Technology and European Users*, MIT Press, Cambridge, MA

62.Orr, D. W. (2002) *The Nature of Design: Ecology，Culture and Human Intention*, Oxford University Press, Oxford

63.Oxford Dictionaries (2012), *Oxford Dictionaries,* accessed 12 June 2012

64.Papanek, V. (1984) *Design for the Real World: Human Ecology and Social Change* (2nd rev edn), Thames and Hudson, London

65.Park, M. (2010) 'Defying obsolescence', in T. Cooper (ed) *Longer Lasting Products: Alternatives to the Throwaway Society*, Gower, Farnham

66.Pavitt, J. (2008) 'Design and the democratic ideal', in D. Crowley and J. Pavitt (eds) *Cold War Modern: 1945-1970*, Victoria and Albert Museum, London, pp73-93

67.Pearse, G. (2012) *Green Wash: Big Brands and Carbon Scams,* Black Inc, Melbourne

68.Pocock, B., Skinner, N. and Williams, P. (2012) *Time Bomb: Work, Rest and Play in Australia Today*, New South, Sydney

69.Princen, T. (2002) 'Consumption and its externalities: where economy meets ecology', in T. Princen, M. Maniates and K. Conca (eds) *Confronting Consumption*, MIT Press, Cambridge, MA, pp23-42

70.Princen, T. (2010)'Consumer sovereignty, heroic sacrifice: two insidious concepts in an endlessly expansionist economy', in M. Maniates and J. M. Meyer (eds) *The Environmental Politics of Sacrifice*, MIT Press, Cambridge, MA, pp145-164

71.Reid, S. E. (2008) '"Our kitchen is just as good": Soviet responses to the American National Exhibition in Moscow, 1959', in D. Crowley and J. Pavitt (eds) *Cold War Modern: Design 1945-1970*, Victoria and Albert Museum, London, pp154-162

72.Rogers, H. (2010) *Green Gone Wrong: How Our Economy is Undermining the Environmental Revolution*, Scribner, New York, NY

73.Sanne, C. (2002) 'Willing consumers—or locked-in? Policies for a sustainable consumption', *Ecological Economics*, vol 42, pp273-287

74.Sanne, C. (2005) 'The consumption of our discontent', *Business Strategy and the Environment*, vol 14, pp315-323

75.Scanlon, J. (1995) *Inarticulate Longings: The Ladies' Home Journal, Gender, and the Promises of Consumer Culture*, Routledge, New York, NY

76.Schröter, H. G. (2005) *Americanization of the European Economy: A Compact Survey of American Economic Influence in Europe since the 1880s*, Springer Verlag, Dordrecht, Netherlands

77.Schutts, J. (2007) ' "Die erfrischende pause": marketing Coca-Cola in Hitler's Germany', in P. E. Swett, S. J. Wieslen and J. R. Zatten (eds) *Selling Modernity: Advertising in Twentieth-Century Germany*, Duke University Press, Durham, NC, pp151-180

78.Schwarz, B. (2004) *The Paradox of Choice: Why More is Less*, HarperCollins, New York, NY

79.Schwarzkopf, S. (2011)'The consumer as"voter", "judge", and "jury": historical origins and political consequences of a marketing myth', *Journal of Macromarketing,* vol 31, no 1, pp8-18

80.Scully, J. I. (1996)'Machines made of words: the influence of engineering metaphor on marketing thought and practice, 1900 to 1929', *Journal of Macromarketing*, vol 16, pp70-83

81. t, R. (1998) *The Corrosion of Character: The Personal Consequences of Work in the New Capitalism*, Norton, New York, NY

82. Seyfang, G. (2007)'Growing sustainable consumption communities: the case of local organic food networks', *International Journal of Sociology and Social Policy*, vol 27, nos 3-4, pp120-134

83. Seyfang, G. (2009) *The New Economics of Sustainable Consumption: Seeds of Change*, Palgrave Macmillan, London

84. Shell, E. R. (2009) *Cheap: The High Cost of Discount Culture*, Penguin Books, New. York, NY

85. Shove, E. (2003) *Comfort, Cleanliness and Convenience: The Social Organization of Normality*, Berg, Oxford

86. Shove, E. (2010) 'Beyond the ABC: climate change policies and theories of social change', *Environment and Planning A*, vol 42, pp1273-1285

87. Slade, G. (2007) *Made to Break: Technology and Obsolescence in America*, Harvard University Press, Cambridge, MA

88. Smart, B. (2010) *Consumer Society: Critical Issues and Environmental Consequences*, Sage, London

89. Soron, D. (2009)'Driven to drive: cars and the problem of "compulsory consumption"', in J. Conley and A. T. McLaren (eds) *Car Troubles: Critical Studies of Automobility and Auto-Mobility*, Ashgate, Farnham, pp181-197

90. Spigel, L. (2001) *Welcome to the Dreamhouse: Popular Media and Postwar Suburbs*, Duke University Press, Durham, NC

91. Stevels, A., Huisman, J. and Wang, F. (2012) 'Waste from electronics (e-waste): governance and systems organization', in S. Lehmann and R. Crocker (eds) *Designing for Zero Waste: Consumption, Technologies and the Built Environment*, Earthscan/Routledge, London, pp131-144

92. Strasser, S. (1995) *Satisfaction Guaranteed: The Making of the American Mass Market*, Smithsonian Books, Washington, DC

93. Stutz, J. (2010) 'The three-front war: pursuing sustainability in a world shaped by explosive growth', *Sustainability: Science, Practice and Policy*, vol 6, no 2, pp49-59

94. Sullivan, O. and Gershuny, J. (2004)'Inconspicuous consumption: work-rich, time-poor in the liberal market economy', *Journal of Consumer Culture*, vol 4, no 1, pp79-100

95. Tan, H. T. and Yates, J. F. (1995) 'Sunk cost effects: the influence of instruction and future return', *Organizational Behavior and Human Decision Processes*, vol 63, no 3, pp311-319

96. Thiele, L. P. (2011) *Indra' s Net and the Midas Touch: Living Sustainably in a Connected World*, MIT Press, Cambridge, MA

97. Thorpe, A. (2012) *Architecture and Design versus Consumerism: How Design Confronts Growth*, Berg, Oxford

98. Tomlinson, J. (2007) *The Culture of Speed: The Coming of Immediacy*, Sage, London

99. Trentmann, F. (2011)'Consumers as citizens: tensions and synergies', in K. M. Ekstrom and K. Glans (eds) *Beyond the Consumption Bubble*, Routledge, London, pp99-111

100. Turkle, S. (2006) 'Always-on, always-on-you: the tethered self', in J. Katz (ed) *Handbook of Mobile Communications and Social Change*, MIT Press, Cambridge, MA, pp121-138

101. Turow, J. (2011) *The Daily You: How the New Advertising Industry is Defining Your Identity and Your Worth*, Yale University Press, New Haven, CT

102. Urry, J. (2004) 'The "system"of automobility', *Theory, Culture and Society*, vol 21, nos 4-5, pp25-39

103. Vertu (2012)'Luxury mobile and cell phones', accessed 14 July 2012

104. Walker, S. (2011) *The Spirit of Design: Objects, Environment and Meaning*, Earthscan, London

105. Warde, A. and Gronow, J. (eds) (2001) *Ordinary Consumption*, Routledge, London

106. Whysall, P. (1997)'interwar retail internationalization: Boots under American ownership', *International Review of Retail, Distribution and Consumer Research*, vol 7, no 2, pp157-169

107. Wilhelm, W., Yankov, A. and Magee, P. (2011)'Mobile phone consumption behaviour and the need for sustainability innovations', *Journal of Strategic Innovation and Sustainability*, vol 7, no 2, pp20-40

2 探索个人、环境和物品
   对城市可持续消费的作用

彼得·W.牛顿

【提要】

城市和城市居民对有限地球资源的消耗日益加剧。要在城镇化加速发展的世界中减少不可持续消费和生产行为，就需要从以下几个方面进行干预：个人和家庭消费方式，城市环境建造和城市生活所需物资的生产方式，以及城市、城郊及其周边地区规划。本章首先提供了一个概念性框架来展示这些因素对消费产生的多方面影响，接着介绍如何才能通过创新城市规划及可持续生产和消费行为来有效减少家庭、社区、城市和国家对生态的影响。

导　言

21 世纪面临前所未有的可持续发展挑战。其特征为涉及以下各方面的压力：持续增长的人口及其对能源、水、居住空间、城市旅行和家用商品等直接消耗资源的需求（Newton，2011）；日益增进的城市化，以及当前建成环境间接消耗为了给城市提供高水平宜居生活所需物资的不可持续程度（Newton，2011）；与地球有限资源的可持续开采程度（Krugman，2010），或地球大气层、河流和海洋用作污染池及废料池而不产生重大环境影响（气候变化）（Steffen，2011）等有关的不确定性。由全球一体化的生产消费系统主导的经济范式，其运作逻辑尚未充分考虑到与制造产品、建成环境设计和高收入社会中当代家庭行为相关的环境和社会成本（OECD，2011a，2011b）。

在澳大利亚有关未来人口和城市发展的联邦战略中，消费都不是重点（Australian Government，2010，2011a，2011b）。高收入社会中的人们在讨论可持续发展时忌谈消费，然而基于两个最重要的理由，人们必须找到降低消费不可持续程度的途径。第一个理由的焦点是社会公正和平等。例如，我们是否认为所有地球人都可以实现发达世界的生活水平（Gordon et al.，2006：1214）？另一个理由主要考虑环境可持续发展，以及过去的 200 年里人类活动对地球生态造成的压力在全球范围内迅速加剧——这段时期被称为"人类世"（人类自工业革命以来的活动对环境的影响可创立一个新地质时代）（Crutzen & Stoermer，2000），它涵盖了工业革命和后工业革命——这是否会导致这种环境变得越来越缺乏稳定性？要知道，是相对良好稳定的生活环境才促使社会发展至今（Steffen，2006）。气候变化是导致未来不稳定的主要因素。

因此，最好把可持续消费看作一个涵盖性术语（Oslo Roundtable，1994）。它涵盖了多个领域，而我们必须把它们看作一个整体来考虑，因为其中的每一个领域都在造成"生态耗竭"——在这种情况下，人类的生态足迹超出了地球的生态承载力（WWF，2012）。其中三个主要领域是生产、消费和城市发展。每一个领域都面临重大的可持续发展挑战，但是三个领域都可能发生变革性改观。

第一领域是指在世界市场流通的大量产品的生产过程——大多数产品都进入了建成环境。它们包括城市基础设施、交通系统、住房、家用电器和办公电器、饮食及服装等。技术创新可以显著减少这些物品及其相关系统的生态足迹（Newton，2008）。有关生产系统的体制和变革障碍构成了频繁扼杀进步的强大力量，然而，这也意味着在没有重大社会、经济动荡的情况下过渡到可持续未来的机会之窗正在缩小。

第二领域涉及建筑、郊区和城市的设计。与多数城市的主要基础设施相比，郊区和建筑更有望快速改变，但是城市开发项目发生显著改变也需要 10 年或更久。很多郊区都开始采用可持续方式重建或改造城市空间。

第三领域指个人和家庭消费。行为变革有望加速减少资源消耗，但是自愿变革行为的进展程度还不确定。

直接消费存在于需求侧，包括个人行为、家庭行为、更多人的行为或团体行为，这些都取决于他们在社交、职业和生活方式等方面的相似性。对个人和其家庭、社会团体或邻里之间如何影响彼此的消费模式，我们知之甚少（Gibson，2009）。建成环境及其相关物品、机构和系统是间接消费资源的中心。这个中心也为个人、家庭和城市团体间接消耗资源提供了环境。某一特定类型的建成环境对直接消费的影响程度尚存争议，值得深入研究。

图 2.1 展示了这三个领域。这个概念框架可以定位不同类型的消费研究。

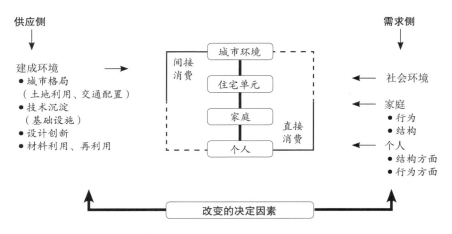

图 2.1　城市资源消耗的决定因素：基本框架。
来源：牛顿（Newton，2011），授权许可

政府需要在这些领域通过手中掌握的杠杆促成改变：提供信息、参与社区、宣讲社会规则、设定标准、征税和定价。

以下几节将从几个方面探讨改变城市资源消费的主要决定因素：

- 个人和家庭行为；

- 建成环境设计；

- 制造品（尤其是建筑用品）。

最后，本章将总结可持续消费和生产面临的障碍，以及政府可采用的加速可持续发展进程的干预措施。

个人及家庭的可持续行为

"消耗城市环境：探索影响澳大利亚城市资源利用的因素"是澳大利亚研究理事会的一个项目，这个项目调查了水、能源、居住空间、城市交通和家电等的人均消费量中，有多少产生于个人（通过他们的结构属性和行为属性），有多少产生于家庭（可以看到家庭实际情况或习惯和社会人口结构造成的影响），还有多少产生于居住环境（如民居类型、规模大小和年代）和城市环境（他们在城里的行走轨迹）。项目通过多因素数据模型分析，调查了墨尔本（维多利亚州首府）的 1 250 个家庭，主要调查结果如下：

（1）与家庭和居住环境的影响相比，个人对解释国内资源消耗水平的作用相对较小（见图 2.2；家庭调查的详情和统计模型，见 Newton & Meyer，2011a，2012）。个人和家庭在城市的居住地只对能源的使用量和城市出行中释放的二氧化碳量有明显影响。62% 的总体人均消费量变化都可以用这个模型解释。它表明个人的社会人口因素和区位因素最终不会直接影响总体消费（能源、水、居住空间、城市交通和家电）。相反，家庭和居住环境会对这些变量产生影响。并且，尽管个人行为属性和居住环境确实会影响总体消费，但它们与家庭环境的关系更加直接，这就说明个人行为和居住环境的影响力大部分是通过家庭实现的。此图说明了为什么家庭环境是决定总体人均消费的关键因素（此结论和索贝尔斯等 2010 年所提出的结论相似）。很大程度上其他决定因素的影响都集中于家庭——城市生活的各种消费压力就是在这个重要领域产生的。

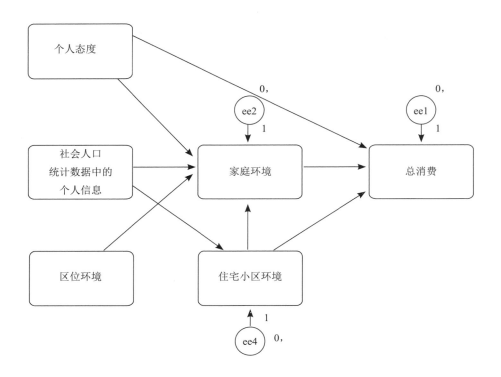

图 2.2　结构模型：总体人均消费的决定因素。
来源：牛顿和迈尔（Newton & Meyer，2011a），授权许可

（2）和其他社会人群相比，高收入小家庭或个人消耗了更多以住房为中心的资源。他们可能有更多可支配收入，也不用像传统大家庭一样和多个家庭成员分享消费（这将节省家庭层面的消费）。人口发展趋势表明，将来小家庭会增多，人们的收入也会增加。就这一点来说，环保主义者和市场营销人都有各自明确的目标和压力。

（3）高龄人群可能消耗了更多以住房为中心的资源。事实表明，澳大利亚 60 岁以上的人群住房占有水平明显很高。考虑到迫在眉睫的人口老龄化问题，需要制定政策使老龄家庭可以轻松地调整自己的住房需求，搬到近郊比较小的房子居住，而不是在原地养老（Newton，2010），这也有助于减少资源耗费。

（4）澳大利亚城市居民很明显是消费交通资源的主力。这是因为 1950 年以后开发的住宅大多非常依赖汽车——汽车不仅大量消耗能源，而且其尾气排放还导致温室效应。

（5）与广泛通用的环保价值尺度相比，与某一特定环保领域（比如水或能源）密切相关的个人态度预示实际消费结果方面似乎更具影响力（如 Kahn，2007）。大型公共事业公司的通信和社会营销部门有机会围绕与特定领域相关的环保态度开发信息，这似乎提供了一些有吸引力的前景。但是当前的行为研究远远不能反映更深层次的潜在危机。

自发的行为变革

以上的调查结果仍然无法解释，像澳大利亚这样的高收入国家或地区的个人和家庭是否会为了更快实现社会环境可持续发展而自发地改变消费行为。例如 2012 年澳大利亚政府计划对碳排放定价，为此所做的意见调查表明，大约 60% 的选民反对，只有 30% 赞成（Shanahan，2011）。全国人均消费量的发展趋势使自发的行为变革变得更加难以预测，尽管某些家庭和社区的情况可能不尽相同。

近期，澳大利亚国内外的报刊和海外文章都提出，为了面对和克服全球主要挑战，有必要改变生活方式和行为。而关键在于，整个世界都受到了资源和气候的限制。限制就意味着要学会采取不同的方式处事。就资源限制而言，美国诺贝尔经济学奖得主保罗·克鲁格曼（Krugman，2010）提出：

> 商品市场让我们意识到，我们生活在一个有限的世界里，发展新兴经济加大了有限的原材料供应压力，也抬高了价格……因此最近商品价格上涨意味着什么？要我说，它预示着，我们赖以生存的这个有限世界里，资源限制在加剧。然而这并不会使经济停滞，更不会跌入疯狂的崩溃。只是我们需要逐渐改变生活方式，使我们的经济和生活方式适应资源愈加昂贵这一现实。

《时代报》（Age）专栏作家肖恩·卡尼（Carney，2011）就气候限制及气候限制迫使社会有必要改变形成已久的能源利用方式等造成的压力指出：

> 接受这一理论（人为造成气候变化）并不等同于接受因采取行动而不可避免地带来真实的经济社会和生活方式成本。换句话说，我们很容易从观念上接受它，却不乐意为此花费金钱并被迫变革行为。

两位作者都表明：高收入的发达社会居民必须改变消费方式和行为。

政府支持市民自发改变他们使用水、能源、住房、家电和城市交通等资源的行为方式。占主导地位的新自由主义思想常常告知人们可以理智地决定需要改变什么……出于自身利益，并且自己买单。政府不乐意通过制定制度、定价和采用激励机制等方式变革行为。这样的信息宣传活动耗费了数以百万计的金钱，可又有什么用呢？

在一个平行宇宙里，我们发现，专业营销者和广告人对人们的生活方式进行了细致的分类，他们想高效利用信息和媒体，使消费者了解根据人们的爱好生产出的了不起的新产品。生产商将为产品的营销和推广（这些高见）付出高昂的代价。

那么，各级政府是如何努力劝说人们需要变革（消费）行为的呢？他们说，我们正在消耗地球上有限的物品并且我们的后代也需要这些物品——目前很多人都无法理解这两个概念或者并不感兴趣。卡尼（Carney，2011）作出了这样的推测：

> 绿党选民……很容易接受这样的信息……但是除了这些人，其他人大多居住在大城市近郊，却很难接受本来颇具影响力的碳定价措施。

有没有一些采用某种生活方式的人群已经对此有很深的认识，并且表现出不同的行为方式？"消费城市环境"——澳大利亚研究理事会的一个项目，对此进行了解释（Newton & Meyer，2011b）。此项目采访了 1 250 位墨尔本市民，探讨了环保行为的价值观、态度和意图，然后通过聚类分析表明，根据生活方式的环保程度，可以把居民划分成三类人：强烈支持绿色发展的人，支持使用绿色产品的人，以及环境怀疑论者。

忠诚的绿色卫士

只有支持绿色发展的人才愿意为了环保交纳更多的税费，并支付更高的公用事业费——这就表示，只要有利于环境，他们愿意出钱。这些人当中有很大一部分都赞成，当务之急、最重要的是环境，为了环境哪怕伤害经济也在所不惜。这类人也坚决反对为环境花钱得不偿失的说法，他们坚持环境保护必须优先于经济发展。这类人一贯坚持以环保的方式行事，例如，买绿色标志产品，减少使用塑料袋并且自愿参与绿色项目。他们坚持环保信念，所以强烈反对这样的论调："环境危机被夸大了""除了保护环境，我还有更重要的事要做""没有规定要求我保护环境""减少家庭耗能和用水很麻烦"，以及"这并非我的职责”。总体来说，忠诚的绿色卫士不管是思想上还是行动上都坚决支持环境保护，并且愿意为了保护环境牺牲自己的经济利益。从人口统计的角度来看，这类人常常受过大学教育，收入高并且居住在墨尔本市中心。34% 的家庭是忠诚的绿色卫士。

绿色产品卫士

坚决反对从他们的家庭预算中拿出更多钱来交税或支付公用事业费。他们对环保应优先于经济发展的看法持中立态度，他们认为生态平衡很脆弱，容易受到破坏，但同时他们中多数人都认为环保花费得不偿失——并且他们的底线是，不愿意为此花钱！这类人支持购买绿标产品，会避免使用塑料袋，但不会像支持绿色发展的家庭一样花时间做环保志愿者。他们对环保的信念介于忠诚的绿色卫士和环保怀疑论者之间，他们认为环境很重要，但不值得为此花钱或花费时间——尤其是对于他们个人而言。从人口统计学看，这类人家里有学龄儿童，收入不高，居住在墨尔本城外，澳大利亚政党最近把他们称为“领导性消费家庭”（选民）。40% 的家庭属于绿色产品卫士。

环保怀疑论者

环保怀疑论者非常不乐意自己掏腰包支持环保，并且非常赞成环保花费得不偿失的观点。他们同时也不赞成环保应优先于经济发展。他们的态度和行为可以理解为“绿色选择”；这类人中很少有人购买绿标产品、不使用塑料袋或花时间做环保志愿者。他们大多认为环境危机被夸大了，他们要专注于更重要的事情，没有规定要求他们改变，并且他们认为保护环境也不是他们的义务。从人口统计学看，这类人家里常常是男人或年长者做主，并且分散居住于这座城市。26% 的家庭属于这一类。

绿色产品卫士和环保怀疑论者共占总人口的三分之二——和民意调查显示始终反对征收碳排放税的人的比例大致相当。

因此，具备环境可持续发展价值观、态度和意图的群体实际上就会少使用水、能源、居住空间、家电和城市交通吗？答案是否定的（至少总体上看是这样的）[1]。

可持续城市设计

城市规划与设计需要新逻辑，这个逻辑可以促成城市可持续发展。这种新逻辑就是"绿色城市主义"（图2.3）。城市主义是21世纪全球主要建筑系统、社会系统和经济系统的主导形式：到2050年，人类的居住和生活空间将只能满足全球70%的人口需求（United Nations，2008），同时为世界经济引擎、控制中心和劳动力提供环境（Sassen，1991）。如果城市主义在未来仍然是具有弹性的可持续生活形式，绿色城市主义就为此提供了必要条件（Beatley，2000；Calthorpe，2010；Lehmann，2010）。这就要求改变建成环境及其管理方式。从城市规划设计的角度来看，绿色城市主义要求把政策重心放在支持紧凑城市以及绿色经济理念和目标上（OECD，2011c，2011d）。在宣传和实施这些政策时，需要把它们看作空间规划的组成部分，也就是未来将以以下三种空间尺度使用开发土地并重建大都市区：大都市、郊区和建筑物。

大都市

在整个城市系统中，大都市这一层考察的是城市结构的形态特征和功能性。它主要包括三方面：

（1）城市土地用途分布：大都市各种规划和开发方案都涉及如何分布居民的居住地、工作场所及主要服务区。这将影响居民往返于三地间的出行距离和他们使用公共交通或私家车的程度（Brotchie et al.，1995；Gordon & Richardson，1989；Hall，1997）。

（2）城市交通系统：公共交通投资差异巨大，由此诞生了城市"骨架"——重轨交通网络和轻轨交通网络。将轨道交通系统与公交线路系统相比，我们发现二者的能源使用情况和二氧化碳排放量差异显著（Kenworthy，2011）。

（3）紧凑度或密度：一座城市及其郊区和片区的开发程度（Newman & Kenworthy，1999；Salta，2011）。近期研究强调，各种不同的住房类型和形式可以导致与之相对应的居住密度（OECD，2011a）。高密度不一定需要高层公寓才能实现。

为采用可持续城市开发形式，我们可以重建城市（Newton et al.，2012），但是澳大利亚的城市还远远没有达到可持续发展标准。它们宜居，但其当前的发展形式并不具有可持续性（Newton，2011）。

郊区

郊区是澳大利亚城市中以传统方式规划建造的建成环境范围。发展中城市的未开发区域也是这样。这里有成熟稳定的开发模式，智能可持续开发的绩效基准也在逐步提高（Calthorpe Associates，2011），并且有必要持续提高，尤其是在涉及开发及公共交通密度时。棕色地带（指城中旧房被清除后可盖新房的区域）是一大挑战，因为这些地方经常需要花钱修复场地，可是开发模式和绩效基准已然固定（Hollander et al.，2010）。城市

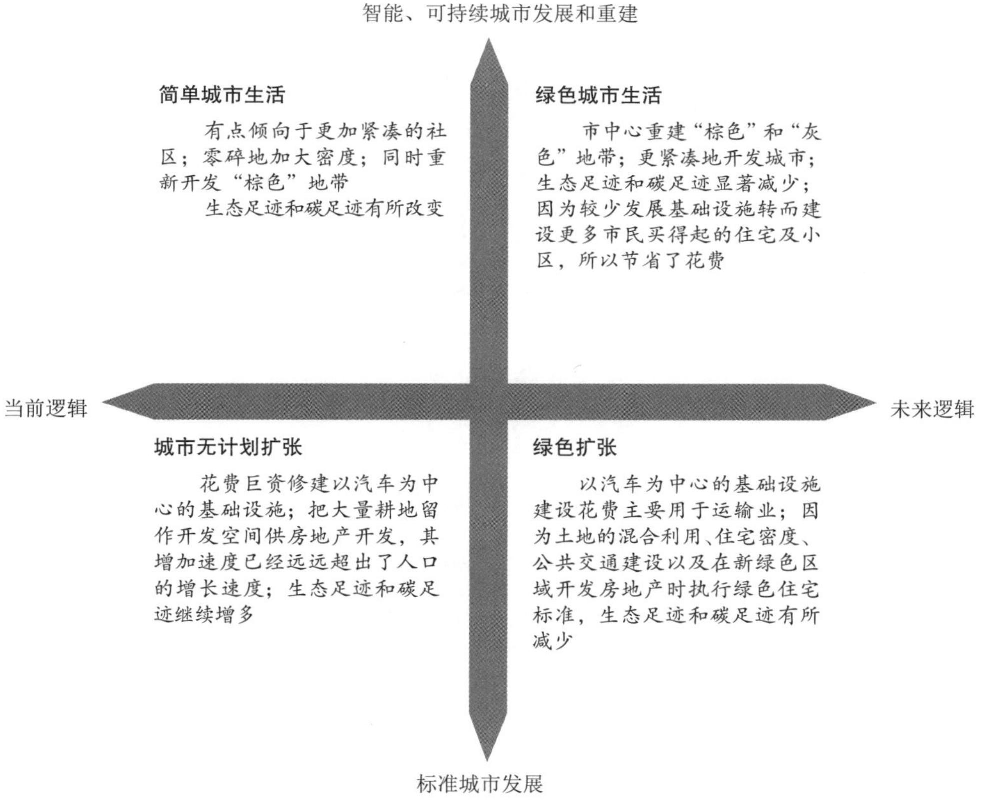

智能、可持续城市发展和重建

简单城市生活
　　有点倾向于更加紧凑的社区；零碎地加大密度；同时重新开发"棕色"地带
　　生态足迹和碳足迹有所改变

绿色城市生活
　　市中心重建"棕色"和"灰色"地带；更紧凑地开发城市；生态足迹和碳足迹显著减少；因为较少发展基础设施转而建设更多市民买得起的住宅及小区，所以节省了花费

当前逻辑　　　　　　　　　　　　　　　　　　　　未来逻辑

城市无计划扩张
　　花费巨资修建以汽车为中心的基础设施；把大量耕地留作开发空间供房地产开发，其增加速度已经远远超出了人口的增长速度；生态足迹和碳足迹继续增多

绿色扩张
　　以汽车为中心的基础设施建设花费主要用于运输业；因为土地的混合利用、住宅密度、公共交通建设以及在新绿色区域开发房地产时执行绿色住宅标准，生态足迹和碳足迹有所减少

标准城市发展

图2.3　21世纪城市规划与设计新逻辑。
来源：牛顿等（Newton et al.，2011），授权许可

改造的最大挑战在于重建灰色地带。灰色地带指城市近郊及周边区域被占用却未能充分利用的地块比较集中的区域，这些地方的建筑都很失败（从建筑的结构、技术采用和环境等方面看都是如此），水、电和交通等基础设施也都需要升级（Newton，2010）。迄今为止，灰色地带的重建一直都只是零零星星地进行，其可购性和可持续程度一直都未能提高，然而澳大利亚主要城市要实现增加住房密度这一目标，也就是新建建筑超过 50% 的目标，这将是关键所在。每个片区都在探索开发"灰色"地带的新模式（Newton et al.，2011）。如果绿色城市主义的关键——重建"棕色"地带和"灰色"地带成为城市政策和规划的主焦点，城市就可以实现可持续发展（图 2.3）。

建筑物

基于公共社区利益和政府监管措施进行的环保绩效评估多数是以建筑物为单位，这些评估最初评价的是能源效率 [见澳大利亚国家家庭能源评级方案（NatHERS），见澳大利亚国家官网 nathers 板块]。接着以更广泛的可持续发展标准进行评估 [见建筑可持续性能指标（BASIX），见澳大利亚国家官网 basix 板块]。例如，全国住宅节能等级评定体系已经对澳大利亚气候带范围内的居民建筑以 1 ~ 10 分的评分标准进行了能效评估（从保暖和散热两方面）。为了有效节约能源并减少温室效应气体，2004 年采用了 5 星评价标准，2011 年又升级为 6 星 [图 2.4 展示的是澳大利亚最大的两个城市，悉尼（全年气候温和／四季如春）和墨尔本（冬季较冷）的住宅节能情况评估]，人们呼吁把绩效水平提高到国际最高水平（接近 7 星的标准）（Horne et al.，2009）。

因为建筑外壳的运作能效持续提高，一栋建筑生命周期内的总能耗中很大部分为建材能耗（现在就当前建筑物的平均使用寿命来讲，这个比例接近 1：1）（Newton et al.，2012），因此需要进行建筑物使用期内的综合能源分析，设计者可以利用这样的分析计算建材能耗、运作能效（外壳和嵌入式器具），以及本地能源的获取，在此基础上新建住宅和翻新住宅就可以实现零碳排放（Newton & Tucker，2011）。20 世纪建筑群的节能等级平均值为 2.5 星级，翻新这些建筑群是一大挑战，了解住宅的设计能效和实际运作能效在多大程度上保持一致也非易事。

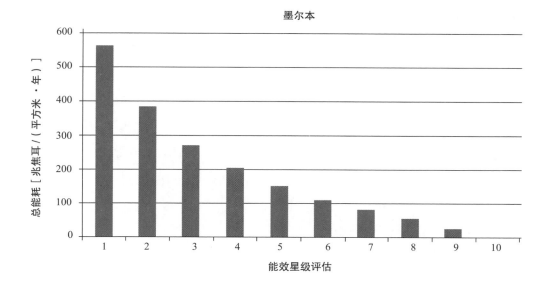

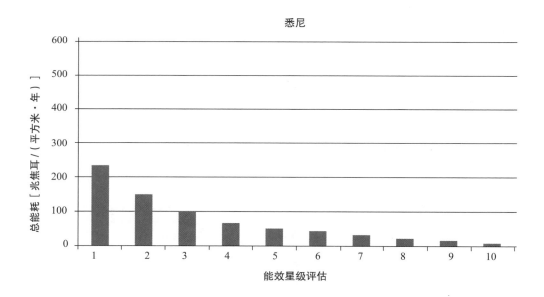

图 2.4 悉尼（东郊）和墨尔本的能效评估。
来源：澳大利亚国家官网 nathers 板块，授权许可

可持续建成环境物品

比尔·米切尔（Mitchell，1995）首次用"比特之城"来形象地比喻新信息和交流技术是如何改写城市形式和功能的。这一概念被挪用来重新定义城市的概念，它把城市定义为属性和行为各异的各种制成品的集合，这些物品以多种方式组装和重新组装，产生一个建成环境，在此环境中生态效益水平千差万别。制造品的物质性只是用来概括消费特征的一个方面。除了被克利根（Corrigan，2011：71）称为"无生命的东西"，物品还具有其社会背景，如时尚、消费认同和自我表现，即"如果别人和我们以相同方式消费同类东西，我们就知道，'他们喜欢我们'"。

以下我们会谈到，物品的两方面——物理性和社会性相互作用。说到物理性，主要有两条途径计算制造品或商品的物资投入及其排入环境的废气和废物量。第一条途径即是从上至下的方法，它采用国家投入产出表，预测特定行业经济活动的单位产量的生态足迹（Wiedmann et al.，2011）或建筑的物化能／体现能（温室效应气体排放）（见 Crawford & Fuller，2011；Treloar，1997）。样例输出如图 2.5 和图 2.6 所示，分别展示了不同等级的商品和建筑产品的资源耗用强度。国家和州政府在制定相关政策时需要评估现有行业或未来可能出现的新兴行业对环境和资源的影响，以上这些就可以为他们提供信息。

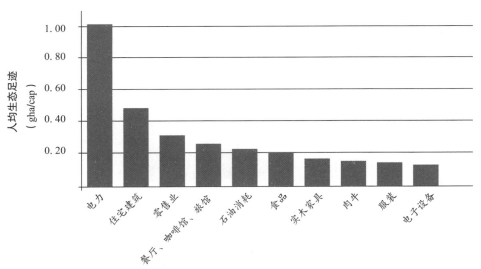

图 2.5　维多利亚地区人平均碳足迹排名前 10 位的商品。
来源：维德曼等（Wiedmann et al.，2011），授权许可

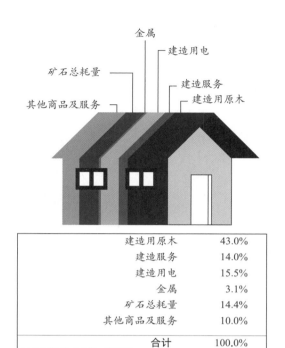

建造用原木	43.0%	
建造服务	14.0%	
建造用电	15.5%	
金属	3.1%	
矿石总耗量	14.4%	
其他商品及服务	10.0%	
合计	100.0%	

图 2.6　新建住宅生态足迹形成的主要原因。
来源：维德曼等（Wiedmann et al.，2011），授权许可

　　第二条是自下而上的方法（生命周期分析）（见 Horne et al.，2009），它依据某一特定区域内生产某种指定产品（屋瓦、不锈钢水槽、灯具等）的详细程序。这就需要详细了解投入资源的出产地，它们距离制造地和消费地多远（以及以什么方式运送），还有制造过程的特点（如能源、废弃物和其他投入，以及排入大气、土地和水中的废物等的特征）。

　　许多国家都设立了生命周期分析数据库（如澳大利亚的伙伴创新中心，北美的雅典娜工程，欧洲有致力于生命周期分析的欧盟联合研究中心），在城市设计中，这些数据库变得越来越重要，尤其在采用新一代建筑生态效益评估工具时（如生命周期分析设计）（见 Seo et al.，2009），这些评估工具必须和建筑信息三维电脑辅助设计模型一起使用。因为政府要求生产商发布产品环保声明变得更加普遍，产品标签必须为建成环境的总体环保绩效评估提供必要信息。物品的耐用年限——实物折旧信息，也将有助于房产主人和物业管理人员决定是否需要维护房产和终止使用。

社会折旧和技术折旧涉及物品的社会环境。相对其物理折旧，它们更容易影响建成环境中的替代和升级。以居民住宅为例，很明显在销售新楼盘／物业的时候，光鲜的售楼手册并不会展示住宅的环保信息（隔热和保暖效果、双层隔音隔热玻璃、灰水系统、雨水存储箱和太阳能光电设施），它们大多被隐藏起来了。他们宣扬的重点无非是设计、厨卫设施（电器）、娱乐空间和户内外生活空间。两组目标都需要预算建设成本，不同的是前者可能带来终身受益的效果（就节能、节水和舒适性来说），而后者可能使建筑有朝一日会贬值。改造住宅使其更具有可持续性是一大挑战（目前大约 15% 的住宅建设花费被用于改造和扩建，而 1975 年的时候只有 5%）（Australian Bureau of Statistics，2011）。我们并不知道这些花费中分别有多少被用于补偿住宅的物理折旧和技术折旧。

对有利于环境和受社会喜爱的建筑元素的前期投入和收益进行对比权衡，我们应该支持前者而非后者。原因是，终身投资住宅物业的情况并不常见，因为住宅物业一年的交易量（流动性）为 10%，而投资回报却并不确定。更何况，在澳大利亚住宅建筑物销售现场的环境审核仅限于商业物业部分［见澳大利亚建成环境评价系统（NABERS），见 nabers.com.au 网站］。但是，如果对住宅物业部分也进行环境审核的话，尤其是在一个加速征收公共事业收费和碳排放税的年代，可能促使人们重新评估投资决定。

这就要更广泛地考虑我们马上就要谈及的障碍和政策创新。

了解变革的障碍和加速创新的政策杠杆

我们只有到了实在无法维持现状的时候才会改变。

［美国广播公司电视节目，《阳关大道》（Wide Open Road）第 4 集，2011］

实现可持续建筑环境的途径包括三部分：绿色行为 + 绿色产品 + 绿色城市设计（+ 它们之间的相互作用或"化学反应"）。可以为每一部分写一个脚本，我们前面已经谈到过它们分别包含的元素。然而，目前每一部分都有很多障碍，这使得我们无法取得预期的效果。我们将简略谈及这些以及未来可能会有的相关的政策杠杆。没有政府的积极参与，任何领域的转变都不可能实现。

家庭行为绿色化

每个家庭都可能决定停止或显著改变某些家庭习惯——包括选择住房类型和大小，旅行方式及频率，水电使用习惯，电器购买（数量和环保绩效）——作出这些决定的相对速度使得社会营销对政府具有别样的吸引力。通过旨在记叙社会、环境、经济变革的参与过程，让家庭自愿改变某些行为，这一前景及其实现手段（步骤和途径）使政府可以不必追求不太吸引人的政治途径以确保可持续消费模式。早期研究发现，实现可以显著减少消费的自发行为改变并非易事。意愿和行动之间确实存在距离。减少家庭消费的行为类型众所周知，并且因为它们既不耗时也不费钱，所以都很容易实现，是"挂得低的果实"（Newton & Meyer，2011b）（"地球一周"活动，2011，见表 2.1）。那些挑战性大且需要长期投资的行为结果都很难实现。

表 2.1　地球一周活动

参与者将从以下列表中选择至少 8 项简单行动、3 项具有挑战性的行动和 1 项长期行动

	简单：淋浴只花 3 分钟
	简单：让洗衣机／洗碗机满负荷工作
水	**挑战：不浪费一滴水：在整个一周内，重复利用浴室和洗衣房产生的洗涤水**
	长期：安装水缸
	简单：一周内，循环利用所有能循环利用的东西
	简单：垃圾桶里不留食物残渣。制作堆肥，建蚯蚓农场或喂养狗／鸡／其他动物
废弃物	简单：带上购物袋去购物
	挑战：一周内不购买包装商品（包括食品）并带上购物袋购买散装商品
	长期：只买二手服装
	长期：购买耐用的物件和电器，不到必须更换时不更换
	简单：不用的时候，随手关灯及电器
	简单：将开关调到节能挡
	挑战：晚上不用电（除了冰箱）
电	长期：安装太阳能蓄电池
	长期：购买节能电器
	长期：安装太阳能热水器
	长期：为住所选择被动式太阳能加热和制冷

参与者将从以下列表中选择至少 8 项简单行动、3 项具有挑战性的行动和 1 项长期行动

旅行	简单：一周只购物一次；需要用车的时候，请确保至少找到三条需要出行的理由	
	挑战：步行、骑自行车、乘坐公共交通工具或拼车去学校、上班及当地商店	
	长期：在家附近度假，不用坐飞机就可以到达	
	长期：下次购车的时候，选择节能车、电动车或混合动力车	
	长期：卖掉你的车，参加汽车共享或拼车组织	
食物	简单：尽量购买当地生产的食品	
	简单：从合作 / 健康食品商店或类似商店购买散装品，使用自己携带的购物袋 / 车	
	挑战：一周内只吃蔬菜	
	长期：修建一个菜园或百草园	

来源：oneplanetweek.net.au 网站

表 2.2　行动障碍：不实施家庭节约用水用电等措施的理由

障　碍	用百分比体现该原因产生影响的强弱程度 /％
所有权问题	
不是我的责任	22.5
我是租户——应该由房东负责	28.5
这不会有利于墨尔本的环境	19.7
没规定要求我这样做	27.9
不了解 / 了解不多	
不了解	55.4
想不出最好的做法	47.9
组织压力	
太难组织	54.6
想不出最好的办法	47.9
很难找到合适的店主	39.3
时间限制（优先程度）	
打算做但还没有来得及做	54.4
没有时间	51.1
经济方面	
缺钱	68.2
回报低于花费	52.3
我是租户——这是房东的责任	28.5

来源：牛顿和迈尔（Newton & Meyer，2011b），授权许可

表 2.2 列出了和家庭消费行为有关的五组障碍（Newton & Meyer，2011b）。它们包括以下几方面：缺乏相关信息或不知道去哪里或如何才能发现它；组织方面的挑战（即如何完成）；识别最佳选择并成功签订合同以完成任务；时间限制，这可能反映出环保与否并不是澳大利亚家庭首要考虑的问题；经济方面的限制（也就是决定资金投入与回报是否相当，如果是，那么现在能否投资）；总体上认为，这不是他们的问题或者他们的行为几乎没有就不会有影响力。

政府职能：需求管理

政府需要利用能够评估成本和收益，以及是否会出现意外后果的相关证据库，从而在五个需求管理领域发挥作用。

1. 提供信息

几乎所有的能效调查都表明，市场没有提供必要信息（Allen ConsuHing，2008）。政府在这一领域的职责包括：创建因特网"门户"提供最佳实践的最新信息（如你的家，见澳大利亚政府官网 yourhome 板块）；提供高效产品一览表（如能源，见澳大利亚政府官网 energyrating 板块；水，见澳大利亚政府官网 waterrating 板块）。但不要期待存在这样的线性模型：信息 / 意识 / 关注行动会自动触发行为变革（Lorenzoni et al.，2007）。

2. 定 价

在市场经济中，当负担能力变得不稳定时政府通常承担监督价格变化（主要在能源和水等之前由相关公共事业部管理的领域）和补偿家庭的责任，否则定价就是基于供求因素的行业决策。虽然不同消费品的价格弹性各不相同，但是经济理论表明，当某种商品或服务的价格上涨时对它的需求量就会降低（让其他因素保持不变）（Bernstein & Griffin，2005；National Institute of Economic and Industry Reaearch，2004）。定价可能是需求管理的一方面，但在城里，像水、能源和远郊出行等消费领域，居民几乎不可能根据价格来选择，因为几乎没有替代品（有关交通方面的情况，见 Dodson & Sipe，2008）。收入低或预算费用固定的消费者可选择的范围非常有限：在可能（一些家电只能用电）和可行（要把用电的家电改成用气的，花费很高、难以负担）的情况下进行替换，减少消费不必要的东西或在其他方面减少消费。

3. 征 税

政府征税范围广会直接或间接地影响城市消费。例如房屋销售印花税是很大的一个税项，也是抑制城市人口迁居的主要方式，不仅可以调配城市居住空间的供求，还有利于缩短城市交通距离和减少出行。澳大利亚政府决定对碳排放设定价格（23 澳元／吨），就是为了减少对源于非再生资源的能源消费（见澳大利亚国家官网 2011 年 11 月 8 日的"清洁能源未来"计划板块）。民意调查 [《时代报》（*Age*），2011 年 7 月 18 日] 显示，因为碳排放定价将在中短期内导致能源价格上涨，所以民众并不喜欢这一决策，约有60% 的人都坚决反对。结果就有了让 90% 的家庭可以享受财政补偿的立法，具体办法是降低个税和增加家庭福利。这样一来，碳排放定价政策就无法促使家庭减少耗能，也没能实现其减少碳足迹的目标。

4. 制定法规

通常，政府在构思新法规之前会先预测实施新法规的代价（Allen Consulting，2009）。澳大利亚通过法规减少家庭耗能和温室气体排放最重要的一次尝试是，2003 年的建筑规程要求所有新建住宅楼都必须符合最低运作能效标准。这一规程已经被住宅建筑行业叫停多年，该行业游说政府放弃此规程的理由是它导致成本增加（Newton & Tucker，2011）。但是，由于家庭平均住宅面积的增加——现在成了全世界最大——而住宅大小和能源消耗之间又显著相关，此规程的积极作用在一定程度上被规避了。虽然家电用能和用水的效率在不断提高（Newton et.al.，2012），但是家电数量也在不断增加（Hamilton & Denniss，2005）。

5. 采用激励措施

政府促进可持续消费的方案中最受欢迎的是激励措施。澳大利亚最近采用的激励措施和能源有关。这些激励措施的实施普遍都不尽如人意，包括绿色住宅贷款、太阳能电池方案（很快就被超额订购）、住宅隔热保暖计划（不仅被超额订购，并且安装人员也没有接受适当的培训）和家用再生能源价格补贴计划（起初曾经过度补贴）。

政府职能：供应侧管理

除了以上五种方式，政府还可采用两种重要途径通过供应政策促进城市可持续发展。

1. 制造品绿色化

减少建成环境生态足迹的途径之一是减少生产过程中的原材料消耗，它们中有的是建成环境直接消耗的，有的是其间接消耗的。每年澳大利亚人会产生4 400万吨固废（每人2吨），其中一半被投入垃圾填埋场。21世纪最关键的转变在于让政府、行业和社区把废物源流看作资源源流，这样做可以提高资源生产力并减少原材料消耗，即减少消耗、再利用和循环利用（Lehmann & Crocker，2012；Newton，2008）。其他像"从摇篮到摇篮"这样更富有挑战性的措施针对的是个体制造商的可持续发展（Kaebernick et al.，2008）和生态工业发展，依靠这些措施，一个地区就可以同时利用废物源流和能源源流来创造新产业和产品（Batten et al.，2008）。和当前生产系统密切相关的政策有其内在惯性，现在的障碍主要是与此惯性相关的社会技术属性，而不在于技术（Crabtree & Hes，2009；Loorbach，2007；Newton，2012）。

为了加大生产商对产品监管的动力，政府制定政策鼓励回收使用周期已经结束的产品，即回收责任（见Michelsen，2010）.鉴于许多产品的生产销售都已经全球化（价值重量比较低的建筑工程项目除外），仍然存在需要克服的障碍。尽管如此，政府的回收政策还是被认为有望成功。方便拆解的嵌入式设计是可持续建筑在评级系统中获得环保分的进程之一，它将使建成环境加速向建筑工程"零浪费"方向发展。其挑战在于需要多方利益相关者参与其中，政府也需要在此过程中发挥作用。

2.城市绿色化

现在大都市战略性规划的普遍目标，也就是城市绿色化挑战，需要讲明和实施新的城市设计逻辑（绿色城市主义）（图 2.3）。新逻辑提倡紧凑型城市发展：促使人口和投资流向"棕色"和"灰色"地带，而不是城市外围（21 世纪惯用的不可持续方式）。越来越多的文献涉及城市更新（Lawless，2010）、城市改造（Dunham-Jones & Williamson，2009；又见英国工程与自然科学研究委员会的 2050 建筑物翻新改造项目，见英国政府官网 retrofit 板块）和城市填充式开发等话题。因为和开发绿色地带以及重建"棕色"地带不一样，重建"灰色"地带社区（邻里）还没有令人满意的模式可用（Newton et al.，2011）。因此，澳大利亚城市中 50% 以上的城市填充项目都由伺机而动的小开发商零星地完成的，即收购然后拆掉老住宅物业，再在原址上修建两到四个单元楼。这并不是最佳做法，通常也不会用于在都市战略性规划指定区域。启动紧凑型住房供应和吸引不同规模的开发商很明显都困难重重（图 2.7，研讨会结论——墨尔本 70 位最主要的房产开发商参与了这次研讨会）（Newton et al.，2011）：

- 现场拼装的难度；

- 城市规划和建筑规程的约束；

- 政治领导和两党合作的缺席；

- 没有可供借鉴的成功案例；

- 经济困难，即在相同区域（社区），老式独立式住宅和中等大小的紧凑型新住宅售价相仿（增加密度的代价）；

- 缺乏范例情况下，多数居民的邻避态度和偏好，以及公共交通不发达。

这在政策上是一次复杂挑战；目前，政府对绿色地带和棕色地带都进行了干预，在"灰色"地带政府也需要采用类似的干预措施，即指定专门机构负责征地、战略规划或与私人开发商协作。很明显在这三个领域，居民、行业和政府都安于现状，然而我们必须改变这种状况才能在 21 世纪成功地改造建成环境。

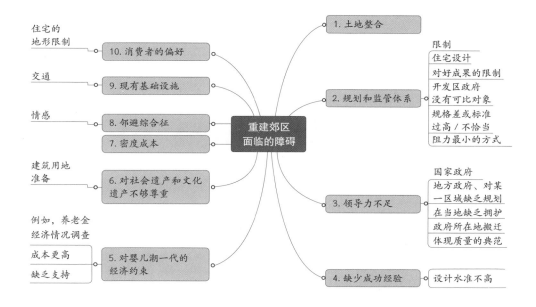

图 2.7　重建郊区的障碍。
来源：牛顿等（Newton et al.，2011），授权许可

结论：这会是环境的变革机会吗？

  用于评价可持续消费的社会准则会影响个人和家庭的自发行为，如果澳大利亚这样的高收入社会没有这样的准则，政府就需要利用供给侧激励措施并合理设计明智的需求管理计划才能促成行为改变。但是那些宣扬"按惯例办事"的人（关于矿物燃料，见Hanmilton，2007）控制政府并阻碍了它的进展。因此，由基层、价值观驱动的可持续发展倡议（其中很多都通过互联网和社交媒体，即公共事业，争取到广泛的支持者）（见Valuesandframes 网站）迅速获得发展势头并开始对政府和产业界施加影响，这是一个重要现象，它可能最终成为一个"引爆点"，引发基础广泛的、社区推动的、政府和产业界不能不重视的行动呼吁。但是，目前多数人的生活中都上演着"温水煮青蛙效应"。

注 释

1.对本研究结果更加详细的探讨见牛顿和迈尔的论文（Newton & Meyer，2011b）。

致 谢

本章讲述的是澳大利亚研究理事会发现项目"动态规划"（DP0878231）——消费城市环境：研究澳大利亚城市中影响资源利用的因素得出的结论。

参考文献

1.Allen Consulting (2008) *Potential Mandatory Energy Efficiency Investment Requirements: Cost Benefit Analysis of Program Options*, Sydney, NSW

2.Allen Consulting (2009) *The Cost of Environmental Regulation in Victoria*, Sydney, NSW

3.Australian Bureau of Statistics (2011) *Residential Building Activity in Australia 1975-2010*, Cat. no. 8752.0, Australian Bureau of Statistics, Canberra, ACT

4.Australian Government (2010) *A Sustainable Population Strategy for Australia: Issues Paper*, Department of Sustainability, Environment, Water, Population and Communities, Canberra,ACT

5.Australian Government (2011a) *Our Cities, Our Future: A National Urban Policy for a Productive, Sustainable and Liveable Future*, Department of Infrastructure and Transport, Canberra, ACT

6.Australian Government (2011b) *Sustainable Australia—Sustainable Communities: A Sustainable Population Strategy for Australia*, Department of Sustainability, Environment, Water, Population and Communities, Canberra, ACT

7.Batten, D., van Beers, D., Corder, G. and Cook, S. (2008)'Eco-industrial development', in P. W. Newton (ed) *Transitions：Pathways Towards Sustainable Urban Development in Australia*, CSIRO Publishing, Melbourne, VIC and Springer, Dordrecht, Germany, pp537-559

8.Beatley, T. (2000) *Green Urbanism: Learning from European Cities*, Island Press, Washington, DC

9.Bernstein, M. and Griffin, J. (2005) *Regional Differences in the Price-Elasticity of Demand for Energy*, RAND Corporation, Santa Monica, CA

10.Brotchie, J., Anderson, M. and McNamara, C. (1995)'Changing metropolitan commuting patterns', in J. F. Brotchie, M. Batty, E. Blakely, P. Hall and P. W. Newton (eds) *Cities in Competition: Productive and Sustainable Cities for the 21st Century*, Longman Cheshire, Melbourne, VIC, pp382-401

11.Calthorpe, P. (2010) *Urbanism in the Age of Climate Change*, Island Press, Washington, DC

12.Calthorpe Associates (2011) *Vision California: Charting Our Future — Statewide Scenarios Report*, Berkeley, CA

13.Carney, S. (2011) 'Switching our whole way of life', *Age*, 2 March, accessed 5 September 2012

14.Corrigan, P. (2011)'The elementary forms of the consumerist life: a sociological perspective', in P. W. Newton (ed) *Urban Consumption*, CSIRO Publishing, Melbourne, VIC, pp71-80

15.Crabtree, L. and Hes, D. (2009)'Sustainability uptake in housing in metropolitan Australia: an institutional problem, not a technological one', *Housing Studies*, vol 24, no 2, pp203-224

16.Crawford, R. and Fuller, R. (2011) 'Energy and greenhouse gas emissions implications of alternative housing types for Australia', in *State of Australian Cities National Conference 2011 Proceedings*, Melbourne, VIC, accessed 5 September 2012

17.Crowther, P. (2009)'Designing for disassembly', in P. W. Newton, K. Hampson and R. Drogemuller (eds) *Technology, Design and Process Innovation in the Built Environment*, Taylor & Francis, London, pp224-237

18.Crutzen, P. J. and Stoermer, E. F. (2000)'The Anthropocene', *International Geosphere-Biosphere Program Newsletter*, no 41. p17

19. Dodson, J. and Sipe, N. (2008)'Energy security and oil vulnerability', in P. W. Newton (ed) *Transitions: Pathways Towards Sustainable Urban Development in Australia*, CSIRO Publishing, Melbourne, VIC, and Springer, Dordrecht, Germany, pp57-74

20. Dunham-Jones, E. and Williamson, J. (2009) *Retrofitting Suburbia: Urban Design Solutions for Redesigning Suburbs*, John Wiley, Hoboken, NJ

21. Gibson, E. (2009)'Energy use: neighbour vs. neighbour', *Business Week*, 9 November, , accessed 5 September 2012

22. Gordon, P. and Richardson, H. (1989) 'Gasoline consumption and cities: a reply', *Journal of the American Planning Association*, vol 55, no 3, pp342-346

23. Gordon, R. B., Bertram, M. and Graedel, T. E. (2006)'Metal stocks and sustainability', *Proceedings of the National Academy of Sciences of the United States of America*, vol 103, no 5, pp1209-1214

24. Hall, P. (1997)'The future of the metropolis and its form', *Regional Studies*, vol 31, no 3, pp211-220

25. Hamilton, C. (2007) *Scorcher*, Black Inc., Meibourne, VIC

26. Hamilton, C. and Denniss, R. (2005) *Affluenza: When Too Much Is Never Enough*, Allen & Unwin, Sydney, NSW

27. Hollander, J. B., Kirkwood, N. G. and Gold, J. 1. (2010) *Principles of Brownfield Regeneration: Cleanup, Design, and Reuse of Derelict Land*, Island Press, Washington, DC

28. Horne, R., Grant, T. and Verghese, K. (2009) *Life Cycle Assessment*, CSIRO Publishing, Melbourne, VIC

29. Kaebernick, H., Ibbotson, S. and Kara, S. (2008) 'Cradle to cradle manufacturing', in P. W. Newton (ed) *Transitions: Pathways Towards Sustainable Urban Development in Australia*, CSIRO Publishing, Melbourne, VIC and Springer, Dordrecht, Germany, pp521-536

30. Kahn, M. E. (2007) 'Do greens drive Hummers or hybrids? Environmental ideology as a determinant of consumer choice', *Journal of Environmental Economics and Management*, vol 54, no 2, pp129-145

31. Kenworthy, J. (2011) 'Ecomobility and urban planning in eco-cities', paper presented to Ecocity World Summit, Montreal, 26 August

32. Krugman, P. (2010) 'The finite world', *New York Times*, 26 December, accessed 5 September 2012

33. Lawless, P. (2010)'Urban regeneration: is there a future?', *People, Place and Policy Online*, vol 4, no 1, pp24-28

34. Lehmann, S. (2010) *The Principles of Green Urbanism: Transforming the City for Sustainability*, Earthscan, London

35. Lehmann, S. and Crocker, R. (eds) (2012) *Designing for Zero Waste: Consumption, Technologies and the Built Environment*, Earthscan, London

36. Loorbach, D. (2007) *Transition Management: New Mode of Governance for Sustainable Development*, International Books, Utrecht

37. Lorenzoni, I., Nicholson-Cole, S. and Whitmarsh, L. (2007)'Barriers perceived to engaging with climate change among the UK public and their policy implications', *Global Environmental Change,* vol 17, nos 3-4, pp445-459

38. Michelsen, O. (2010)'Eco-efficiency assessments as a tool for revealing the environmental improvement potential of new regulations', *Sustainability*, vol 2, no 1, pp117-126

39. Mitchell, W. (1995) *City of Bits: Space, Place, and the Infobahn*, MIT Press, Cambridge, MA.

40. National Institute of Economic and Industry Research (2004) *The Price Elasticity of Demand for Electricity in NEM Regions*, National Institute of Economic and Industry Research, Melbourne, VIC

41. Newman, P. and Kenworthy, J. (1999) *Sustainability and Cities: Overcoming Automobile Dependence*, Island Press, Washington, DC

42. Newton, P. W. (ed) (2008) *Transitions: Pathways Towards Sustainable Urban Development in Australia*, CSIRO Publishing, Melbourne, VIC and Springer, Dordrecht, Germany

43. Newton, P. W. (2010) 'Beyond greenfields and brownfields: the challenge of regenerating Australia's greyfield suburbs', *Built Environment*, vol 36, no 1, pp81-104

44. Newton, P. W. (2011) 'Consumption and environmental sustainability', in P. W. Newton (ed) *Urban Consumption*, CSIRO Publishing, Melbourne, VIC, ppl-25

45. Newton, P. W. (2012) 'Liveable and sustainable? Socio-technical challenges for twenty-first-century cities', *Journal of Urban Technology*, vol 19, no 1, pp81-102

46.Newton, P. W. and Meyer, D. (2011a) 'Consuming the urban environment: a study of the factors that influence resource use in an Australian city', in P. W. Newton (ed) *Urban Consumption*, CSIRO Publishing, Melbourne, VIC, pp173-198

47.Newton, P. W. and Meyer, D. (2011b)'Who cares? An exploration of attitudes and behaviour towards the conservation of resources', in P. W. Newton (ed) *Urban Consumption*, CSIRO Publishing, Melbourne, VIC, pp267-289

48.Newton, P. W. and Meyer, D. (2012) 'The determinants of urban resource consumption', *Environment and Behaviour*, vol 44, no 1, pp107-135

49.Newton, P. W. and Tucker, S. N. (2011)'Pathways to decarbonizing the housing sector: a scenario analysis', *Building Research and Information*, vol 39, no 1, pp34-50

50.Newton, P. W., Murray, S., Wakefield, R., Murphy, C., Khor, L. and Morgan, T. (2011) *Towards a New Development Model for Housing Regeneration in Greyfield Residential Precincts*, Final Report no 171, Australian Housing and Urban Research Institute, Melbourne, VIC

51.Newton, P. W., Pears, A., Whiteman, J. and Astle, R. (2012)'The energy and carbon footprints of urban housing and transport: Current trends and future prospects', in R. Tomlinson (ed) *Australia's Unintended Cities*, CSIRO Publishing, Melbourne, VIC, pp153-184

52.OECD (2011a) *Invention and Transfer of Environmental Technologies*, OECD, Paris

53.OECD (2011b) *Greening Household Behaviour*, OECD, Paris

54.OECD (2011c) *Compact City Policies: A Comparative Assessment*, draft report, OECD, Paris

55.OECD (2011d) *Towards Green Growth*, OECD, Paris

56.Oslo Roundtable (1994) *Oslo Roundtable on Sustainable Production and Consumption*, accessed 27 September 2012

57.Salat, G. (2011) 'The importance of morphology in urban energy efficiency', in *Building Tomorrow Sustainable Cities*, CSTB Urban Morphology Lab, Paris, pp12-19

58.Sassen, S. (1991) *The Global City: New York, London, Tokyo*, Princeton University Press, Princeton, NJ

59.Seo, S., Tucker, S. N. and Newton, P. W. (2009) 'Automated environmental assessment of buildings', in P. W. Newton, K. Hampson and R. Drogmuller (eds) *Technology, Design and Process Innovation in the Built Environment*, Taylor & Francis, London, pp190-206

60.Shanahan, D. (2011) 'Voters abandon Julia Gillard's carbon pricing plan', *Australian*, 3 May, accessed 5 September 2012

61.Sobels, J., Richardson, S., Turner, G., Maude, A., Tan, Y., Beer, A. and Wei, Z. (2010) *Research into the Long-Term Physical Implications of Net Overseas Migration: Australia in 2050*, National Institute of Labour Studies, Flinders University, Adelaide, SA

62.Steffen, W. (2006) *Welcome to the Anthropocene*, International Geosphere-Biosphere Programme, Stockholm

63.Steffen, W. (2011) *The Critical Decade: Climate Science, Risks and Responses*, Climate Commission, Department of Climate Change and Energy Efficiency, Canberra, ACT

64.Treloar, G. J. (1997)'Extracting embodied energy paths from input-output tables: towards an input-output-based hybrid energy analysis method', *Economic Systems Research*, vol 9, no 4, pp375-391

65.United Nations (2008) *Urban and Rural Areas* 2007, Population Division, Department of Economic and Social Affairs, United Nations, New York, accessed 5 September 2012

66.Wiedmann, T., Wood, R., Barrett, J. and Lenzen, M. (2011) 'The ecological footprint of consumption: spatial and sectoral dimensions', in P. W. Newton (ed) *Urban Consumption*, CSIRO Publishing, Melbourne, VIC, pp35-50

67.WWF (2012) *Living Planet Report 2012*, accessed 27 September 2012

3　努力实现可持续发展：
探讨工作场所中的环保行为变革

珍妮·查普曼　　　娜塔莉·斯金纳　　　莎妮·塞尔

【提要】

　　本章研究工作场所在导入、启动环保行为变革方面发挥的影响和干预作用。首先，讨论影响环保行为的个人因素，解释大环境和社会结构等因素如何让个人产生动力和行动。其次，依据以下两个观点证明有偿工作很可能同时从个人和社会两个层面影响行为可持续转变：（1）工作场所具有重要的社会影响力，它可以促使人们在工作和家庭中都坚持环保行为；（2）有偿工作环境提供了一个可分析的场地，从工作生活一体化角度支持可持续生活的结构变革。本章还讨论了工作场所采取环保措施的经验教训，重点讨论了如何在工作环境中发起和"嵌入"绿色行动。接着，对澳大利亚一家环保企业作了定性研究，由此从工人的角度了解促进可持续文化和实践的因素，并阐明如何将工作中的积极影响从实体工作场所及文化工作场所延伸到家庭。最后，通过观察当代工人的工作和生活，了解时间匮乏将如何影响他们实践可持续行为的能力，还有过劳对经济产生的广泛影响，我们得出可持续生活的法则和依据。结尾处我们总结了如何利用工作场所、环境和建筑物创造机会，促进环保意识和行为变革，扩大工作场所和家庭已有环保成果。

导言：影响环保行为的因素

人们普遍认为，人类行为是当前威胁环境可持续发展的诸多问题的根源（Gardner & Stern，2002）。因此，大量研究都旨在找出影响环境的行为，了解造成这些行为的原因，以及在此基础上如何实施显著而持久的环保行为变革。变革人类行为一直是可持续发展讨论的中心议题，因为科技创新成果往往赶不上消费增长（Steg & Vlek，2009）。同时，个体的作用还是决定物质技术创新成败的关键，因为这些创新成果最终要落实到住户、职员和公民的日常行为中。因此，直接或间接地提供影响行为的机会肯定是适应或限制环境难题影响的重心。

关于环保行为——此处定义为，对环境尽可能无害甚至有益的行为——的决定因素的大量研究都聚焦于个人价值观和动机。其基本假设就是人类行为是精心谋划的决策结果，因此他们在理性评估个人成本和收益之后才会得出最佳行为方案（Jackson，2005；Kollmuss & Agyeman，2002）。

许多基于所谓的"理性选择"框架的模型被用于预测和解释环保行为（详情见Jackson，2005）。其中流传最广、最具影响力的是阿耶兹和菲什拜因的理性行为理论（Ajzen & Fishbein，1980）。后来这一理论又发展为计划行为理论（TPB）（Ajzen，1991）。根据计划行为理论，个人行为的最大决定因素是个人做一件事的意愿。形成积极的行为意愿取决于三个因素：对该行为所持积极态度的程度，对该行为相关社会规范的感知，以及个人认为该行为受他或她的意志控制的程度（Ajzen，1991）。依照此观点，态度被描述为根据个人带来的感知成本和感知收益，对参与特定行为所做的评价。社会规范基于对个人社交圈中重要人物的期望的信念，反映了社会而非个人对特定行为的评价。最后，感知行为控制反映了个人认为由于存在可能促成或阻碍行动的因素，该行为可以实现的程度。几项研究都证实了这一理论在解释不同种类的环保行为方面的价值和意义，这些环保行为包括垃圾堆肥（Taylor & Todd，1997）、能源消费（Harland et al.，1999）、公共交通（Health & Gifford，2002）和采用可持续农业措施（Carr & Tait，1991）。

与环保行为转变而非行为预测有关，且基于计划行为理论和其他相关模式的干预措施都聚焦于改变行为背后的认知。其基本原理是，知识和动机的提升将转化为积极的行为结果。这些方法取得了一些成功，比如使用说服性信息和定制信息影响人们的生态观并强化他们的环保责任，以及制订技术规划帮助人们克服已经认识到的行动障碍（Abrahamse et al., 2005; Bamberg, 2002）。同时也发现，向个人提供与他人的积极环保行动相关的信息及反馈，有望传达可持续生活受社会认可的启示和强化社会规范感知，从而大幅减少能源消耗（Schulz et al., 2007）。

然而，虽然价值观和动机很明显是环保成果的重要决定因素，但同样重要的是要承认有一系列相互作用的因素在促成和影响个人行为。人类行为的"理性选择"假设已经受到强烈抨击，尤其考虑到人们并不总是以理性的或可以预测的方式行事时。杰克逊（Jackson, 2005）指出，特别是在社会响应和购物决定上，情感反应往往会扰乱甚至先于均衡决策；并且，日常生活中的很多行为和行动都是习惯和条件反射的结果，而不是深思熟虑的结果。大量实验室研究表明，许多环保行为——出行方式选择就是一个很好的例子——受思维方式指引，而这些思维方式是习得的且会不断加强，在特定环境中这些思维方式还会自动激活（Aarts & Dijksterhuis, 2000）。的确，对环境影响最大的行为（交通，住宿和饮食）也大都是日常工作和习惯中最根深蒂固的行为（Gronow & Warde, 2001）。要有效实现环保行为，干预措施必须致力于改变习惯性和动机性行为。研究表明，反复接触不同的环境可有效实现这一目标（Wood et al., 2005）

理性选择框架还有一个更大的局限，它把个人看成有自由行动能力并且完全独立的个体，却没有考虑行为出现的社会环境和交际环境（Kaiser et al., 1999; Steg & Vlek, 2009; Stø et al., 2008）。在环保行动及医疗保健这样的关键领域，人们越来越意识到，个人行为植于更广阔的背景中，其中包括各种系统、程序和结构，这些都可能促成和影响——或是阻碍和限制——个人选择及行动。有效行为适应深受广阔社会环境的影响，政府间气候变化专门委员会的最新报告阐述了这一理念，它表明，"金融、科技、认知、行为、政治、社会、制度和文化等方面的制约因素限制了适应措施的实施和有效性，从而无法更好地管理对气候变化有影响的水利、交通、能源和其他重要部门"（Intergovernmental

Panel on Climate Change，2007：56）。与之一致的是，肖夫（Shove，2010）等评论员提出，日常的天经地义的社会惯例方面的社会和文化体制很大程度上影响着环保行为。"如果有什么有效应对措施，那便是，全新的生活、工作和娱乐形式必须在社会各部门扎根"（Shove，2010：1273）。

这些观点证明，外因和内因同时发生作用影响环保成果。这意味着，我们需要更大范围的环境变化来支持和巩固人们的环保行为。各种环境因素，既包括基础设施、技术设备和产品的可用性，也包括社会经济变化、劳动法和文化背景，它们都直接或间接地影响着个人的可持续生活能力（Blake，1999）。环境因素不仅会直接影响行为（比如，公共交通服务不好将限制可供选择的出行方式），久而久之还将塑造个人的习惯和动机（比如，工作中采用的新回收设施设备可能带来较频繁的回收行为和有利的环保态度）（Steg & VLek，2009）。然而，很明显，个人生活的方方面面，包括工作、家庭和社区等相互依赖且变化多端（Pocock，2003）。在评估个人的环保行为转变能力时必须充分认识和考虑这些领域中产生的需求和资源之间复杂的交互作用。评论家需要超越个人和人际层面的分析，以思考持续塑造环保态度和行动的经济、制度和社会结构因素。

工作和环保行为

分析环保行为很少涉及有偿工作。大量研究表明，在多数发达国家和发展中国家，随着劳动力不断增加，有偿工作正在影响和走入市民生活（OECD，2007）。人们的生活工作环境在不断变化。例如，三分之二的澳大利亚人都从事有偿工作，与以前相比，有更多妇女、年轻人和老年人从事有偿工作（Australian Bureau of Statistics，2010）。在社交场合，面对一位新人，我们会首先询问他的职业："你从事什么工作？"或"你在哪儿工作？"其回答将让我们快速了解这个人的社会地位、生活方式、技能、兴趣和价值观，纵使只是粗略了解。依据一个人的职业，比如律师、砖匠或店员，我们可能对他或她作出不同的设想和评判。这些设想或多或少都反映了我们从事的工作、所在的行业和工作场所等方面的特征将如何塑造和定义我们的身份和社会地位；以及我们生活中一些更加实际的方方面面，如财富和如何利用时间。

因此，当我们谋划超越个体的系统性行为转变方法时，有必要将工作场所视为产生社会影响和社会变革的重要场地。这里有两个相关观点。第一，对大部分人而言，他们在工作中度过大部分时间，并进行大部分人际交往。如此，工作场所能够成为重要的杠杆点，就环保知识、规范、网络和实践发挥社会影响，同时运用此影响鼓励家庭和社区的环保行动价值观。第二，工作安排、条件和结构（如工作时长和安排，以及有偿工作的地理位置）都会塑造我们在家庭生活中的习惯和日常活动，同时还会通过选择或出于必要对我们的通勤方式和其他行为生产重大影响。

接下来，我们将讨论这些复杂问题的动态模式，包括我们如何在工作中塑造我们的态度和行为，以及有偿工作的模式、配置和经验如何影响我们在其他生活领域对环境可持续性有利或不利的行为。现在，我们来简要回顾一下关于如何在实践中促进工作场所中的环保行动的现有研究，然后再谈对就澳大利亚某环保企业所做的案例研究的看法。

从工作场所转变环保行为的举措中得到的教训

过去的几十年里，企业社会责任议程的提出使人们对"环何化"组织的兴趣迅速增长。常见的机构环保化措施包括寻找负责的供应链、环境审核，以及工作场所的建设、规划和设计。机构环保化还有系统性重点，即检查环境管理体系的实施和技术革新的利用等过程（Boiral，2009；Carroll，2008）。由于人们在机构内或为机构工作的日常行动能够真正影响可持续发展目标是否能实现，因此员工的作用越来越被视为这些措施中的核心成分（Epstein & Roy，2001）。在工作场所提倡环保行为的员工计划通常侧重于分离一般垃圾、可回收垃圾和有机废物，以及监控和减少水及能源消耗（Forbes & Jermier，2010）。这样的举措常常通过教育、信息宣传和培训活动来实施，以促进企业目标的达成（Tilbury，2004）。

然而这项研究中出现的第一个问题是：传统的信息为基础的培训和被动提高认识的方法往往对环境结果没有大的长期影响（Abrahamse et al.，2005）。佩龙等（Perron et al.，2006）解释了这一点，他们评价了加拿大一家电力公司举办的大型环保意识培训课程的效度。培训的核心是向员工宣讲该公司的环保政策和影响，旨在纠正员工对于工作职责和决策如何影响环境这一问题的认识缺陷和不足。研究者认为，员工们在具备了这些知识以后会更加努力地保护环境，促进工作场所的环保行动。培训结束6个月以后，他们测评了员工对环保和该课程的了解及态度、对行为变革的认识和对该公司环保政策的总体意识。把测评结果与另一家没有举办培训的类似公司进行对比后发现，虽然在课程中投入了时间和金钱，员工的环保意识和行动的总体水平却没有差异。尤其是那些敷衍塞责地培训员工的公司，以及那些只是理论上提出而非积极主动实施可持续行动的公司，结果更是如此（Chapman & Walton，2012；Russell & McIntosh，2011）。并且，几乎没有任何证据表明，只提供信息就可以在任何环境下带来持续的行为改变。

除了这些观点，佩龙等（Perron et al.，2006）还解释了为什么环保培训没能影响员工。他们在对课程进行评价之后，与员工进行的非正式会谈表明，提供给员工的信息与提供给管理人员的信息存在脱节。这表明，在机构的不同层面上，对此项倡议的参与和投入没有得到很好的整合。这一点意义重大，大量证据证实，管理层的参与和有效领导是成功获取可持续发展成果的关键。管理文献中有充分的证据表明，积极的榜样、基于价值观的交流和管理上的支持有助于培养积极进取、高效能的劳动大军（如 Bass & Avolio，1994）。对此，哈里斯和可拉内（Harris & Crane，2002）讨论了管理者的态度和行为在何种程度上可以对机构成功采纳符合机构政策的行为产生重大影响。多项研究都证实，"环保冠军"有助于成功地吸引其他人。在澳大利亚，我们自己的研究显示：管理者及其同事的努力会极大影响工作场所的可持续行为。最近，有一项研究在全国范围内调研了近13 000名公共部门员工，他们都被问到在工作中是否经常参与环保行动。调查显示出一些有趣的结果：超过90%的员工表示如果他们知道自己的领导和同事也在参与环保行动，他们就会支持环保行动。然而，只有50%的员工表示如果知道领导和同事都不关心环保行动，他们仍然会积极主动地支持环保（Chapman，2012）。综合考虑这些发现，我们进一步证实，与管理者、同事和同伴之间的社交活动将使培训课程和工作中得到的知识、技能和意见看法等得以传递。强有力的领导、"言行一致"的管理层若是热情而始终如一地倡导环保行动，就等于昭示员工，可持续发展问题在公司内部得到了重视和严肃对待，也就大大提高了采纳结构性政策并将其嵌入日常工作行为中的可能性。

雷曼和洛伦森（Remmen & Lorentzen，2000）讲述了一个在工作场所成功实施环保措施的例子。根据他们的讲述，一个称作"员工参与实施清洁技术"的项目力图为五家丹麦工业公司的员工培养积极的环卫员工。这项计划并没有以教育和培训为中心，而是采用了"边做边学"的方式，员工领导的环保队伍鼓励员工参与讨论环保问题及其可能的解决方式。这些活动让员工们有机会真正参与实践并从经验中学习，从而获得了一段学习经历。这一经历促进了对可持续发展问题的个人意义的深刻理解。这项计划的主要成果在于让各级员工都全面了解了环保问题及其解决途径，带来了员工引领的对企业环保政策、目标和行动计划的改进，以及新技术、新程序的实施。

　　丹麦计划中得出的一条重要经验是：要让员工参与环保行动，就必须让他们在做事的同时参与培训。作为关键决策者，环保团队可以进行咨询和协商，这向员工表明他们是团队里的重要成员，他们掌握了相应的技能和知识（Goldstein & Ford，2002）。从公司的角度来看，积极地让员工参与解决问题和制定政策的过程，可以从工作场所的角度对规程如何发挥作用提供宝贵见解，并对新举措的成功产生持续的、既定的关注。心理学中，这种方式通常被称作"体验式学习"，其学习的重心在于提供实际的学习环境，学习者可以浸入式学习某一概念或某一类知识并获得直接经验（Kolb et al.，2000）。这种深度参与利用情感和情绪的方式是获得知识和理解的途径。这将特别有助于个人行为转变，因为经充分证实，深层次的认知加工技能可能促进和支持态度改变，从而带来积极的行动（Eagly & Chaiken，1993）。

　　综上所述，被动提供信息不足以刺激员工的兴趣和促进他们在工作中的环保行动。强有力的领导，让员工明白同事们都很积极主动，鼓励他们为环保政策积极贡献都有助于取得积极成果。这些久而久之形成的规范和规章管理着工作场所，同时它们也是让员工真正参与环保举措的关键条件；可持续发展必须与机构或企业文化的基本价值观一致（Schein，2000）。顺着这个思路，我们现在转向对一家澳大利亚典型企业的案例研究，可持续发展被看作其产品价值和营销的核心。这项案例研究也强调了体验式主动学习的重要性，它可以影响态度和行为；还强调了"机构整体"方法的重要性，用以研发任务、系统和发展支持环境可持续发展的企业文化。此外，这项案例研究还初步揭示了工作中的环保影响如何影响其他生活领域的行为，证明了支持环保的工作场所如何促成社会影响。

"天然呵护"公司：环保工作场的案例研究

以下案例研究是由澳大利亚一家公司的一位创始人［瑟尔（Searle）］开展的。这家公司坚持有机和生物动力理念，其工作场所制度和规程都包含了支持环保的策略。由于该公司（假定它的名称为"天然呵护"）生产有机植物性护肤产品，因此公司表明在工作场所要把环保实践做到最好，并坚持黄金标准。这家公司的各部门都努力以环保的方式管理公司的运营、产品和服务，为此还专门开展了各种行动：实施有机认证；特别注重生产废物的回收和再利用，以减少排入土壤的废物；并且在全公司范围内设立能效管理计划。为减少使用汽车，公司鼓励在家办公；为减少乘坐国内、国际航班，公司特别支持开视频会议；同时，为帮助员工理解和参与这些行动计划，公司还制订教育计划，开展培训，设立了"绿色团队"。"天然呵护"公司强调，每一位员工都有义务积极参与、主动合作，并全力支持公司的环保政策。

2011 年 8 月开展的这项案例研究对"天然呵护"公司的 11 位女性员工进行了半结构化访谈。她们来自这个中型企业的各个部门，包括销售、行政和生产部门；年龄从 28 岁到 48 岁不等，平均年龄为 35 岁；在公司任职的平均时间为 3 年 7 个月。该研究的主要目的是明晰可以促进环保行为的因素，以及工作场所的价值观、态度、知识和行为可以渗入员工家庭生活的程度。访谈问题针对的都是这些话题。研究人员为访谈录音并转换成文字，然后对这些数据开展了主题分析（如有需要，可以提供更多研究信息）。

这些体制性因素回应了之前论述中提到的几个话题，它们在发展"天然呵护"公司的生态文化，培养员工的环保知识和态度，以及促进环保行为等方面都发挥了重要作用。这些因素主要包括三大主题：（1）将环境可持续发展写入岗位职责；（2）在体验式学习中养成新习惯；（3）员工影响、开放性对话和社会规范。以下我们将总结这项研究的主要观察结果，并特意把重心放在如何在工作场所发展可持续文化和促进环境可持续发展上。

把可持续发展写入岗位职责

这项案例研究最重要的观察结果之一就是，企业为支持环保所作的努力很重要，但是这对在企业内外持续深入地改变人们的态度和行为是远远不够的。这些访谈证实了雷曼和洛伦森（Remme & Lorentzen，2000）的调查结果，即有必要让工人持续主动地参与环保行动，这比被动地提交信息好，尽管后者通常是典型的企业交流形式。企业促进积极参与环保活动的方式之一是确保各级岗位职责中都包含了环境可持续发展，从而在整个企业形成统一的价值观并且行动一致。

很多员工都谈到，上班和在家的时候都支持环保行为是她们的岗位职责。一位负责发起新环保项目的办公室职员举例说："主要是让我外出了解环境可持续发展，对我来说，我已经轻松地从各个领域获得了 500% 的知识。"另一位参加访谈的办公室职员谈到，她的职责要求她鼓励咨询者摆脱对有机认证黑白分明的认识并提倡可持续农业。这项职责鼓励了她对环境问题的个人认同，促使她在工作之余做购物决定时提出更多问题。

> 最大的影响可能是我对有机及生物动力学实践的认识和理解，它们影响了我对自己所购买和消耗的食物的看法，不仅要求无农药污染、无化学肥料，还必须是无须长途运送的本地当季产品。

"天然呵护"公司的员工把环保意识和行动看作她们岗位职责不可或缺的组成部分——一种"生存方式"——而不是她们完成日常任务之余需要单独处理的事务。在工作中坚持这些价值观的程度会明显影响她们在工作中和工作之余所做的环保努力及其成果。

在体验式学习中养成新习惯

所有受访者都强调并认同，了解环保措施的最佳方式是积极主动地体验它们。体验式学习被认为是在工作时完全沉浸于"看、感受、品尝和做"等身体活动。感受到这些活动之间的关联，使之较易被接受、熟悉和采纳。一位办公室职员讲述了她如何积极主动地更新零售渠道，她说这让她更加了解绿色建筑及其设计理念，让她非常想在未来为自己"建一个尽可能不影响（环境）的家"。许多员工也都提到，在公司她们依照程序区别处理一般垃圾、可回收垃圾和有机废物，这一行为让她们在家的时候也更加重视资源回收利用和堆肥，并且适应了她们以前很少考虑过的方式：

> 我已真正开始少量堆肥，更多地回收利用资源，并收集残余物等。这些改变完全源于在"天然呵护"公司工作带给我的影响。在此之前我从未想过要这

样做。这仅仅是在学习怎样去做。

受访者们反映了体验式学习中"亲自动手"带来的好处，即有助于在工作中养成习惯和形成惯例，这些习惯和惯例也会轻易地迁移到家庭生活中，"因为你每天都在工作中回收利用资源，我现在在家里也做得很好了。这样做的次数多了，它就变成了习惯"。这些经验表明，接触新情况可以创建新规范和惯例（见 Wood et al.，2005），展示出工作场所中一贯的，以及明确、重复的行动的重要作用。受访者说，刚开始改变以前的行为方式时需要特别留心和努力，但是他们发现，新行为很快就成为习惯并自动融入日常生活：

> 我想，"天然呵护"公司让我明白，转变一旦开始，就会成为新习惯，这
> 并不需要付出很多时间。刚开始的时候确实需要一点时间，可一旦养成习惯，
> 你就真的不必再花时间考虑。

员工影响、开放式对话和社会规范

第三大主题涉及员工对实施和评价生态措施的影响程度。如前所述，有关机构改革的研究文献已经很好地证实，鼓励员工参与决策过程可能会提高对机构改革（包括个人行动）的投入、了解和接受度。"天然呵护"公司的员工认识到了自己在公司环保措施实施过程中的重要性。员工们反映有被赋权的感觉，由于自己完善环保措施的想法和意见在公司得到了理解和认可，因此积极性也提高了："他们听取各层普通员工的想法，我们都有了话语权。"员工们讲述了员工影响和赋权如何使员工积极性激增，并因此确保了员工价值和参与。以下这段引言也说明了这一点，同时也解释了让管理者重视生态措施和员工想法的重要性：

> 他们（管理层）完全乐于听取我们提出的各种环保意见。他们甚至还愿意
> 将其中的一些意见付诸实践。这有助于树立我们的信心，并激发我们对环保的
> 热情。

让员工们明白，企业规范支持有助于环保原则的开放性对话，就可以进一步巩固已经取得的积极成果。所有员工都提到和同事们畅所欲言让他们更加了解环保问题及其解决途径。受访者一致认为在"天然呵护"公司的各个部门的员工们都畅所欲言、兼收并蓄。

一位员工讲述了从社交网站获得信息这一行为如何逐步改变了自己的态度，并让自己更加支持集体保护环境的观点："我这样做就表示我在为环保尽一点绵薄之力。"后来我又想："大家一起努力的目标是什么？"员工们了解到自己正在和致力于环保理念的同事们相互支持、亲密合作，就会意识到他们"是因为共同利益形成了一个相互了解的团体"。有位员工的工作环境对她在家里的环保行为产生了很大影响，她的话证实了同事和积极的社会规范的重要性：

> 我身边的同伴都在谈论这些以及怎样才能做得更好。你会慢慢受到吸引，然后可能想：是的，我在家里也可以这样做。

研究的结论

"天然呵护"公司从成立之初就坚持以可持续发展为核心理念，并且在很多方面都可视为环保企业的典范。在案例研究中我们发现，可持续发展必须和公司的基本价值观保持一致，才可以让所有公司员工参与和致力于实施环保措施。研究表明：在日常工作中，员工的环境可持续发展观会不断加强。"天然呵护"公司能成功改变员工的环保态度并让他们了解更多环保知识，主要因为公司将环境可持续发展写入了岗位职责，以此来管理和指导员工行为（Burke & Litwin，1992）。就环保行为来说，好的企业文化可以让员工明白他们的行动受到了重视且有价值。"天然呵护"公司通过支持并创造机会让员工在日常活动中进行积极的体验式学习，同时让全公司各级员工都了解公司制度和规程，向自己的员工推广了环境可持续发展价值观及其意义。

机构变革文献强调，文化变革需要通过一种多层次系统努力来推行，涉及个人、团队、管理层和整个机构等层面的干预（Williams et al.，1993）。很明显，案例研究中的公司成功地让各级员工都参与了行动；员工们也没有认为环保政策无关紧要，只动动嘴皮子敷衍行事。开放式交谈、同事间相互鼓励、反复接触明确的工作规程、与积极的管理者和同事为伍，这些都有助于形成好的社会规范。员工们在工作中获得的环保知识和技能让他们在其他生活领域中产生新动力和实践，这个过程通常被看作工作影响了生活，同时也表现了员工们的积极参与（Greenhaus & Beutell，1985）。这一发现证实：好的企业文化、社会规范和高效的过程学习都可能促成环保行动进入家庭，从而突出了环保化工作场所影响深远的潜在社会意义。

工作与生活格局、工作架构和环保行为

本章首先讨论了行为变革的相关理论，提出对影响个人选择和行动的环境及系统因素的认识正在日益提升。因为工作在我们生活中的地位越来越重要，有偿工作的影响和这次讨论的关系尤为突出——以至于评论家们把当今社会称作"工作主导的社会"（Beder，2005）。斯金纳等（Skinner et al.，2012）从工作和生活的角度深入讨论了环境可持续性问题；我们在此讨论这一方式的主要原理和论据，然后将在经济大环境中分析过度工作与环境恶化之间的关系。

在"天然呵护"公司的案例研究中，我们发现有偿工作可以鼓励和启发环保选择、习惯和行为，并为此提供信息。要知道，工作经历带来的影响远不止这些。21 世纪的多数现代家庭中，有偿工作以多种方式直接或间接地构成日常生活，包括安排和控制时间（可以有多少空闲时间，什么时候有空）及金钱，并且会影响出行方式和个人精力状况。因为要同时兼顾有偿工作、家庭生活、个人事业及社会责任，澳大利亚国内外的很多工人都过着紧张而忙碌的生活（Duxbury & Higgins，2008；Pocock et al.，2007，2012）。在这种情况下，适应和调整行为可能具有挑战性，尤其在忙碌的双职工家庭中，要同时兼顾大人孩子的责任和需要。我们发现，我们身边有很多人都非常忙碌，他们普遍缺少时间关心自己。我们现在专门为女职工提供了 30 分钟健身时间——这更说明她们是最缺少时间的人。菜谱里有了很多 10 分钟就可以完成的快捷餐食，以及营养成分很少的工作简餐。因为在社交活动中要快速找到伴侣，人们就设计出了闪电约会，而在过去，这样的约会需要更多的时间来开始和发展。由于生活忙碌并且压力大，许多快捷服务应运而生，解决了一些基本的生活需求。

特罗恩-霍尔斯特等（Throne-Holst et al.，2008）发现，我们很难冲破现代生活的藩篱去改变一个人的日常生活方式。他们认为，入职、新生儿的诞生、结婚 / 找伴侣等人生大事或其他类似的事件会改变人们的习惯和日常生活，并为他们在不同生活领域中改变行为方式创造机会。将这一理念应用于有偿工作，我们很容易发现，工作时间的长短及具体

安排、工作地址，以及这些因素的可变性都可能促成或者阻碍日常生活中的环保行为。因此，对于那些希望实现环境可持续发展的公司领导和管理者来说，重要的是要扩大关注面，除了工作场所的环保行为，还应该考虑如何为公司员工创造机会让他们过上有利于环境可持续发展的生活。具体措施可能包括支持和鼓励灵活安排工作，比如电话交流（在家工作）、减少工作小时数或压缩工作周数，这将对出行要求和私车使用造成明显影响。灵活安排工作和减少工作时间为个人创造了宝贵的机会去完成一些耗时的家庭事务，比如修菜园、减少食用打包食品和外卖食品，以及减少使用耗能高的便捷工具，如干衣机。影响工作之余行为的一项必要措施是调整工作模式，为环保行为节省出更多时间和精力。那些忙碌、时间压力大的家庭中，家庭成员们力图兼顾多项工作及工作外的其他任务，所以即使他们非常乐意接受可持续生活和工作方式，也常常屈服于一些"快捷、简便"的生活方式（Andrey et al.，2004；Edwards & pocock，2011；Grønhøj，2006）。

有关工作条件和时长的讨论让努力想过可持续生活的人们又多了一个关注点——过度工作导致过度消费（Robinson，2006）。在多数高收入国家如澳大利亚，人均生态影响随着平均工作时长的增加而增加，因为工作时长增加会导致 GDP 增加（工作—消费循环）（Sanne，2002）。首先，工作增加会导致生产量提高，而资源消耗、污染和浪费又会加大环境负担。其次，我们的收入会随工作增加而增加，这样我们就会花较多钱来旅行，购买车、电器和大房子。高收入一定会导致更多的物质和能源消耗。人们发现，经济繁荣和消费增加会大大削减科技进步对环保的贡献（Jackson，2009）。想到这一点，缺少时间和由此导致的不可持续生活方式就成了有必要减少有偿工作时间和强度的原因之一。因为要为"工作—消费"这一生活方式保持有利的工作条件，所以必须改革，把工作时长缩短到合理范围内，只有这样才可能实现可持续发展。

结论：使工作场所有利于环保行为转变的重要原则

个人决策、价值观和动机明显会影响我们的行为，但是，重要的是要了解习惯、社会环境和社会结构等其他因素会如何影响和约束个人偏好。一个人参与的活动越多，其劳动力就会随之不断提高。工作越来越成为我们接触社会、发展个人技能和寻求变革机会的主要途径。社会评论家说，随着双职工家庭变得越来越普遍，城郊的街道好像被腾空了。由于现代城市生活中有偿工作越来越普遍，我们认为工作场所可能对个人信念、价值观及最终行为产生重大影响。

在本章中，我们讨论了个人和环境对环保行为的影响，概述了促成工作中环保行为的各种因素。我们的案例研究表明，在环保企业工作可能会提高个人参与环保行动的动机，让个人感觉自己有权力这样做，同时改变现有的行为习惯并适应环保的日常生活。这也印证了前面的讨论。员工们说，这些转变都是积极参与公司环保活动、体验式学习，以及把可持续发展融入员工的岗位职责及职业身份中的结果。摒弃被动接受信息的方式、坚持主动的长期策略，以及要求管理者必须敬业且以身作则，这些可能是员工接受并保持新工作习惯及日常生活方式的关键。总而言之，在工作场所持续不断地提供体验式学习机会，让员工参与有关政策制定的开放式对话，建设一致有力的领导，并实施易于接受的环保规程，才能形成积极正面的企业文化，并有助于员工形成新习惯在工作中实施环保行动。在这样的企业文化中工作的员工更有可能在家里也坚持环保行为，这证实了创建可持续企业文化有助于建设可持续社会。

从全社会看，我们需要全面思考如何设定工作结构，以支持澳大利亚的可持续发展和工人福祉。改变工作环境可以减少生态影响，如时间压力会阻碍环保行动，而灵活安排工作和电话交流却可以缓解时间紧张带来的压力。为减少过劳和过度消费产生的环境负担，我们建议减少所有工人的工作时间——以便终止工作与消费周而复始的循环。

这里提及的每点都涉及重要而恰逢其时的可持续发展目标，然而这些建议绝非面面俱到。例如，持续改进设计和技术至关重要。当务之急依然是精心设计或规划有助于日常环保活动并且更少依赖私家车的工作场所、住宅、城市和城郊，为应对这一挑战，需要在规划和交通系统两方面进行大规模投资。此外，这一初步分析为将来研究有偿工作和可持续发展提出了大量附加问题。例如，在以利润最大化为核心价值，并且对可持续发展措施的投入极低的企业中，实施支持变革的最佳模式是什么呢？在工作中参与环保实践究竟会阻碍还是会促进家庭环保活动？在什么情况下可能出现负溢出效应？借助这些问题以及更多令人振奋的现有途径，我们可以探索工作环境和结构对环保行为模式的深远影响。

参考文献

1. Aarts, H. and Dijksterhuis, A. P. (2000) 'The automatic activation of goal-directed behaviour: the case of travel habit', *Journal of Environmental Psychology*, vol 20, no 1, pp75-82

2. Abrahamse, W., Steg, L., Vlek, C. and Rothengatter, J. A. (2005) 'A review of intervention studies aimed at household energy conservation', *Journal of Environmental Psychology*, vol 25, no 3, pp273-291

3. Ajzen, I. (1991) 'The theory of planned behaviour', *Organizational Behaviour and Human Decision Processes*, vol 50, pp179-211

4. Ajzen, I. and Fishbein, M. (1980) *Understanding Attitudes and Predicting Social Behaviour*, Prentice Hall, Englewood Cliffs, NJ

5. Andrey, J. C., Bums, K. R. and Doherty, S. T. (2004) 'Toward sustainable transportation: exploring transportation decision making in teleworking households in a mid-sized Canadian city', *Canadian Journal of Urban Research*, vol 13, no 2, pp257-277

6. Australian Bureau of Statistics (2010) *Labour Force, Cat. No. 6202.0*, ABS, Canberra

7. Bamberg, S. (2002) 'Effects of implementation intentions on the actual performance of new environmentally friendly behaviours: results of two field experiments', *Journal of Environmental Psychology*, vol 22, no 4, pp399-411

8. Bass, B. and Avolio, B. (1994) *Improving Organizational Effectiveness Through Transformational Leadership,* Sage, New York

9. Beder, S. (2005) 'Digging your own grave', in L. Carroli (ed) *The Ideas Book*, University of Queensland Press, Queensland, pp30-39

10. Blake, J. (1999) 'Overcoming the value-action gap in environmental policy: tensions between national policy and local experience', *Local Environment,* vol 4, no 3, pp257-278

11. Boiral, O. (2009) 'Greening the corporation through organizational citizenship behaviours', *Journal of Business Ethics*, vol 87, no 2, pp221-236

12. Burke, W. W. and Litwin, G. H. (1992) 'A causal model of organizational performance and change', *Journal of Management*, vol 18, no 3, pp523-545

13. Carr, S. and Tait, J. (1991) 'Difference in the attitudes of farmers and conservationists and their implications', *Journal of Environmental Management*, vol 32, no 3, pp281-294

14. Carroll, A. B. (2008) 'A history of corporate social responsibility: concepts and practices', in A. Crane, A. McWilliams, D. Matten, J. Moon and D. Siegel (eds) *The Oxford Handbook of Corporate Social Responsibility*, Oxford University Press, Oxford, pp19-45

15. Chapman, J. (2012) *What Women Do: Exploring the Link Between Pro-environmental Actions, Work，Travel and Home,* Centre for Work + Life, University of South Australia, Adelaide

16. Chapman, J. and Walton, H. (2012) *Encouraging Pro-environmental Action: Lessons for Australian Workplaces and Households*, Centre for Work + Life, University of South Australia, Adelaide

17. Duxbury, L. and Higgins, C. (2008) *Work-life Balance in Australia in the New Millennium: Rhetoric Versus Reality*, Beaton Consulting, Melbourne

18. Eagly, A. H. and Chaiken, S. (1993) *The Psychology of Attitudes*, Harcourt Brace, Orlando, FL

19. Edwards, J. and Pocock, B. (2011) *Comfort, Convenience and Cost: The Calculus of Sustainable Living at Lochiel Park*, Centre for Work + Life, University of South Australia, Adelaide

20. Epstein, M. and Roy, M. J. (2001) 'Sustainability in action: identifying and measuring the key performance drivers', *Long Range Planning*, vol 34, no 5, pp465-481

21. Forbes, L. C. and Jermier, J. M. (2010) 'The new corporate environmentalism and the ecology of commerce', *Organization and Environment*, vol 23, no 4, pp465-481

22. Gardner, G. T. and Stern, P. C. (2002) *Environmental Problems and Human Behaviour*, Pearson, Boston, MA

23. Goldstein, I. L. and Ford, J. K. (2002) *Training in Organizations* (4th edn), Wadsworth, Belmont, CA

24. Greenhaus, J. H. and Beutell, N. J. (1985) 'Sources of conflict between work and family roles', *Academy of Management Review*, vol 10, no 1, pp76-88

25. Grønhøj, A. (2006) 'Communication about consumption: a family process perspective on 'green' consumer practices',

Journal of Consumer Behaviour, vol 5, no 6, pp491-503

26.Gronow, J. and Warde, A. (2001) *Ordinary Consumption*, Routledge, London

27.Harland, P., Staats, H. and Wilke, H. (1999) 'Explaining pro-environmental intention and behaviour by personal norms and the theory of planned behaviour', *Journal of Applied Social Psychology*, vol 29, no 12, pp2505-2528

28.Harris, L. C. and Crane, A. (2002) 'The greening of organizational culture: management views on the depth, degree and diffusion of change', *Journal of Organizational Management*, vol 15, no 3, pp214-234

29.Heath, Y. and Gifford, R. (2002) Extending the theory of planned behaviour: predicting the use of public transportation, Journal of Applied Social Psychology, vol 32, no 10, pp2154-2185

30.Intergovernmental Panel on Climate Change (IPPC) (2007) *Climate Change 2007: Synthesis Report*, IPPC, Geneva, Switzerland

31.Jackson, T. (2005) 'Motivating sustainable consumption: a review of evidence on consumer behaviour and behavioural change', accessed 1 April 2012

32.Jackson, T. (2009) *Prosperity without Growth: Economics for a Finite Planet*, Earthscan, London

33.Kaiser, F. G., Wolfing, S. and Fuhrer, U. (1999) 'Environmental attitude and ecological behaviour', *Journal of Environmental Psychology*, vol 19, no 1, ppl-9

34.Kolb, D. A., Boyatzis, R. E. and Mainemelis, C. (2000) 'Experiential learning theory: previous research and new directions', in R. Sternberg and L. Zhang (eds) *Perspectives on Thinking, Learning and Cognitive Styles*, Lawrence Erlbaum, Mahwah, NJ, pp193-210

35.Kollmuss, A. and Agyeman, J. (2002) 'Mind the gap: why do people act environmentally and what are the barriers to pro-environmental behaviour?', *Environmental Education Research*, vol 8, no 3, pp239-260

36.OECD (2007) *Babies and Bosses: Reconciling Work and Family Life—a Synthesis of Findings for OECD Countries*, OECD, Paris

37.Perron. G. M., Cote, R. P. and Duffy, J. F. (2006) 'Improving environmental awareness training in business', *Journal of Cleaner Production*, vol 14, nos 6-7, pp551-562

38.Pocock, B. (2003) *The Work-life Collision: What Work is Doing to Australians and What to Do about it*, Federation Press, Sydney

39.Pocock, B., Skinner, S. and Williams, P. (2007) *Work, Life and Time: The Australian Work and Life Index (AWALI) 2007*, Centre for Work + Life, University of South Australia, Adelaide

40.Pocock, B., Skinner, N. and Williams, P. (2012) *Time Bomb: Work, Rest and Play in Australia Today*, New South Publishing, Sydney

41.Remmen, A. and Lorentzen, B. (2000) 'Employee participation and cleaner technology: learning processes in environmental teams', *Journal of Cleaner Production*, vol 8, no 5, pp365-373

42.Robinson, T. (2006) *Work, Leisure and the Environment*, Edward Elgar Publishing, Cheltenham

43.Russell, S. V. and McIntosh, M. (2011) 'Changing organizational culture for sustainability', in N. M. Ashkanasy, C. P. M. Wilderom and M. F. Peterson (eds) *The Handbook of Organizational Culture and Climate*, Sage, Thousand Oaks, CA, pp393-410

44.Sanne, C. (2002) 'Willing consumers - or locked in? Policies for a sustainable consumption', *Ecological Economics*, vol 42, pp273-287

45.Schein, E. H. (2000) 'Commentaries: sense and nonsense about culture and climate', in N. M. Ashkanasy, C. P. M. Wilderom and M. F. Peterson (eds) *The Handbook of Organizational Culture and Climate*, Sage, Thousand Oaks, CA, ppxi-xiii

46.Schulz, P. W., Nolan, J., Cialdini, R., Goldstein, N. and Griskevicius, V. (2007) 'The constructive, destructive, and reconstructive power of social norms', *Psychological Science*, vol 18, no 5, pp429-434

47.Shove, E. (2010) 'Beyond the ABC: climate change policy and theories of social change', *Environment and Planning A*, vol 42, no 6, pp1273-1285

48.Skinner, N., Williams, P., Pocock, B. and Edwards, J. (2012) 'Twenty-first-century life: how our work, home and community lives affect our capacity to live sustainably', in S. Lehmann and R. Crocker (eds) *Designing for Zero Waste: Consumption, Technologies and the Built Environment*, Earthscan, London, pp35-52

49.Steg, L. and Vlek, C. (2009) 'Encouraging pro-environmental behaviour: an integrative review and research agenda', *Journal of Environmental Psychology*, vol 29, no 3, pp309-317

50.Stø, E., Throne-Holst, H., Strandbakken, P. and Vittersø, G. (2008) 'Review: a multi-dimensional approach to the study of consumption in modern societies and the potential for radical sustainable changes', in A. Tukker, M. Carter, C. Vezzoli, E. Stø and M. Munch Anderson (eds), *System Innovation for Sustainability 1*, Greenleaf Publishing, Sheffield, Chapter 13

51.Taylor, S. and Todd, P. (1997) 'Understanding the determinants of consumer composting behaviour', *Journal of Applied Social Psychology*, vol 27, no 7, pp602-628

52.Throne-Holst, H., Strandbakken, P. and Sto, E. (2008)'Identification of households'barriers to energy saving solutions', *Management of Environmental Quality: An international Journal*, vol 19, on 1, pp54-66

53.Tilbury, D. (2004)'Rising to the challenge: education for sustainability in Australia', *Australian Journal of Environmental Education*, vol 20, no 2, pp103-114

54.Williams, A., Dobson, P. and Walters, M. (1993) *Changing Organizational Culture: New Organizational Approaches*, Institute of Personnel Management, London

55.Wood, W., Tam, L. and Witt, M. G. (2005)'Changing circumstances, disrupting habits', *Journal of Personality and Social Psychology*, vol 88, no 6, pp918-933

4 英国气候政策中有关行为变革的全国对话：
有关责任、机构和政治特征的讨论

谢恩·富奇　　迈克尔·彼得斯

【提要】

本章探索的是英国气候变化辩论中与机构职责有关的政治观点。政府对消费需求侧的干预涉及气候变化及个人层面的消费行为，争取更大程度地引导公民的价值观、态度和信念。据数据显示，英国大约40%的碳排放都源于家庭和交通行为，因此政策举措已经越来越多地聚焦于促成"可持续行为"。有证据表明，在调动环保主义态度消解"价值观—行动"之间的距离这方面取得的成功是有限的。这一领域的研究表明，环境和行为之间存在更为显著而微妙的"差距"；这一关系也许更加巧妙地解释了人们为什么不一定按照政策制定者预期的方式作出反应。追溯过去10年里英国的行为变革议程，我们设想，造成其局限性最重要的原因是它太过于关注个人，这使得这场辩论更为广泛的政治和经济特征变得模糊。本章第二部分将揭示对许多焦点小组进行调研的结果，目的是结合与该议程局限性相关的文献讨论家庭用能习惯、家用电器购买和使用，以及交通行为等更广泛的政治观点。本章最后还讨论了"大社会"计划是否可能更直接地触及其中的一些问题，或者说它只是对个人主义议程的"重新包装"。

导　言

近年来，环境问题已成为英国政府决策的中心问题，在传统政策体系中尤为突出。工业油泄漏、臭氧枯竭、大气层污染及地球气候变化最近引发的其他风险，都以越来越显眼的方式被提到了政治议程中。在最近十年里，一系列能源白皮书出现在备受瞩目的政策声明中，反映了英国政府通过主流政策处理气候变化问题的意图。2006 年，政府出资推出了《司徒恩报告》（*Stern Review*），进一步证实了这一意图。该报告假想英国政府因为无法解决导致气候变化的那些问题，只能提供一份综合全面的有关经济、社会和环境的未来图景。更重要的是，2008 年的气候变化法案——其中纳入了英国政府的承诺，即保证在 2050 年前实现整个社会减少 80% 的温室效应气体排放——进一步明确了环保问题在英国政府当前及未来政策议程中的核心地位。要达到英国政府愈加严格的二氧化碳减排指标还有许多实际困难。这些困难激励政策制定者们接受并提倡"自下而上"的解决方案，其目的是改变消费模式和生活方式，如出行方式、饮食习惯、休闲方式和生活模式等。英国环境、粮食及农村事务部 2004 年的一份文件指出：

> 环境议程历来都聚焦于控制污染源，如工业厂房。然而将来，环境议程则要处理加剧环境压力的各类途径，包括我们的生产方式、产品和消费方式。我们的首要目标是实现经济持续增长及其带来的好处，同时保证不损害国内外环境。
>
> （HM Government，2004：23）

劳仑欧尼和皮金（Lorenzoni & Pidgeon，2006）指出，为了应对这些发展变化，政策改变在最近 10 年尤为彻底——主要原因是，政界认识到，越来越难以整合政策中那些有效的可持续发展措施。

"建设大社会"（Building the big society）（Cabinet Office，2011）是最近英国政府意图通过一项地方主义新议程处理这些问题的政治声明。新议程中，市民、社区和行业机构获得了"他们需要的权力和信息，这样他们就可以联合起来解决共同面临的问题，并把英国建设成为他们的理想国"（Cabinet Office，2010：1）。斯科特（Scott，2010）提出，

"大社会"试图让整个公民社会一起面对气候变化（以及处理这一问题所面临的挑战），它让能源成为主要政治议题，使人民参与政策设计和实施，这些都是联合政府可持续发展设想不可分割的组成部分。

　　本章讨论的关键问题是：在英国，很多能源和气候方面的政策局限性都与过分强调个人有关——它们却没有强调与政府、行业机构或公司的关系。这样的政策倾向意味着，个人作为变革的实施者必须推动温室效应气体减排（Goodall，2007）。本章讨论了为什么尝试建立这种综合法对推动英国环境政策起到了重要作用，并为服务于个人作为"第三公民"不可或缺的要素，即需求、偏好及主张，打下了坚实的政治基础。在讨论部分，我们根据与公众合作进行的实证研究评估了将新重点放在地方一级的责任和行动上的复杂性，就结构因素、政治因素、经济因素、心理因素、社会因素和知识因素对个人层面采取环保节能行为的比较性影响提供了新见解。

统治方式、个人和"风险社会"

　　包括帕特南（Putnam，2000）和吉登斯（Giddens，1998）在内的研究社会及政治变迁的理论家都指出，西方公民的地位和概念在近代发生了显著变化。吉登斯特别提出，现在的政策措施必须和早已变得原子化甚至个体化的社会保持一致。他是说，人们在作出决定和选择的时候变更能自我反省了。自1997年以来，吉登斯的理论研究（Fudge & Williams，2006）对英国政策产生了特殊影响，揭示了卡利尼科斯（Callinicos，2001：1）所谓的"对过去政治对立的辩证超越，以及新形式市场经济与进步社会政策的融合"。

　　出于类似原因，贝克（Beck，1999）指出，"机构"显然在当代决策制定中及广泛的整治范围内发挥了较大作用。芬利森（Finlayson，2003）认为，这一立场反映了当前学术界和政界关于"机构"相对于"整体结构"的思想状态的广泛趋势。吉登斯（Giddens，1998）特别指出，现代主义机构，如福利国家、教育机构和管理机构本身都必须更善于应对风险——或现代性的"反思"阶段——其间，新选择和生活机会的可能性必须受到决策者的重视。例如，他提出，医疗保健和社会排斥等领域都见证了对个人作用的特别关注，而避开了国家的主导责任。威廉姆斯参照个人和福利国家条款间的关系变化来解释这些变化：

新福利范式的核心强调人的创造力和反射力；即他们积极主动地塑造人生，并以各种各样的方式体验、利用和重构福利政策成果。

（Williams，1999：2）

吉登斯是这样展开该观点的：

传统福利国家是在物资短缺是主要社会问题的社会中发展起来的，特别是在战后初期。但是在后工业社会，很多时候我们要处理的不是物资短缺问题，而是生活方式问题。

（Giddens，1998：135）

他指出，对环境退化的日益关注可以追溯到生活在"后稀缺社会"的意义问题上。

包括全球气候变暖在内的多数生态问题与资源短缺并没有关系，而是与肆意挥霍资源有关，交通拥堵和污染就是很好的例子。洛杉矶曾经看起来像未来城市，极为重视和个人迁移有关的有效空间利用。但是随着私家车数量成倍增加，社会和生态走入了死胡同。很多时候高速公路主干道上塞满了车子，经常陷入瘫痪状态。尽管有非常严格的管控措施，空气污染仍然严重。那些并非为汽车通行设计的欧洲城市，很多情况下都车满为患并且污染严重（Giddens，1998）。

因此，吉登斯解释说，解决环保问题总是依赖于转变个人生活方式，而这并不能用"由上而下"强加于人的方式轻易实现。他认为政府和其他相关机构要奖惩并用，才能对行为产生切实影响。为促进可持续社会而采用的政治举措显然已经采用了这一理念。

何为"行为变革"？

决策层急需采用有效的战略措施来减少生产和消费领域的碳排放，这一目标的实现更加有赖于机构制定的"行为变革"措施。这已经成为英国缓解气候变化的重要举措，尤其是在过去的 5 ~ 10 年里。

怀特马什（Whitmash）说，"国际社会越来越认识到，气候变化严重威胁着人类福祉和环境的整体性"，他认为：

在英国，工党政府把气候变化看作首要问题，并把自己标榜为处理这一问题的全球领导。向大众宣传减排以赢得社会支持，并让全社会参与减排是英国政府气候变化战略的关键。20世纪90年代以来，为了让英国民众了解气候变化并鼓励他们节约能源，政府已经开展了好几次信息运动。

（Whitmarsh，2008：1）

1997年，英国工党执政之初，气候变化并没被看作首要问题（Helm，2004）。有人设想，"天然气热潮"导致的结构变化——它曾经使英国的温室效应气体排放明显减少——意味着可以通过坚持实施由先前执政的保守党传承下来的"能源市场"战略"处理"这些问题。这让新政府信心满满地签订了1997年的《京都议定书》（Kyoto Protoco），并承诺让全国的温室效应气体排放在2010年前减少20%。金（King，2004）解释说，这也是激励工党政府把自己定位为应对气候变化挑战的全球领导的主要原因。然而，因为20世纪90年代中期英国的碳排放再次增加，这第一次世界大战略很快就遭遇了极大阻碍。政策制定者被迫承认，能源私有化带来的结构转变正在遭受破坏，所以必须转而实施基于消费制定的战略政策。他们认为这样的战略可以有效应对道路交通使用、航空旅行及住房能源需求的增加（Royal Commission，2000）。

英国政府希望借助个人"行为变革"应对气候改变策略难题，在2005年的"可持续发展战略"（Sustainable development strategy）中第一次发布并以图解形式综合概括了具体实施方案（HM Government，2005）。尤其是战略第三章，说明变革行为的策略和以往的主流政策有本质区别。"菱形模式"（或4E模式——图4.1）旨在提供：

这是一个用以思考的框架，决策者可以用以影响行为的不同方式，以及平衡这些方式以产生有效的一揽子干预措施以"催化"变革的方法。该模式建议使用系列干预措施来赋能、吸引、示范和鼓励。

（Defra，2006：13）

实际上这个模式简明地概括了各种干预措施，其目的明显是要扩展此领域的政策视野。

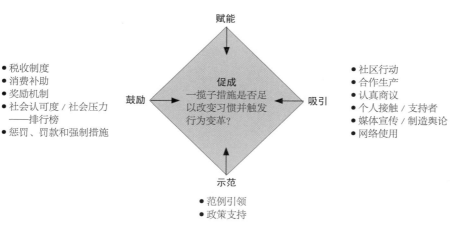

随着时间的流逝，人
们的态度和行为改变
了，办法也就出现了

- 移除障碍
- 提供信息
- 提供设施
- 提供多种选择
- 教授／培训／提供技术
- 培养能力

赋能

- 税收制度
- 消费补助
- 奖励机制
- 社会认可度／社会压力
　　——排行榜
- 惩罚、罚款和强制措施

鼓励

促成
一揽子措施是否足
以改变习惯并触发
行为变革？

吸引

- 社区行动
- 合作生产
- 认真商议
- 个人接触／支持者
- 媒体宣传／制造舆论
- 网络使用

示范

- 范例引领
- 政策支持

图 4.1　英国政府的"行为变革框架"（2005）。
来源：作者提供

英国政府的《2020 社区行动——并肩共战，志在必得》（Community action 2020-together we can）（2005 年可持续发展战略的一部分）浓缩了越来越多对行为变革的关注，还标出了政策制定者们相信可以实现行为变革的那些领域。一方面，对于政策制定来说，"行为变革"是一种个性化策略；另一方面，"行为变革框架"试图阐明行为受到的不同影响，更重要的是什么情况下可能出现改变契机。对于政策制定来说，菱形模式本身就像一个俄罗斯套娃的内层，其目标是在制定政策时协调兼顾区域、社区和个人，它和传统的"从上至下"的方式完全不同。例如，减少英国家庭能源需求和碳排放之间的矛盾，就可以表达为本章前一部分所列出的需求，以及吉登斯的"第三公民"观点，这就意味着，在现代民主社会里权利和责任并存。

与该观点一致，戴维·米利班德（David Miliband，英国原环境、粮食与农村事务大臣，任期为 2006 年 5 月到 2007 年 6 月）提出，要锁定能源需求就必须动员社区和市民参与节能，因为"总排放的 44% 都源于家庭，其中大部分又都源自家庭用电、用气以及道路交通和空中交通使用"（Miliband，2007：347）。英国政府承认，单单依靠"技术方面的补救措施"无法调整环保目标，制定有效政策需要同时考虑能源利用方面的科技、经济和社会因素。因为有一整套基本原理贯穿英国"利用宣传策略和经济措施鼓励民众作出适当行为反应"的计划（Whitmarsh，2008：13），菱形模式的四个方面可视为整体策略中相互关联的部分。接下来将详细阐释这四方面。

赋 能

如图 4.1 所示，英国政府希望在行为层面促成行为变革的方式中，最重要的一条是通过信息提供促使消费者在购物时作出明智选择，如给产品贴能源标签；政府主导媒体运动，如"二氧化碳减排行动"，即减排运动；地方政府主导提高环保意识的计划；以及让可以计算出碳足迹的各类网站都为个人及各类团体提供信息，促使他们在了解自己究竟消耗了多少能源的基础上作出明智选择。支撑菱形模式中这一观点的基本原理之一源于以下经济理论：一旦政策制定者识别并发出适当的价格信号，像阁楼绝缘、空心墙隔热和双层玻璃等，家庭能效项目投资市场将得到有效开发。

吸 引

英国政府认为，要促使消费者个人使用能源时作出明智选择，首先必须吸引消费者的注意力。例如，有人提议，如果由地方当局领导在地方一级开展提高认识的运动，将更有可能与个人产生共鸣（DECC，2009）。为此，我们希望像气候变迁这样的信息由地方当局来传播会比国家政府的传播更有效，并且要把信息传播、地方管辖和提供服务结合起来。人们认为现在英国在街道垃圾回收方面取得了进步，其主要原因是地方政府设定了强制回收目标，与此同时，在垃圾回收方面的资金投入也有所增加（Perrin & Barton，2001）。这使得地方当局可以完善基础设施和垃圾收集设施，并因此促进家庭参与（或放弃参与）。

鼓　励

如上所述，英国政府认为，运用适当的条例和法规来管理市场有利于实现行为变革目标。例如，为了鼓励购买污染少的小型车，英国调整了汽车消费税；为了鼓励尽可能少用私家车，出台了车辆进城费征收方案，所有都市中，伦敦的进城费最高，目的就是要限制伦敦市中心的私家车，同时鼓励市民更多使用公共交通和脚踏车，从而达到减少拥堵和保护环境的目的，征收所得的剩余利润被用于改善伦敦的公共交通设施。

示　范

菱形模式的最后一个维度实际上是围绕前三个目标（赋能、吸引、鼓励）进行的，它主张英国政府必须成为实现可持续社会的"引路人"，即率先垂范、以身作则。2008年颁布的《气候变化法案》（Climate Change Bill）非常清楚地解释了这些目标，英国政府在法案中设定了一个长远目标，即到2050年减排80%。这一长远目标又因为许多中期目标中断过，政界领袖们对此负有责任。政府（国家政府和地方政府）被认为应该率先垂范以实现可持续目标，包括设计目标并管理好政府建筑和政府的执政实践。

其中一个核心目标是，通过制定菱形模式中的策略来获得一些基本行为准则，这些准则可以激励现代人的积极性，并最终促成消费习惯和行为变革。政策制定者希望，强调消费者需求最终会有效促进系统性变革——因为英国市场通常会对消费模式和趋势的改变做出反应并适应这些改变。这一方法被用作一些直接的宏观政策措施的补充，如碳交易。

为更好地了解人们多样的生活方式并扩展菱形模式的基础，英国环境、粮食与农村事务部接着制订了"环保行为框架"（Framework for pro-environmental behavianrs）（Defra，2007）。它涉及不同人群对12项主要环保目标的反应（包括人们的意愿和行为能力），以此鼓励行为变革并减少对个人的影响。斯科特指出：

> 与那些缺乏环保意识的贫穷人群相比，积极支持环保的人群常常愿意且有能力实施环保行为。能力强并且愿意实施环保行为的人群和不愿意实施环保行为的人群需要的方法不同。我们需要为不同人群制定相应的方式方法。政策制

定者们认识到这一点就可以制定出最有效的政策。

（Scott，2009：23）

公民身份与行为变革二者的龃龉？

怀特马什（Whitmash，2008）认为，目前还没有证据表明，行为变革这一政治策略非常成功地改变了消费趋势，并把英国的碳排放和促成可持续发展成果联系起来。她解释说，这一认识也是英国政府改变英国碳排放目标的原因之一。怀特马什说，行为变革策略取得进展的主要指标是对不同消费领域的二氧化碳排放的政府监控和审计，反过来，又根据每个行业内的能源消耗量来推测这些消费领域：

近年来英国的能源消费持续增加。交通耗能增加最快；家庭能源消耗增加不多；工业能源需求减少。社会调查也显示，汽车使用频率在增加，拥有两辆车的家庭越来越多。

（Whitmarsh，2008：13）

目前，英国以变革消费者行为为目标的政策遭致失败的原因不胜枚举。例如奥尼尔和休姆（O'Neil & Hulme，2009：402）认为，"气候变化是一个很难从个人角度切实联系的问题"。同时，劳仑欧尼等（Lorenzoni et al.，2007）宣称，气候变化问题本身在时间和空间上都很遥远，它被认为受影响的是其他国家和后代人。怀特马什（Whitmash，2008：4）认为，"政府的节能训诫如果与日常生活的实际社会和自然环境不符，将继续被忽视"。

肖夫（Shove，2003）也认为，英国政府在政策中对行为变革的强调最终被证实是有限的，特别是在将"捕捉到"的复杂人类行为引向愈加宏大的环保目标上。值得注意的是，她指出，制度、实践和文化规范的结构性作用对人类行为的影响往往被忽视，却过分强调了个人"做出正确选择"的意愿。重要的是，肖夫指出：

很明显，只要有机会避免资源枯竭、全球变暖、生物多样性丧失、废弃物和污染产生，以及自然环境破坏等带来长期影响，人们的生活方式，尤其在西方，就必须改变。

（Shove，2003：1）

然而她认为，旨在促进可持续消费的政策通常都基于"对人类行为非常狭隘的理解"。她还指出，尽管政治辞令与之相反，政策举措却往往将机构复杂的社会文化维度归纳为由"理性个体"支撑的人类行为模式，这种方法最终也被证实是无法奏效的，因为"生活方式"问题总是被看作一个不受社会文化驱动力影响的个体现象来对待。

> 换个角度来看布伦特兰的知名定义，如果照现在的趋势发展下去，后代人将面临严重退化的世界。明显认同这一观点就掩盖了与行为、生活方式和消费概念化相关的重要理论分歧。生活方式在某种意义上，是被选择的，还是最好被看作生活的不同方式，即这也是社会结构的一部分……"行为"，即人们在做什么，与人们在想什么之间存在怎样的关系？消费是对品位的表达，还是只是社会、文化、物质生产复杂系统中的某一瞬间？

（Shove，2003：1）

政策制定者通过直接关注个人行为变革以促进低碳经济。肖夫的研究突出了这一过程中最大的困难之一，即如何定义消费——是什么促使人们选择了自己的消费方式——本身就是这一问题的核心。哈维的研究（Harvey，1997）为英国政治经济变革及其如何影响社会文化变革提供了有益的指引（战后英国的消费实践可以追溯到广泛的政治经济变革，这些变革激发了市场条件下公民的选择、品位和偏好的作用）。尽管这些变革反过来必然会影响人们看待和理解"集体"问题（如环境问题、社会问题和政治问题）的方式，很多英国民众似乎仍然普遍不愿意采取变革行为。为什么会这样？

虽然奥尼尔和休姆（O'neil & Hulme，2009：402）指出，人们普遍了解气候变化问题的紧迫性，"气候变化""温室效应"或"全球变暖"等词汇对 99% 的英国公民来说都不陌生，但是只有少数公民在日常生活中践行环保行为，并保证持续减少消费和能源需求。本章下一部分依据 12 个焦点小组讨论的最新成果探讨了构成这场争论的一些问题。这些讨论是三个互补研究项目的组成部分，它们就人们的日常能源消耗、对环境和可持续发展问题的态度及这些问题间的相互关系探讨了相关见解。

实证研究

本节描述和分析了 2008 年 12 月至 2010 年 10 月间，由普通大众组成的 12 个焦点小组的主要调查结果。这些小组作为萨里大学的生活方式、价值观和环境科研团队开展的三个互补科研项目试验阶段的组成部分而被召集，互补研究项目的主题是"能源和碳排放治理"。

研究目的

焦点小组研究的主要目的是探索人们以哪些方式与他们的"机构"产生联系，包括（1）家庭能源消耗和购买模式；（2）家用电器使用；（3）出行习惯。对试验对象做这样的主题调查，其目的是为政策制定者们提供帮助，让他们可以通过行为变革措施有效地执行与英国公民之间的"环保协定"。他们还特别引导讨论围绕以下几点展开：

- 政策干预程度；
- 与各层次关联的利和弊；
- 企业和行业的职责与义务；
- 以增加对个体行为转变的重视来平衡结构转变的程度。

研究方法和步骤

按照建议的小组研究样本量，每组招募 10 ~ 12 名成人参与者。依据选择的两个主要变量把调查对象分为"稳定型"消费组和"过渡型"消费组；然后又根据他们的收入（收入被用来区分"社会结构和生活方式"——根据焦点小组讨论指南对调查对象的一些关键变量做了调查）、年龄和性别把这两个小组分成了多个分组。取样细节见表 4.1。

取样定义说明：

"稳定型"消费组 = 成人（包括租房住的人）：

具备这两个特征或其中之一
- 最近 10 年没搬过家
- 最近 10 年他们的房屋都没有大的变动（包括修建／重修或维修）

"过渡型"消费组＝成人：

具备这四个特征或其中之一
- 近两年搬过家
- 准备两年内搬家
- 他们的房屋在最近 10 年里曾有过大的变动（包括修建 / 重修或维修）
- 他们的房屋正在接受大的变动或预计在两年内经历变动

表 4.1　焦点小组取样详情

	消费者类型	收入情况	性别	年龄
第 1 组	稳定（S）	中低（L-M）	~ 5 男（M）5 女（W）	年龄范围 25 ~ 45
第 2 组	稳定（S）	中高（M-H）	~ 5 男（M）5 女（W）	年龄范围 46 ~ 75
第 3 组	可变（T）	中低（L-M）	~ 5 男（M）5 女（W）	年龄范围 25 ~ 45
第 4 组	可变（T）	中高（M-H）	~ 5 男（M）5 女（W）	年龄范围 46 ~ 75
第 5 组	稳定（S）	中低（M-L）	~ 5 男（M）5 女（W）	年龄范围 46 ~ 75
第 6 组	可变（T）	中高（M-H）	~ 5 男（M）5 女（W）	年龄范围 46 ~ 75
第 7 组	稳定（S）	中低（M-L）	~ 5 男（M）5 女（W）	年龄范围 25 ~ 45
第 8 组	可变（T）	中低（M-L）	~ 5 男（M）5 女（W）	年龄范围 46 ~ 75
第 9 组	稳定（S）	中低（M-L）	~ 5 男（M）5 女（W）	年龄范围 25 ~ 45
第 10 组	稳定（S）	中高（M-H）	~ 5 男（M）5 女（W）	年龄范围 46 ~ 75
第 11 组	可变（T）	中高（M-H）	~ 5 男（M）5 女（W）	年龄范围 25 ~ 45
第 12 组	可变（T）	中高（M-H）	~ 5 男（M）5 女（W）	年龄范围 25 ~ 45

虽然代表性本身并非焦点小组研究的一个重要属性，但为了提供一定程度的空间区分，笔者仍决定从不同地方当局区域抽取参与者样本。区域定位包括了从显著城市化到极度乡村化的不同环境类型，此外还力图捕捉到其中的文化多样性。

- 第 1、5、7、8 组：萨里郡的吉尔福德市；
- 第 2、6 组：西米德兰兹郡的伯明翰市；
- 第 3 组：东萨塞克斯郡的布莱顿市；
- 第 4 组：伯克郡的斯劳选区；
- 第 9 组：什罗普郡的什鲁斯伯里市；
- 第 10 组：伦敦市的里士满镇；
- 第 11、12 组：伦敦市的伊斯灵顿区。

选择四大主题来组织每个焦点小组的问题一览表。前三个主题集中在关键的家庭耗能问题上（如家庭耗能、家用电器和用车情况）。另一个主题用来调查其他更大的问题，包括"管理"问题、"信任"问题和"责任"问题。围绕每个主题设计了 8 ~ 9 个问题，还设计了许多"提示"。设计提示是为了在必要时激发讨论，让调查对象自己去扩展问题——这他们个人的知识毫无关系。这些提示还可以用来重复焦点小组座谈提纲，让参与者以各种不同方式探讨问题，这样实验对象对同一主题的反馈就可以最大化。

结　果

以下各节将展示 12 个焦点小组的主要调查结果，这些结果围绕不同主题来介绍，包括"便利性""舒适性""知识性 / 信息性""责任"和"管理"。因为对实验对象做了匿名承诺，所以对直接引言进行了分类（这一点和表 4.1 一致），例如，"SM，L-M，25 ~ 45，吉尔福德"指的是吉尔福德焦点小组中的一位男性，年龄在 25 岁到 45 岁之间，属于"稳定型"消费组。

便利性

就家庭能源使用和家电购买而言，便利性是影响参与者决定的重要因素——而它可能造成的环境影响常常因此被忽视。据此，大多数调查对象都认为某些电器和产品是不可或缺的，拥有洗衣机、炊具和电冰箱等白色家电是每个人的"权利"：

> 一些东西太便利了，以至于无可替代。比如滚筒式烘干机……除非你把它们（衣服）放在暖气片上，那意味着必须整天都开着暖气片才能烘干它们，否则你别无选择。

（SM，L-M，25 ~ 45，伯明翰）

一些参与者认为，我们在过去几年看到的激增的电子产品也应该被视为现代生活的必需品。有趣的是，虽然有些人争辩说他们对来自英国政府的环保指令"尽其所能"（如完全关闭电器或在可能的情况下购买节能电器），但这些物品在现代家庭中的数量使得行为转变难以发生。

嗯，我们年轻的时候很多东西都还没有……我们身边根本没有像 DVD 播放器这样的东西……那会儿是有留声机了，但是相比以前，现在市场上这种东西多了很多。

（SM，M-H，46～75，斯劳选区）

在探讨交通习惯时，所有焦点小组的参与者都非常明确地表示，私家车为生活带来了便利，所以一直受人青睐。所有焦点小组一致认为，人们离不开私家车主要出于心理原因；不仅是因为它带来了便利，还因为它让人们感到自由和舒适：

我喜欢汽车的独立性。

（TF，L-M，25～45，伯明翰）

我喜欢我的车，我不能没有它。

（TF，L-M，25～45，吉尔福德）

许多焦点小组的参与者都认为，人们不能广泛使用并接受公共交通可能源于"自给自足"的想法，与此相关的主要原因是长时间等待、缺乏隐私、成本差异和不舒适等问题。多数参与者认为，使用汽车直接关系到人们日常生活中的关切和实际情况，致使关注焦点变成了"个性"而非对环境或整体节能的"集体"关注。

舒适度

当被问及家庭耗能情况时，所有焦点小组的参与者都回应说，他们首先考虑的是舒适度和便利性。参与者们明确表示，舒适和温暖的文化意蕴——被由衷地表达为"心灵感受"和"需要温暖的感觉"——对于现代生活来说几乎是必不可少的。几位来自不同小组的参与者同时指出，他们更可能在家里打开暖气取暖而不是添加衣服。并且，很多人都说，他们宁愿将暖气设置在恒定标准上，也不愿根据不同时间和情况进行调整。一些参与者还表示，即便他们认为取暖成本偏高，他们仍然乐意付更多钱取暖。有趣的是，这些观点好像和每组表现出的收入差异没有联系——不同收入水平的调查对象都认为如果只有付高价才能取暖的话，他们也愿意付这笔钱：

我认为舒适比金钱重要。

（TM，M-H，46 ~ 75，吉尔福德）

如果我觉得冷，我会不惜一切代价取暖。在寒冷的冬季，想要的就是（已经接受的温暖程度）温暖。

（SF，M-H，46 ~ 75，伯明翰）

值得关注的是，所有小组的参与者普遍认为舒适感比能效和环保更重要。就连从事翻修工作的参与者，包括安装绝缘墙和屋顶的、更换窗户的、安装太阳能板的、采用高效设计替换取暖系统的，都认为只要能效高，舒适和省钱比环保更重要。

同样，在出行方面，舒适度也是所有焦点小组首先考虑的问题。除了便利，很多人认为私家车也是最舒适的出行方式。他们普遍认为，要促使大众增加使用公共交通，就必须大力改善公共交通服务（尤其是它的舒适性）。例如，参与者抱怨说，在乘坐轨道交通的高峰时段，他们常常不得不站在拥挤的车厢里，这让他们觉得很不舒服。

知识和信息

根据奥尼尔和休姆（O'neil & Hulme，2009）的研究结果，很明显所有焦点小组的参与者——原则上都意识到了与社会受制于地球相关的能源和环境问题的严重性。当被问及过去10年里英国政府制定了哪些措施时，所有的参与者都熟悉拥堵费、暖锋（补助）计划和家庭节能法案。很多人表示，因为有电器能效评估、学校的教育宣传活动、政府的信息宣传活动和媒体宣传信息，民众都非常了解环保问题。但是人们也认识到，这样的"知识"并不一定意味着付诸行动（无可否认，对于参与者来说也是这样），他们普遍认为，单靠政策提供信息可能不足以大范围地改变人们的日常行为。

一些参与者说，他们不太信任一些用于解决环保问题的政策依据，他们因此也不愿意遵照行事：

你知道，这些动机总是让我不舒服……你觉得他们总是费尽心机地阻挠人们用车和其他一些东西，但是很明显，看看那些拥堵路段——照常拥堵，一点改变都没有。人们不相信政府，因为他们认为政府出台的每一项措施都是为了捞钱。

（SM，L-M，46 ~ 75，布莱顿）

其他参与者不相信气候变化和环境恶化的科学依据：

我的意思是，它（气候变化和环境恶化）绝对是真的，但是我不相信人类活动是导致它的唯一原因。我明白我们对它有影响，但是我认为它是无论如何都会发生的，在我们了解它之前，它就已经发生过数百万次……冰河时期等。

（TM，M-H，46 ~ 75，里士满镇）

谁来承担责任？

虽然焦点小组的参与者在一定程度上都认为英国需要可持续发展，但值得注意的是，关于谁应该对这一进程负责，他们的意见并不一致。与鼓励个人承担更大责任的政策驱动相一致，一些参与者（虽然只是少数）认为，真正实现变革的障碍和机遇需要个人层面的行动支持：

嗯，最终还要靠我们……最终还要靠消费者。

（SM，L-M，25 ~ 45，布莱顿）

我不知道。我认为如果越来越少的人购买这些产品，需求就会减少，然后碳足迹也会缩小。

（SF，L-M，25 ~ 45，伊斯灵顿）

虽然有人也提到企业的影响及其可能或应该发挥的作用，但是人们普遍认为政府应该有责任率先垂范：

除非政府设立独立机构管理可持续发展事务，否则只有政府才能担负这一职责。

（SM，L-M，46 ~ 75，什鲁斯伯里）

政府是大家选来管理国家的，难道不是吗？即使你不喜欢政府，大多数人还是希望政府来管理。

（SF，M-H，46 ~ 75，伊斯灵顿）

然而有趣的是，这种观点被一些参与者对政治和当前管理机制的不信任感削弱。一些人认为，在传达有关可持续性和环保义务的有效政治信息时存在的主要问题之一个是，这些信息总是不一致并且还经常相互矛盾。例如，参与者们主要谈到了政府一边允许英国扩建交通设施和机场跑道，一边又鼓吹可持续发展理想。一些人还提出，政客们应该首先整治自己的房屋使其合规，然后才可以要求其他英国人的环保行为。例如，人们认为，尽管英国政府在支持建设可持续社会的过程中发挥了重要作用，但是由于人们普遍不信任政府的政治议题，这样的影响也会被大大削弱。

> 他们都应该身先垂范——但是却不必驾驶他们的豪华大车，是吗？
>
> （SF，M-H，25～45，斯劳）

人们还认为，英国政府本身不具备足够的政治影响力来实现所需变革。他们提出，政治机构、企业和消费者产生影响的方式说明这些群体有必要紧密协作（即以联合的方式），把可持续发展当作共同目标：

> 多年以来，政府把所有的责任都强推给私企，然而要承担这些事情并让其取得进展的应该是政府。
>
> （TM，L-M，25～45，吉尔福德）

> 他们将所有能源公司私有化，因此能源公司的利润流向股东，然而如果让它国有化，他们就会投资。
>
> （TF，M-H，46-75，里士满镇）

是否应该加强管理？

尽管对英国政府的领导有很多保留意见，但是焦点小组的一些调查对象还是说，影响当前生活方式的因素很复杂，所以一定程度上还需要政治干预来促使全社会选择可持续方式。有人提出，过去就有长期以来由政治干预直接造成社会变革的先例。

> 好吧，我认为，政府或一个像政府一样的机构，似乎让改变发生了，他们说"这是你必须做的……现在别无选择"。
>
> （TM，L-M，25～45，布莱顿）

如果他们希望每个人都放弃含铅汽油，改用无铅汽油，那他们就必须降低汽油价格，否则他们的愿望就永远无法实现。如果你希望人们改变习惯，你就必须让改变带来经济划算的结果。如果你希望人们节能，就必须征税……

（SM，M-H，25～45，什鲁斯伯里）

参与者就是否应该加强交通管理反应不一。一方面，大家都知道汽车造成了环境污染；另一方面，他们又不愿意出台更多针对驾驶员的惩罚措施。许多参与者认为，很明显政府需要解决当前使用公共交通的不利因素。参与者指出，在人们心里，公共交通的吸引力不及私家车，他们认为增加对公共交通的投资可能会增加这种交通模式的吸引力。

各个焦点小组都普遍倾向于赞成技术革新，同时反对个人行为变革，但是也有一些调查对象说要实现未来可持续发展，不仅必须变革行为，还必须进行技术创新：

我想这可能有点混乱……这将是一些技术上的解决方案，可能会替代我们目前拥有的资源，但它们可能付出代价，因此人们将开始改变他们的行为，因为它变得太昂贵，或诸如此类的其他原因。可能是这个也可能是那个，并且你会……解决方式不会是依靠人们有道德地变革他们的行为。

（TM，M-H，46～75，斯劳）

一些参与者提出，要使人们更加关注能耗并且帮助人们理解他们的购买选择对能源和环境的影响，还需要更多"对用户有利的技术"，例如，人们认为由于操作太过复杂，消费者常常不愿意使用电子温控器和水泵。

讨论和结束语

在某种程度上，由于和可持续消费相关的争论越来越多，行为变革作为一套政策措施变得更加重要。近年来，作为学术研究的主题生活方式研究被强化了。英国的二氧化碳减排目标变得日益严峻，实现这一目标面临很多实际困难，这使得政策制定者们力图更直接地了解人们的生活方式和消费模式，尤其是那些与出行、饮食习惯和休闲方式相关的方式。

本章证实，作为一项议程，行为变革本身明显不同于近年来在制定政策时产生的与机构作用相关的一般政治变迁。英国的关注重点，尤其是在最近 10 年，已经由从上至下的管理变成了激励民众选择环保的生活方式。例如，"菱形模式"就是政策制定者们精心设计的大范围干预措施，它充分体现了公民"权利和义务"的本质。英国政府认为，这个模式最主要的干预措施是提供了一个影响深远的有效框架，它可以激励机构并引导行为，使它们符合环保政策的目的和目标。

但是，可以说英国的行为变革措施迄今为止已被证实收效甚微。特别是，除了社会中的小部分人已经在日常生活中养成了环保行为习惯，政策制定者们很难再让其他人改变行为。各级政策制定者仍然无法让行为变革措施产生广泛影响。人们认为参与障碍形成的关键原因是机构受到各种因素复杂的交互作用的影响。人们表达了自我选择，他们所做的事情都有自己的理由。他们的行为通常不符合"经济最大化的理性认识"，也无法用它来解释他们的行为，并且不能期待他们的行为总是符合道德责任和义务。

本章讨论了从焦点小组调查中发现的问题，这些问题本身并不是第一次被提出——并且可能取样范围太小，所以无法广泛应用——虽然如此，它们还是让我们明白了，单独强调行为变革收效甚微，不会彻底改变政治议程。当前数据显示：英国大约40%的碳排放源于家庭和交通行为，所以英国政府应对气候变化的措施面临的最大挑战是如何让市民采取环保的生活方式。焦点小组讨论围绕可能会鼓励或阻碍本章前半部分探讨的机构回应的大问题，又提出了一些有趣的问题。有理由认为，迄今为止政策尚未充分利用有这种意识的政治机构——如多布森（Dobson，2010）所论证，他能与作为公民而非消费者的人民产生共鸣。

为寻求政府、企业、社区和个人间的平衡，迄今为止遇到了一些棘手的问题，"大社会"议程（Cabinet Office，2010）能带来英国需要的改革、公平和变革，是解决这些问题的最新尝试。该政策议程主要包括以下五个领域。

向社区放权（地方主义和下放权力）

此举主要目的之一是鼓励社区居民之间更高层次的社会性学习，以此促成"生态"的机构行为。在这里人们认识到，社区指定的策略可能促成对能源和气候问题采取集体性应对措施，而不是去应付"惯犯"。

鼓励民众在社区发挥积极作用

希望人们直接参与对他们有影响的事务以增强他们的归属感，并更有能力转变行为。例如，与此相关的一个主要目标是分散能源产地、使社区自己掌握和经营能源生产。

中央政府让渡权力给地方政府

"大社会"的首要目标之一是处理与政府和企业职能相关的"信任"问题，例如，变更规划法就部分承认了地方政府更适合监管基础设施层面的环保措施；同时，也希望继续下放权责给地方，从而可以促成应对能源问题和气候变化问题的"草根"政治。

支持合作项目、互助（项目和组织等）、慈善项目和社会企业

联合政府承诺支持设立合作项目、"互助"项目、慈善项目和社会企业，并努力支持这些组织和团体更多地参与经营公共服务项目；同时，希望私企和社区企业支持以由下至上的方式解决环保问题。

公开政务信息（公开透明的管理）

新政府希望促使人们相信管理体制及机制有能力实现英国的环保和可持续发展目标，如减少碳排放目标。

穆卢盖塔等（Mulugetta et al.，2010：7541）指出："很明显，没有哪项干预措施可以独立实现处理气候变化和能源安全问题需要的系统性变革。"英国政府为实现碳减排目标提出的主要方式之一是，加强以社区为主导的管理并使地方驱动的能源措施发挥更大作用，以在各方利益主体之间形成强大而稳固的协同力。值得牢记的是，大社会的地方主义议程与引入上网电价和可再生热能激励措施有关——两者都可能迎来新的参与者，包括家庭、合作社住房建筑及管理协会和学校等进入能源生产市场。除了行为方面的争议，现在似乎有一明显认识，即鼓励个人转变的政策迄今为止只有低碳过渡。穆卢盖塔等（Mulugetta et al.，2010：7541）解释："许多方面（无论规模大小）都需要付出巨大努力，实施各种所有权及其交付模式，并在需求供应端配置各种低碳技术。"

焦点小组的调查结果反映了大家对其中一些问题的看法，尤其是调查对象对一些问题的回答，如"实现可持续发展社会的责任在谁""你认为怎样的政治干预程度合适""企业及行业的职责和义务""更加强调加强个人行为变革可能对平衡结构变化产生多大影响"。我们发现，虽然人们比之前任何时候都更加了解环境问题的紧迫性，并且在许多方面都更有能力（就提供基础设施和支持来说）解决环境问题，但还是有很多人不愿意改变行为，他们更喜欢选择那些并不环保但会让他们觉得舒适和便利的生活方式。然而小组讨论强调，有必要向可持续社会过渡期间公民责任的范围和性质进行公开辩论，并让公众参与。

焦点小组的很多参与者觉得，目前人们并没有和这些义务建立联系，也没有努力履行这些义务，这使得个人在实现政府和企业利益过程中的职责并不明确。其他人认为，他们已经努力奉献了自己的力量，其他机构也应该尽义务。人们普遍认为，自己之所以没有广泛参与，原因之一是他们不相信英国政府和科学家传播的很多环保信息。这些讨论中所做的许多观察说明了结构问题、政治问题、金融问题、心理问题、社会／文化问题和知识问题之间的多元关系——到目前为止，影响消费习惯和与能源相关的选择的方式仍未被决策者掌握。我们认为，在制定政策时过分强调人们的"理性作用"导致人们只注意到了某些有局限性的行为转变，而忽略了影响个人决策的广泛的结构性因素。

英国《气候变化法案》要求政府履行相应职责，即要求在 2050 年前减少相当于 1990 年水平 80% 的碳排放量，并在 2020 年实现减少 34% 的中期目标。要实现这些目标需要多方协作、共同努力，其中包括政府机构、公共机构、公共和私营部门、社区组织和个人。一些观察家认为，最近确立的"大社会"议程是在地方层面为政治公民定位（个人和集体）的一种尝试，政治公民通过加大对社区层面决策的强调，更多地参与解决上述问题。对于这样的重心变化及其在促使更广泛的社会参与和政治参与，从而在地方和国家层面同时实现环保消费和行为变革等方面的作用，我们还需要做更多研究和观察。

致　谢

本章原文出处：英国气候辩论中的行为变革：对责任、机构和政治层面的评估，文章发表于《可持续发展》（*Sustainability*）期刊第 3 卷第 6 期第 789-808 页。首次转载遵循知识共享许可协议（*Creative Commons Attribution Liscense*），获得了多学科数字出版公司的授权同意。

参考文献

1.Beck, U. (1999) *World Risk Society*, Polity Press, Cambridge

2.Cabinet Office (2010)'Building the big society', London, 18 May 2010, accessed 21 May 2011

3.Callinicos, A. (2001) *Against the Third Way: An Anti-Capitalist Critique*, Polity Press, Cambridge

4.DECC (2009)'The UK low carbon transition plan: national strategy for climate and energy', Department of Energy and Climate Change, London, aspx, accessed 29 January 2011

5.Defra (2006)'Behaviour change: a series of practical guides for policy-makers and practitioners, number 1. Sustainable resource use in the home', Summer 2006, Department for Energy, Food, and Rural Affairs, Centre for Sustainable Development, University of Westminster, London, accessed 14 February 2011

6.Defra (2007)'A framework for pro-environmental behaviours report', The Stationary Office, London, accessed 2 February 2011

7.Dobson A. (2010)'Environmental citizenship and pro-environmental behaviour', *Rapid Research and Evidence Review*, The Sustainable Development Research Network, Policy Studies Institute, London, accessed 7 February 2011

8.Finlayson, A. (2003) *Making Sense of New Labour*, Lawrence and Wishart, London

9.Fudge, S. and Williams, S. (2006)'Beyond left and right: can the third way deliver a reinvigorated social democracy?', *Critical. Sociology*, vol 32, pp53-76

10.Giddens A. (1998) *The Third Way: The Renewal of Social Democracy*, Polity Press, Cambridge

11.Goodall, C. (2007) *How to Live a Low-Carbon Life*, Earthscan, London

12.Harvey, D. (1997) *The Condition of Postmodernity*, Blackwell, Oxford

13.Helm, D. (2004) *Energy, the State, and the Market*, Oxford University Press, Oxford

14.HM Government (2004)'Delivering the essentials of life: Defra's five year strategy', accessed 21 May 2011

15.HM Government (2005)'Securing the future: the UK government sustainable development strategy' HMSO, Norwich, accessed 26 January 2011

16.Jones, E., Leach, M. and Wade, J. (2000)'Local policies for DSM: the UK's home energy conservation act', *Energy Policy*, vol 28, pp201-211

17.King, D. (2004)'Climate change science: adapt, mitigate or ignore?', *Science*, vol 303, pp176-177

18.Kreuger, R. A. (1998) *Focus Groups: A Practical Guide for Applied Research*, Sage, London

19.Lorenzoni, I. and Pidgeon, N. (2006)'Public views on climate change: European and USA perspectives', *Climatic Change*, vol 77, pp73-75

20.Lorenzoni, I., Nicholson-Cole, S. and Whitmarsh, 1. (2007)'Barriers perceived to engaging with climate change among the UK public and their policy implications', *Global Environmental Change*, vol 17, pp445-459

21.Miliband, D. (2007)'A greener shade of red', in N. Pearce and J. Margo (eds) *Politics for a New Generation*, Palgrave, London, pp337-350

22.Mulugetta, Y., Jackson, T. and van der Horst, D. (2010) 'Carbon reduction at community scale', *Energy Policy*, vol 38, no 12, pp7541-7545

23.O'Neill, J. and Hulme, M. (2009)'An iconic approach for representing climate change', *Global Environmental Change*, vol 19, pp402-410

24. Perrin, D. and Barton, J. (2001)'Issues associated with transforming household attitudes and opinions into materials recycling: a review of two recycling schemes', *Resources, Conservation and Recycling*, vol 33, no 1, pp61-74

25. Putnam R. (2000) *Bowling Alone*, Simon & Schuster, New York

26. Royal Commission (2000)'Report on environmental pollution', accessed 9 February 2011

27. Scott, F. (2009)'A literature review on sustainable lifestyles and recommendations for further work', Stockholm Environment Institute, Stockholm, Sweden, accessed 30 January 2012

28. Scott, F. (2010)'Big society: what does it mean for environmental action?', *Inside Track*, accessed 18 February 2011

29. Shove, E. (2003)'Changing human behaviour and lifestyle: a challenge for sustainable consumption?', Position paper, Policy Studies Institute, London, accessed 21 January 2011

30. Williams, F. (1999)'Agency and structure revisited', in M. Barry and C. Hallett (eds) *Social Exclusion and Social Work*, Russell House Publishing, Lyme Regis

31. Whitmarsh, 1. (2008)'Behavioural responses to climate change: asymmetry of intentions and impacts', *Journal of Environmental Psychology*, vol 29, pp13-23

5 利用价值观改变这一长杠杆

克里斯娜·迪·普莱西斯

【提要】

尽管当前发展模式的破坏性后果已被证实，人们也明白有其他可供替代的选择，但人们还是无法摆脱破坏性行为模式。如果知识和逻辑都不能引导人们采用可持续生活方式，又有什么可以做到呢？系统思考大师德内拉·梅多斯认为，实现变革最有效的杠杆点在于有关世界如何运转的基本信仰体系，因为支撑社会隐性目标和规则的价值观源自我们的世界观。

本章认为"生态世界观"已然出现，因此需要重新审视"机械论"世界观由来已久的主导地位。新兴世界观涵盖四大基本主题：相互关联性、相互依赖性、不可预见性和一体化。这些主题还衍生出了如下价值观：完整性、协调性、尊重、交互性、互惠性、伙伴关系、责任感、谦逊和不偏执。它们都是形成高效行为理论的坚实基础，而挑战则在于要在国际社会宣扬这些价值观，以驱动行为变革。

本章指出生态世界观本身就蕴藏了解决途径，很明显这是以往世界观所不具备的。同时还提出了迭代策略，即利用自我组织的网络化及"思维技术"实现个人转变、文化转型和社会变革，继而使价值体系在多个层次发生改变。然后谈到了三步法：首先，通过培养一套特殊价值观改变个人行为；其次，利用环境信号和社会压力支撑这些价值观并进一步激励这套价值观体系；最后，在可以利用快速社会传播力变革行为的场所建立点对点支持机制，最终强化这些价值观。

导 言

给我一根足够长的杠杆和一个支点，我就能撬动地球。

阿基米德（Archimedes）

令人无法解释的人性谜题之一是，我们明知道地球现在所处的状态，以及个人和整个人类对地球的破坏影响，并且可用于解决环境破坏问题的技术和经济手段可谓不胜枚举，却仍然无法摆脱破坏性行为模式。作为个体，我们每个人都可以关掉电灯、改用太阳能热水器、食用当地生产的粮食并循环利用资源，然而作为一个物种，我们人类却一如既往地贪婪。所以，如果知识和逻辑都不能引导人类采用可持续生活方式，又有什么可以做到呢？

系统思考大师德内拉·梅多斯（Meadows，1999）提出了著名的杠杆点分级体系，杠杆点即是系统中可以实现有效干预的位置。她认为，最有效的杠杆点——最佳支点——是有关世界如何运转的基本信念（也就是该系统中所有人共同的世界观）。循序渐进地改变系统运转方式并不足以达到目的，因为我们的世界观决定了社会的潜在目标和规则，是问题行为的根源，所以还必须改变世界观。

令人欣慰的是世界观正在发生变化。虽然社会中每个人的世界观千差万别[1]，但是各个社会也都有人们集体信奉的元叙述（即人们的世界观中所蕴含的普遍真理）。元叙述会影响该社会的规范、价值观、道德观及其科技和经济范式，并最终影响个人的世界观。过去 500 年，主导西方社会的世界观采用了启蒙运动中的一些科学家和哲学家提出的观点，其中最著名的有哥白尼、培根、笛卡儿和牛顿。但是，现代科学发现、技术发展、社会变革，以及对传统知识及思想的深入研究和重新评价，让我们对"机械主义"世界观长期以来的主导地位有了新认识。有人主张，"生态"世界观已经产生，它对世界的运转方式有一套不同的看法和观点，并正在取代"机械主义"世界观。随之出现的还有特殊价值观和新行为方式。有一新观点谈及，为应对环境变化，系统中的新行为模式是如何通过遵循内部操作规则及个人行为间的相互作用而产生的。对于人类而言，这些操作规则存在于现行价值观体系中，而这些价值观体系就是足以改变世界的长杠杆。

本章将首先论述价值观变化会有力推动行为变革这一假设，然后探讨新兴的生态世界观、该世界观将如何解释世界的运转方式，以及随之诞生的新价值观体系。最后，本章将简要介绍该世界观提出的促进行为变革的具体方法，即以实现个人转变、文化转型和社会变革为目标的三步走策略。

促进行为变革的价值观

多数环保运动都基于以下观念：人是理性的，他们根据信息和外在动力改变行为。然而，越来越多的研究者对这一假说发起了猛烈抨击，他们发现认识和宣传运动并不能导致实际改变。相反，相对于事实和理性思考，情感似乎更能影响人们的决定，并且如果一些事实让他们感到不安或威胁到他们的价值观，他们会抗拒这些事实（Lakoff，2004）。莫里（Murray，2011）提出，因为价值观是行为的内在驱动力（与伦理和道德等外在动力相反），所以能更有效地推动行为变革。出于这些原因，类似同道会这样的组织主张利用价值观促进行为变革（Crompton，2010）。然而有人认为，有些人即使从态度或价值观看都支持环保，并且了解环境问题，他们仍然需要具有支持作用的环境（即市场、规则、基础设施、社会准则等）才能真正把他们的环保态度转化为环保行为（Elzen et al.，2004）。

库尔莫斯和阿杰曼（Kollmuss & Agyeman，2002）考察了可以实现环保行为转变的几种模式，借此了解哪些因素有利于行为变革，而哪些因素会阻碍行为变革。不出所料，研究发现行为变革既需要外在支持和促成因素（如制度、经济和社会规范及实践）也需要蕴含于个人价值观体系中的一系列内在因素。他们认为，变革行为的最大障碍是传统行为模式或习惯。

肖夫（Shove，2010）、沃德和萨瑟顿（Warde & Southerton，2012）详细探讨后认为，习惯是导致环保价值观没能最终转化为环保行动的主要原因，这与库尔莫斯和阿杰曼的观点一致（Blake，1999）。与斯特恩（Stern，2000）的观点一致，沃德和萨瑟顿主张要更加重视改变习惯（尤其要铲除消费陋习形成的阻碍），以及一些习以为常的行为模式，比如日常行为和社会习俗及惯例。他们认为人类的诸多行为都是在前意识或潜意识状态下发生的，"主要受情感和情绪驱动"，"在详解人类行为时完全无须以价值观为主导"（Warde & Southerton，2012：14，16）。

这一观点好像否定了价值观对行为的驱动作用，我们可以通过两点来反驳它。第一，它认为人们经过深思熟虑后才选择了自己的价值观，并在决策时有意识地运用价值观，然而人们通常并不清楚自己的价值观（Crompton，2010；Murray，2011），他们的内在价值观只是其本能反应（或情绪反应）的依据。第二，思维习惯是社会惯例的组成部分，价值观作为思维习惯，也可以被看作习惯模式。

因此，在探讨行为变革时有几个不同立场，分别倡导：建成促进改变的外部环境并提供条件和机会，着手改变习以为常的行为模式，或干预个人及整个社会的价值观体系。这几个方面通常以非此即彼的方式呈现（Shove，2010；Warde & Southerton，2012），但是正如库尔莫斯和阿杰曼（Kollmuss & Agyeman，2002）所言，这些因素都可以导致行为变革。本章尤其把价值观看作变革行为的杠杆。

这一立场本身也不是无可非议。有人认为不改变人们的生活经历就不可能改变价值观（Juniper，2012）；或者相反，应该关注人们现在的处境，并和他们当前的价值观体系建立联系（Beck & Cowan，1996；Rose，2011；Wilber，2000a）。还有第三种选择：以实现以下目标的方式融入当前的价值观体观系：（a）使个人和文化发展面向处于较高"发展水平"的价值观体系（Wilber，2000a）；或（b）通过一些方式，例如利用外在价值观来习惯某种行为，并反复激活相关的内在价值观，跨域"价值观环状模式"（Grouzet et al.，2005）。当然，这种方式也并非万无一失。已经有多项研究表明，专注内在价值观可能给环保行为带来不良影响，且有可能削减对内在价值观的重视程度（Alexander et al.，2011；Grouzet et al.，2005）。同时这些研究还表明，只强调价值观环状模式中的某些价值观就会抑制其他没被强调的价值观（Maio et al.，2009）。

在此提出这一方法并非为了直接关注价值观，而是要雄心勃勃地改变涵盖这些价值观的"深层框架"（Lakoff，2006）。这些框架是描述世界的结构化形式，与我们对世界的体验及我们如何概念化它相关（Crompton，2010：40）。深层框架可以定义为"构成道德世界观最基本的框架"（Lakoff，2006：29）。因此，我们的价值观和世界观密不可分。本章主张，改变世界观的深层框架将迫使价值观改变，以避免认知失调。

阐明另一种世界观

我们的世界观是有助于我们形成连贯一致的思维方式来思考世界的想法、概念和理论（Aerts et al.，2007：8；Kearney，1984：4）。世界观描述世界的构成、功能和特征，并作为我们的行为总则，指导我们在世界上的行为安排：我们如何行动和创造，以及如何影响和改变世界。就此而言，世界观不仅与我们对世界的科学认识有关，还与我们的价值观体系和意识形态有关，与我们对于确立意义、解决问题、制定决策、正确行动，以及这些行动未来可能产生的后果和影响有关。

过去的几个世纪里，西方科学思想和世俗想法都由这样的世界观定义，这种世界观力图通过把世界看成一个最小单位的物体，并用最基本的法则来了解世界。已有大量文献谈及当前占优势的机械论世界观和与之相对立的新兴"生态学"世界观之间的差异，的确，通过对照机械论世界观来定义生态学世界观已成为惯例（如 Berry，1990；Capra，1983，1988，1997；Elgin & Le Drew，1997；Lazlo，1987；Rees，1999；Sterling，2003；Suzuki & McConnell，2002；Wilber，2001）。这种方式的危险在于：它易于落入"机械论坏、生态学好"的陷阱，从而使这种新的整体世界观宣称要终结的二分法永远延续下去。本章采取的立场借鉴了威尔伯（Wilber，2000a）的观点，即世界观是在大量前世界观所积累的知识和见解的基础上发展形成的，并且任何一种世界观都终将被下一个新世界观替代。因此，生态学世界观并没有否定或替代机械论世界观，而是从不同角度增加了对世界的了解，揭示了与之相异的新认识。并且，不管是哪一种世界观，只要把它放在恰当的环境和有效的领域中分析，都会得到有价值的观点和想法。

生态学世界观的一个主要特征是整体综合而非机械论世界观的简化分析，其主题源自许多知识源中常见的、相辅相成的模式：科学的不同分支和启蒙时代前的传统智慧，无论是本土的、宗教的还是各个古代哲学流派的。因此，可以这样来描述生态学世界观：这种世界观承认"不同层面的现实在受不同类型的逻辑控制"（De Freitas et al.，2007：

89）；它源于跨学科的病因学，不仅要求自然科学、人文科学、社会科学、艺术和精神体验等不同领域之间可以相互交流观点和想法，还要求它们之间相互协调。21 世纪实现了太空旅行，以及随之而来的从太空俯瞰地球全貌。交通、信息和交流技术的进步使地球上身处不同地方的人都可以全天 24 小时实时通话，并且劳动力不分国籍全球流动。而且，由于世界各地共同行动和对联系紧密的世界经济体系的实际体验，人们对世界环境变化（如气候变化）的认识提高了。这些因素结合在一起，提高了对全球因生态系统、经济系统文化等方面的交互渗透而相互联系的认识，并正在形成对地球作为一个相互依存的整体的非常真实的体验。

威尔伯（Wilber，2000a：23）进一步发展了这一观点，并把它命名为"新的整体世界观"，他认为其基础是三大进化领域的统一：物理域（物质）、生物域（生命）和心智域（心灵），并且这一进化动力会在精神领域继续下去。他的这一观点得到了拉兹罗（Lazlo，1987）的支持。拉兹罗以宇宙哲学和形而上学理论为出发点，将进化论范式定义为进化广义综合理论，这一理论把物理、生物和社会等三大领域发生的进化看成一个具有自己的法则和逻辑的进化统一体。

就生态学世界观如何描述和排列世界组织概念性理解，首次协同研究由爱德华·戈德史密斯（Goldsmith，1988) 完成。本章在承认戈德史密斯和其他很多涉足这一主题的学者的贡献的同时，还大量借鉴了四位试图概述这一新世界观的学者（Berry，1990，1999；Capra，1988，1997；Lazlo，1987；Wilber，2000a，2000b，2001）的成果。作者也非常感激威廉·瑞斯（Rees，1999）和斯蒂芬·斯特林（Stephen Sterling），他们最初尝试构建共同编织"关系论"的关键主题，关系论是后现代主义生态学世界观的支撑理论（Sterling，2003：157）。另一影响源是塔克和格里姆（Tucker & Grim，1994）整理汇编的论文集，论文集探讨了在北美本土传统和道教等几大宗教及哲学传统的支撑性世界观中所体现的对自然的看法。这些学者中的每一位不仅带来了特定学科及认识论的出发点，而且还强调在新科学叙述和古老传统叙述间存在加强模式。这些作者（以及很多其他作者）从他们不同的学科立场出发，确定了一套共同的模式或叙述，并从中铸成这一生态学世界观。

生态世界观出现的第一套模式包含了这一思想，即宇宙万物从最基础的亚原子这一级到整个宇宙都相互关联。生态世界观的基础理论之一就是，世界是由不可简化的复杂系统以全子丛聚方式构成的。拉兹罗（Lazlo，2006：15）认为，"各部分相互关联，以至于移走任何一部分都会改变整个系统的功能"。这就是整体论思想，它认为我们不应该把世界看作各部分的集合，而应该看作"各部分的创造性综合"（Smuts，1987：87）。这些"部分"在存在的不同范围和层级上体现为不同的事物，有自然体系、社会体系，还有思想概念和情感体验，它们共同创造了这个世界。

这一认识随着对人类影响生物圈不断增长的认识和经验，以及全球社会经济相互联系的加深而引发了第二种模式，即众生相互依存。其实这些模式表明，世界上的万物不仅共存，并且共同进化发展、共同创造。这两套模式描述的是一个以关系为基础并由关系创造的世界。然而，这不仅是个体行动者或实体之间的关系，从最深的层面来讲，它还是自我和延伸的自我之间的关系。

自我和非我界线消失的部分原因是量子物理学的哲学意义，还有一部分原因是生物学和神经科学的研究结果。这些成果揭示了，将行动者看作自立封闭的有机个体是荒谬的，如我们的消化过程有赖于与很多肠道菌群之间复杂的共生关系，而我们的情绪和行为则是大脑中活跃神经元的活动结果，它将受到其他神经活动的影响（Preston et al.，2007；Standish et al.，2004）。出现的第三种模式，由于关系的动态模式，是非永久性和不可预测性的模式。曼斯菲尔德（Mansfield，1998：3）介绍说，现象"通过一系列不断变化的依赖关系而产生。无常和变化在根本层面上被嵌入现象中"。量子物理学理论认为，"经典物理学中的固体物质溶解成波状概率模式，这些模式并不代表物体而是代表相互连接的概率"（Capra，1983：150）。最近复杂系统科学研究表明，初始条件的细微变化也会深刻改变系统行为（Lorenz，1979），对初始条件的这种敏感性意味着长期预测几乎不可能有准确性（Lucas，2004：1）。

第四种基本模式寓于不同知识源（认识论）的统合，以及不同维度存在的再统一，附带还有人类内在和外在体验的再统一。还可进一步指出，只有通过"人回归为地球大家庭的成员"、建立相互促进的人—地球关系，这一统合方才可能（Berry，1990：166）。

要实现这一目标，人们就必须承认我们应该尊重地理域（地理环境）和生物域，不仅因为它们自身的内在价值，而且还因为"它们是我们自身的组成部分，破坏它们就等于我们在自杀"（Wilber，2000a：35）。

尽管形成生态世界观的模式还有很多，但是这四种模式相互关联、相互依存、不可预测且不断整合，它们是这种世界观所蕴含的价值观体系中的基本价值观。本章的主要目的就是要识别这些价值观——找到撬动地球的长杠杆。

价值观理论

在这样的世界，什么样的价值观是合适的呢？所有人和万物在地方到全球、次原子到宇宙的不同层级上都相互联系着，世界及未来由许多层级上的生物体和非生物体的相互作用、共同创造，由此可以想象，累积行动启动的动态程序可能使地球的生命维持系统陷入不利于人类生命的体制中，并且在这种情况下，这些生命维持系统中的行为具有不可预测性。

我们将采用以上谈及的生态学世界观模式来探讨以下这些价值观。很多作者都概括了支持可持续发展的价值观及道德观体系（如 Doppelt，2010；Harman，1998；Murray，2011）。这些价值观均基于以下认识：（a）整体性只存在于相互关联、相互依存并相互融合的一体化世界中；（b）各种关系很重要，同样重要的是要认识到这些关系的共同作用创造了这个世界；（c）这个世界一直变化无常，从古至今都不可预测且终究是无常的（非永久存在的）。最后，它们改变了我们的中心论价值观评价方式（是以人类为中心还是以生态为中心），取而代之以关系为基础来评价。这套相互依存的价值观的核心观点概括如下。

价值观 1：完整性

艾洛和克里斯滕森（Alrøe & Kristersen，2003：61）认为，完整性是指系统所具备的连贯持续性特征——其内在的一致性和稳定性——蕴含于系统经历的不断变化中，如生态系统的完整性是指结构完好无缺且发挥着它应有的功能。完整性也可以扩展为指"事物的整体性、完好率或是其纯度"（Cox et al.，2005：1），其中包括对完整性的这一阐述：它指某一系统（或人）根据内部一致的原则框架（定义其身份的核心价值观、形态或其他方面）将各部分统一到"和谐、完整的整体"中的行为（Cox et al.，2005：2）。

价值观 2：协调性

认为世界充满生机的世界观提醒我们，我们需要保持系统的健康、复原力和蓬勃发展，使其能更新、再生甚至永生／繁衍生息。皮特（Peat，2002：135）借鉴了本土疗法、其他不同的替代疗法，以及西方物理学和生物学等方面的研究成果，提出健康可以被看作能量、物质、信息和语意的流动及由交换促成的关系复杂的生物化学过程中连贯性的活动。由此看来，治愈是通过旨在让这些关系相互协调、平衡的过程来实现的（Peat，2002：128）。因此，与自我扩展的各个方面保持和谐关系符合我们的最大利益。依照本土传统（Havecker，1987：26；McGaa，2004：30；Shutte，2001：28），实现这一和谐要和宇宙共同体的其他成员，包括植物、动物、地球和精神世界，保持相互尊重。

价值观 3：尊重

狄龙（Dillon，2007：4）介绍了几种表达尊重的方式。其中两种是：关注并充分了解对象，以及重视对象，也即"尊重、钦佩、崇拜、敬畏甚至顶礼膜拜"（Dillon，2007：6）。人们认为（如 Berry，1990；Lazlo，2006；Leopold，1987；McGaa，2004；McGrath，2003）只有恢复对世间万物的神圣感，才能让"生命之网"恢复并保持完整和健康。这里说到的神圣并不是指宗教或对神的崇拜，而是指那些值得或被认为令人尊重或崇敬甚至敬畏的事物（Collins Paperback English Dictionary，1986：751）。

并且，尊重不仅可以指尊重别人，也可以指尊重自己（Dillon，2007：25）。生态世界观的主要特征之一是它扩展了对自我的界定，以至于都没有自我和非自我之分（也没有差异）。因此，在生态学世界观中尊重意味着关注、重视并尊重所有存在物，而且原因有二：其一，世界的任何部分都有其固有价值（Naess，1995：260；Wilber，2000a：35）；其二，万物都是自我的延伸，因此也是自我的组成部分。

价值观 4：交互性

较多的人意识到，自我属于一个相互关联的整体，同时整体也是自我的组成部分。这使得交互性变得更加重要，并意味着我们都位于这一整体之中，其他人或事物发生的事情也会影响自我，因此才会有同情行为，其目的就是有意识地设身处地地为别人着想，像对待自己一样对待别人。佛教思想认为，人们都慈悲地对待他人，即"人们都无一例外地真心希望所有生灵快乐幸福"，并最终认为自我和其他生灵紧密相连（Siriwardhana，1983：15）。

价值观 5：互惠性

我们自己和我们所了解的一切事物都是各种关系的产物，这些关系产生于在能源、物质、信息和情感之间的互惠交换过程，交换的质量和数量既可以加强也可以削弱整个关系网。这在佛教中被称作相互依存（Kumar，2002：174）。要在交互性价值观体系中实现互惠，交换不仅必须公平并且要互惠互利（获利的双方即是自我和延伸的自我）。因此，积极的互惠不仅涉及实物互惠，还涉及以有益于和促进自我与自我扩展关系的方式进行的互惠。

价值观 6：伙伴关系

我们主动亲近世界，并且我们和世界参与了彼此的创造活动。这就要求享有共同利益的万物保持合作关系——也即是说，一种伙伴关系。伙伴关系被视为一种价值观，它要求各种交互活动有利于整体。马可·奥里利乌斯是这样描述的：

> 有利于整体的事物不会危害部分，并且整体不行于己无利之事……所以要牢记自己属于哪一个整体……因为我和其他部分息息相关，所以我毫不自私并力图加入其他部分，以引导我的所有行为都致力于造福大家，同时也避免与此背道而驰的行为。

（Hays，2004：157）

由此看来，伙伴关系是交互性和互惠性的衍生物，但也确实是一种合作关系。因此，在共同创造世界的过程中，人类和大自然紧密相连、休戚与共。这就告诉我们，这样的关系是平等的（甚至是谦卑的），而不是统治与被统治或管理与被管理的关系。同时，也告诉我们人类必须关心和维护整个世界的福祉。

价值观 7：责任感

埃什尔曼（Eshlerman，2004：2–3）指出，人的一大显著特征是他们以其决策力成为有道德责任的行为人，因此人类就要承担起作为社会生活中的一分子应负的责任，并为自己的行为可能产生的后果负责。这就要求人类不仅要关爱所有生灵，而且要有真正的责任感。

生态学世界观中有责任感的行为不仅由当前讨论的这些价值观所决定，也由最后这一套价值观所决定。这一套价值观基于以下观点形成：世界充满不确定性并且变化无常。

价值观 8：谦逊

生态学世界观描述了一个持续变化的世界。考夫曼（Kauffman，1995：29）指出，"我们无法预知我们的最佳行为实际上会导致怎样的结果"。几位著名科学家和思想家（如 Rees，1999；Todd & Todd，1993；Waldrop，1992）都曾经发出警示，我们要有能力充分了解自然生态系统以设法管理它们。因为自然世界无法预知并且不可控制，所以谦逊是我们对它应有的态度。并且，我们需要避免骄傲自大和有恃无恐，因为这样的态度会让我们的行为不文明、缺乏责任感或不利于保持互惠协调的关系，并可能威胁整个系统的完整性。

价值观 9：不偏执

索甲仁波切（Sogyal Rinpoche，1992：34）写道，"真正了解非永久性就可以慢慢对抓住这一理念释怀；就可以从我们那有瑕疵的、破坏性的永恒观解放自身；也让我们不再执迷于谋求安全，虽然安全是所有活动的基础"。意识到我们自身及我们周边所有人的非永恒性就带来了最后一个，也可能是最难以拥有的价值观——不偏执。巴彻勒（Batchelor，2001：96）解释道，不偏执并非默然和超脱；相反，它意味着自我和对象都具有非永久性，还意味着在一个思想、教条和策略都变动不居的世界里要紧抓住某个事物的无效性。执迷于理念和结果会将人束缚于手中的可能性，从而降低适应不断变化的环境的能力。依附于特定情况、特定安排和累积的潜能，最终毁掉的远比现在抓住的多。

生态学世界观的基础价值观绝不止这些，但是它们却是最重要的组成部分，它们始终是形成高效行动的坚实理论基础。我们面临的难题是如何在全世界灌输上述价值观。实践告诉我们，外部强加的规则（世俗的抑或宗教的）让我们更明白什么能做、什么不能做，但单单依靠这些我们并不一定就能创造出繁荣稳定的世界。十二步计划的成功证实：内在动力是导致转变的唯一方式。人们必须主动转变自己的行为并且每天坚持这样做，直到形成一种思维习惯。我们需要的是承诺，而不是命令或戒条。生态学世界观有可能为确立对某一价值观体系的承诺开辟了一些途径，这样的价值观体系适用于相互联系和依存的世界。

从世界观到行为变革

改变世界观的真正作用在于找到一些潜在的解决方法，而这在以往世界观中不曾发现。我们将讨论的转型策略以两种可能性为基础——网格化工会组织发挥作用和运用"思维技术"——在不同生存层面转型价值观体系。老传统、超个人心理学及神经心理学领域的新探索都是这些思维技术的基础。提及的这些策略也回应了莫里的观点，即我们从三种不同途径获得价值观：我们亲近的人、我们的文化制度及我们的个人经历。在此基础上我们提出了以下方法：新世界观会促进价值观的发展，并通过莫里提出的获得价值观的三种途径驱使关系模式发生改变。

首先涉及的是个人经历。诗人里尔克写道，"我的生活圈在不断扩大"，这是这一策略的根本。变革主流世界观需要大家集体转变思想，而这只有通过改变个人意识才能实现。这样的改变会像病毒一样四处传播（Bourne，2008）。一旦个人的世界观变了，这个人与外部环境的关系也就变了，环境本身也会发生改变。最终，这些内在变化还会波及社会。菲腾等（Vieten et al.，2008：265）提出，如果人们的世界观发生转变，把自我看作延伸自我的一部分，他们就会变得富有同情心，愿意做出正面、积极的改变。为向承认这种相互联系或"相互存在"感的关联性世界观过渡，艾洛和克里斯滕森（Alrøe & Kristensen，2003；68）提出，首先要借助个体自我的系统性拓展扩大自我的世界，消除"自我与非自我的分明界限"（如超越个人意识），克服利己主义。施利茨等（Schlitz et al.，2010）主张，有意识地增强自我反省能力和同情心可以扩展社会意识。

以有意识地培养交互性、互惠性、谦逊和不偏执等价值观为目标的一些推荐方法都以静观传统为基础，尤其是佛教传统（Krueger，2009：684），如慈悲观（培养仁爱心）、自他交换法（培养同情心）或内观（培养洞察力和专注力）。其理论基础是改变人们对世界的理解和态度并使其成为一种移情体验将影响人与世界的关系，最终形成连锁反应，造就一个人与人之间惺惺相惜的世界（Rifkin，2010；Vieten et al.，2008）。越来越多的研究（如 Aknin et al.，2012；Emmons & McCullough，2003）表明，感恩和慷慨行为不仅有利于个人健康和幸福，也有利于个人与他人的关系。同时还进一步论证，团体中一些人小小的奉献行为也会影响这个团体中所有人的行为。实验发现，监狱中采用冥思静坐的方式来减少暴力行为（Rainforth et al.，2003）和冲突范围（Orme-Johnson et al.，1998）取得了成功，这也证实了以上观点。

因此，我们经历了一个迭代过程，一个通过实践改变价值观的过程。这些实践包括建立一套与整体世界观相称的个人实践价值观，反过来，这些实践又会强化该世界观。由于世界观及其所属的价值观扎根于个人，而对于其他行为人来说，这改变着系统中的运行环境，因此他们必须对个人行为作出反应。这将引出战略的下一个层面，即文化层面，它建立在对自我组织作为一种创造力的理解不断增长的基础上。活动主体不仅在创造和保持行为模式的活动中遵循内部操作规则，他们也会根据自己接受的文化规范和价值观等信息调整自己的行为，因此新的规则、行为和社会结构就会随之出现。

威尔逊和克林（Wilson & Kelling，1982）提出的破窗理论就是众所周知的一个例子。这一理论主张，环境中可见的隐性社会规范引导人们利用城市空间的行为。凯泽尔等（Keizer et al.，2008）在不同情况下检验了这一理论，结果显示，规范标准的提示可能影响人们的行为。他们进行了一系列实验来展示禁令规范（如"禁止涂鸦"的标志），然后在标志后面的墙上喷涂涂鸦（提供描述性规范来展示公认的行为）。他们发现，当禁令规范（规则或价值）受到相互冲突的描述性规范削弱时，不仅增加了对不当行为的暗示（涂鸦），而且实际上增加了其他违反规范的行为，如乱扔垃圾和小偷小摸。

现在引人深思的是，这样的环境刺激是否也能用于激励人们接受生态价值观，并促成积极正面的行为如滚雪球般迅速增加。实际上，在社会心理学中人们在设计实验的时候已经广泛采用这样的刺激来影响规范、社会行为和知识结构，然而，社会结构的复杂性可能使这样的刺激产生各种意想不到的结果（Bargh，2006）。因此，在利用刺激影响价值观和认知时，应该认真考虑这些复杂的社会结构，"人们可以从交互活动及与环境和他人的不断磨合、协商的过程中发现这些结构"（Lakoff & Johnson，1980：230）。

与复杂的社会结构相关的概念研究方法之一就是社会感染理论。范登堡特和斯特雷梅尔施（Van den Bulte & Stremersch，2004）发现，社会规范和地位因素等结构体系是影响社会感染范围最有力的因素之一。罗森堡（Rosenberg，2011）考察了一些社会变革策略，这些策略专门利用社会压力和人类的基本归属需求等方面的作用。她做了许多案例研究，即在特定环境中通过改变人们对主要社会规范的认知去纠正人们的行为，并最终在各种环境中实现社会变革的目标。这些环境变化多端，就像抗击艾滋病和推翻独裁统治一样。在运用了这些策略的一些群体中，也可能无意间形成协调、责任和友谊等价值观。这也引出了下一个策略，即利用同伴关系或更亲密的社会关系。

过去，价值观的传播有赖于缓慢的文化或宗教更替。在当今网络世界中，许多措施都同时利用了人们对有意义的纽带关系的需求和对世界福祉的关注，以及互联网强大的联网能力和社会组织能力来建设一个富有同情心和爱心的世界。一些基于网络的措施鼓励人们写感恩日志或记录日常的奉献行为，由此创建一个有意识传播仁爱的世界。同时还有一些措施，凯伦·阿姆斯特朗（Karen Armstrong）的"仁爱宪章"（charter for compassion 网站）就是全世界一致努力来激励个人和机构以仁慈之心待人的范例。其他基于网络的措施让人们可以为小额贷款捐款，参与提高居住区的宜居程度或城市重建项目，或是监督选举和污染源。这些社会变革措施将自行组合、相互联系和相互依赖等原则与建立超越个人的意识和同情心结合起来，并通过现代信息和通信技术传播生态世界观。

因此，我们建议采用三步走的方法，其中包括通过养成一套特殊价值观来改变个人经历，利用环境提示和社会压力来支持这些价值观并促成更多价值观体系，最后通过在可以实现快速社会传播的特定场合建立同伴支持机制来强化这些价值观。

结　论

本章认为，最能激励变革的可持续发展策略的关键在于改变世界观。量子物理学、生态学、医学、神经科学、心理学和社会学领域的科学发现加深了对现实的理解，而本土知识体系及跨越千年的静观传统也支持这种理解，这才使得改变世界观有可能实现。这种世界观把世界看成从根本上相互联系、相互依赖又变化无常和不可预测的系统，这样的体系使世界的不同维度变得统一，同时对自我与非自我的分离产生了质疑。依照这样的理解，由这九个价值观组成的价值观体系可以指引人们的行为，由此在一个不可预测的世界形成和谐、文明和联合共创的关系。

然而，单单只有对世界观以及世界观如何支持特定价值观的理性理解不足以变革行为。撬动地球的长杠杆和支点在于操纵利用它的人们的意愿，这些人通常知识渊博。为了加强操控，我们提出了由三部分组成的策略。这一策略把个人经历、社会网络和文化环境统一成一个相互强化的系统。我们建议，要真正转到关联性世界就必须培养一种深刻的自觉意识：我们是比我们自身大得多的事物的一部分，并对其有依附关系，这要求我们个人和整个社会都需培养自我反思和共情能力。要实现转变，我们就需要利用以现代科学发现为基础的各种技术，以及像冥想和精神驱动力知识等"思维技术"。这些思维技术让我们首先可以由内至外地改变我们的世界观；然后，通过自我组织的方式转变整个社会的世界观；最终，我们通过选择如何在这个世界生存来选择我们生活的世界类型。

致　谢

首先，我要感谢审稿人，他们提出了建设性的批评意见，并引导我找到了一些与价值观讨论相关的非常宝贵的资源。同时，我也要感谢国家研究基金会为这篇论文提供的资助（批准号 78649）。

注　释

1. 要了解历年来形成的关于各类世界观的更多讨论，见威尔伯（Wilber，2000b）。

参考文献

1. Aerts, D., Apostel, L., De Moor, B., Hellemans, S., Maex, E., Van Belle, H. and Van der Veken, J. (2007) *World Views from Fragmentation to Integration*, VUB Press, Brussels, accessed 2 February 2008

2. Aknin, L. B., Dunn, E. W. and Norton, M. 1. (2012)'Happiness runs in a circular motion: evidence for a positive feedback loop between pro-social spending and happiness', *Journal of Happiness Studies*, vol 13, pp347-355

3. Alexander, J., Crompton, T. and Shrubsole, G. (2011) *Think of Me as Evil? Opening the Ethical Debates in. Advertising*, Public Interest Research Centre and WWF-UK, Machynlleth, UK

4. Alrøe, H. F. and Kristensen, E. S. (2003) 'Toward a system ethic: in search of an ethical basis for sustainability and precaution', *Environmental Ethics*, vol 21, no 1, pp59-78

5. Bargh, J. A. (2006)'What have we been priming all these years? On the development, mechanisms, and ecology of non-conscious social behaviour', *European Journal of Social Psychology*, vol 36, pp147-168

6. Barnes, P. (2006) *Capitalism 3.0: A Guide to Reclaiming the Commons*, Berrett-Koehlerv Publishers, San Francisco, CA

7. Batchelor, M. (2001) *Meditation for Life*, Frances Lincoln, London

8. Beck, D. E. and Cowan, C. C. (1996) *Spiral Dynamics: Mastering Values, Leadership and Change*, Blackwell, Cambridge, MA

9. Berry, T. (1990) *The Dream of the Earth*, Sierra Club Books, San Francisco, CA

10. Berry, T. (1999) *The Great Work,* Bell Tower, New York, NY

11. Blake, J. (1999)'Overcoming the"value-action gap"in environmental policy: tensions between national policy and local experience', *Local Environment*, vol 4, no 3, pp257-278

12. Bourne, E. J. (2008) *Global Shift: How a New Worldview is Transforming Humanity*, New Harbinger Publications, Oakland, CA

13. Capra, F. (1983) *The Tao of Physics*, Flamingo, London

14. Capra, F. (1988) *Uncommon Wisdom*, Flamingo, London

15. Capra, F. (1997) *The Web of Life*, Flamingo, London

16. Collins Paperback English Dictionary (1986) William Collins Sons, London and Glasgow

17. Cox, D., La Caze, M. and Levine, M. (2005)'Integrity', in E.N. Zalta (ed) *The Stanford Encyclopaedia of Philosophy*, accessed 15 June 2008

18. Crompton, T. (2010) *Common Cause: The Case for Working with Our Cultural Values*, Climate Outreach and Information Network, Campaign to Protect Rural England, Friends of the Earth, Oxfam and the Worldwide Wildlife Fund, accessed 29 August 2012

19. Dalai Lama, H. H. (1998)'Compassion and universal responsibility', in E. Shapiro and D. Shapiro (eds), *Voices from the Heart: Inspiration for a Compassionate Future*, Rider, London, pp2-9

20. De Freitas, L., Morin, E. and Nicolescu, B. (eds) (2007)'Charter of transdisciplinarity' , *First World Congress of Transdisciplinarity*, Convento Arrábida, Portugal, November 2-4, 1994, reproduced in Volckmann, R., 'Transdisciplinarity: Basarab Nicolescu talks with Russ Volckmann', *Integral Review*, vol 4, pp73-90

21. Dillon, R. S. (2007)'Respect', in E. N. Zalta (ed) *The Stanford Encyclopaedia of Philosophy*, Spring 2007 Edition, accessed 15 June 2008

22. Doppelt; B. (2010) *The Power of Sustainable Thinking*, Earthscan, London

23. Elgin, D. and Le Drew, C. (1997) *Global Consciousness Change: Indicators of an Emerging Paradigm*, Millennium Project, California

24. Elzen, B., Geels, F. W. and Green, K. (eds) (2004) *System Innovation and the Transition to Sustainability: Theory: Evidence and Policy*, Edward Elgar, Cheltenham, UK

25.Emmons, R. A. and McCullough, M. E. (2003)'Counting blessings versus burdens: an experimental investigation of gratitude and subjective well-being in daily life', *Journal of Personality and Social Psychology*, vol 84, no 2, pp377-389

26.Eshleman, A. (2004) 'Moral responsibility', in E. N. Zalta (ed) *The Stanford Encyclopaedia of Philosophy*, Fall 2004 Edition, accessed 15 June 2008

27.Fiorentine, R. (1999)'After drug treatment: are 12-step programs effective in maintaining abstinence?', *American Journal of Drug and Alcohol Abuse*, vol 25, no 1, pp93-116

28.Gangadean, A. K. (2006)'Spiritual transformation as the awakening of global consciousness: a dimensional shift in the technology of mind', *Zygon*, vol 41, no 2, pp381-392

29.Goldsmith, E. (1988)'The way: an ecological worldview', *The Ecologist*, vol 18, pp4-5, accessed 29 January 2008

30.Grof, S. (1976) *Realms of the Human Unconscious*, Dutton, New York, NY

31.Grouzet, F. M. E., Kasser, T., Ahuvia, A., Fernandez-Dols, J. M., Kim, Y., Lau, S., Ryan, R. M., Saunders, S., Schmuck, P. and Sheldon, K. M. (2005)'The structure of goal contents across fifteen cultures', *Journal of Personality and Social Psychology*, vol 89, pp800-816

32.Harman, W. (1998) *Global Mind Change*, Berret-Koehler Publishers and Institute of Noetic Sciences, San Francisco, CA

33.Havecker, C. (1987) *Understanding Aboriginal Culture*, Cosmos Periodicals, Murwillumbah, NSW, Australia

34.Hays, G. (translator) (2004) *Marcus Aurelius Meditations*, Phoenix, London

35.Juniper, T. (2012) 'We shouldn't simply try to change people's values when it comes to the environment', *The Independent*,accessed 23 August 2012

36.Kauffman, S. (1995) *At Home in the Universe: The Search for the Laws of Self-Organization and Complexity*, Oxford University Press, New York, NY

37.Kearney, M. (1984) *Worldviews*, Chandler & Sharp, Novato, CA

38.Keizer, K., Lindenberg, S. and Steg, L. (2008)'The spreading of disorder', *Science*, vol 322, pp1682-1685

39.Kollmuss, A. and Agyeman, J. (2002) 'Mind the gap: why do people act environmentally and what are the barriers to pro-environmental behaviour?', *Environmental Education Research*, vol 8, no 3, pp239-260

40.Krueger, J. W. (2009)'The extended mind and religious thought', *Zygon*, vol 44, no 3, pp675-698

41.Kumar, S. (2002) *You Are Therefore I Am: A Declaration of Dependence*, Green Books, Dartington, UK

42.Lakoff, G. (2004) *Don' t Think of an Elephant! Know your Values and Frame the Debate*, Chelsea Green Publishing, White River Junction, VT

43.Lakoff, G. (2006) *Thinking Points: Communicating Our American Values and Vision*, Farrar, Straus and Giroux, New York, NY

44.Lakoff, G. and Johnson, M. (1980) *Metaphors We Live by*, University of Chicago Press, Chicago, IL

45.Lazlo, E, (1987) *Evolution: The Grand Synthesis*, Shambala, Boston, MA

46.Lazlo, E. (2006) *Science and the Re-Enchantment of the Cosmos,* Inner Traditions, Rochester, VT

47.Leopold, A. (1987) *A Sand County Almanac* (lst edn, 1949), Oxford University Press, New York, NY

48.Lorenz, E. N. (1979)'Predictability: does the flap of a butterfly's wings in Brazil set off a tornado in Texas?', address at the *Annual Meeting of the American Association for the Advancement of Science*, Washington, DC, 29 December

49.Lucas, C. (2004) *Complex Adaptive Systems: Webs of Delight*, Version.4.83, May 2004, accessed 9 February 2009

50.McGaa, E. (2004) *Nature' s Way: Native Wisdom for Living in Balance with the Earth*, Harper, San Francisco, CA, and New York, NY

51.McGrath, A. (2003) *The Re-Enchantment of Nature: The Denial of Religion and the Ecological Crisis*, Doubleday/Galilee, New York, NY

52.Maio, G. R., Pakizeh, A., Cheung, W. Y. and Rees, K. J. (2009) 'Changing, priming, and acting on values: effects via motivational relations in a circular model', *Journal of Personality and Social Psychology*, vol 97, no 4, pp699-715

53.Mansfield, V. (1998)'Time and impermanence in Middle Way Buddhism and modem physics', in *Proceedings of the Physics and Tibetan Buddhism Conference*, 30-31 January, University of California, Santa Barbara, CA

54.Meadows, D. (1999) *Leverage Points: Places to Intervene in the System*, The Sustainability Institute, Hartland, VT

55.Murray, P. (2011) *The Sustainable Self, A Personal Approach to Sustainability Education*, Earthscan, London

56.Naess, A. (1995)'Deep ecology and lifestyle', in G. Sessions (ed) *Deep Ecology for the 21st Century*, Shambala, Boston, MA, pp259-273

57.Orme-Johnson, D. W., Alexander, C. N., Davies, J. L., Chandler, H. M. and Larimore, W. E. (1988) 'International peace project in the Middle East: the effects of the Maharishi technology of the unified field', *The Journal of Conflict Resolution*, vol 32, no 4, pp776-812

58.Pearce, J. C. (2004) *The Biology of Transcendence*, Park Street Press, Rochester, VT

59.Peat, F. D. (2002) *Blackfoot Physics*, Weiser Books, Boston, MA, and York Beach, ME

60.Preston, S. D., Bechara, A., Damasio, H., Grabowski, T. J., Stansfield, R. B., Mehta, S. and Damasio, A. R. (2007) 'The neural substrates of cognitive empathy', *Social Neuroscience*, vol 2, nos 3-4, pp254-275

61.Rainforth, M. V., Alexander, C. N. and Cavanaugh, K. 1. (2003)'Effects of the transcendental meditation program on recidivism among former inmates of Folsom Prison', *Journal of Offender Rehabilitation*, vol 36, nos 1-4, pp181-203

62.Rees, W. E. (1999)'Achieving sustainability: reform or transformation?'in D. Satterthwaite (ed) *The Earthscan Reader in Sustainable Cities*, Earthscan, London, pp22-53

63.Rifkin, J. (2010) *The Empathic Civilization: The Race to Global Consciousness in a World in Crisis*, Tacher, New York, NY

64.Rose, C. (2011) *What Makes People Tick: The Three Hidden World of Settlers, Prospectors and Pioneers*, Matador, Kibworth Beauchamp, Leicester, UK

65.Rosenberg, T. (2011) *Join the Club: How Peer Pressure Can Transform the World*, Icon Books, London

66.Schlitz, M., Vieten, C. and Miller, E. (2010) 'Worldview transformation and the development of social consciousness', *Journal of Consciousness Studies*, vol 17, nos 7-8, pp18-36

67.Schwartz, G. E. and Russek, L. G. (1999) *The Living Energy Universe*, Publishing Company Inc, Charlottesville, VA

68.Shove, E. (2010) 'Beyond the ABC: climate change policies and theories of social change', *Environment and Planning A*, vol 42, pp1273-1285

69.Shutte, A. (2001) *Ubuntu: An Ethic for a New South Africa*, Cluster Publications, Pietermaritzburg, South Africa

70.Siriwardhana, E. (1983)'The heart awakened', *Bodhi Leaves*, no B93, Kandy, Buddhist Publication Society, Sri Lanka

71.Smuts, J. C. (1987) *Holism and Evolution* (lst edn, 1926), N and S Press, Cape Town

72.Sogyal Rinpoche (1992) *The Tibetan Book of Living and Dying*, P. Gaffney and A. Harvey (eds), Rupa and Co, New Delhi

73.Standish L., Kozak, L., Clark Johnson, L. and Richards, T. (2004)'Electroenccphalographic evidence of correlated event-related signals between the brains of spatially and sensory isolated human subjects', *Journal of Alternative & Complementary Medicine*, vol 10, no 2, pp307-314

74.Sterling, S. (2003)'Whole systems thinking as a basis for paradigm change in education: explorations in the context of sustainability', PhD thesis, University of Bath, UK

75.Stern, P. (2000)'Toward a coherent theory of environmentally significant behaviour', *Journal of Social Issues*, vol 56, no 3, pp407-424

76.Suzuki, D. and McConnell, A. (2002) *The Sacred Balance*, Greystone Books, Vancouver

77.Todd, N. J. and Todd, J. (1993) *From Eco-Cities to Living Machines*, North Atlantic Books, Berkeley, CA

78.Tucker, M. E. and Grim, J. A. (1994) *Worldviews and Ecology*, Orbis Books, New York, NY

79.Van den Bulte, C. and Stremersch, S. (2004) 'Social contagion and income heterogeneity in new product diffusion: a meta-analytic test', *Marketing Science*, vol 23, no 4, pp530-544

80.Vieten, C., Amorok, T. and Schlitz, M. (2008)'Many paths, one mountain: an integral approach to the science of transformation', in D. H. Johnson (ed) *The Meaning of Life in the 21st Century: Tensions among Science, Religion and Experience*, iUniverse, New York, NY, pp183-203

81.Waldrop, M. M. (1992) *Complexity: The Emerging Science at the Edge of Order and Chaos*, Simon & Schuster, New York, NY

82.Warde, A. and Southerton, D. (2012)'Introduction', in A. Warde and D. Southerton (eds) *The Habits of Consumption*, Collegium Studies across Disciplines in the Humanities and Social Sciences, Helsinki Collegium for Advanced Studies, vol 12, ppl-25

83.Wilber, K. (2000a) *A Brief History of Everything*, Shambala, Boston, MA

84.Wilber, K. (2000b) *A Theory of Everything* (2nd edn), Shambala, Boston, MA

85.Wilber, K. (2001) *Eye to Eye: The Quest for the New Paradigm* (3rd edn), Shambala, Boston, MA

86.Wilson, J. Q. and Kelling, G. 1. (1982) 'Broken windows', *Atlantic Monthly*, March, p29

第二部分

传播变革：价值观、行为、媒体与设计

6　行为变革：一种危险的分心术

汤姆·克朗普顿

【提要】

作为对环境问题的回应，今天对"行为变革"的关注（试图以零碎的方式激励人们接受特定的有利于环境的行为，却不理会这些方法所涉及和强化的价值观）是一种危险的分散注意力的做法。之所以说它危险，是因为由此形成的策略可能促成并巩固一些价值观，而这些价值观却阻碍了对环境更强大而持久的（和更广泛的社会）关注的出现。它是一种分心术，因为它转移了人们的注意力和资源，从而无法塑造公众对目标远大的干预措施更广泛、持久的需求。

本章将以更广阔的视野来考虑如何应对环保问题，而不是狭隘地聚焦于"行为变革"。只有持有——并且日益巩固——可以促成对环保和社会问题的全面关注及应对问题的一致行动的价值观，公众才会强烈而持久地要求企业和政府实施目标远大的干预措施。这些价值观包括团体精神、社会公义心、友情、亲情和亲近大自然等"内在"价值观。然而，许多行为变革运动却力图吸引与之背道而驰的外在价值观（如经济回报或社会地位），这些价值观与对社会和环保问题的关注度低有关。并且，当前有多种因素致使公民减少了对内在价值观的重视，然而几乎没有环保组织（不管是非政府组织、政府机构还是进步企业）在努力削弱或消除这些影响的根源。

导　言

　　我们对当前面临的全球环境问题的科学认识在持续提高，但是我们认为必要的行动规模与我们实际上能够聚集的应对尺度之间的鸿沟在断断续续地增大，如我们当前应对生物多样性丧失或气候变化等问题的反应远远不能与这些问题的规模相称。原因是多方面的，但是其中最主要的原因是公众没有持续不断地施加压力，从而让政府和企业决策者们采取相称（因而必须目标远大）的行动。一方面，公众需要通过自身的选民身份和消费者身份对他们施压；但是另一方面，还可以通过公民参与的更加激烈表达意见的方式，如示威或直接行动。然而，这样的施压即使在一些地方实施了也只是短暂的。例如，最近公众对气候变化的关注度降低了，其原因被认为是过去几年经济衰退导致的经济不安全（Scruggs & Benegal，2012）。

　　因此，但凡要对全球环境问题做出适当反应，就必须应对为采取相称行动形成持续的公众压力这一挑战。本章展示了一个案例，以说明那些努力激励这样的公众关注的机构（非政府组织、政府职能机构和进步企业）最好将对价值观的理解融入其策略中。此案例采用大量社会心理学依据，发现了一系列与社会问题和环境问题相关的价值观。本章第二节证实，公众持续施压、促成相称的行动应对环境问题的前提是利用这些价值观努力促使公民重视这些问题。第三节强调了当前一些措施的危险性，它们在激励对环保行为的认识同时又依赖于应用那些与关注环境和社会问题背道而驰的价值观。这样的措施存在无意中挫伤人们积极、持续地参与解决环境问题的积极性的风险。

　　显然，在设计有助于解决环境和社会问题的方案时极为重要的是：如果采用的策略有可能涉及或增强那些有违环境和社会关切的价值观，我们一定要三思而行。然而，正如在第四节中所讨论的，对这些价值观的认识表明，非政府组织、各国政府和进步企业必须进一步确定、宣传可以强化社会内在价值观的政策与制度。

价值观与环境问题的处理

价值观体现了人的个性的方方面面，它反映的是生活中人们觉得想要的、重要的或值得为之拼搏的东西（Rokeach，1973；Schwartz，1992）。要系统考虑环境问题，价值观的作用非常重要，因为人们认为它们反映了高层次意图，这些意图塑造了人们的态度和行为，涉及人们日常生活的许多方面（Emmons，1989）。

大量跨文化研究表明，只有极少数价值观被不同国家的人长期持有，并且这些价值观的结构特别一致。图 6.1 是对个人价值观结构所做的最小规模二维分析，它分析了来自 68 个国家、将近 65 000 人的普遍情况（Schwartz，2006）。

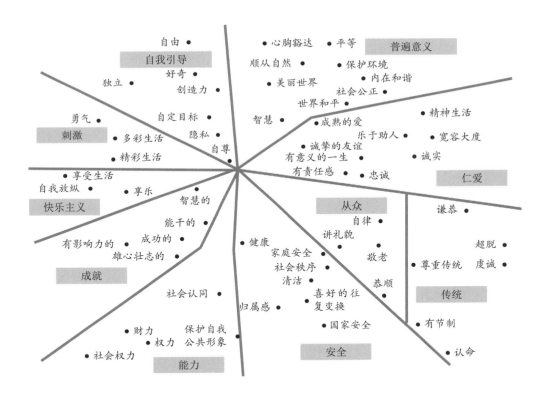

图 6.1　个人价值观结构在 68 个国家的一般表现：最小规模二维分析。
来源：经授权许可，重绘施瓦茨（Schwartz，2006）

分析表明，一些价值观可能相互关联。例如，如果某人觉得一些价值观很重要，那么他可能会认为其他一些价值观也很重要。因此从统计学角度看，这可能意味着那些重视"平等"（在图的右上方）的人也会重视"保护环境"（最小规模分析图中，它们位于同一区域并相邻）。同样，重视"财富"（左下方）的人也可能重视"权威"。反之，从统计学角度来看，尤其重视"财富"的人就不可能重视"平等"——反之亦然。这并不是说不可能认为财富和平等同样重要，只是可以看得出这种情况出现的频率很低。

这种价值观结构很重要，我们可以从两方面来看。第一，人们可能对不同价值观的重视程度大不相同，但是人们发现这些价值观之间的关系——兼容和对立的模式——相当一致：70多个国家所做的调查都一致表明，这些关系在很大范围内都重复出现，比如，尽管某一个国家的公民总体上讲都重视"财富"或"平等"，但在这个国家接受调查的公民中发现，与这些价值观对立的特征却被大量保留。

第二，对于个人来说，价值观结构的重要性是以一种动态方式存在的。多数人——也许是每个人——似乎都在一定程度上重视每一个价值观，也就是说，人们似乎倾向于特别重视其中的一些价值观而非所有。但这好像并不意味着，一些人专门针对某一套价值观。但是，随着时间的推移个人认为重要价值观也在变化：有可能是暂时的（如在一天之内），也有可能更持久或更具有意向性（持续数月或数年）。以动态方式来看，这些变化反映了不同文化中发现的各种模式。因此，如果一个人暂时采用某一种价值观，就可能会导致他更加重视在最小规模分析图中与之相邻的那些价值观，同时相对轻视那些与之相隔较远的价值观。更具意向性地强化某一种价值观也可能会使一个人更加重视与这个价值观相邻的价值观，并同时相对轻视那些与之相隔较远的价值观。接下来我们将继续讨论这一重要观点。

价值观、态度和行为

要实现当前目标，重要的是要区分构成这一动态通用系统的两大类价值观：内在价值观和外在价值观。尽管社会心理学家认为，内外目标与自我超越／自我强化的价值观之间存在显著差别，但在本章，本着简化讨论的目的，这两个概念将合并为"内在价值观"和"外在价值观"。

"内在价值观"——那些历来值得追求的——包括重视社区意识并关注弱者，亲近朋友、家人和大自然。另外，外在价值观——那些以外部肯定或奖励为重心的——包括财富和物质方面的成就，对形象、社会地位和声望的关注，以及对社会权力和权威的运用。

定量实验研究证实，强烈赞同外在价值观的人对自然表现出较为负面的态度，例如，韦斯利·舒尔茨等（Schultz et al.，2005）以分别来自 6 个国家的近 1 000 名大学生为对象做了研究，结果发现，把人类视为消费者而非大自然的一部分与追求权力和成就的价值观相关。舒尔茨等报道称，越重视权力和成就就越少关注环境破坏对其他人、儿童、后代和非人类生命的影响。有时候这些外在价值观也会让人们关注对生态造成的破坏，只是这种关注可能仅限于对自我利益的考虑，即这样的破坏会对其个人造成怎样的影响。澳大利亚（Saunders & Munro，2000）和美国（Good，2007）已经有资料显示，与物质生活目标相关的措施也有类似结果：越关注这些目标，明显就越少用积极态度对待环境，并且热爱生命（亲近生命的愿望）的程度也会更低。

人们发现，价值观不仅会影响行为，也会影响态度。英国和美国的研究显示：强烈赞同外在价值观的青年说，他们离开房间时一般不会关灯，也不会循环利用和重复利用纸张，或致力于其他环保行为（Gatersleben et al.，2008；Kasser，2005）。对美国成年人的研究也得出了类似结论。研究发现，外在价值观与他们参与环保行动，如骑自行车、重复利用纸张、购买二手货或回收利用的频率负相关（Brown & Kasser，2005；Richins & Dawson，1992）。布朗和凯瑟尔（Brown & Kasser，2005）考察了 400 位北美成年人的生态足迹与其生活目标之间的联系。较多关注外在价值观与源于交通、住房和饮食等方面的生态足迹较高相关。

博弈论研究进一步证实了这些结论。肯农·谢尔顿和霍利·麦格雷戈（Shelton & McGregor，2000）首先评估了一些大学生的价值观取向，然后请他们玩森林管理游戏，在此期间，这些大学生们扮演木材公司的管理者。接着，每一个受试者（或"木材公司"）都和另外三个"公司"一起参与了一系列竞标，目的是要从国家森林获取木材。谢尔顿和麦格雷对竞标小组做了特殊安排：要么是四个相对重视外在价值观的受试者一组，要么是四个都不在意外在价值观的受试者一组。实验进程如下：每一位受试者都为采伐木材参与了首次竞标；从现存森林面积中减除四次竞标总量，再加上剩余森林总面积的10%，这部分代表再生森林面积，然后开始下一年的竞标。该过程持续 25 年，或者直到森林消失。谢尔顿和麦格雷戈发现，和其他组相比，重视外在价值观的受试者小组开采了更多森林资源，竞标 25 年后仍有树木留下的可能性明显低很多。

最后，国家层面采集的数据也证实，环保行为与外在价值观呈负相关。曾经有人对来自 20 个富裕国家的大学本科生及教师的价值观做过大样本研究，凯瑟尔（Kasser，2011a）获得了相关档案数据。他发现，他们的价值观与每个国家 2003 年的二氧化碳排放量相关，即使控制了国内生产总值，在居民更加重视财富、成就和地位的国家人均二氧化碳排放量仍然相对较高。

总体来看，人们对外在价值观（如成就、金钱、权力、地位和形象）的重视程度与他们以负面态度对待环境相关，这种负面态度指不可能致力于环保行为并更可能以不可持续方式利用自然资源。另外，更重视内在价值观的人较可能关注社会及环境问题，并且较可能实施与该关注一致的行为。

价值观与行动的差距

我们有充分理由期待价值观与行动能够相互关联——人们可能努力使他们持有的价值观与他们采取的行为一致，并且当他们的行为与主要价值观一致时，他们会很有成就感（Bardi & Schwartz，2003；Rokeach，1973）。一位大量研究价值观与行为关系的社会心理学家写道：

> 价值观会对以下几方面造成影响：是否愿意选择以目标为导向的新活动，在活动中的努力程度，在面对可供选择的活动时还能坚持多久，如何在可供选择的多项活动中作出选择，分析环境的方式，以及活动成功或失败时的感受等。
>
> （Feather，1992：111）

毫无疑问，个人的价值观取向与某一特定行为（比如这个人是否要参与周六上午的公共集会和示威活动）之间并不是很相关。这使得许多环保宣传者和从事环保活动的人都过分强调"价值观与行动之间的差距"。因此，人们指出，除个人价值观外还有许多因素包括特异度不一致等，可能决定人们是否会执行某一行动方案（她／他的家人是否承诺参加上午的示威活动？他／她的朋友是否仍然打算参加？会下雨吗？）。

但是，如果因为常常发现个人的价值观和他／她参与某一特定行动方案之间没有很强的联系，我们就对价值观在行为形成过程中发挥的重要作用不屑一顾，那我们就错了。所有利他行为或环保行为集聚起来才会显著增强价值观与行为之间的联系。实际上，一个人的价值观可能成为与其行动一直相关的最重要的单变量（Maio，2011）。

灌注价值观

展示一个人自称所持的重要价值观与其行为之间的相关性只是一方面。然而找得出证据证明二者之间有因果关系吗？采纳或灌注特定价值观是否会增加特定行为的频率，并使其朝着我们基于对价值观及上述与行为的关联的理解所预测的方向发展？

在实验条件下，我们可以有意灌注一些特定的价值观。例如，可以给实验对象一些此类的简单任务：重新编排次序混乱的单词以组成有意义且会让人想起某些价值观的句子。或者还可以用一些微妙的方式来给他们提供指导——让他们进入一间角落处摆放了盆栽植物的房间（或在桌子上放一个公文包）。通过这些方式向试验对象灌注价值观后研究者就可以测验实验对象的态度和行为相对于控制组而言所发生的变化。这样的实验反映出四大重要影响，所有这些影响都与对以上提到的价值观之间的动态关系的理解一致。

首先，灌注某一价值观会增强人们参与与之相关的行为的动力。灌注"成绩"的价值观，试验对象在完成找词游戏等简单练习中就会有高水平的表现。同样，灌注"仁慈"的价值观会使他们奉献更多的时间来协助后来的研究（Maio et al.，2009）。

其次，我们发现，灌注价值观 A 和 B 可能让试验对象更多地关注价值观 C，并且在最小规模分析中价值观 C 与价值观 A 和 B 相邻。因此，举例来说，让实验对象回顾自己是否对朋友和家人豁达友好，却增加了他们帮助解决气候变化问题的责任感——即使根本就没有明确谈及气候变化问题，实际上也没有提及更为宽泛的社会正义及环境正义问题（Chilton et al.，2012；Sheldon et al.，2011）。这其实是相邻价值观之间的相互影响。

再次，我们发现，灌注价值观 A 会使实验对象更加关注价值观 W，而价值观 W 在最小规模分析中和价值观 A 相距甚远。要求实验对象将单词组成刺激经济回报意识的短语（如用排列混乱的单词组成短语"高薪水"），与整理一般句子的控制组实验对象相比，这些实验对象后来更不可能实施有利于社会或环境的行为（Vohs et al.，2006）。我们还发现，以同样的方式灌注外在价值观，人们更少捐助慈善事业、无偿提供帮助、帮助某人完成一项特殊任务或回收废纸（见 Crompton，2010；Holmes et al.，2011）。相反，灌注"仁慈"的价值观（它和"成绩"的价值观在最小规模分析中相对立）会使实验对象在完成找词游戏这样的简单练习中表现较差（Maio et al.，2009）。这种影响被看作相反价值观之间的针锋相对。

最后，尽管通过以上讨论方式实验性灌注特定价值观所产生的影响通常并不长久，但是似乎许多因素都有助于长期或意向性地强化特定价值观。价值观帮助我们判断生活中什么是重要的，它是一种信念，与其他信念一样它们中的一部分是习得的。反复利用某些价值观更有助于让人们长期或"意向性"地重视这些价值观（Bardi & Goodwin，2011）。

因此总体来说，我们通过实验发现灌注某一价值观会使与之相关的行为变得更频繁。灌注最小规模分析中位于某一价值观侧面的价值观将会增加与该价值观一致的行为的动力（即"相互影响"效果）；相反，灌注在价值观图中位于某一价值观对面的价值观将会减少与该价值观相关的行为的动力（即"针锋相对"效果）。最后，反复灌注某一价值观可能有助于意向性地强化该价值观。

行为变革运动的意义

了解以上价值观后我们可以看出，当今激励环保行为的主要方式都很危险。因为人们总是狭隘地集中精力从个人层面增加环保行为，所以参与环保运动的人或环保运动传播者都坚信：实施环保行为的理由并不重要。然而，以上论证表明这样的理由可能至关重要。以外在价值观（如注重保护公众形象或追求经济回报）为动力激励人们参与环保行动可能最终事与愿违。尽管这些策略可能成功地激发一些特定行为，但它们也可能让人们更加重视——并且随着时间的流逝愈加重视——外在价值观。正因为这些策略支持外在价值观，所以它们更可能让公众减少对社会和环保问题的关注。可矛盾的是，支持这些策略的人却极力主张让公众更多关注社会和环保问题。所以这样的影响可能产生两种截然不同的效果。

第一，为提高社会地位或经济回报而主张环保行为的运动尽管可能会有效地推动某些目标行为，但很有可能会导致一些意想不到的不利后果。例如，某一运动强调共享汽车计划可以帮助大家省钱，结果它成功地激励某人参加了这一计划。但是，这个人在其生活的其他领域实施环保行为的动力却可能会减弱，因为要努力实现参与这一计划所带来的省钱目标，这个人的外在价值观可能已经得以短期利用，而且日积月累，这些价值观将在一段较长的时间后得以强化（回顾一下，外在价值观是研究者们表明与对待环境的糟糕态度及行为相关的价值观）。

第二，相对每个因为这一运动强调可省钱而加入共享汽车计划的人而言，还有很多人虽然接触过相同运动，却并没有参与这一计划。那么，对于任何一个新加入这一计划的人来说，或许有好几千人看到了这项运动却并未参与。因此，我们会问：这一运动对这些人有何影响？接触这些运动可能再次利用外在价值观，并且随着时间的推移人们会更加重视这些价值观。

劳雷尔·埃文斯（Laurel Evans）及其同事（Evans et al.，2013）研究了在鼓励人们参与共享汽车计划的背景下，诉诸外在价值观可能付出的代价。实验对象需要完成一项正误判断测试，测试题目不多，包括了与汽车共享有关的几个问题。其中一组实验对象要完成的试题与汽车共享的经济原因有关；第二组的问题与环境原因相关；第三组实验对象完成的试题既有与经济原因相关的也与环境原因相关的；而第四组，也就是对照组，也要完成相同的测试题，但是这些题目都与汽车共享不相关。然后给参与者安排了一项毫无关联的任务：要求他们在纸上写字，接着指示他们扔掉这些纸后离开房间。研究者在房间的角落处放置了两个废纸篓：一个用来装一般废弃物，另一个用来装可回收纸张。

也许根本就不值得惊讶，与需要回答经济动机相关问题的实验对象以及控制组相比，被问到参与汽车共享计划的环境原因的实验对象更可能回收他们的纸张。但是，两类问题都要回答的实验对象和对照组一样不太会回收纸张。埃文斯等（Evans et al.，2013）提出，思考省钱机会足以让实验对象暂时采用与经济回报相关的外在价值观，同时减少了内在价值观对他们的引导作用（如关注环保）。诉诸外在价值观可能是激励某些特殊行为（比如参与汽车共享计划）的有效方式，但是这样的策略也似乎会引起一些预料之外的后果。在许多人身上我们看到，这样的破坏作用是显而易见的——不管他们的行为是否与环保价值观一致，所有实验对象都参与了一次交流活动——其中涉及与社会和环境相关的许多行为（可能包括回收利用以外的很多行为，回收利用行为是这次特殊研究中的因变量），例如，人们可能预测，那些因为经济动机参与汽车共享计划的人暂时也不太可能支持政府在应对气候变化方面作出的坚持不懈的努力。日积月累，这些意想不到的后果可能会大于诉诸外在价值观的运动所产生的任何积极作用。

当然，让人们关注汽车共享计划可能带来的省钱效果是否真的有利于计划本身，这一点也同样有必要弄清楚。埃文斯等（Evans et al.，2013）没有测试过这一点，但是其他研究显示，如果激励人们参与与其内在价值观一致的环保行动，人们会更加致力于这类行动。马腾·范斯滕基斯特等（Vansteenkiste et al.，2004）的研究是这类研究的典范之一。这项实验要求学生阅读一篇有关回收利用的文章，这些阅读任务要么与省钱这样的外在目标相关，要么与造福社会这样的内在目标有关。然后，随机地把阅读任务布置给受试者。结果显示，那些阅读了与内在目标相关的文章的受试者不仅对文章内容了解更深，还更有可能去图书馆和废物回收工厂进一步了解回收利用知识。

从外在价值观的角度呼吁人们采纳环保行为很可能会有很多弊端，即使只狭隘地关注某一运动是否成功激励了人们实施某些他们感兴趣的行为。尽管如此，我们还是不应该把以上讨论理解为在环保运动中诉诸外在价值观是百无一用的。这样的诉求好像有时也还可以发挥一些作用。首先，在特定行为的环境效益很高且维持这一行为的动机不重要的情况下，这些可能会有用，如在房屋保暖隔热方面。这是减少大部分个人碳足迹的重要行动，但是却并没有必要"坚持"这一行动（这只是一次性任务）。其次，如果诉诸外在价值观可以提供有效策略来促进有助于增强内在价值观总体效果的某项政策或实践，这样做也是有用的。我们将在第四节举例讨论这样的一些活动，但是我们还是要明白，诉诸外在价值观很可能有得有失，所以这样做的时候我们应该多方权衡、谨慎行事。

我们非常容易估量一项活动在激励某一行为时的积极作用（如我们可以通过参加汽车共享计划的人数来估量），但是我们也无法否认我们很难或者根本不可能评估它可能带来的意想不到的后果。但是，虽然预估很难，我们却不能忽视它们可能带来的麻烦。我们以内在价值观为由呼吁人们参与汽车共享计划（如结识新朋友或减少对环境的影响）可能最大限度地减少负面的意外后果；使人们更持久地坚持实施新行为并致力于或有助于强化某套价值观，而且这套价值观必然会帮助人们有计划地努力减少个人碳足迹。这固然很好，但是会不会有部分受众非常偏好一些外在价值观，以至于我们根本不能以内在价值观为由成功地呼吁他们加入行动？

大量研究都调查了灌注某些价值观是否会促使人们今后参与保护环境或社会的活动，但是少有研究去调查这样的影响会不会因为被灌注前评估的个人意向性价值观取向而被缓减。

然而，至少有一项研究探讨了如何吸引那些倾向于特别重视外在价值观的人参与社会和环保事件。保罗·奇尔顿等（Chilton et al.，2012）让研究参与者完成一项价值观调查，发现这些人特别重视外在价值观（他们对 750 多位市民对外在价值观的重视程度做了调查，这些人排名前 10%）。随后他们把这些人分成两组：第一组参与者被要求用几分钟时间回顾接纳、归属和心胸开阔的重要性（内在价值观），另一组则被要求回顾受欢迎、维护公众形象和财富的重要性（外在价值观）。然后单独采访每一位参与者，了解他们对一系列社会和环境问题，包括气候变化问题的态度。他们对采访内容进行了录音和转录，然后让话语分析员依据几条标准——参与者是否表明人们从道德上讲有义务协助解决这些问题，即这些道德方面的义务是针对自我、同胞，还是所有人类——对转录内容进行编码，而这些话语分析员并不了解前面的灌注过程。那些被灌注了内在价值观的参与者很明显更倾向于表示，应该采取行动解决这些问题，也明显更倾向于表达这样的观点：采取行动应该符合普遍的（而非利己的）关切。

奇尔顿等（Chilton et al.，2012）指出，有一点很重要，即要吸引受众关注内在价值观以达到促进环保行为的目的似乎并不必诉诸环保价值观。回想起来，很明显采用某一价值观也会影响环状模式中的相邻价值观发挥作用。如图 6.1 所示，很多内在价值观都与关注环保和回归自然密切相关。这些内在价值观也包括普世主义价值观群中的其他价值观，比如平等和社会公正。但是，虽然不太明显，它们也可能包括对创造力的关注，以及在自我引导和仁爱价值观组群中分别选择自己的目标，或真正的友谊和诚实。这就提供了一种机会，能以一种诉诸内在价值观并避免直接诉诸环境问题的方式来表达环保信息。由于部分受众对这些环境问题抱有偏见，因此许多环保宣传者和参与者都认为，直接诉诸环境问题将无济于事。

蒂姆·凯瑟尔和他的同事们也讲述了这一方式的可能性（Sheldon et al.，2011）。在一项研究中，要求参加研究的美国人思考其国家认同的各个方面。一些人被要求在美国优先考虑财富、经济成功和物质利益的背景下思考国家认同。另一个小组被要求在美国历来拥有慷慨、自我表达的理想和强烈家庭观传统的背景下思考国家认同，也就是自我引导和仁爱价值观组群中的价值观。对照组的参与者被要求思考他们的身份。然后，研究人员询问参与者，他们支持采用哪些环境政策干预来解决系列环境问题。

正如依据对反作用力的理解（见本章第二节）可能预测到的一样，研究员们发现，与其他组比较，要求回顾美国国家认同的内在方面的参与者明显更有可能支持系列环保政策干预，哪怕并没有明确提及环保问题。看起来，在回顾其他内在价值观以后，人们加深了对环保问题的关注。

本节力图强调这种做法（确定了特定环保行为后努力激励对这些行为的采纳，同时又对这类活动中运用的某些价值观漠然视之）的一些危害。很明显，现在有很多环保组织（非政府组织、负责人的政府机构和进步企业）在努力解决环境问题的过程中，都必须认真考虑在采取行动帮助解决环境问题的过程中运用和强化的那些价值观。但是对价值观的理解也会导致一系列深层次的影响，下一节我们将深入讨论这些影响。

构建系统化关注的策略

我们发现，内在价值观代表了一系列支持公众表达对许多不同的环境及社会问题的关注的相关原则。这表明，可以设立公共事业部门（在各个非政府组织、负责任的政府机构和进步企业中），以促进那些普遍用于增强社会内在价值观和弱化外在价值观的因素产生。

在谈及可能用到的一些方式前，我们有必要回顾一下那些看似决定了某一社会层面哪些价值观尤其重要的因素。

社会中价值观形成的一些关键因素

特定价值观可通过系列方式得以强化，如通过媒体和广告反复宣传，通过我们养育和教育孩子的方式，以及通过我们对社会制度及公共政策的体验。

人们接触的商业营销和使用的媒体可能影响他们的价值观（Banerjee & Dittmar，2008；Flouri，1999；Goldberg et al.，2003；Kasser et al.，2004；Sheldon et al.，2000）。因此研究发现，在不同年龄组及不同文化中，接触商业电视节目和人们对外在价值观的重视程度呈正相关，同时也证明多看商业电视节目有助于价值观的转变（Buijzen & Valkenburg，2003；Good，2007；Greenberg & Brand，1993；Kasser et al.，2004；O'Guinn & Shrum，1997；Shrum et al.，1998，2005）。

例如，有项研究考察了一频道计划（Channel One）对美国学校的影响。采纳了这项计划的学校会获赠电信设备，交换条件是鼓励学生在课间观看电视广告短片。结果发现，和那些没有接受这项计划且大家认为旗鼓相当的临近学校相比，采纳了这项计划的学校的学生更加重视外在价值观（Greenberg & Brand，1993）。

其他研究也发现，将研究参与者称作"消费者"而非"公民"会显著增加对外在价值观的后续影响；而将参与者称作"消费者"而非"个人"会导致他们的行为在自然保护与资源利用的两难博弈中表现得更自私（Bauer et al.，2012）。然而，《泰晤士报》（*The Times*）《卫报》（*The Guardian*）和《观察家报》（*The Observer*）等多份英国报纸都越来越多地把人们称作"消费者"而非"公民"（Shrubsole，2012）。

人们接受的教育也会影响他们的价值观。刚入学时，与非法律专业大学本科生组成的对照组相比，法律专业学生更加重视内在价值观。但是一年以后，这些学生却不再那么重视这些价值观了。尤其是不分年龄和性别，他们都变得不那么重视社会贡献，相反却更加重视迷人的外表（Sheldon & Krieger，2004）。

最后，人经历的公共政策和社会制度也会对他或她优先考虑的价值观产生重要影响，如采用更具竞争力的经济体系的国家的公民往往更重视外在价值观（Kasser，2011b；Kasser et al.，2007；Schwartz，2007）。

当然，实验研究不太可能非常准确地验证这些长期影响。毫无疑问，很难证实执行某些政策是否导致某一社会层面的价值观发生转变，或者价值观的转变是否使制度改革面临更多政治压力，尽管有证据表明公共政策会影响社会价值观（Hoff-Elimari et al.，审稿中），但是这两方面似乎都在发生作用。

环保组织的新战略

从前面的分析中我们得出了一个重要启示：环境和社会问题之间联系紧密，我们不可能采用逐个解决的方式去处理。孤立地对待某些环境问题，即不顾其他问题只单独解决这些问题，是错误的。无论非政府组织、政府和企业主要关注哪些问题或推销什么产品／服务，它们都需要更多地通力协作。

当前，当一些机构对特定理论政策、业务实践或行为结果有共同关切时，它们经常在部门内和部门间进行协作。工会和发展组织可就国际贸易条约的各个方面共同游说；许多关注削减公共服务的团体可能会与那些不缴纳公司税的企业进行对抗；环境和公共卫生团体可以合力鼓励人们骑自行车上班。

但是，如果我们转而关注那些影响某一社会层面的价值观的驱动因素，就会出现更多合作共事的机会。例如，某非政府环保组织在提出"我们如何才能引领尽可能多的利益团体来支持环保事业"这一问题后，可能会进一步提问："我们如何才能最有效地依赖这些支持者对环境及受政治影响的自然区域的关注来开展活动，以促成广泛的社会和环保议程——努力在整个社会强化内在价值观（或削弱外在价值观）？"

与私营部门或政府合作就可以通过多种方式开展这样的活动，如政府对人们的价值观和目标会产生关键影响。当一家非政府环保组织在游说政府转变政策时应该明白，这一转变可能会对社会产生广泛影响。提姆·杰克逊写道：

　　政策形成并共同创造了社会，因此，国家介入改变消费主义的社会逻辑不仅合法，而且有可能这种想法的问题远没有通常描述的那么严重。关键任务是识别（并纠正）这一复杂社会结构中某些会造成不良刺激，以致助长金钱至上的个人主义的方面。

（Jackson，2009：95）

对此人们提出了很多看法，但是我们仅讨论其中的两个例子：广告宣传和国家进步指标。

例一：广告宣传

越来越多的证据显示，广告和营销是激励自我增强的物质主义价值观的主要方式（Alexander et al.，2011；Bauer et al.，2012）。每一条广告信息的背后都隐藏着这样的观点：购买某一产品或服务会让你自信和快乐。当前，相关广告政策通常都致力于扩展这些隐含信息的影响及传播范围，如经常减免对企业广告费征税。相关组织——非政府组织、政府机构和进步企业等——通过制作并散发宣传教育资料来着手解决这些难题，这将帮助个人（尤其是儿童）通过识别它们所运用的劝导技巧及外在价值观与社会和环境问题之间的联系来"解构"各种广告。

但是媒体宣传教育所能做到的毕竟有限，因此我们还需要对广告宣传采取更好的法律管制。相关组织可努力限制公共区域的广告宣传，或进一步控制针对儿童的广告宣传。儿童的认知和辨别能力尚未充分发展，广告商所用劝导技巧特别容易影响他们。在某种程度上，由于儿童的脆弱性，减少儿童可能接触到的广告量的运动有可能在整个政治领域获得广泛支持。可能还有其他运动，要求征收广告税或更多地支持不在公共区域进行广告宣传。限制公共区域广告和针对儿童的广告已有先例，如圣保罗地区最近就对户外广告提出了限制，瑞典法律也限制针对儿童的广告宣传。

例二：国家进步指标

相关组织可能执行的这类战略的第二个例子是：支持制定和实施国家进步新标准。目前，多数政府利用国内生产总值、股市指数和消费者信心来评估国家绩效。这些指标必须基于金融业务、企业利润或消费开支。利用这样的标准很可能强化外在价值观——如果媒体和政治言论重视这些价值观，那就更是如此。

人们提出了大量可供选择的指标，它们有助于在有关国家绩效的公共辩论中引入更多价值观，也有助于在某一社会层面强化内在价值观。这些可供选择的指标包括可直接衡量居民幸福感的提案、不丹王国对国民幸福总值的衡量、再定义进步真实进度指数（Talberth et al.，2006）和新经济学基金会的快乐星球指数（New Economics Foundation，2012）。这些可供选择的指标之间虽然有重大差异，但它们中不只包含纯物质的变量，还包含反映内在价值观的变量。例如，其中的一些指数包含了对社会凝聚力与信任，生活满意度与活力感，无偿帮助、关心他人的意愿，以及环境卫生的衡量。如果这些可供选择的指数被广泛采用和报道，政策制定者和居民对于什么是国家的优先任务会接收到完全不同的信息。这样，全国就可能有更多关于幸福、社会凝聚力和可持续发展的辩论，这些辩论将有利于强化内在价值观。

结　论

可以肯定，鼓励人们实施特定环保行为的战略中有很多成功例子。尽管取得了这些成功，但是似乎仍然需要更系统的方法。广泛开展关注某些特定行为的运动不可能形成对环保的系统性关注。相反，正如本章所示，若在这一巨大挑战背景下加以评价，实际上许多行为变革运动都可能会事与愿违。以这种方式将环境问题分割开来，并设计逐案处理的方法以鼓励采取特定环保行为，这种做法的政治和公众吸引力是很容易理解的，但是环保组织有责任——从非政府环保组织开始——强调这些战略的不足之处，并接受可供选择的协同行动方针。

参考文献

1.Alexander, J., Crompton, T. and Shrubsole, G. (2011) *Think of Me as Evil? Opening the Ethical Debates in Advertising*, PIRC, Machynlleth, UK, and WWF-UK, Godalming, UK, accessed 5 September 2012

2.Banerjee, R. and Dittmar, H. (2008)'Individual differences in children's materialism: the role of peer relations', *Personality and Social Psychology Bulletin,* vol 31, pp17-31

3.Bardi, A. and Schwartz, S. H. (2003) 'Values and behaviour: strength and structure of relations' *Personality and Social Psychology Bulletin*, vol 29, pp1207-1220

4.Bardi, A. and Goodwin, R. (2011)'The dual route to value change: individual processes and cultural moderators', *Journal of Cross Cultural Psychology*, vol 42, pp271-287

5.Bauer, M. A., Wilkie, J. E. B., Kim, J. K. and Bodenhausen, G. V. (2012)'Cuing consumerism: situational materialism undermines personal and social well-being', *Psychological Science*, vol 23, no 5, pp517-523

6.Brown, K. W. and Kasser, T. (2005)'Are psychological and ecological well-being compatible?The role of values, mindfulness, and lifestyle', *Social Indicators Research*, vol 74, pp349-368

7.Buijzen, M. and Valkenburg, P. M. (2003)'The effects of television advertising on materialism, parent-child conflict, and unhappiness: a review of research', *Applied Developmental Psychology*, vol 24, pp437-456

8.Chilton, P., Crompton, T., Kasser, T., Maio, G. and Nolan, A. (2012)'Communicating bigger-than-self problems to extrinsically-oriented audiences', WWF-UK, Godalming, UK, accessed 10 September 2012

9.Crompton, T. (2010) *Common Cause: The Case for Working with our Cultural Values*, WWF-UK, Godalming, UK, accessed 10 September 2012

10.Emmons, R. A. (1989)'The personal strivings approach to personality', in L. A. Pervin (ed) *Goal Concepts in Personality and Social Psychology*, Erlbaum, Hillsdale, NJ, pp87-126

11.Evans; L., Maio, G. R., Comer, A., Hodgetts, C. J., Hahn, U. and Ahmed, S. (2013) 'Self-interest and pro-environmental behaviour', *Nature Climate Change*, vol 3, pp122-125

12.Feather, N. T. (1992) 'Values, valences, expectations, and actions', *Journal of Social Issues*, vol 48, pp109-124

13.Flouri, E. (1999) 'An integrated model of consumer materialism: can economic socialisation and maternal values predict materialistic attitudes in adolescents?', *Journal of Socio-Economics*, vol 28, pp707-724

14.Gatersleben, B., Meadows, J., Abrahamse, W. and Jackson, T. (2008) 'Materialistic and environmental values of young people', unpublished manuscript, University of Surrey, UK

15.Goldberg, M. E., Gorn, G. J., Peracchio, L. A. and Bamossy, G. (2003)'Understanding materialism among youth', *Journal of Consumer Psychology*, vol 13, pp278-288

16.Good, J. (2007)'Shop' til we drop? Television, materialism and attitudes about the natural environment', *Mass Communication and Society*, vol 10, pp365-383

17.Greenberg, B. S. and Brand, J. E. (1993)'Television news and advertising in schools: the"Channel One"controversy', *Journal of Communication*, vol 43, pp143-151

18.Hoff-Elimari, E., Bardi, A. and Östman, K. (under review)'Disentangling feedback loops between government policies and value priorities of public opinion'

19.Holmes, T., Blackmore, E., Hawkins, R. and Wakeford, T. (2011) *The Common Cause Handbook*, PIRC, Machynlleth, UK, accessed 12 September 2012

20.Jackson, T. (2009) *Prosperity without Growth? The Transition to a Sustainable Economy*, Sustainable Development Commission, London

21.Kasser, T. (2005)'Frugality, generosity, and materialism in children and adolescents', in K. A. Moore and L. H. Lippman (eds) *What Do Children Need to Flourish? Conceptualizing and Measuring Indicators of Positive Development*, Springer Science, New York, NY, pp 357-373

22.Kasser, T. (2011a)'Cultural values and the well-being of future generations: a cross-national study', *Journal of Cross-Cultural Psychology*, vol 42, pp 206-215

23.Kasser, T. (2011b)'Capitalism and autonomy', in V. I. Chirkov, R. M. Ryan and K. M. Sheldon (eds) *Human Autonomy in Cross-Cultural Context*, Springer, Netherlands, pp191-206

24.Kasser, T., Ryan, R. M., Couchman, C. E. and Sheldon, K. M. (2004)'Materialistic values: their causes and consequences', in T. Kasser and A. D. Kanner (eds) *Psychology and Consumer Culture: The Struggle for a Good Life in a Materialistic World*, American Psychological Association, Wasbington, DC, pp 11-28

25.Kasser, T., Cohn, S., Kanner, A. D. and Ryan, R. M. (2007)'Some costs of American corporate capitalism: a psychological exploration of value and goal conflicts', *Psychological Inquiry*, vol 18, pp1-22

26.Maio, G. (2011)'Don't mind the gap between values and action', *Common Cause Briefing*, August 2011, accessed 10 September 2012

27.Maio, G., Pakizeh, A., Cheung, W. and Rees, K. J. (2009)'Changing, priming, and acting on values: effects via motivational relations in a circular model', *Journal of Personality and Social Psychology*, vol 97, pp699-715

28.New Economics Foundation (NEF) (2012) *The Happy Planet Index: 2012 Report. A Global Index of Sustainable Well-being*, New Economics Foundation, London, accessed 27 November 2012

29.O'Guinn, T. C. and Shrum, L. J. (1997) 'The role of television in the construction of consumer reality', *Journal of Consumer Research*, vol 23, pp278-294

30.Richins, M. L. and Dawson, S. (1992)'A consumer values orientation for materialism and its measurement: scale development and validation', *Journal of Consumer Research*, vol 19, pp303-316

31.Rokeach, M. (1973) *The Nature of Human Values*, Free Press, New York, NY

32.Saunders, S. and Munro, D. (2000)'The construction and validation of a consumer orientation questionnaire (SCOI) designed to measure Fromm's (1955)"marketing character"in Australia', *Social Behaviour and Personality*, vol 28, pp219-240

33.Schultz, P. W., Gouveia, V. V., Cameron, L. D., Tankha, G., Schmuck, P. and Franek, M. (2005)'Values and their relationship to environmental concern and conservation behaviour', *Journal of Cross-Cultural Psychology*, vol 36, pp457-475

34.Schwartz, S. H. (1992)'Universals in the content and structure of values: theory and empirical tests in 20 countries', in M. P. Zanna (ed) *Advances in Experimental Social Psychology*, vol 25, Academic Press, New York, NY, ppl-65

35.Schwartz, S. H. (2006)'Basic human values: theory, measurement and applications', *Revue Française de Sociologie*, vol 42, pp249-288

36.Schwartz, S. H. (2007)'Cultural and individual value correlates of capitalism: a comparative analysis', *Psychological Inquiry*, vol 18, pp52-57

37.Scruggs, L. and Benegal, S. (2012)'Declining public concern about climate change: can we blame the great recession?', *Global Environmental Change*, vol 22, pp505-515

38.Sheldon, K. M. and McGregor, H. (2000)'Extrinsic value orientation and the tragedy of the commons', *Journal of Personality*, vol 68, pp383-411

39.Sheldon, K. M and Krieger, L. S. (2004)'Does legal education have undermining effects on law students? Evaluating changes, motivation, values and well-being', *Behavioral Sciences and the Law*, vol 22, no 2, pp261-286

40.Sheldon, K. M., Sheldon, M. S. and Osbaldiston, R. (2000)'Prosocial values and group assortation in a N-person prisoner's dilemma', *Human Nature*, vol 11, pp387-404

41.Sheldon, K. M., Nichols, C. P. and Kasser, T. (2011)'Americans recommend smaller ecological footprints when reminded of intrinsic American values of self-expression, family, and generosity', *Ecopsychology*, vol 3, pp97-104

42.Shrubsole, G. (2012)'Consumers outstrip citizens in the British media', *Open Democracy*, 5 March, bit.ly/yPy4AQ, accessed 27 November 2012

43.Shrum, L. J., Wyer, R. S. and O'Guinn, T. C. (1998)'The effects of television consumption on social perceptions: the use of priming procedures to investigate psychological processes', *Journal of Consumer Research*, vol 24, pp447-458

44.Shrum, L. J., Burroughs, J. E. and Rindfleisch, A. (2005)'Television's cultivation of material values', *Journal of Consumer Research,* vol 32, pp473-479

45.Talberth, J., Cobb, C. and Slattery, N. (2006) *The Genuine Progress Indicator 2006: A Tool for Sustainable Development*, Redefining Progress, Qakland, CA, accessed 27 November 2012

46.Vansteenkiste, M., Simons, J., Lens, W., Sheldon, K. M. and Deci, E. 1. (2004)'Motivating learning, performance, and persistence: the synergistic effects of intrinsic goal contents and autonomy-supportive contexts', *Journal of Personality and Social Psychology*, vol 87, pp246-260

47.Vohs, K. D., Mead, N. L. and Goode, M. R. (2006)'The psychological consequences of money', *Science*, vol 314, pp1154-1156

7 设计主导：以可持续发展为目标
培养自我领导能力

保罗·默里[1]

【提要】

可持续发展要求领导者自身能够真诚参与并充分了解自己涉足的领域，真正做到这两方面才可以带动大家一起致力于可持续发展。这种领导形式的最佳表述就是"自我领导力"：启发并激励他人，让他们改变思维及行为方式的能力。本章将探讨专业设计领域致力于可持续发展的"自我领导力"的概念。同时还将研究如何利用英国普利茅斯大学研发的以价值观为核心的可持续培训技能来提高"自我领导力"。

培训以积极变革模式为基础，旨在帮助个人发展有利于可持续发展的思维，该模式设想了六个相互关联的个人属性：意识、自我激励、自我赋能、知识、技能和实践。面授培训以前三项素质为重心，与此同时专门撰写的后续书籍《可持续发展的自我》（*The Sustainable Self*）涵盖了所有六种素质。

本章记录了组织培训，以及书中涉及的基础理论和实践。因为个人价值观是这一模式的核心，所以本章也对美国心理学传统中的价值观理论进行了描述。研究表明，虽然个人认识到相似的价值取向，但不同的行为与任何时候都占主导地位的特定取向有关。那么，支持可持续发展的行为变革与其说是改变人们的价值观，不如说是调动已有的支持可持续发展的价值观。因此，该培训旨在激发人们深思，而不是操纵思维或行为，从而使参与者反思或激活他们深层次的生活意图。培训参与者的反馈非常积极，初步研究证实，培训促成人们的价值观取向朝着有利于可持续发展的方向发生了细微而重要的转变。总体来说，本章认为，培训大有可能提高人们致力于可持续发展的"自我领导力"，并因此促成积极的行为变革。

导　言

> 人类的恶行频繁地污染着全球各地，但是上帝想要一个清洁的地球，绝不允许它被人类活动毁坏，所以他会让人类经历痛苦和灾难，以净化地球。
>
> 宾根的希尔德加德（Hildegard of Bingen，1098—1179）（Bowie，1997：19）

探索可持续发展并非新事物，几个世纪以来，诸如基督徒教神秘主义者宾根的希尔德加德这样具有远见卓识的人一直在对我们的破坏性提出警示。过去，忽视这些警示并无大碍，因为损失不管多严重，实际上都是局部性的。但在 21 世纪，随着人口激增及我们对财富和繁荣似乎不可抑制的渴望，风险已经改变了。由 1 360 位科学家共同完成的 2005 年《千禧年生态系统测评结果》（Millennium Elosystem Assessment，MEA）充分表述了我们目前的困境：

> 人类活动给地球的自然功能施加了太大的压力，它的生态系统不再理所当然地能够维持我们后代的生活。
>
> （MEA，2005：5）

《千禧年生态系统测评结果》意味着，在 21 世纪坚持可持续发展目标可能是为了我们自身的生存需求，而不是为了别的生物的生存。至少，可持续发展最根本的目的是要变革人类的行为方式。所有人最终都将涉足这些变革，但是变革需要领导力。有领导力的人能够真诚参与并充分了解自己涉足的领域，通过真正完全地做到这两方面，最终带动大家一起致力于可持续发展。这些人将具备我们称之为致力于可持续发展的"自我领导力"。这一素质的核心是有能力激发自己和他人改变思维，进而改变行为。致力于可持续发展的"自我领导力"与人们的专业工作尤其相关。因为他们作为专业人士可能影响顾客、同事，由于他们在社会中扮演的角色和地位，也会广泛影响大众。如图 7.1 所示，专业设计师能发挥很大作用，可以设计出社会需要的并且真正可持续的问题处理方式、服务和产品。设计师有能力影响多数甚至所有社会阶层，而各个阶层都将影响可持续发展。但是

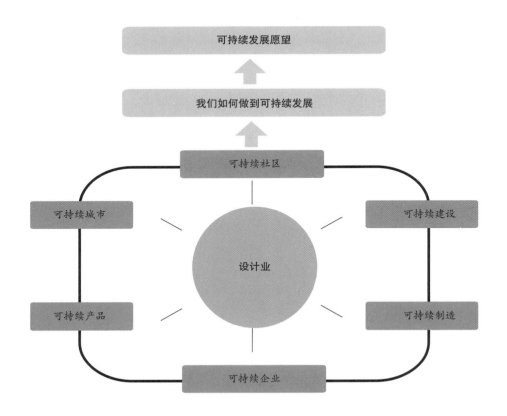

图 7.1　设计业与可持续发展。
来源：作者提供

从道德的角度来看，可持续发展的意义远不只是设计一些小物件、书封或生态房屋。苏珊·泽纳西（Suan Szenasy）是专业设计教育者，也是《大都市》（*Metroplis*）杂志的编辑，她把设计定义为"我们对自己所处的星球、地区、社区，以及对职业、顾客甚至是自我的一种责任"（Szenasy，2003）。泽纳西指出一个现实，即可持续发展不仅关系到我们的工作成果；除非不只是设计师，普通大众也把培养可持续生活和工作方式当作己任，否则终将难以实现可持续未来。

　　安东尼·格特斯是第二自然公司的总裁。他认为实现可持续发展的过程不仅是文化和价值观的重要体现，同时也与科技发展不无关系（Cortese，2010：8）。世界自然基金会宣称，要应对当前可持续发展面临的挑战，政府、企业和市民必须一致行动，作出改变（WWF，2008：8）。在这一过程中，致力于可持续发展的自我领导力将发挥重要作用。具有自我领导力的人从心理上引导自我，使自己发生改变（由此影响自己），即产生获取积极成果的动力（Manz & Neck，2004）。从本质上讲，自我领导力的核心是诚实正直的品质。致力于可持续发展的自我领导者在展示诚实正直的品质时，将促成以追求可持续发展这一共同愿景为目标的创新行为（Waldman et al.，2001），并转变自己的行为以实现这一愿景（Northouse，2007）。通过这种方式，培养自我领导力的专业人士（设计师及其他人）将成为个人生活圈及专业领域中强大的变革推动者。实际上，我们通过"自己的态度、语言和行为"在自己的生活中塑造可持续发展模式时，可能会做出最有力的干预（Dunphy et al.，2007：269）。本章依照这一思路考察了英国普利茅斯大学研发的一项新举措。该举措力图通过结构化反思和思考提高自我领导力。其核心是密集的面授培训课程，即所说的"可持续发展培训"。《可持续发展的自我》作为一本互动式教辅书，也起到了支持作用（Murray，2011）。该举措旨在提供一种内在的、以价值观为导向的可持续发展教育，重点在于激发人们，并使人们有能力、有条件实现可持续生活和工作目标。本章通过讨论回顾这一举措：

- 价值观在自我激励和行动中的理论作用；
- 将价值观嵌入可持续发展的教育和培训计划中；
- 培训环境、教育传播模式及其中涉及的各种行动；
- 与培训相关的反馈和研究发现；
- 教辅书的作用；
- 普利茅斯方式的前景。

价值观的意义

普利茅斯可持续发展培训的前提是：致力于实现可持续行为的努力受价值观驱动，是一个长期的过程，并且需要时间、实践和试错。因此，探索可持续发展和可持续行为背景下的个人价值观就成了这一举措的核心特征。

社会心理学家通常认为，我们的价值观、态度和信念会影响行为。从心理学角度看，态度是我们对生活中遇到的人和事"以特定的方式做出的反应或行为的倾向"（Gross，2005：350；Oskamp，1991：3）。另一方面，信念是我们对全世界各种参数即世界真实情况的评估。态度是评价性的，并且以判断力为基础；与之不同，信念倾向于中立，并且被认为是个人"主张之事"。例如，有人相信上帝，有人不相信；有人认为自己对于世界的改变毫无影响，有人认为自己会影响世界的改变。价值观是我们渴望实现的理想和抱负（如"幸福"）或社会状况（如"自由"）（Oskamp，1991）。图7.2以种族主义行为为例解释了价值观、态度和信念是如何共同发生作用的。拥有"种族优越感"的人坚信一些种族（尤其是自己所属的种族）比其他种族优越，因此他们会歧视看起来与自认为优越的种族不同的人。在这种心理因素的作用下，一旦有机会，我们谈及的这类人很可能在遇到与自己不同肤色、宗教或国籍的人时表现出种族主义行为。然而，有的心理学家认为，态度及其他心理属性会因循行为。在这种情况下，实施种族主义行为会强化支持这一行为的态度、价值观和信念（Bell et al.，1996：33）。显然，并不只有内在（心理）因素会影响行为。一些外在因素，如同僚压力、社会规范和法律，也会影响行为。从长远看，如果想要改变不好的行为并激发积极行为，我们就要努力培养积极正面的价值观、态度和信念。这样，我们就不再想坚持陈旧的、习以为常的行为模式。

即使我们接受我们需要从主观上促进行为变革，但仍然难以知道如何开始，因为价值观、态度和信念之间的确切关系尚不清楚。尽管社会心理学的许多研究注重衡量态度，我们的态度却往往针对具体情况，这在诸如可持续发展等生活方式议程的广大背景下会无济于事。而且，我们一般都不清楚自己的态度，它们往往自动产生，很难观察和反思。信念也很难被挑战，主要由于我们通常认为自己的信念是真实的，这使得它们非常不易改变。但是价值观确实是个潜在的起点，因为价值观易于被激发，并在各种情况下影响人们的动机；对狗的态度不大可能影响人们购买新冰箱的决定，对环境的关心却可能会影响人们的决定。此外，价值观研究先驱弥尔顿·罗克奇（Rokeach，1976）将价值观确定为行动的必要条件；价值观不仅是对什么是可取的行动方案的信念，而且是对采取那一行动的偏好。出于这些原因，价值观理论值得进行更深入的探索。

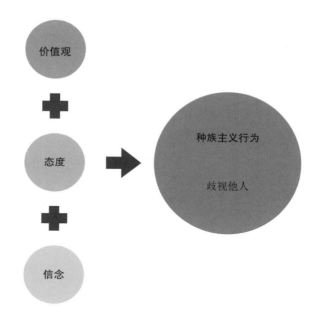

图 7.2 价值观、态度和信念对种族主义行为的影响。
来源：作者提供

价值观理论

20 世纪 70 年代，弥尔顿·罗克奇（Rokeach，1976：159）把人类价值观定义为"持久的信念，即某一特定的行为模式或存在的终极状态都因循个人及社会的偏好"。因此，由于价值观代表了"理想的行为方式或理想目标"（Feather & Mckee，2008：81）而成为指导行动和生活方向的精神标准（Rokeach，1976；Schwartz，1992：7）。价值观和动机相互联系，并影响行为（Brown & Kasser，2005；Kollmus & Agyeman，2002），因此，价值观在可持续发展教育中至关重要：它包含的动机可能激发积极的行为转变（Darnton & Kirk，2011）。

罗克奇认为，人们有意识或无意识地持有几十种价值观，他还将这些价值观分成"工具型"和"终端型"两种（Rokeach，1976：160）。工具性价值观涉及任何情况下都认为可取的某一特定行为或存在方式，而终端型价值观则基于对值得为之奋斗的特定终极状态的持久信念。以色列希伯来大学的获奖心理学家萨洛姆·施瓦兹（Schalom Schwartz）对罗克奇提出的工具型和终端型（终极）分类法提出了质疑，并发展了关于人类价值观的通用、跨文化结构的理论。施瓦兹（Schwartz，1992）认为，个人将其价值观保持在一个不断变化的、动态的多层次连续体中，而且其中一些价值观相对其他而言更为重要。施瓦兹定义了10种价值观类型，由分属4组不同动机的57种个人价值观衍生而来（图7.3）。

依据施瓦兹的理论，源于不同动机的各类价值观之间相互对立或相互补充。源于相同或相近动机的价值观互补（如传统和从众），源于相反动机的价值观则相互矛盾（如仁慈和权力）。施瓦兹的研究表明这57种价值观是普世价值观，从这个意义上说，几乎所有人和文化都认可它们。但是，个人在特定时间对特定价值观的重视程度差异很大，正是价值观对彼此的相对重要性引导了动机和行为（Schwartz，1992，2009）。这表明，如果在个人身上特定价值观的相对重要性发生变化，原则上行为也会发生变化（Darnton & Kirk，2011：40；Schwartz，2009）。

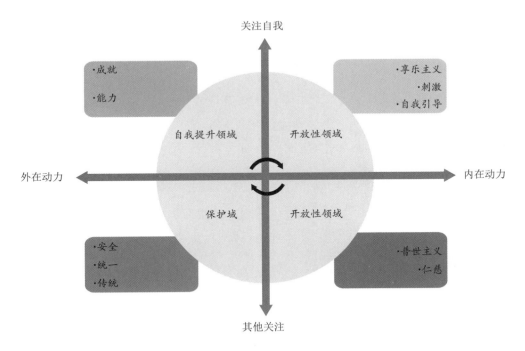

图 7.3　施瓦兹的价值观结构图。
来源：依据施瓦兹（Schwartz，2009，2010），作者提供

罗切斯特大学的理查德·瑞安（Richard Ryan）和爱德华·德西（Edward Deci）把价值观及动机与他们所说的生活的"内在目标"和"外在目标"联系起来（Deci & Ryan，2000b）。内在目标与满足人类基本心理需求相关，并最终形成价值观取向，如个人成长、人际关系和社区参与（Deci & Ryan，1985：5），但是外在目标力图获得外在奖励，反映了与地位、形象和成就有关的价值观（Deci & Ryan，1985；Weinsten et al.，2009）。我们为了内在的快乐、挑战和满足感而不是因为外部压力去追求内在目标，但我们追求外在目标去获取某个和我们"可分离的结果"，如报酬、免于惩罚或获得他人认可（Deci & Ryan，2000a：71，2000b）。瑞安和德西认为内在目标就是努力实现人类积极正面的潜能。许多探讨价值观与环保行为之间联系的研究都支持这一见解。这些研究发现，内在价值观取向可能使人们更努力地投入生态管理（Brown & Kasser，2005）。如图 7.3 所示，内在动机体现为右边区域的价值观（自我超越及对变革的开放态度），外在动机则与左边区域的价值观相关（自我提升及保护）。此外，上方区域（对变革的开放态度和自我提升）涉及表达私利，下方两个区域则侧重社会，涉及与他人的关系（Schwartz，2010）。有趣的是，有研究支持这一观点，该研究显示，那些高度赞同"普世主义"（位于右下方的内在价值观）的人更能表现出支持人权的态度并购买公平贸易的产品（见 Darnton & Kirk，2011）。也有其他探索价值观与环保意识关系的研究发现，社会取向的价值观（与自我取向相对立）与负责任的环保行为之间呈正相关关系（Pinto et al.，2011）。因此，在右下角自我超越区域内发现的内在的、侧重他人的价值观最可能支持可持续性行为，这似乎是合乎逻辑的。但是，事情没有那么简单；也有证据表明，内在的、亲社会的和利他主义价值观可以被特定场合里满足眼前需求的选择性动机取代，譬如舒适或省钱（Kollmus & Agyeman，2002）。对于很多人来说，这无疑是再平常不过的经历，但是有人认为"灌注一套价值观会在增加肯定这些价值观的行为的同时减少认同相反价值观的行为"（Maio et al.，2009：712）。充分考虑这些之后，激发可持续行为可能更多地变成鼓励人们调动现存内在价值观，而不是努力劝导他们采用新价值观（Darnton & Kirk，2011：40；Schwartz，2009）。如果是这样，当个人能自觉地意识到他们内心深处的、最重要的价值观时，从理论上讲他们就会自觉地优先考虑那些价值观，重新排列他们的价值观等级。对可持续发展教育及培训感兴趣的人都会把这看作一个重要论题，但很少有人能够认同那些抽象的价值观类型标签，如"仁慈"或"普世主义"，这样我们就面临一个价值观理论并没有完全回答的问题：什么是可持续价值观？

可持续发展教育的评论人士泛泛而谈推广"适当"价值观的必要性（如 Cook et al.，2009：314），却很少明确界定与可持续发展相关的"适当"价值观究竟是什么。表 7.1 来自公开致力于可持续发展的机构和组织引用的价值观，列出了一些备选方案。其中尊重、同情、忍耐、正直、公平/公正/正义和自然/环境/生命是具有广泛代表性的价值观，多数都属于施瓦兹提出的关心他人、自我超越的那类价值观。本质上，这些价值观大多称得上是内在的，因为人们可以通过选择生活方式从心理上实现这些价值观。作为普利茅斯大学推动可持续发展教育的组成部分，在可持续发展培训期间探索了这些价值观。

表 7.1　各个组织采用的可持续发展价值观

单项	未来话题	联合国千禧年目标	乐施会	波昂宣言	英国电信
爱护和尊重生命	尊重	尊重	尊重多样性	尊重所有生命	尊重平等
生态完整性	完整性	自由	关注环境	生态完整性	尊重自然系统完整性
社会和经济公正	奉献与合作	平等	致力可持续发展、社会公正和平等	性别平等	承认非人类权利及利益
民主 非暴力与和平	公平	团结	认同感和自尊	民主	自决权
（ECI，2006）	学习	真实	人们可以发挥影响力	社会凝聚力	多样性
	坦率	忍耐	（Oxfam, 2003：4）	公正	忍耐
	诚实	（Leiserowitz et al., 2004）		安全	同情别人
	同情心			（UNESCO, 2009）	下一代的利益
	趣味				（BT, 2003：24）
	（Forum for the Future, 2005）				

来源：根据默里（Murray，2011）改制

以价值观为导向的可持续发展教育

普利茅斯倡议背后的一大启示是，联合国教科文组织宣布 2005 年至 2014 年为"可持续发展教育十年"（DESD）。其宗旨是将"可持续发展"的原则、价值观和实践融入教育和学习的各个方面（UNESCO，2006：4）。实际上，"可持续发展教育十年"作为一项政策，目的是使个人获得"可持续未来所需的价值观、行为和生活方式"（UNESCO，2006：3）。"可持续发展教育十年"的目标与自我领导的概念紧密相关，卡尔梅利等（Carmeli et al.，2006）将其描述为这样一个过程：个人使用自我观察、自我激励、自我设定目标和自我反馈等策略将自身引向期望的行为。在可持续发展问题上，这意味着自我领导者要展示出高度诚实正直的品质，从理论和实践上示范可持续发展理念（Roome & Bergin，2006）。此外，可持续发展教育和自我领导教育都要求学习者考虑极其私人的问题，特别是与个人价值观和行为转变相关的问题。然而，除了培养我们所谓的"可持续性思维"外，专业人士还必须获得在其实践领域中胜任操作所需的技术、专业知识和技能。因此，本章描述的较个性化的方法最好作为对传统模式的专业教育和培训的补充而非替代（图 7.4）。

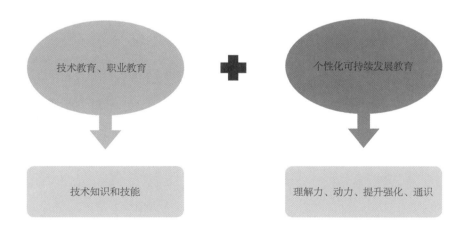

图 7.4 为可持续发展培养自我领导力的基本原则。
来源：作者供图

专注于内在并由价值观导向的教育培训方法可能会引起争议，教育工作者最好不要像"教授"特定知识和技能那样试图"教导"人们接受特定的行为或价值观。这些方式不仅被证明是无效的，而且会招致人们对它灌输意识形态的指责（Murray & Murray，2007；Newman，2010）。事实上，试图在诸如可持续性等广博而有可能模棱两可的问题上强行达成任何形式的预定共识，在文献中早已被称为"不可取的，且基本是误导性教育"（Jickling & Wals，2008：5）。因而，著名的可持续发展教育评论员斯蒂芬·斯特林建议，从"传送式"教育技术转向"开放性、转型性"教育法，如表7.2所示（Sterling，2001）。表7.2中的方法旨在使学习者能开放、中立地探索他们的"价值观、观点和抱负"（Tilbury et al.，2002：19），而不是像福音传道那样力图说服任何人以特定方式改变他们的价值观或个人行为。相反，这一努力是帮助个人达到对可持续发展的个性化认识，并探索他们的价值观和其他精神品质如何影响其潜能，使他们能按照自己的意愿可持续地行事。这些方法是普利茅斯倡议举措的基础。

表7.2　让可持续发展教育由传播式学习转向转化式学习

传播式学习	转化式学习
传授知识	理解问题并找到问题的根源
教授价值观和态度	鼓励人们澄清价值观
把人们看作亟待解决的问题	把人视为变革推动者
传递信息	对话
以专家身份以身垂范	以伙伴身份参与学习过程
增强意识	改变影响行动的思维模式

来源：根据蒂尔伯里（Tilbury，2011）改制

普利茅斯倡议

背 景

普利茅斯可持续发展培训项目是在 2005 年为应对系列建筑专业学位课程的审核而构想的一个项目。20 世纪 90 年代初，对于这样的课程，其课程设置通常从一开始就有一个公开的环境主题。起初，这一课程主要传授环境设计和生态建设方面的专业知识及技能。但是到了 2005 年，其议程从"环境"转为可持续发展。由于可持续发展教育的出现，因此开展了课程审核，以查明在提供可持续发展相关知识、技能和价值观主题方面的差距，这些价值观主题既有专业方面的也有一般性的（详情见 Murray et al.，2007）。审核结果显示，在传授环境可持续发展相关知识和技能，以及特定学科问题，如建筑能效、废弃物管理等方面课程表现出了很高的水平。但是此次审核也暴露了两大不足：

（1）没有考虑如何培养学生的价值观；

（2）几乎没有关注可持续发展与社会经济和文化的关系。

鉴于这些审核结果，并为了弥合这些差异，主办方决定创建一系列以价值观为核心的可持续发展课外培训活动。此项培训在 63 名志愿者和许多学者中进行了为期 7 个月的实验，随后，作为对学生建议的直接应答，培训被当成了"建设"课程的核心内容（Murray & Murray，2007）。2006 年以来，这项培训得到了广泛传播，迄今为止，有大约 1 000 人参加了培训。

培训模式

普利茅斯培训的首要目标是通过激发深入思考及反思，让学习者从个人和专业两个层面同时致力于可持续发展。培训模式确定了与自我领导有关的六大个人属性，这些属性综合起来将激励个人，使个人有能力、有条件与可持续发展理念进行有意义的对接。培训目的是帮助参加培训的人与人类面临的重大复杂问题建立更深的联系，激励他们通过自学或个人调查或者二者兼有，以掌握更多的知识和技能。基于这个原因，面授培训重点是列在图 7.4 中的自我领导力的意识、动机、自我赋能三大属性，其余三大属性：知识、技能和实践则涵盖在教辅书《可持续发展的自我》中。

在制订培训计划的过程中，人们发现了以下三个战略目标：

（1）这些活动应该可以被很多受众使用；

（2）包含的练习应具有内在吸引力和激励性；

（3）不应该要求参与者事先准备。

培训研讨会被设计为以活动为导向的密集讨论，并且将持续 3 ~ 6 个小时。整体上，这一教学法更倾向于接受询问的方式，而不是像成果导向学习法那样利用大量的技巧来激发学习者的反应，因此它被看成非常好的可持续发展教育实践（Cotton & Winter，2009；Shephard，2008）。其间用到的 5 项技巧是：

· 角色扮演：了解他人观点；

· 讨论：表达不同的观点，鼓励倾听和反思；

· 刺激活动：使用图片之类的提示引发反思和讨论；

· 小组分析：分享对问题的不同观点；

· 反馈记录：回顾个人对可持续发展的作用 / 立场和态度。

图 7.5　普利茅斯可持续发展培训模式：培养有利于可持续发展的自我领导力。
来源：根据默里（Murray，2011）改编，作者供图

活 动

根据背景和受众的不同，研讨会设计了三个活动主题，并包含了九大元素，如表7.3所示。接下来我们将一一介绍：

表7.3 可持续发展培训活动计划

主题活动 1：意识 / 认识

个性化可持续发展	培训对象学习可持续发展的"权威"定义，标注出特别吸引他们的词汇
象征	学习者讨论他们对代表人类进步的多张图片的理解
关联可持续发展问题	参与者利用图片，通过同侪学习并分享个人观点来探索可持续发展问题之间的潜在联系及其复杂性

主题活动 2：激励

行为心理	讨论价值观、态度和观念对个人行为的作用
核心价值观	学习者对比自己的核心价值观和"可持续发展"价值观，并在个人行动中运用它们
态度分析	人们利用照片探讨并回顾自己对待某些特殊可持续发展问题的态度
对可持续发展的态度	支持可持续发展的态度：讨论支持可持续发展的态度，如关爱、同情和尊重

主题活动 3：自我强化

信念	简单介绍信念的重要性，以及自我约束信念对个人行为的影响
自我赋能	个人运用"影响圈"概念识别需要改变的内在障碍，将这些障碍重构为自我赋能的信念来克服它们。

1. 可持续发展的个性化

很多人发现，可持续发展这一术语抽象、令人费解且让人无所适从（Filho，1999）。这项活动通过帮助参与者审查可持续发展的八大"权威"定义，找出与他们产生共鸣的单词和短语，并选出首选定义，以使可持续发展个性化。接着，参与者们对他们的选择进行讨论，利用他们强调的词汇阐明他们对可持续发展的个性化定义，以帮助他们把这些定义纳入议程。

2. 象　征

该活动运用图像扩展对可持续发展的理解，同时牢记"可持续发展……仍然缺少清晰而生动的概念"（Leiserowitz et al.，2004：38）。这是一个开放式论坛，参与者对隐喻人类当前发展方向的两张投影照片（一辆超级油轮和一辆在沙漠中疾驰的汽车）发表评论。

3. 建立联系

这部分借鉴了乐施会对在教学环境中运用照片帮助学习者"获得知识及对广阔世界的批判性理解"的好处的评论（Oxfam，2005：1）。小组评估 10 幅描绘不同可持续发展问题的图片，并根据它们对可持续发展的重要性进行排序，却不管这对每个小组意味着什么。小组成员利用他们的价值观、知识和认识来解释图片，并选择某种方式来优先考虑他们认为这些图片所代表的问题。然后，以所描述问题的性质、复杂性及它们之间的相互关联为背景进行公开展示、对比，并讨论了这些结果。

4. 行为心理

这里将简单讨论价值观、态度和信念的特征及重要性，以及它们对个人行为可能造成的影响。

5. 核心价值观

贝姆（Bem，1971）、莫德斯利和威廉姆斯（Mawdsley & Williams，2004：2）等心理学家告诫我们，我们多数人都意识不到自己的价值观和态度，我们需要诱出它们以意识到它们。一旦我们对自己根深蒂固的价值观有了"自我意识"，就可以调动它们或将它们按重要性排序，其目的是让个人探索他们的核心价值观如何影响日常生活中的行动。该方法以威斯康星大学诱出学习者的价值观的研究为基础（Eggert，2004），参与者从确定自身核心价值观开始，然后探索其来源，必要时使用提示条。整个团队对得到的核心价值观进行反馈，并将结果与可持续发展理想进行对比（表 7.2），最终证实多数人都已经拥有支持可持续发展的价值观。

6. 探讨态度

贝姆（Bem，1971）认为，我们会有意识地观察自身的显性行为来感知自己的态度。该活动以贝姆提出的假设为基础，运用被称为知觉位置这一神经语言学编程原理进行。神经语言学编程原理是一门实用性学科，旨在改变人们对他们所生活的世界的感知和理解方式（Young，2004：5）。感知位置背后的理念是：我们通常借由我们狭隘有限的视角来评判他人和各种情况，并因此形成我们对他人和情况的态度。让我们处于另一个的位置上，我们会得到更多信息，这将有助于广泛、全面地了解此人／情况。这可能会导致我们对特定情况或个人态度做出调整。如果出现这种情况，新态度可能会保留下来，因为"通过直接体验形成的态度要强于倾听他人形成的态度"（Bell et al.，1996：31）。在神经语言学程序设计中，知觉位置被用来帮助个人创造性地处理问题和关系。在此，用一幅图来描绘与可持续发展相关的具体问题，以便参与者能够确定和探索他们对该问题的态度和感受。

该方法涉及设置 4 个不同的编号位置，表示如下所述的感知位置（图 7.6）。参与者两人一组，其中一人是"探索者"（完成活动）；另一人是"向导"，引导探索者使用主持人提供的一步步指令。

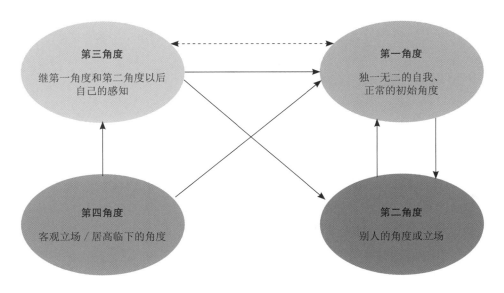

图 7.6　感知角度的发展路径。
来源：改编自霍格（Hoag，2005：2）和奥康纳（O'connor，2001：34），作者供图

第一位置

这是探索者的自我视角位置。他或她在此考虑自己对第二位置的照片中描绘的人／情景的感受。

第二位置

他人的位置，即照片中人物的位置。探索者直接让自己从第二位置设身处地为照片中的人考虑，那么探索者就变成了照片中的人回首从第一位置看到的自我。从这一位置人们了解到作为第二位置上那个人的感知。

第三位置

在此位置上，探索者超然看待自己位于第一位置和第二位置时的经历。探索者通常能让人们认识到，自己在第一位置上得到的感知和态度基于非常有限的信息。由此带来人们对照片中的问题／人更开放、包容且富于同情心的态度。

第四位置

在这一完全孤立的位置上，探索者作为独立的观察者澄清他或她在其他三个位置中的学习收获，决定是否将在第三位置获得的广阔视角作为训练成果铭记于心。

这一活动通常需要 15 分钟左右。探索者和向导将调换角色。活动以团队讨论告终，讨论探讨了活动过程中出现的感觉和挑战，以及探索者的初始态度与其核心价值观之间的联系（通常缺失）。

7. 支持可持续发展的态度

美国教育家大卫·奥尔（David，Orr）提出，如果人们要转向更可持续的生活方式，需要培养"关心他人"的态度（Orr，1992：92）。此次训练探讨了我们关爱他人的能力，还探讨了是否可持续发展与其说关乎个人牺牲，不如说关乎促进所有人（包括自我）的福祉。首先参与者讨论了开放、尊重和同情等态度的重要性，然后在投影到白板上的同心圆中写下他们在生活中最关心的对象，并将与他们关系最近的人或问题写在中间。接下来探讨了我们关心与自身无关或不直接相关的问题的能力（如 2004 年节礼日海啸灾难后发生的事），以及我们对自己和自身幸福所持态度是打造可持续发展未来的重要组成内容。

8. 信念

这部分将简单回顾信念作为心智构念对生活方向的影响力，以及某些信念在限制或强化行动等方面的作用。

9. 自我赋能

这一系列活动借鉴了史蒂芬·科维（Covey，2004）的研究，他提出了"影响圈"和"关爱圈"的思想，以体现赋能和失能的精神状态。参与者首先确定他们认为妨碍自身更可持续生活和工作的障碍，比如没有时间做出改变，或者没有能力让世界产生任何重大变化。在质疑这些"障碍"的真实性或纯感知性之后，再思考某个重大问题——比如空气污染或世界贫困——对柯维的圈子进行改编以说明，只要重构我们的思想，使之从消极转为积极，便可以释放出巨大潜力来采取有力行动（图 7.8）。首先，使用"关注圈"探究专注于问题严重性所产生的消极影响，然后参与者在"影响圈"内写下他们可以采取的有助于减少问题的诸多行动。

图 7.7a

图 7.7b

图 7.7a 和图 7.7b　可持续发展培训活动 7 和感知角度研究中常用的图片。
图片分别展示了尼日利亚被石油污染的农田（图 7.7a）和无家可归的人（图 7.7b）。
来源：马丁·阿德勒（Martin Adler）和马克·亨利（Mark Henley），© 帕诺斯图片社版权所有，经授权许可复制

基于受众的特征我们开展了进一步活动，利用相同技术去识别个人、职业和 / 或组织等层面可以实现的可持续发展行动。

培训结束前我们总结了此次培训的收获，并简单介绍了《可持续发展的自我》一书的后续使用方法。

培训成果

2012 年 2 月前，约有 1 000 人参加了部分或全部培训，其中包括 56 项活动（图 7.8）。学生组主要是由普利茅斯大学的本科生构成，包括设计、土木工程、自然科学和环境建设 / 环保建筑等专业的学生。参加培训的学者则来自 5 所大学中的 5 个不同的学科（建成环境、工程学、科学、房地产和设计）。专业组的参与者包括当地权威规划专家、调查者、工程师、工程经理、出版商和人力资源学专家。另外还有 43 人来自英格兰高等教育基金管理委员会。多数研讨会都在"休息日"举行，小组人数从 10 人到 30 人不等，一般持续 5 ~ 6 个小时，尽管有些活动也会被分成两次，有时是 3 次，会议时间为 3 小时。

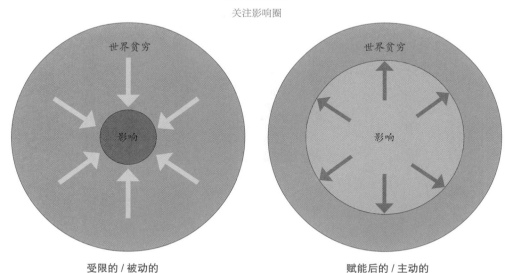

限制性信念

关注影响圈

图 7.8　采用科维的"关注圈"和"影响圈"培养自我赋能。
来源：改编自科维（Covey，2004）和默里（Murray，2011），作者供图

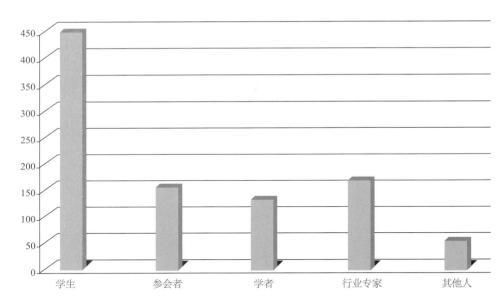

图 7.9　2005 年 11 月至 2012 年 4 月期间可持续发展培训参与者。
来源：作者供图

2010 年度和 2011 年度的培训反馈

1= 杰出的　2= 很棒　3= 不错　4= 令人失望的　5= 非常令人失望的

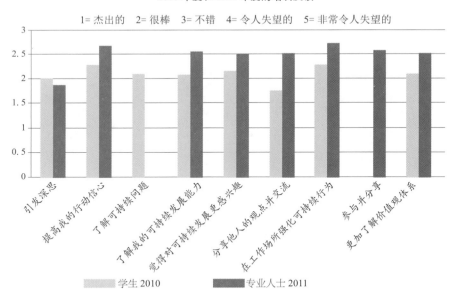

图 7.10　对 110 名学生和 21 位专业人士的培训成果的评估总结。
来源：作者供图

因为要为参与者保密，所以本章并没有记录讨论过程和活动成果，但却采用结构化问卷正常获取了此次培训的全面反馈，还采用李克特量表对 7 项具体培训成果的成绩进行评分，包括启发深思和感觉更有能力坚持可持续发展（工作场所中针对的是专业人士，一般情况下针对学生）。图 7.10 展示了 2010 年的系列本科生必修讲习班（ n=110）和 2011 年一家国际化房地产开发公司 21 名专业人士休假日培训各自反馈评级的对比。

在图 7.10 中，7 项成果的学生平均平分是 2.48，而专业人士的平均评分是 2.04。这表明，尽管两个受众群体都获得了近乎"很棒"的成果，但专业群体的所有成员在其机构内都有与可持续发展相关的特定职能，似乎更乐于接受培训中采用的内向型方法。可以说，这是因为休息日培训是在向已经"皈依"的人"布道"，但是表 7.4 中概括的从专业人士那儿获得的公开评价中并没有反映出这一点。

总体来说，反馈评价表明：培训确实提供了预期的安全开放的环境，让不同背景的人可以在可持续发展环境中探索自己的价值观体系。最受欢迎的活动通常是"建立联系"训练，这项训练在早期举行的目的是让参与者相互协作，但以不同方式思考。最有争议的活动是基于神经语言学编程的感知位置活动，其不寻常之处在于它需要人们尝试设身处地地为他人考虑。然而，对于任意一个典型小组，多数人似乎都受益于该活动，因为它激发了对我们同情他人的能力的思考，以及我们对他人及其处境草率做出狭隘、刻板判断的可能性的思考。尽管在反馈中鲜有人提及价值观活动，但由于很少有人意识到自己的核心价值观，因此将其引入自觉意识很可能引发长期反思，并能提供宝贵见解，让我们了解生活中最基本的愿望及我们想要怎样的生活。实际上，价值观元素最好作为实验对待，因为没有人可以预见参与者会诱出什么样的核心价值观。但是 1 000 名来自不同背景的参与者的经历表明，我们可能得出高度一致的、利他的核心价值观，如家庭、信任、尊重、爱／关心／同情、正义、自由、正直和安全。虽然这些价值观与"可持续"价值观非常一致（见表 7.2），并强化了施瓦兹的信念，即我们都持有相似的价值观，但很可能这些表达出来的价值观仅仅是相关个人觉得自己本该持有的。因此价值观主题活动包括简要探讨诱出的价值观来自何处，以及我们的行动与这些价值观保持一致的频率；然后，引导参与者参与后续书籍中提供的详细活动项目。他们还可以借此更深入地询问和探究自己的价值观。

反馈中没有解决的一个重要问题是：参与者对自身价值观和动机的认识是否因为这些课程发生了改变。目前正在开展研究探讨这一问题，包括让参与者完成培训前和培训后的调查，这些调查围绕施瓦兹的 10 类价值观进行设计（图 7.3），以识别课程中出现的个人价值观取向的转变。超过 200 位本科生参与了该研究，他们的专业包括"建筑"、工程和产品设计。虽然研究结论预计要到 2014 年才会公开，但是早期的一些研究表明，至少对建筑专业的学生来说，培训导致的个人价值观取向以及价值观意识的转变虽然微小，但在统计学上却很显著。请记住，我们的目标是激发人们对价值观的深思及反思，而不是改变它们，所以这种程度的转变虽不引人注目，但似乎也是恰当的。

表 7.4 可持续发展培训活动中的公开评价

专业组 21 位调查对象	建筑专业学生组 6 组共 110 名调查对象
"非常喜欢这种方式，尤其喜欢感知角度活动"	好的方面？
"感知角度活动非常富有洞察力"	图片排序（与可持续发展相关的）（×11）
"我们从研讨会上了解到的可持续发展是非常有意思的。这不是一次普通的研讨会。科维提出的这些'圈'及感知角度活动都是很好的工具，它们都蕴含着浓厚的情感——这完全出人意料"	态度/感知角度（×7）
	价值观的构成要素（×6）
	可持续发展观念/行动能力（×4）
	练习给可持续发展下定义（×3）
	讨论（×3）
回到要点，我们的信念将有助于推进讨论	分享：向别人学习；倾听；辩论；小组活动；"欣赏"别人的话（×2）
"非常有趣的训练和研讨"	"启发你思考的方式"
"挑战传统观念"	"非正式研讨会"
"非常引人深思"（×2）"是启发式学习""有助于理解别人的观点""非常有吸引力"	"关注态度"
	"非常随意；开拓了我的眼界"
"深入学习讨论了价值观/信念"	"一些讨论话题可以启发思维"
"很棒。非常独特的可持续发展途径；没有采用那些足以把人吓跑的事例或数据"	不好的方面？
	感知角度（×5）
"应该向尽可能多的人展示"	可持续发展行动能力（×3）
"对高级管理层/领导层意义非凡"	"模棱两可的价值观"
	"研讨会时间太长；弄得人精疲力尽；浪费时间！"
	"非常个性化——但是如果没有这些个性化特征，培训就不可能进行"

教辅书

　　《可持续发展的自我》旨在为教授或学习可持续发展知识的任何学科的讲师、培训师、学生和任何学科的专业人士提供综合性资源，它也是面授培训的续篇。本书共 10 章，内容融合了信息案例和 49 项活动式练习，用以吸引读者和深化学习。前 6 章内容与培训内容相似，但更深入。其余 4 章侧重培训中没有涉及的三大自我领导属性：知识、技能和实践。本书由出版社网站托管的在线资源提供支持，可下载的 A4 规格的活页练习涵盖了书中的所有活动，此外，还有 260 个可持续发展机构的名录，包括艺术与设计、建筑、工程学等 14 个类别（见 earthscan.co.uk 网站）。

　　本书于 2011 年首次出版。一开始人们就对本书表现出了极大的兴趣。许多来自澳大利亚、美国和英国的机构利用该书的内容为其员工和学生制定了可持续发展培训课程。在普利茅斯，该书被用作员工培训的教辅书，并且是环境建筑专业本科生和研究生的指定用书。

表 7.5　《可持续发展的自我》内容概览

《可持续发展的自我》重点章节的主要内容
1. 引言：转变之必要；个人在实施改变过程中的重要作用；技术、政府、非政府机构和企业的职责与局限性；可持续发展对个人、职业和企业的好处
2. 意识。个性化可持续发展：人类当前（不可持续）的发展方向；个性化可持续技术；关注可持续发展问题
3. 动力。价值观问题：介绍价值心理学；核心价值观与它们所带来的启发；复杂的价值观；价值观冲突；以快乐为核心的价值观；思想道德修养
4. 态度问题：支持可持续发展的态度：关爱、同情、率真和尊重；运用神经语言学的角度感知评价自我态度
5. 激励自主——观念问题：观念的意义；支持可持续发展观；观念与转变；理解并识别自我限制的观念
6. 自我使能：转变个人观念的策略——劝导；认知行为治疗，神经语言学和柯维的那些圈；重构技术；通过自觉实践、内省和静观加强有影响力的观念
7. 知识管理：可持续发展史；布伦特兰报告；"3E"模型；五种资本模型；可持续发展指南
8. 知识主题：回顾主要／核心自然生态理念，以及人类、社会、制造与金融资本；整合五种资本
9. 技能——善巧方便：探讨思维与人际关系可持续发展的能力，包括系统思考、对未来的思考、静观、询问等；交流、共事；领导力
10. 实践：让个人行为和工作活动具备可持续性；实证研究；检查方法，包括生态足迹；"一个地球生活"计划；"自愿简朴"运动；城镇转型；自然资本主义；应对反对意见

研究前景

目前已证实由普利茅斯发起的这项倡议是学生和专业人士都喜欢的实用工具，他们可用来以不同方式思考自我发展和可持续发展这一有可能很抽象的概念。虽然所有迹象表明，这些方式在各个专业学科领域（包括设计类学科）之间都能很好地发挥作用，但是这项培训只是一个开端。实际上，该举措旨在将个人发展融入可持续发展中，帮助个人将其与可持续发展概念的关系个性化。对自愿参加培训的设计专业学生进行的为期三个月的后续采访表明，这种方式颇具潜力。其中一位学生说道，"它让我思考，但不是从设计的角度去思考，这几乎就像自我发现，从不同的视角（观察）这个世界"。还有一位学生在培训中谈到，"灯亮了"。虽然已经计划采用本章概括的方式来支持包括美国、澳大利亚和墨西哥在内的数个国家的学习计划，但是显然还需要进一步的工作将培训，以及书籍和类似资源的利用转化为工具，以支持个人和集体思维的长期转变，这将改变我们的未来。然而，即使这项举措仅仅开启了为可持续发展培养自我领导力的旅程，它似乎也不失为有价值的演习。

注 释

1. 如果需要进一步了解培训本身或书及其应用领域，您可以通过电子邮箱 pmurray@plymouth.ac.uk 随时联系作者。

参考文献

1. Bell, P., Fisher, J., Baum, A. and Green, T. (1996) *Environmental Psychology* (4th edn), Harcourt Brace College Publishers, Orlando, FL
2. Bem, D. (1971)'Self perception theory', in L. Berkowitz (ed) *Advances in Experimental Social Psychology*, New York Academic Press, New York, NY, pp l-62
3. Bowie, F. (1997) *The Wisdom of Hildegard of Bingen*, Lion Publishing, Oxford
4. Brown, K. and Kasser, T. (2005) 'Are psychological and ecological well-being compatible? The role of values, mindfulness and lifestyle', *Social Indicators Research*, vol 74, pp 349-368
5. BT (2003) *Just Values: Beyond the Business Case for Sustainable Development*, British Telecommunications, London
6. Carmeli, A., Ravit, M. and Weisberg, J. (2006)'Self-leadership skills and innovative behaviour at work', *International Journal of Manpower,* vol 27, no 1, pp 75-90
7. Cook, R., Cutting, R. and Summers, D. (2009)'If sustainability needs new values, whose values? Initial teacher training and the transition to sustainability', in P. Jones, D. Selby and S. Sterling (eds) *Sustainability Education: Perspectives and Practice Across Higher Education*, Earthscan, London, pp313-328
8. Cortese, A. (2010)'The urgent and critical role of higher education in creating a healthy and just sustainable society', presentation at the *Presidents Forum of South East and South Asia and Taiwan Universities*, National

Cheng Kung University, Tainan, China, 2 October 2010

9. Cotton, D. and Winter, J. (2009) 'It's not just bits of paper and light bulbs: a review of sustainability pedagogies and their potential for use in higher education', in P. Jones, D. Selby and S. Sterling (eds) *Sustainability Education: Perspectives and Practice Across Higher Education,* Earthscan, London, pp39-54

10. Covey, S. (2004) *The 7 Habits of Highly Effective People: Powerful Lessons in Personal Change*, Simon & Schuster, London

11. Darnton, A. and Kirk, M. (2011) *Finding Frames: New Ways to Engage the UK Public in Global Poverty,* Bond, London

12. Deci, E. and Ryan, R. (1985) *Intrinsic Motivation and Self Determination in Human Behaviour*, Plenum, New York, NY

13. Deci, E. and Ryan, R. (2000a) 'Self-determination theory and the facilitation of intrinsic motivation, social development and wellbeing', *American Psychologist*, vol 55, no 1, pp 68-78

14. Deci, E. and Ryan, R. (2000b) 'Intrinsic and extrinsic motivations: classic definitions and new directions', *Contemporary Educational Psychology*, vol 25, pp 54-67

15. Dunphy, D., Griffiths, A. and Benn, S. (2007) *Organizational Change for Corporate Sustainability: A Guide for Leaders and Change Agents of the Future* (2nd edn), Routledge, London

16. ECI (2006) *The Earth Charter*, Earth Charter Initiative, accessed 10 April 2012

17. Eggert, T. (2004) *Ethics, Values and Sustainability: Course Syllabus—Gen Bus 765*, School of Business and the Wisconsin Department of Natural Resources, accessed 20 May 2012

18. Feather, N. and Mckee, I. (2008) 'Values and prejudice: predictors of attitudes towards Australian Aborigines', *Australian Journal of Psychology*, vol 60, pp 80-90

19. Filho, W. (1999) 'Dealing with misconceptions of the concept of sustainability', *International Journal of Sustainability in Higher Education*, vol 1, no 1, pp 9-19

20. Forum for the Future (2005) *Our Mission and Values,* accessed 10 July 2006

21. Gross, R. (.2005) *Psychology: The Science of Mind and Behaviour* (4th edn), Hodder & Stoughton, London

22. Hoag, J. (2005) *Perceptual Positions,* accessed 10 September 2012

23. Jickling, B. and Wals, A. (2008) 'Globalisation and environmental education: looking beyond sustainable development', *Journal of Curriculum Studies*, vol 40, no 1, pp 1-21

24. Kollmus, A. and Agyeman, J. (2002) 'Mind the gap: why do people act environmentally and what are the barriers to pro-environmental behavior?', *Environmental Education Research*, vol 8, no 3, pp 239-260

25. Leiserowitz, A., Kates, R. and Parris, T. (2004) *Sustainability Values, Attitudes and Beliefs: A Review of Multi-National and Global Trends*, CID Working Paper 113, Center for International Development, Harvard University

26. Maio, G., Pakizeh, A., Cheung, W. and Rees, K. (2009) 'Changing, priming and acting on values: effects via motivational relations in a circular model', *Journal of Personality and Social Psychology*, vol 97, no 4, pp699-715

27. Manz, C. C. and Neck, C. P. (2004) *Mastering Self-Leadership: Empowering Yourself for Personal Excellence* (3rd edn), Pearson Prentice-Hall, Upper Saddle River, NJ

28. Mawdsley, E. and Williams, G. (2004) 'Environmental values', *Environment and Human Behaviour Newsletter 2*, June, Economic and Social Research Council, Swindon, UK

29. MEA (2005) *Millennium Ecosystem Assessment, Biodiversity Synthesis Report*, Millennium Ecosystem Assessment, accessed 20 May 2012

30. Murray, P. (2011) *The Sustainable Self: A Personalised Approach to Sustainability Education*, Earthscan, London

31. Murray, P. and Murray, S. (2007) 'Promoting values in careers-based programmes—a case study analysis', *International Journal of Sustainability in Higher Education*, vol 8, no 5, pp 285-300

32. Murray, P., Goodhew, S. and Turpin-Brooks, S. (2007) 'Environmental sustainability: sustainable construction education—a UK case study', *International Journal of Environmental, Cultural, Economic and Social Sustainability*, vol 2, no 5, pp 9-22

33. Newman, J. (2010) 'Values reflection and the earth charter: the ability to critique the values of an

unsustainable society and consider alternatives', in P. Villiers and A. Stibbe (eds) *The Handbook of Sustainability Literacy*, accessed 10 May 2012

34. Northouse, P. (2007) *Leadership: Theory and Practice* (4th edn), Sage, Thousand Oaks, CA
35. O' Connor, J. (2001) *The NLP Workbook: A Practical Guide to Achieving the Results You Want*, Thorsons, London
36. Orr, D. (1992) *Ecological Literacy: Education and the Transition to a Post Modern World*, State University of New York Press, New York, NY
37. Oskamp, S. (1991) *Attitudes and Opinions* (2nd edn), Prentice Hall, Upper Saddle River, NJ
38. Oxfam (2003) *Education for Global Citizenship: A Guide for Schools*, Oxfam, Oxford
39. Oxfam (2005) 'Photo opportunities background: using photographs in the classroom', accessed 10 November 2011
40. Pinto, D., Nique, W., Anana, E. and Herter, M. (2011)'Green consumer values: how do personal values influence environmentally responsible water consumption?', *International Journal of Consumer Studies*, vol 35, no 2, pp122-131
41. Rokeach, M. (1976) *Beliefs, Attitudes and Values: A Theory of Organisation and Change*, Jossey-Bass, San Francisco, CA
42. Roome, N. and Bergin, R. (2006)'Sustainable development in an industrial enterprise: the case of Ontario Hydro', *Business Process Management*, vol 12, no 6, pp 696-721
43. Schwartz, S. (1992)'Universals in the content and structure of values: theoretical advances and empirical tests in 20 countries', in M. Zanna (ed) *Advances in Experimental Social Psychology*, Academic Press, Orlando, FL, pp1-65
44. Schwartz, S. (2009)'Basic human values', paper presented to the Cross-National Comparison Seminar on the Quality and Comparability of Measures for Constructs in Comparative Research: Methods and Applications, Bolzano (Bozen), Italy, 10—13 June 2009, accessed 21 June 2011
45. Schwartz, S. (2010)'Basic values: how they motivate and inhibit prosocial behavior', in M. Mikulincer and P. R. Shaver (eds) *Prosocial Motives, Emotions, and Behavior: The Better Angels of Our Nature*, American Psychological Association, Washington, DC, pp221-241
46. Shephard, K. (2008)'Higher education for sustainability. Seeking affective outcomes', *International Journal of Sustainability in Higher Education*, vol 9, no 1, pp87-98
47. Sterling, S. (2001) *Sustainable Education: Revisioning Learning and Change*, Schumacher Briefing 6, Green Books, Devon
48. Szenasy, S. (2003)'Ethical design education: confessions of a sixties idealist', in S. Heller and V. Vienne (eds) *Citizen Designer: Perspectives on Design Responsibility*, Allworth Press, New York, NY, accessed 5 September 2012
49. Tilbury, D. (2011) *Education for Sustainable Development: An Expert Review of Processes and Learning*, UNESCO, Paris
50. Tilbury, D., Stevenson, R., Fien, J. and Schreuder, D. (2002) *Education and Sustainability: Responding to the Global Challenge*, IUCN, Gland, Switzerland, and Cambridge, UK
51. UNESCO (2006)'Framework for the UNDESD International Framework Scheme: UNESCO', accessed 10 May 2011
52. UNESCO (2009) *The Bonn Declaration*, UNESCO World Conference on Education for Sustainable Development, 31 March-2 April, Bonn, accessed 10 May 2011
53. Waldman, D. A., Ramirez, G., House, R. and Puranam, P. (2001)'Does leadership matter? CEO leadership attributes and profitability under conditions of perceived environmental uncertainty', *Academy of Management Journal*, vol 44, no 1, pp134-143
54. Weinstein, N., Przbylski, A. and Ryan, R. (2009)'Can nature make us more caring? Effects of immersion in nature on intrinsic aspirations and generosity', *Personality and Social Psychology Bulletin*, vol 35, pp1315-1329
55. WWF (2008) *Weathercocks and Signposts: The Environmental Movement at a Crossroads*, WWF-UK, Godalming, UK
56. Young, P. (2004) *Understanding NLP Principles and Practice*, Crown House Publishing Ltd, Camarthen, UK

8　如实讲述动物和环境：媒体与环保行为

卡拉·利奇菲尔德

【提要】

　　技术进步在人与人之间，有的时候在人、动物和环境之间形成了全球性"虚拟"连接或网络连接。与此同时，与自然界—动物与环境——的实体连接在同步衰减。在西方社会人们从小就通过传媒了解动物和环境，它们可能是影视大片、纪录片或平面印刷媒体。本章认为，科学家、电影制作人和报界人士必须准确、负责任地描述动物和环境。否则，当前那些与维系生态系统健康有关的关键物种，以及与环境真实状态有关的流行神话和误解可能会对依赖人类行为变化的保护工作产生负面影响。例如，电影和媒体报道妖魔化一些物种（如豹海豹、狼、土狼等），同时美化了其他物种（如老虎和猴子），这导致了危害保护行动的神话。同样，很多纪录片巧妙地避免显出镜头外的人们（如游客、研究者、当地社区等），可能会引起人们对原始荒野地区不切实际的感受，从而有可能阻碍以变革人类行为为目标的保护工作。近期研究用实验证据表明，视觉媒体既可能促进环保行为也可能阻碍环保行为；对动物和环境的真实描述、对产品（如棕榈油）的准确标记，以及对社交媒体和技术的创造性使用则会促进环保行为。

导　言

　　"我们都知道，除了战时为了迷惑敌人，说谎都是不对的。"如果保护工作算是一场战争，那么保护工作者和科学家将在这场战争中将承担什么职责呢？

（Bowen & Karl, 1999: 1013）

　　我们与其他物种的关系错综复杂。古代石刻、绘画、钱币和故事对动物的描述表明，人类有对其他物种既怕又爱的心理，人类崇拜它们，把它们当作伴侣或捕猎对象。大型食肉动物要么成为"勇士们"捕猎的对象或劲敌，要么被皇族（如印度的猎豹）驯养来帮助捕猎其他动物（Allsen, 2006）。现在我们与其他物种的关系有时很难理解或定义，如我们与老鼠或其他啮齿类动物的关系（Langton, 2007）。很多人认为老鼠身上藏有致病菌，是疾病的先兆，但是也有数以百万计的老鼠被用于生物医学研究以拯救人类生命（Abbott, 2009）。冈比亚鼠（一种有袋鼠）还帮助人们探测地雷（Poling et al., 2011）和检测结核病（Mahoney et al., 2012）。

　　对动物抱有积极态度不足以拯救濒危物种，保护工作需要将这些态度建立在对动物活动和人类行为对它们所构成的威胁的准确认识之上（Ross et al., 2008）。正是因为对其他物种缺乏确切了解，误解和谎言才会出现，而且这些误解和谎言一旦出现就很难被戳穿。我们必须理解并接受其他物种的所有行为（或本性），而不是将某一物种理想化（浪漫化）或妖魔化。这才是真正尊重它们，这也是我们必须做到的。只喜爱某一物种却不了解其行为是没有责任心的人。理想化某一物种可能最终会让人感到失望或反感，他们可能发现，一个看似"可爱的"物种却有残杀同胞或幼崽（Mock, 2008）、"强暴"或"偷袭"异性的行为（Sakai & Westneat, 2001），或发现它们是同性恋（Sommer & Vasey, 2006）。

　　从社交和政治角度来看，我们的日常生活，不论是"真实生活"还是虚拟的网络生活，都非常复杂。我们的近亲，即其他类人猿（黑猩猩、倭黑猩猩、大猩猩和红毛猩猩等），虽然它们并不参与网络活动，但是它们在社交、政治和认知等方面的复杂程度并不亚于人类（Savage-Rumbaugh et al.，2007）。人类的近亲——长毛类人猿在各个方面都与我们相似，甚至表现出我们"阴暗的另一面"（Wrangham & Peterson，1996）。它们有情感，能表达害怕、亲近和同情等情感——但是也会像黑社会一样进行帮派残杀或发生邻里冲突、强暴或强奸、对雌性"施暴"、残杀幼崽，以及同类相食。在所有类人猿中倭黑猩猩以其性情柔和、生活于母系社会，并且以性解决冲突而显得与众不同（Woods，2010）。它们证明类人猿并不一定生性好斗。长毛的类人猿和不长毛的类人猿又有何差异呢（图8.1）？只有人类有能力摧毁或拯救地球，但是要实现可持续发展，我们必须变革我们的行为（Fischer et al.，2012）。

本章关注顶级食肉动物（大型猫科动物、狼和豹海豹）和非人类人猿，因为它们能够继续存在对保持生态系统的健康平衡至关重要。它们是位于"食物链"顶层的物种，除了人类没有其他动物能够捕杀它们，而我们的行为让它们成为濒危物种。媒体对它们的虚

图8.1　肯尼亚斯威特沃特黑猩猩避难所里直立行走的黑猩猩。
虽然少有黑猩猩依靠双足行走，这张照片却表明它们看起来与人类极其相似。
来源：作者提供

假宣传，以及我们对其他物种的命名和描述方式（如"害虫""寄生虫""野物"等）阻碍了我们保护自然和动物的工作（Savage-Rumbaugh et al.，2007）。我们对其他物种及其面临的困境的错误认识影响了我们的行为，以至于让我们无意识地将很多特殊物种置于近乎灭绝的边缘。现在是我们要求对动物和环境进行真实描述的时候了——无论是在视觉和印刷媒体上还是在商品标签上（成分和原材料）。科学传播者必须找到办法"说出真相"，并揭穿可能危害自然保护的神话。

本章讨论了对动物和环境潜在有害的三大讹传，这三大讹传由于媒体的描述渲染，并且媒体评论员和受众都缺乏认识而长期存在：（1）对"野生世界"的神话；（2）对"邪恶的"食肉动物的谣传；以及（3）对"可爱的""让人想搂抱"的外来宠物的错误认识（被理想化的物种）。在美国，我们需要及时考虑如何通过科学依据和公众舆论恳请政府改变法律法规以拯救两类濒危物种：大猩猩（黑猩猩）和老虎（孟加拉虎）。它们在美国被圈养管理的状况正影响着野生种群的生存（Nyhus et al.，2010；Ross et al.，2008）。只有经验证据证实媒体和视觉描绘影响了我们对这些动物的了解和态度，以及这反过来又会如何影响我们保护自然的行为，我们才会改变政策以保护动物福祉和拯救物种，让它们免于灭绝。我们将讨论该领域出现的一些研究。

为了在全球范围内改变人类行为，并实施《地球生命力报告》（*the Living Planet Report*）强调的具体行为改变议题（如少吃肉）（WWF Intenational，2012），科学传播者和行为变革专家，不管是自然保护心理学家还是自然保护社会工作者（Bekoff & Bexell，2010），都必须通过互联网、社交媒体、"灰色"文学和热门书籍向非学术受众群宣传这些信息。然而，那些致力于动物和自然保护的科学家和科学传播者面临进退维谷的两难处境。为向公众宣传野生动物保护议题，大众媒体的编辑或制作人通常需要采用科学家或传播者与动物交流的图像。一方面，这些图像有助于改变公众对那些"被妖魔化"的物种的认识（如揭穿对"邪恶的"食肉动物的谣传）；但是另一方面，它们同样也会造成外来动物"可爱"的错觉（如强化对"宠物"的错误认识）（Schroepfer et al.，2011）。没有那些图像，编辑或制作人又可能无法进行报道，赞助商可能对资助项目失去兴趣（图8.2）。我们将讨论科学家和科学传播者可以通过哪些方式如实描述野生动物和环境。

图 8.2 被大众媒体用于宣传灵长类动物保护问题的作者照片。如果只有照片没有文字说明，这些照片可能会让人想把猴子或黑猩猩当作宠物；或者激励年轻人不顾一贯以来的科学家都是身着实验服的中年男人这一印象，自己也去从事科学研究。
来源：左图为大卫·玛特纳（David Mattner）拍摄；照片均由作者提供

媒体和科研中的错误描述助长了有关自然的神话

关于"野生世界"的神话

有两个地球。一个是我们赖以生存却受到生态崩溃威胁的地球，它是一个充满道德挑战的复杂世界。另一个是我们在野生动物节目中看到的……除了少数几个镜头中能看到在人的花园里玩乐的一些动物，或者偶尔会看到某个被脱掉 T 恤的土著人，野生动物世界节目展示的是一个人类不曾染指的原始荒原。

（Monbiot，2002）

科学家、科学传播者、博物学家、纪录片制作人和野生动物摄影家必须选择那些不会无意中伤害他们力图保护的那些物种或环境的图像（Ross et al.，2011）。

从道德上讲我们大家都是这些图像和信息的消费者，我们必须考虑"人类注视的道德规范"（Malamud，2010，2012）。电影和商业利用动物为娱乐或为大型非政府保护组织——发展中国家那些拥有亿万资产的企业筹措资金，它们可以驱动政策决议和保护决策，其决策以那些富裕国家所持观点为依据。如果企业没有遵循富裕国家提出的保护议程，这些国家可能取消对其项目的投资（Brockington & Scholfiel，2010）。为了避免误解，必须给人与动物交流的画面配上恰当的图注。对图像的处理（比如露出人类）可能造成存在原始荒野的神话。那些含有人类野外活动痕迹的图像是真实有用的，它们在现实环境中突出了动物的美（图8.3）。

图8.3 印度班达迦国家公园正在过马路的老虎，马路上，满载游客的吉普车来来往往。对"野生世界"的真实描绘应该包含人类及其活动。
来源：作者提供

图 8.4　在马来西亚北婆罗洲，即沙巴州京那峇当岸河下游地区，靠近象群的游船。预先警示游客：保护区还有许多其他游客。这样，游客们就不再幻想自己是在"野生世界"和动物们独处。
来源：作者提供

　　旅游公司的社交网站、网络日志和广告宣传资料中有大量游客与野生动物交流的照片，这可能导致人们对"与动物亲密接触"不切实际的期待。最佳行为指南规定了人与野生动物之间必须保持的最小距离（Macfie & Williamson，2010），所以游客和野生动物之间要保持不少于10米（或者更大）的距离。对于某些物种，游客们也许只能匆匆一瞥。游客不切实际的期望可能促使他们为了能接近野生动物而贿赂公园管理者或护林员（Litchfield，2008），或者在游客反馈中表示失望和给予差评，并因此损害旅游业的未来。那些展示和野生动物一对一交流互动的照片会让人们产生不现实的期望：希望游客很少，而事实上在那儿还有好几百位其他游客。这样，当他们到达那儿时又会感到失望（图 8.4）。

　　如果要将图像用作自然保护工作工具，摄影者必须坚持三条道德原则：

（1）避免使用在"欢乐农场"拍出的"室内摄影"图像或"事先准备好"的图像，因为"人们圈养野生动物是为了剥削它们，以便摄影师们能从中获利"（Mittermeier & Relanzón，2008）；

（2）如果几乎不可能在自然栖息地拍摄野生动物而使用了圈养的动物，就应该提供真实的文字说明；

（3）避免过度编辑图片（对比、曝光、色彩校正、浸润等；）（Mittermeier & Relanzón，2008）。

一幅野狼腾空越过农场大门的照片就是违反这些道德规范的一个案例，这幅照片在2010 年获得了自然博物馆极负盛誉的"野生动物年度摄影奖"。可是其他摄影师却认出，照片中被认为是野生动物的那匹狼实际上是马德里野生动物园里的一匹被驯化的狼。摄影师因此被撤销了获奖资格（Booth，2010）。通过动物独特的标记、动作、形体或其他特征，我们很容易识别动物（如雪豹身上的玫瑰形标记、老虎身上的面部标记和条纹图案，以及大猩猩的鼻纹等）。这幅狼的照片并未经过篡改，但却谎称它是一匹野生狼。可悲的是，这一欺骗行为不仅使狼在照片中体现的优美与矫健大打折扣，还使狼与农场主之间的冲突变得微不足道，且歪曲了野狼为免遭捕获或伤害而表现出的行为：野狼会争先恐后地冲过障碍，不会像这张不真实的图片所展示的一样正优雅地"飞跃"高高的门廊。

野生动物电影和纪录片可能被大量剪辑、造假，甚或用数年时间来拍摄聚焦猎杀和交配场景的行为片段（这些片段被称作"动物色情电影"）。一些电影制作人揭露了纪录片制作人使用的道德存疑的技术，它们被用来呈现令人兴奋的野外奇观，却不提供关于自然保护的任何信息（Palmer，2010）。鲜有纪录片关注在自然栖息地找到或观察到动物的难度，使得观众对动物产生不切实际的看法，甚至觉得现实中的野生动物"无趣"或"令人扫兴"（图8.5）。马拉默得（Malamud，2010）认为，《无声咆哮：雪豹寻踪》（*Silent Roar: Searching for the Snow Leopard*）是为数不多的真实讲述野生动物的纪录片之一。观众跟随制片人一起踏上寻找野生雪豹的旅程，这次令人激动、具有超强视觉冲击力的旅程最终没能成功。但由此折射出科学家们利用用红外触发相机、自动定位装置和偶然目击来监控这些孤独的、难以捉摸的大型猫科动物，并对其进行研究的真相（Karmacharya et al.，2011）。

图 8.5　纪录片可能制造出假象：像大型猫科动物这样难以捉摸的动物是易于找到和观察的，并且还会让人们产生当他们去游猎的时候可能看到"猎杀"场景这样的错误预期。数以百万计的游客在悉尼塔瑞噶野生动物园看到过雪豹，但是我们却几乎不可能在野外看到它们。
来源：作者提供

　　强大的非政府环保组织，特别是大型国际化非政府组织，为了筹集资金而精心制作旷野或动物的影像或图片，并对它们进行筛选后推销给"北半球"或"北方公众"（如生活在美国、英国或欧洲的人们）（Brockington & Scholfield，2010；Moore，2011），他们因此受到批评。例如，纳米比亚地区管理大象的方式可以解释和动物保护相关的复杂问题。在没有大象的国家，人们在日常生活中不会接触到大象，但他们喜欢大象。在有大象的国家，人们和大象时有冲突，并因此丧失生计或生命（如在 1980 年到 2003 年之间印度东北地区就有 1 150 人和 370 头大象死于人象冲突）（Choudhury，2004），所以他们害怕或憎恨恣意妄为、糟蹋农作物并破坏自然环境的大象。"北半球"人持有的保护大象的观点是基于偷猎者捕猎那些备受瞩目的濒危大象的画面。这和很多纳米比亚人所坚持的"利用大象"的观点形成强烈反差。在那里，按年度配额出口加工象牙和狩猎动物都属合法，因为这提供了收入来源。相比之下，"选择性或定时宰杀"大象的野生动物管理活动则没有任何经济收益（Moor，2011）。每两年在筹备濒危野生动植物物种国际贸易公约双年会前夕，保护主义者都会有策略地利用媒体，以文章、图像和视频等方式描述聪明温和正遭受象牙贸易的威胁的大象，以确保维持象牙交易禁令（Moore，2011）。事实上，无论是被拍照还是被猎杀，"大象仍然在为保护行动买单"（Moor，2011：58）。只要人们重视野生动物的经济价值，而不是无条件地让它们生存下去，动物就会被视作商品并被剥削利用。

　　利用大象张开双耳的这一标志性形象激励保护大象的行为和活动也会存在一些问题（图8.6）。如果游客们不了解，大象们是在"发起攻击"（侵犯性冲击）或"逃离"前用这些行为（静立、直视人们、扇耳等）表示威吓，他们就会过分靠近大象——这会令大象和人都感到紧张和危险（Joshi & Singh，2011）。真实描述被人为改造过的野生动物景观（而非神秘的原始"野生世界"）可能有助于更有效地管理野生动物种群，并确保每项政策或管理决策的道德原则及每个个体（人类和其他物种）的福祉（Fox & Bekoff，2011）。

图 8.6　利用张开双耳的大象的形象可能会导致一些问题，因为游客们并不知道，这一行为是大象发出威吓的方式。画面上的大象是乌干达伊丽莎白女王国家公园里的一头年轻雌性大象，它正在佯装冲向一辆汽车。
来源：作者提供

关于"邪恶的"食肉动物的谣传(被妖魔化的物种)

> 作为人类我们会说企鹅真的很可爱,因此捕食它们的豹海豹又丑又恶。事实并非如此,企鹅并不知道自己很可爱,豹海豹也不明白自己大得有点吓人。

> (Nicklen,2011)

有些物种被其荧幕形象妖魔化了:《快乐大脚》(*Happy Feet*)和《南极大冒险》(*Eight Below*)中的豹海豹、《狮子王》(*The Lion King*)中的土狼、《哥巴兔》(*Looney Tunes*)中的卡通角色袋獾泰士(Taz)(一只大嘴怪)、《恶天使》(*Evil Angles*)中的澳洲野狗、《金刚》(*King Kong*)中的大猩猩(虽然在原版《金刚》中并不一定是大猩猩)(Brin & Wilson,2005)、《大白鲨》(*Jaws*)中的鲨鱼和《人狼大战》(*The Grey*)中的狼群。电影和纪录片中描绘的猩猩形象是造成野生猩猩目前困境的原因之一。19世纪中期《金刚》中的大猩猩形象和科学报道使人们害怕并捕杀大猩猩。人们夸大了它们的凶残并将其称为"残暴的野蛮人",这从一开始就造成了大猩猩的厄运(Conniff,2011:235)。另一个极端则是,电影《雾锁危情》(*Gorillas in the Mist*)致使太多游客去观看和亲近大猩猩(Litchfield,2008)。还有彼得·杰克逊(Petr Jackson)2005年重拍的电影中,富有传奇色彩的金刚形象使得人们在现实生活中看到小版"金刚"后觉得非常失望(个人观察)。

一些电影除了妖魔化某些物种还会歪曲基本事实。例如沃特·迪士尼(Walt Disney)的《狮子王》(两碟特别收藏版)就片中出现的物种制作了纪录短片,并收录入特辑碟片中。其中对土狼(黑纹灰鬣狗)的描述却伴随着非洲野狗(非洲野生猎犬)的连续镜头,这是不对的。此外,野狼被认为"丑陋难看"(因为被认作非洲野狗)并被讽刺为"愚蠢呆笨",进而强化了已有的负面刻板印象,还可能进一步妨碍保护工作(Gusset et al.,2008)。事实上这些物种都很出色而且聪明——和所有顶级捕食者一样(如 Holekamp et al.,2007)。

媒体传播的狼群形象让人们对其危险性和威胁性产生了错误认识。实际上大多数狼只有在得了狂犬病、受到人类挑衅刺激,或当人类改变了周围环境让它们不再害怕人类时——那里人口众多、猎物又少,它们才会表现出攻击性(Löe & Röskaft,2004)。在北美的某些地区牧民们把死去的牛抛弃在牧场的"废料场"里让野狼捡食，狼群就习惯了以动物死尸为食（Morehouse & Boyce，2011）。"狼很残暴的谣传仍在继续"，并且美国部分地区对狼感到恐惧并持有褊狭态度，这些都阻碍了重新引入狼群的计划（Fox & Bekoff，2011：133）。电影《人狼大战》不仅歪曲和妖魔化了狼，还宣传了导演和全体演员（Bekoff，2012）吃狼肉（炖汤）以"调动情绪"这种不道德、不负责任的行为。

科学家用"害虫"这样的字眼或使用不尊重的语言和词汇来指称或介绍一些物种时，也会妖魔化这些物种。一些灵长类动物学家鄙夷地将恒河猴（猴子）称作"杂草"，因为它们的适应力很强，能够在人类改造的环境中生存繁衍（Richard et al.，1989）。它们事实上和人类一样——广泛地分布于世界各地（是人类以外最常见、最普遍的灵长类动物），几乎可以在任何环境中生存，什么都吃、好奇心强、爱运动、擅长社交，并且好斗——它们表现出了"马基雅维利智慧"（Maestripieri，2007）。恒河猴是生物医学研究中最常用的灵长类动物［经证实，2009年美国有124 000多只猴子被拘于实验室（Schrengohst，2011）］只要有一只猴子陪在附近，它们可以耐受任何入侵性检查；如果被隔离，它们会"发疯"（Maestripieri，2007）。

我们对其他动物的命名或所贴标签会影响人们对它们的看法——或把它们看作伴侣抑或宠物、或把它们当作害虫或食物（Borkfelt，2011）。在美国，灵长类动物法律上被视为财产或"拥有法律地位"，这可能有损它们的福祉。"法律人格这一法律概念确立了诉诸法庭的途径，没有它人们就没有法律地位"。令人诧异的是，这使得"人"这个词把企业、公司甚至船舶都包含了进去，却把与我们关系最亲近的生物——黑猩猩或其他大型类人猿排除在外（Fisher，2005：439；Schrengohst，2011：884）。如果媒体主要依照动物（如黑寡妇、白狼）给"讨厌的人"起绰号（如杀人恶魔），这将更加妖魔化某些物种（Zirngibl，2010）。

那些在工作中和动物打交道的人（如科学家、驯兽师或动物园管理员）看到了被媒体妖魔化的物种的另一面。大型肉食动物特别聪明，通常也特别易于相处、驯养，还能和人类温和地交流互动。的确，动物园和保护区提供了近距离拍摄这些动物的机会，还以科学、准确、感人的方式讲述了这些属于濒危物种的个体动物的故事。人们不太可能积极地

图 8.7 经验丰富的海洋哺乳动物饲养员及驯兽师阿迪·德托雷（Ady D'Ettorre）和作者一起为塔隆加动物园的一只机智温和的豹海豹布鲁克检查牙齿。
来源：乔安妮·戴维斯（Joanne Davis）拍摄，作者供图

去保护他们不喜欢或与他们没有任何联系的物种。因此，转变对待这些看似恶毒的动物的态度至关重要（图 8.7）。我们有责任让大众了解这些信息，但同时又不会使人们对这些物种的态度由憎恨直接转变为喜爱，因为这种转变有时候会让人想要把一些并不适合做宠物的外来物种当作宠物。

误解：异域宠物"很可爱"，"令人想搂抱"（被理想化的物种）

2003 年，内达华州拉斯维加斯的大赌场米高梅大酒店投入 900 万美元建造了一个所谓的"狮子自然栖息地"……在这里，人们可以和 4 个月大的小狮子合影，这将激起人们危险的想法：可以把大型猫科动物当作宠物抱在怀中。

（Tilden，2006：144）

许多人想购买猴子、黑猩猩（类人猿）或其他外来物种，为此动物园已经在其网站上解释了为什么猴子特别不适合作宠物。人们根据非人类的猴子和猿猴在广告中的"滑稽举止"，以及在情景喜剧或电影中的表现，错误地认为它们又可爱又有趣。大众媒体如此讲述黑猩猩使大众对这种濒危动物产生了误解，并阻碍了保护它们的行动（Schroepfer et al.，2011）。在野外看到过成年黑猩猩的人都对其力量和机智充满敬畏，不会觉得它们"可爱"。同样，研究过或工作中需要接触像老虎等大型成年猫科动物的人也不会想要一只这样的宠物。灵长类动物和大型猫科动物都需要精心照料，都是非常长寿和机智的物种。但它们也很有破坏性，并且比人类力气大得多。尤其是灵长类动物，因为和我们的基因相近，所以可能和人类感染相同的致命病菌或疾病。大型猫科动物或灵长类动物被当作宠物养大以后常常难以控制。在美国，人们最终可能把它们锁在地窖里、笼子里或私人动物园里（Nyhus et al.，2010）。只有当有人被咬伤，或者有潜在危险的动物逃脱时，养外来宠物不当的问题才会出现（例如，从俄亥俄州一家私家动物园中出逃的 56 头动物最终被击毙，其中包括 18 头孟加拉虎）（BBC News，2011）。

和家养宠物相比，饲养外来物种可能看起来更有趣、更令人兴奋或更时髦。但是多年甚至几十年的特殊照料、饲养安排及喂养花费，可能让它们的主人不堪重负并最终放弃它们，让它们回归大自然（见资料库：美国发生过 1 700 多起外来动物突发事件）（Born Free USA，2012）。2003 年，在加里福尼亚一栋住宅的冰柜中搜出了 30 头成年狮子和老虎的尸体，还有 58 头幼崽的尸体（Ti lden，2006）。美国一直存在把大型猫科动物当宠物养及虐待它们的问题。印度已严禁将濒危和临危野生动物用于娱乐，同时还禁止狮子和老虎参加马戏表演。所有展示活体动物的设施每周都必须至少关闭一天，同时法律规定："动物园必须致力于保护动物，而非利用动物进行娱乐活动，还要承担收容动物孤儿的责任"（Tilden，2006：149）。

儿童读物不将我们纳入猿类的"族谱"中，或者错误地将其他猿类的毛发称作"皮毛"（Magloff，2010），这会助长我们与其他猿类迥然不同的误解。有时，教材里有关非人类类人猿的故事的标题或题目中用到"胡闹"（National Geographic Kids，2012）或"发疯"这样的字眼，人们会因此误以为它们是猴子（类人猿与猴子的关系并不比人类亲密），或认为它们以香蕉为食（在它们的自然栖息地根本就没有香蕉）。实际上，这些看似无伤大雅的错误可能让非人类灵长类动物糟蹋农作物的问题变得无足轻重。而这恰恰导致了它们和人类之间最严重的冲突，也是影响野生大猩猩生存的最大威胁。在没有这一物种的国家，人们不切实际地把它们看作可以抱在怀中的宠物；然而在这一物种存在的国家，它们又成了人类与野生动物的冲突中的主角，会导致财产和家畜损失，甚至人员伤亡（如印度的大型猫科动物）（Inskip & Zimmermann，2009）。

至此，本章提供示例说明了科学和大众媒体中使用的图像和故事是如何造就那些错误认识的，它们可能促使人们想要消灭被妖魔化的动物，或是拥有被美化的动物，再或者想到原始荒野区域仍然庇护着余下的健康野生动物群就会感到欣慰。如果这些错误认识导致人们的一些不可持续行为尤其是对自然资源的耗费，那就会造成严重的危害。但是影视传媒也可能有助于保护行动，因为它们也会促成面向可持续行为的转变。保罗·尼克伦（Paul Nicklen）在为《国家地理》（*National Geographic*）杂志进行拍摄作业时，和一头雌性野生豹海豹在水中偶然相遇。这次偶遇改变了他的人生，这头本可能很吓人的食肉动物保护了他并且和他一起嬉戏，甚至给他企鹅吃。这头雌性豹海豹很少离开他身边，并且尽管他后来还拍摄了其他 30 头豹海豹，他的第一次经历还是给他留下了难以置信的记忆：

> 在我即将离世时，躺在床上的我只会想起我的一次经历……我笑得如此开怀和激动，都忍不住在水下大叫起来，因为这太令人惊异了，我的面罩也因此进了水。

（Nicklen，2011）

如果引导观众们去观看他在 YouTube 网站上的 TedX 演讲视频，至少可以揭穿对一个被妖魔化的物种的谣传。

影视媒体能阻碍或促进保护行动的证据

几乎没有实验性研究表明人们对动物的了解会受到影视或平面传媒的影响，并可能因此阻碍或促进保护行动。然而，决策者和立法者将寻求实证证据以证实有必要调查社会对动物康乐的关注，并起草法律文件禁止非法野生动物交易。本节重点讲述濒危黑猩猩和老虎，以及社会传媒和网站传播的这些动物可爱而有趣的图像似乎推动了这两种动物的非法贸易并加快它们的灭亡。

保护主义者试图与非洲当局合作以阻止偷猎野生黑猩猩用于"非法"宠物贸易或丛林肉（野味）。他们可能被称为伪君子，因为黑猩猩在除美国以外的全世界各地都濒临灭绝，从美国法律上讲在那里圈养的黑猩猩只是"受到了威胁"（Cohen，2011）。在非洲把黑猩猩当宠物是违法的。然而，生活在那里的人可以上网查看黑猩猩的图像，它们穿着衣服、开着车或讽刺夸张地展示人类的一些不良表现，出现在商业广告、电影或电视情景喜剧中（Ross et al.，2008）。但在美国，自1986年以来就已经有至少59则电视广告采用了黑猩猩"演员"（Ross et al.，2011）。娱乐业通常利用未成年猩猩，因为成年猩猩体型大、很强壮，所以不易管理和控制。这就导致人们误以为长大的黑猩猩也很小而且可爱，就像他们在电影中看到的一样。塞拉利昂本地人"从村民到大学生都普遍认为'白人'知道如何把黑猩猩训练成他们的仆人"（Kabasawa，2009：47）。

老虎作为宠物及其身体器官的非法贸易是一项有利可图的产业，这也加速了它们在野外的灭绝（Whyte，2011）。运用保护心理学原理在有老虎分布的国家通过媒体宣传（Litchfield et al.，2012）来促成行为变革具有很大潜力，但这需要根据当地社区的认识水平（如有关贸易禁令和老虎对于生态系统的重要性）进行调整，以适应不同国家的国情。中国和东亚其他地区的城市消费者对老虎制品消费模式的了解仍然存在差距（Global Tiger Initiative Secretariat，2011）（globaltigerinitiative网站）。在制定消除这种贸易的方案之前，调查这些消费模式至关重要，因为老虎制品被用作多种用途：虎骨被用于泡酒或制作保健补品；虎肉被做成珍肴；虎皮、虎爪和虎牙被用作装饰品。一旦确定了老虎制品消费者或市场，就有必要在全球和特定国家开展社会营销活动，提高人们对非法交易老虎制品的负面影响的了解，并戳穿老虎身体器官具有治疗作用的神话。然后还必须采用具有文化敏感性的方式说服消费者改变或消除他们对老虎（死的或活的老虎）的偏好，这种方式利用网络手段直达目标受众。

《地球生命力报告》（WWF International，2012）是一份面向全球受众的反省政策文件，该文件强调我们必须智慧地消费资源，采纳"一个星球的观点"。从人类行为转变的角度来看，此报告采用心理学形成劝导性启示，方法是使用图像和资料将读者与老虎这一标志性物种联系起来，这一物种的生存与我们大家的生存息息相关，并且每个人的行为都会"影响"其生存。报告中老虎栖息地（储碳森林）及流域保护项目的地图说明了森林和其他老虎栖息地的保护将如何有利于人类发展和增进福祉。玛格丽特·万吉鲁·蒙迪亚（Margaret Wanjiru Mundia）是肯尼亚中部的一位农场主，人们认为她很"勇敢"，因为报告中用五张照片简单介绍了她是如何利用各种机会在农场（例如，采用太阳能电池板做替换用能源，想方设法增进农场的水土保持）和生活中（如用自己的收入给儿子学电脑技术而不是期待他学自己成为一名农场主）尝试创新方法。整个报告旨在敦促人们去探明粮食和其他产品的来源以及产品的生产方式。发达国家的行为变革措施包括少吃红肉及乳制品，并减少食物浪费及损失。

2010年，世界自然保护联盟教育及宣导委员会与一传播机构合作，将心理学原理与广告结合起来，创造出一种人们"想买"的产品，以此"重塑生物多样性"（Futerra Sustanability Communications，2010）。这支持了"爱·不损失"运动。该运动敦促所有生物多样性传播者学会"讲爱的故事"而不是一味地啰唆物种灭绝和消失（iucn网站）。该运动还激励科学家谈论自然保护问题时将他们对动植物的研究"个性化、人性化并公开化"，甚至把他们的研究做得像"肥皂剧"一样，可以潜移默化地传递爱的启示（IUCN CEC，2012）。但是科技出版物和政策文件毕竟不同于肥皂剧。它们绝少以爱为主题，这种方法的拟人观是撰写这些出版物和文件的专业人士极其厌恶的。当务之急是要进行实证研究来评价以保护野生动物为目标的公共宣传活动（如 McKenzie-Mohr，2000）或影视媒体会如何影响人们对野生动物的了解和认识，以及这些又将如何影响我们的保护行动。没有这样的评价，我们将无法证实那些高调的运动（如"爱·不损失"）或文献（如《地球生命力报告》）是否真的有利于行为变革（或有任何影响）和最终的保护行动。接下来，我们将探讨几项研究。

影视媒体不利于保护行动的实证证据

一些实证研究表明，大众媒体（照片、卡通、素描等）或商业广告对黑猩猩的描绘影响了人们对野生黑猩猩的保护状态（如濒危的）（Ross et al., 2008）及它们是否适合作宠物（Ross et al., 2011）等信息的了解。对黑猩猩的这些了解和认识也会影响人们是否愿意为自然保护基金捐资（Schroepfer et al., 2011）。这些研究参与者通常不知道，成年黑猩猩比人类体型更大，也更强壮。

综合来看，这些研究表明，这些图像（静态的或是动态的）可能会对黑猩猩的保护产生负面影响。一组实验参与者观看了黑猩猩站在一个人旁边的照片，另一组实验参与者也看到了同一只黑猩猩的照片，只是这张照片中，黑猩猩身边并没有人。两相比较，前一组比后一组有高出 30% 的参与者可能错误地以为野生黑猩猩都情绪稳定／体格健壮，并且是可爱的宠物（Ross et al., 2011）。观看了保护资料的实验参与者大多表示，黑猩猩是濒危动物，不适合当宠物或参与表演。但是观看了商业广告中的黑猩猩的实验参与者则认为，应该允许人们把黑猩猩当宠物养，同时他们为自然保护基金捐赠的实验收入也最少（10 美元）（Schroepfer et al., 2011）。我们还需要类似的研究来探讨商业广告和娱乐业活动中对老虎（及其他物种）的描绘，因为这些可能会对老虎是否适合当宠物和／或其濒危（保护）状况造成误解。

影视媒体有利于保护行动的实证证据

鲜有实证研究证明影视媒体有利于保护行动。即使有，也只是展示了自述的行为改变（如在没有证据表明其行为发生改变的情况下只表达将来参与保护行动的意愿）。动物园和保护组织有时候不愿使用生动的或令人不安的图像或资料，以免让人感到不安或造成对保护活动的绝望感。亚特兰大动物园在一项研究中向游客展示了非法的、不可持续的非洲丛林肉交易照片（这对人类健康会产生致命威胁）（Smith et al., 2012）。这些照片或者是"令人心怡"的（伐木和捕猎方式变化），或者是"毫不隐讳／令人不安的"（动物尸体），并且所有游客得到了相同的文字资料（Stoinski et al.，2002）。97% 的游客关注了这些照片，认为这些照片只适合给 12 岁以上的人看，并有 98% 的参与者认为动物园应该让所有游客了解这一问题。当参与者被问到是否会把他们的认识和态度转化为积极的保护行为或行动时，他们表明，有必要详细了解有助于应对丛林肉危机的现场以及非现场的活动或行为，因为很难理解发达国家的人会如何终止这样的非法交易。如果发达国家的人自己也在吃野生动物肉的话（如澳洲的袋鼠、美国的麋鹿和熊，或者是英国的松鼠和野猪），就不要贸然谴责或批评非洲那些吃丛林动物肉的人。

皮尔逊等（Pearson et al.，2011）的一项研究发现，互联网上的某些学术论坛或演讲可以激励参与者改变行为以支持保护猩猩。研究中用到了两次演讲，不管这两次演讲展示的先后顺序如何，它们都极大地增进了人们对猩猩的认识并改变了他们的态度。行为数据表明，认识和态度的改变可以在实验结束一周后，即观看演讲 10 ～ 12 周后，转化为实际的（至少在短期是这样）行为改变（如检查化妆品和食品中是否含有棕榈油，减少或拒绝使用含有棕榈油的产品，恳请企业和政府强制标记棕榈油含量）。为了促进海产品的可持续消费，悉尼的塔隆加动物园开展了"海产品可持续消费挑战"活动，对此活动进行评估的初步结果显示，网站利用嵌入式视频、文本和图画可以有效影响人们观看后的行为（Smith et al.，2011）。有些活动旨在通过改变人类的不可持续行为，促使人们有效利用影视传媒来保护生物多样性。我们迫切需要用实验来评估这些活动。致力于保护野生动物的科学家们除了为这些改变行为的活动提供发展和评估方面的专业建议外，还可以向大众宣传他们在这一领域的实践经验，以促进对动物和自然环境的真实描绘。

如实讲述野生动物及其生存环境

对于我们这些在非侵入式行为研究中经常和动物相处的人来说，科学进程中最有趣、最吸引人且最困难的通常是数据收集过程。"幕后"观察研究动物的科学家可以把人们和濒危动物联系起来，借此提供一条潜在的保护途径。科学家们很少毫无掩饰地谈论自己的工作，这使得一些外行人认为，在遥远的地方研究珍稀物种虽然不像看上去那么迷人，但也是有趣的。很明显瓦内莎·伍兹有力地反驳了这样的观点，她出版了两本引人深思的书，书里记述了研究灵长类动物的实践经历。伍兹的著作《猴有猴的生活》（*It's Every Monkey For Themselves*）（Woods，2007）记述了南美洲的一个猴子实地研究项目，书中透露：实地研究是艰苦而无序的，有时还会因为疾病、意外事故及每天都会发生的不愉快的交流而变得很危险。伍兹的《倭黑猩猩的"握手"》（*Bonobo Handshake*）（Woods，2010）应该成为有保护抱负的科学家的必读书目。它针对在刚果的一个保护区解决与倭黑猩猩相关问题而开展的研究提供了内部人士的看法。她在节目中表达了科研活动每天带给她既喜悦又绝望的两极情感体验：研究有感知力的非人类类人猿，目睹它们因人类活动遭受精神创伤而在死亡边缘挣扎。

　　每项研究和保护项目都可以提供引人深思的"幕后"一瞥，同行评审期刊的编辑可以鼓励作者简明地讲述野生动物及其生存环境的真相。1994 年，为了研究野生黑猩猩，我在乌干达基巴莱国家公园的热带雨林里生活了一年。好的时候，我可以一整天都观察黑猩猩们玩耍、梳理毛发、吃东西或探索壮丽的丛林。糟糕的时候，我驱车把生病或生命垂危的人送到当地医院，或是我自己病了（例如，疟疾、内阿米巴属寄生虫感染、贾第鞭毛虫病毒感染、脓疮，以及皮肤下长杧果/嗜人瘤蝇蛆等）。这儿的生活是精彩的，但是因为没有电和活水，所以这样的生活也并不特别有吸引力。在乌干达，约有 1/3 黑猩猩遭受着陷阱造成的身体残缺和其他伤病，它们的手指、脚趾不全，手、脚、手臂或其他部位也伤痕累累（Hyeroba et al.，2011；Munn，2006）。20 世纪 90 年代中期，野生黑猩猩的真实生活状况被"掩盖"，没有人让我了解这些（图 8.8）。我看到一些伤残的黑猩猩再次受伤，它们痛苦地尖叫，我却不能帮助它们或为它们做点什么。即使在今天，动物医生也只在特殊情况下采取措施（Hyeroba et al.，2011）。像这样掩盖事实会导致人们永远误以为野生动物们都过着"快乐"的生活。

图 8.8 在非洲保护区研究类人猿孤儿的科学家有机会了解野生世界中黑猩猩受到威胁的原因——成年猩猩因为人们需要丛林肉或糟蹋庄稼被屠杀；猩猩幼崽作为宠物被非法卖掉。
来源：作者供图

    应该鼓励研究野生动物孤儿的科学家在每一本出版物或是在每一次展示中讲述他们研究过的每一个动物的生活故事（图 8.8）。如果我们讲明在工作时接触黑猩猩面临的困难，就可以着手消解黑猩猩是很好的宠物这样的误解。例如，我在恩加姆巴岛黑猩猩保护中心工作不久就明白了，成年黑猩猩的力气可能是成年男子的 6 ~ 7 倍。一只 4 岁的黑猩猩尽管看起来很小，就像蹒跚学步的幼童一样，但是它的力气通常远远超过我。我们解决问题所需要的装备之一是棍棒工具（实验记述）（Horner & Whiten，2007）。这样的工具在一只 4 岁黑猩猩手中成了攻击我腿部的武器，它打得我左躲右闪（这令它感到非常满意），最后让我无法接触它。幼年黑猩猩像人类婴儿一样依赖看护人，三四岁的黑猩猩也喜欢玩乐，并且只会在满足它们的条件后才肯合作。它们中有一些想要抱抱，一些想有人给挠痒痒，一些想玩打斗游戏，甚至骑在人身上玩（图 8.9）。一些刚生下来就来到保护中心的猩猩每时每刻都需要人照看，它们经常会从噩梦中惊醒并尿床。长大后它们会吵闹、发脾气、乱踢乱咬，而且非常有破坏力、难以管理。不管是从现实的角度还是基于道德和保护的立场，把它们当宠物都是很糟糕的。

我们必须积极主动地向他人如实讲述野生动物及其生存环境。马克·贝科夫博士和珍·古道尔博士通过网络博客及网站、大众媒体、学术期刊和书籍等（Bekoff & Goodall，2000）积极与全球读者交流动物情感及合乎道德的富于同情的保护活动（compassionateconservation 网站）。我们也可以用有关动物及如何保护它们的书籍告诉孩子们真相。我在丛书《自然传奇》（*Rare Earth*）中就曾有过这样的尝试。在《拯救老虎》（*Saving Tigers*）一书（Litchfield，2010）中我谈及了年幼群体不常涉及的问题，比如与旅行相关的问题及其解决方式（图8.10）。我坦率地谈到了白虎和狮虎兽（杂交物种）这样颇具争议的话题，因为孩子们可能并不明白为什么在自然保护者眼中这些猫科动物是"可憎的"。任何动物园或圈养机构繁育这些猫科动物都被认为是不负责任的，它们由于近亲繁殖而存在遗传基因问题，且野外不存在狮虎兽。在《拯救猩猩》（*Saving Orangutans*）一书（Litchfield，2012）中我讲到了长凸缘和没长凸缘的成年雄性猩猩这类复杂问题，解释了为什么要设置安全距离（避免传播疾病）这一旅行规则。我列举了一些有助于拯救猩猩的简单做法：购买森林管理委员会（Forest Stewardship Council）认证的木材产品；避免购买含棕榈油的产品；签署请愿书以支持在产品标签上注明棕榈油等成分；联系食品生产商以确认他们是否使用的经认证的绿色棕榈油。

图 8.9　3 岁的黑猩猩比尔参与解决问题（左图），顽皮地骑在实验者身上四处转悠（右图）。
来源：作者供图

在完美世界里，老虎会远离人类。但是贫穷地区的老虎通常生活在靠近人口密集区。

老虎旅游业既可以提供工作岗位又可以为当地社区带来经济收入，这些钱可以用来保护老虎及其栖居地。但是太多的人和车也会导致动物和环境方面的问题。小部分游客徒步跋涉去看老虎可能会解决这一问题。

图 8.10　我的儿童书籍《拯救老虎》中涉及旅游业问题的两页（Litchfield，2010）。
来源：图片版权 ©归卡拉·利奇菲尔德和沃克图书出版社所有，作者供图

　　人们开始质疑那些对动物个体缺乏同情心和尊重的做法，如宰杀动物（灭杀外来物种）。有时候保护主义者只关注整个物种或群体，却不考虑动物个体的康乐和它们之间的差异（野生的和人工圈养的）。对某些科学家来说，公开谈论不公正现象、现存动物数量估算不准确、政府管理国家公园及其资源的方式等话题可能存在风险甚至终结他们的职业生涯。例如，曾在帕纳老虎保护区研究老虎的保护生物学家先驱拉古·丘恩达瓦博士（Dr Raghu Chundawat）［英国广播公司发行的《自然世界》（*Natural World*）系列纪录片之一《拯救老虎的战役》（*Battle to Save the Tiger*）中的主演］就是一位吹哨人，他向当局发出警示，称帕纳的老虎数量6年内已经由35只骤减至1只。他指出，官方报告错误地高估了老虎数量（Chundawat，2009），但是直到所有雌虎都消失了也没有人理会他的警示。由于他与印度的老虎计划（政府主管机构）公开对立，他被勒令停止研究。如今他只能以普通游客的身份（个人交流）进入帕纳老虎保护区。在自然保护界，拉古·丘恩达瓦博士是人们眼中的英雄（Post，2010）。

　　有时最具影响力的科学传播者可能是儿童、自然保护主义者、专业导游、农林助理员、追踪动物的人、宗教首领，以及曾经的偷猎者或猎人（图 8.11）。但是，我们只有通过学术论文或报道才能了解他们的想法（Curtin，2010；Kutty & Nair，2005；Raffaele，

2010）。2009 年，我 11 岁的女儿凯特出版了关于她在乌干达一手养大的红尾巴猴子的书籍（Litchfield，2009）。她的书在美国的销量高达 75 000 册。在书中，她讲述了猴子为什么不适宜作为宠物：这只猴子的母亲因为糟蹋庄稼被农场主杀死了。等到它长到可以照顾自己时被带到了当地动物园，因为在乌干达饲养猴子是违法的。讲述真相的非传统方式可能包括从动物的角度体验世界。例如，我曾因 2007 年的"人类动物园"计划在一个废弃的大型类人猿动物园内度过了一个月（Litchfield et al.，2012）。萨维奇–兰博博士（Dr Savage-Rambaugh）也和三个倭黑猩猩合作发表过一篇学术论文。坎兹（Kanzi）、潘班尼莎（Panbanisha）和尼奥塔（Nyota）都是会"说话"的类人猿，它们很小就通过美国手语、图形符号，以及手势和声音等方式与萨维奇–兰博（相互）交流。萨维奇–兰博博士向倭猩猩们提出了有许多需要给出肯定或否定回答的简单问题，然后它们就圈养环境中什么对于它们的快乐或幸福最重要分享了看法。萨维奇–兰博博士认为，这些倭猩猩能够就如何增进它们的福祉表达偏好，它们的贡献值得被提名为论文的共同作者（Savage-Rambaugh et al.，2007）。坎兹已经成为科学家和普通外行人眼中的明星类人猿。它在营地旁边捡木柴、生火，然后用火烹煮食物，它制造打火石和其他石器时代工具的行为让人们每天都可以通过媒体报道关注科学和自然保护（如 Quinton，2012）。

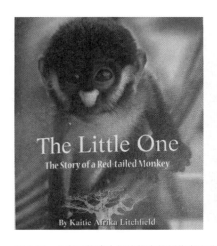 

图 8.11　儿童可能成为保护信息的创作者和非常有影响力的宣传者（左图为凯特·利奇菲尔德的书的封面）。农林助理员和追踪者通常是长期试验点最有经验的员工，他们每天收集数据，对当地的野生动物、人和生存环境了如指掌（右图为乌干达凯贝尔国家公园）。
来源：利奇菲尔德（Litchfield，2009）

如实描述动物和环境可以拯救世界吗？

也许最危险的错误认识莫过于认为在保护行动和生物多样性危机中存在英雄或恶人。每个人每天都在消耗资源，从而影响了生物多样性和碳排放。我们每个人都必须减少消费及浪费，同时以恰当的方式与野生动物沟通（Litchfield et al.，2012）。发达国家的人们消费着发展中国家生产的商品（如咖啡、茶、纺织品和布料），据估计，全世界对物种（不包括入侵物种）造成的威胁有30%源于国际贸易（Lenzen et al.，2012）。拯救野生动物及其自然栖息地是我们大家的责任，有效保护有赖于道德价值观和经济价值观。为拯救与人类有矛盾冲突的（食物链）顶端的肉食动物和其他动物，我们必须秉承尊重、爱护和同情一切生物的道德、精神价值观（Mazis，2011；Schaller，2011）。

保护组织和行为变革专家呼吁我们改变向大众及决策者宣传生物多样性问题的方式（IUCN CEC，2012）。如果我们要激励数十亿人为保护自然采取行动，科学家们必须接受诸如爱、拟人观和主观经验等观念，或至少对这些观念持开放态度。因为爱被认为比失落和恐惧更能激励积极行动（Futerra Sustainability Communications，2010）。但是本章表明，爱须与尊重，以及详尽准确地了解动物"本性"及其行为需求相调和。否则，我们将不可能揭露这样的错误认识：我们喜爱的野生动物可以成为最好的宠物。另一方面，在大众媒体上对妖魔化动物进行更准确、更有爱心的描绘将帮助人们理解，对于生态系统的平衡和健康而言所有物种都必不可少。尽管传播专家正在阻拦（物种）丧失或灭绝的预言，但我们需设法道出真相：经过人类改造的环境是现存濒危物种种群的家园。科学家们不应该害怕谈论他们对科学和自然的热爱，但他们必须更积极地致力于应用科学研究，并对所有用于促进人类行为变革的方案进行实验评估。他们须保持客观的态度、追求卓越，并且坦率地表达自己的情感！我们都必须探索有效利用互联网和社会传媒的方式以，使我们的真相传播开来并惠及数百万人。

参考文献

1. Abbott, A. (2009)'Return of the rat', *Nature*, vol 460, p788

2. Allsen, T. T. (2006) *The Royal Hunt in Eurasian History*, University of Pennsylvania Press, Philadelphia, PA

3. BBC News （2011)'Bears, tigers, lions, wolves escape from Ohio zoo', BBC News US and Canada, 20 October 2011, accessed 10 May 2012

4. Bekoff, M. (2010)'Animals in media: righting the wrongs', *Psychology Today*, 25 January, accessed 14 May 2012

5. Bekoff, M. (2012)'"The Grey" has it all wrong about wolves', *Psychology Today*, 20 January, accessed 29 June 2012

6. Bekoff; M. and Bexell, S. (2010)'Ignoring nature: why we do it, the dire consequences, and the need for a paradigm shift to save animals, habitats, and ourselves', *Human Ecology Review*, vol 17, pp70-74

7. Bekoff, M. and Goodall, J. (2000)'Announcement: ethologists for the ethical treatment of animals', *Journal of Applied Animal Welfare Science*, vol 3, p277

8. Booth, R. (2010)'Wildlife photographer of the year stripped of his award', *The Guardian*, 20 January, accessed 16 May 2012

9. Borkfelt, S. (2011) 'What's in a name? Consequences of naming non-human animals', *Animals*, vol l, pp116-125

10. Born Free USA (2012)'Exotic animal incidents', database, accessed 12 May 2012

11. Bowen, B. W. and Karl, S. A. (1999)'In war, truth is the first casualty', *Conservation Biology*, vol 13, pp1013-1016

12. Brin, D. and Wilson, L. (eds) (2005) *King Kong is Back! An Unauthorized Look at One Humongous Ape*, BenBella Books, Dallas, TX

13. Brockington, D., and Scholfield, K. (2010) 'Expenditure by conservation nongovernmental organizations in sub-Saharan Africa', *Conservation Letters*, vol 3, pp106-113

14. Choudhury, A. (2004) 'Human—elephant conflicts in Northeast India', *Human Dimensions of Wildlife*, vol 9, pp261-270

15. Chundawat, R. S. (2009) *Panna's Last Tiger? Sariska H: How the Management System Fails to Protect our Wildlife*, BAAVAN (Bagh Aap Aur Van, Wildlife Research and Conservation Trust), New Delhi

16. Cohen, J. (2011) 'U.S. agency to consider, again, if captive chimpanzees deserve endangered status', *ScienceInsider*, 31 August, accessed 26 April 2012

17. Conniff, R, (2011) *The Species Seekers: Heroes, Fools, and the Mad Pursuit of Life on Earth*, W.W. Norton, New York, NY

18. Curtin, S. (2010)'Managing the wildlife tourism experience: the importance of tour leaders', *International Journal of Tourism Research*, vol 12, pp219-236

19. Damania, R., Seidensticker, J., Whitten, T., Sethi, G., Mackinnon, K., Kiss, A. and Kushlin, A. (2008) *A Future for Wild Tigers*, World Bank, Washington, DC

20. Fischer, J., Dyball, R., Fazey, I., Gross, C., Dovers, S., Ehrlich, P.R, Brulle, R. J., Christensen, C. and Borden, R. J. (2012)'Human behavior and sustainability', *Frontiers in Ecology and the Environment*, vol 10, pp153-160

21. Fisher, L.L. (2005) '"No animals were harmed...": protecting chimpanzees from cruelty behind the curtain', *Hastings Communications and Entertainment Law Journal*, vol 2, pp405-441

22. Fox, C. H. and Bekoff, M. (2011)'Integrating values and ethics into wildlife policy and management—lessons from North America', *Animals*, vol 1, pp126-143

23. Futerra Sustainability Communications (2010) *Branding Biodiversity: The New Nature Message*, Futerra Sustainability Communications, London

24. Global Tiger Initiative Secretariat (2011) *Global Tiger Recovery Program 2010—2022*, Global Tiger Initiative Secretariat/World Bank, Washington, DC

25. Gusset, M., Maddock, A. H., Gunther, G. J., Szykman, M., Slotow, R., Walters, M. and Somers, M. J. (2008) 'Conflicting human interests over the re-introduction of endangered wild dogs in South Africa', *Biodiversity Conservation*, vol 17, pp83-101

26. Holekamp, K. E., Sakai, S. T. and Lundrigan, B. L. (2007) 'The spotted hyena (*Crocuta crocuta*) as a model system for study of the evolution of intelligence', *Journal of Mammalogy*, vol 88, pp545-554

27.Homer, V. and Whiten, A. (2007)'Learning from others'mistakes? Limits on understanding a trap-tube task by young chimpanzees (*Pan troglodytes*) and children (*Homo sapiens*)', *Journal of Comparative Psychology*, vol 121, pp12-21

28.Hyeroba, D., Apell, P. and Otali, E. (2011)'Managing a speared alpha male chimpanzee (*Pan troglodytes*) in Kibale National Park, Uganda', *Veterinary Record*, vol 169, p658

29.Inskip, C. and Zimmermann, A. (2009)'Human-felid conflict: a review of patterns and priorities worldwide', *Oryx*, vol 43, pp18-34

30.IUCN CEC (2012)'Sharing love stories at the UN biodiversity conference', 12 October, news story, accessed 21 October 2012

31.Joshi, R. and Singh, R. (2011) 'Unusual behavioural responses of elephants: a challenge for mitigating man-elephant conflict in Shivalik Elephant Reserve, Northwest India', *International Journal of Conservation Science*, vol 2, pp185-198

32.Kabasawa, A. (2009)'Current state of the chimpanzee pet trade in Sierra Leone', *African Study Monographs*, vol 30, pp37-54

33.Karmacharya, D. B., Thapa, K., Shrestha, R., Dhakal, M. and Janecka, J. E. (2011)'Noninvasive genetic population survey of snow leopards (*Panthera uncia*) in Kangchenjunga conservation area, Shey Phoksundo National Park and surrounding buffer zones of Nepal', *BMC Research Notes*, vol 4, pp516-523

34.Kutty, M. G. and Nair, T. K. R. (2005)'Periyar Tiger Reserve: poachers turned gamekeepers', in P. B. Durst, C. Brown, H. D. Tacio and M. Ishikawa (eds) *In Search of Excellence: Exemplary Forest Management in Asia and the Pacific*, Food and Agriculture Organization of the United Nations (FAO) Regional Office for Asia and the Pacifc, Bangkok, Thailand, pp125-134

35.Langton, J. (2007) *Rat: How the World' s Most Notorious Rodent Clawed Its Way to the Top*, St Martin's Press, New York, NY

36.Lenzen, M., Moran, D., Kanemoto, K., Foran, B., Lobefaro, L. and Geschke, A. (2012)'International trade drives biodiversity threats in developing nations', *Nature*, vol 486, pp109-112

37.Litchfield, C. A. (2008)'Responsible tourism: a conservation tool or conservation threat?', in T. S. Stoinski, H. D. Steklis and P. T. Mehlman (eds) *Conservation in the 21st Century: Gorillas as a Case Study*, Springer, New York, NY, pp107-127

38.Litchfield, C. A. (2010) *Saving Tigers*, Black Dog/Walker Books, Newtown, NSW, Australia

39.Litchfield, C. A. (2012) *Saving Orangu-tans*, Black Dog/Walker Books, Newtown, NSW, Australia

40.Litchfield, C., Lushington, K., Bigwood, S. and Foster, W. (2012).'Living in harmony with wildlife: considering the animal's"point of view"in planning and design', in S. Lehmann and R. Crocker (eds) *Designing for Zero Waste: Consumption, Technologies and the Built Environment*, Earthscan, London, pp181-205

41.Litchfield, K. A. (2009) *The Little One: The Story of a Red-Tailed Monkey*, Black Dog Books, Fitzroy, Victoria, Australia

42.Löe, J. and Röskaft, E. (2004) 'Large carnivores and human safety: a review', *Ambio*, vol 33, pp283-288

43.Macfie, E. J. and Williamson, E. A. (2010) *Best Practice Guidelines for Great Ape Tourism*, IUCN/SSC Primate Specialist Group, Gland, Switzerland

44.McKenzie-Mohr, D. (2000)'Promoting sustainable behaviour: an introduction to community-based social marketing', *Journal of Social Issue*, vol 56, pp543-554

45.Maestripieri, D. (2007) *Macachiavellian Intelligence: How Rhesus Macaques and Humans Have Conquered the World*, University of Chicago Press, Chicago, IL

46.Magloff, 1. (2010) *Apes*, McDonalds DK Watch Me Grow, Dorling Kindersley/Penguin, Camberwell, Victoria, Australia

47.Mahoney, A., Weetjens, B. J., Cox, C., Beyene, N., Reither, K., Makingi, G., Jubitana, M., Kazwala, R., Mfinanga, G. S., Kahwa, A., Durgin, A. and Poling, A. (2012)'Pouched rats'detection of tuberculosis in human sputum: comparison to culturing and polymerase chain reaction', *Tuberculosis Research and Treatment*, doi:10.1155/2012/716989

48.Malamud, R. (2010)'Animals on film: the ethics of the human gaze', *Spring*, vol 83, pp135-160. accessed 27 October 2012

49.Malamud, R. (2012) *An Introduction to Animals and Visual Culture*, Palgrave Macmillan, South Yarra, Victoria, Australia

50.Mazis, G. A. (2011)'Human ethics as violence towards animals: the demonized wolf', *SpazioFilosofico*, vol 3, pp291-301

51.Mittermeier, C. and Relanzon, 1. (2008) 'Disclosure and truthfulness in conservation photography, a photojournalism moral compass', *NatureScapes*, 13 October, accessed 14 May 2012

52.Mock, D. W. (2008)'Infanticide, siblicide, and avian nestling mortality', in G. Hausfater and S. B. Hrdy (eds) *Infanticide: Comparative and Evolutionary Perspectives*, Transaction Publishers, Rutgers, NJ, pp3-30

53.Monbiot, G. (2002)'Planet of the fakes', *Dissident Voice*, online newsletter, 18 December, accessed 10 April 2012

54.Moore, L. (2011) 'The neoliberal elephant: exploring the impacts of the trade ban in ivory on the commodification and neoliberalisation of elephants', *Geoforum*, vol 42, pp51-60

55.Morehouse, A. T. and Boyce, M. S. (2011)'From venison to beef: seasonal changes in wolf diet composition in a livestock grazing landscape', *Frontiers in Ecology and the Environment*, vol 9, pp440-445

56.Munn, J. (2006)'Effects of injury on the locomotion of free-living chimpanzees in the Budongo Forest Reserve, Uganda', in N. E. Newton-Fisher, H. Notman, J. D. Paterson and V. Reynolds (eds) *Primates of Western Uganda*, Springer, New York, NY, pp259-280

57.National Geographic Kids (2012) 'Monkeying around', online video, accessed 12 May 2012

58.Nicklen, P. (2011)'Leopard seals: tales of ice-bound wonderlands', TedX talk, online video, accessed 24 May 2012

59.Nyhus, P. J., Tilson, R. and Hutchins, M. (2010) 'Thirteen thousand and counting: how growing captive tiger populations threaten wild tigers', in R. Tilson and P. J. Nyhus (eds) *Tigers of the World: The Science, Politics, and Conservation of Panthera Tigris* (2nd edn), Elsevier/Academic Press, New York, NY

60.Palmer, C. (2010) *Shooting in the Wild: An Insider's Account of Making Movies in the Animal Kingdom*, Sierra Club Books, San Francisco, CA

61.Pearson, E., Dorrian, J. and Litchfield, C. (2011)'Harnessing visual media in environmental education: increasing knowledge of orangutan conservation issues and facilitating sustainable behaviour through video presentations', *Environmental Education Research*, vol 17, no 6, pp751-767

62.Poling, A., Weetjens, B., Cox, C., Beyene, N. W., Bach, H. and Sully, A. (2011)'Using trained pouched rats to detect land mines: another victory for operant conditioning', *Journal of Applied Behavior Analysis*, vol 44, pp351-355

63.Post, G. S. (2010)'Evaluation of tiger conservation in India: the use of comparative effectiveness research', Masters Thesis, Duke Environmental Leadership Masters of Environmental Management, Nicholas School of the Environment, Duke University, Durham, NC

64.uinton, M. (2012)'It might sound bananas, but this chimp is quite the cook', *Sun*, 3 January, accessed 27 October 2012

65.Raffaele, P. (2010) *Among the Great Apes: Adventures on the Trail of Our Closest Relatives*, HarperCollins, New York, NY

66.Richard, A. F., Goldstein, S. J. and Dewar, R. E. (1989)'Weed macaques: the evolutionary implications of macaque feeding ecology', *International Journal of Primatology*, vol 10, pp569-594

67.Ross, S. R., Lukas, K. E., Lonsdorf, E. V., Stoinski, T. S., Hare, B., Shumaker, R. and Goodall J. (2008) 'Inappropriate use and portrayal of chimpanzees', *Science*, vol 319. p1487

68.Ross, S. R., Vreeman, V. M. and Lonsdorf, E. V. (2011)'Specific image characteristics influence attitudes about chimpanzee conservation and use as pets',*PLosONE*, vol 6, no 7, accessed 12 November 2012

69.Sakai, A. K. and Westneat, D. F. (2001)'Mating systems', in C. W. Fox, D. A. Roff and D. J. Fairbairn (eds) *Evolutionary Ecology: Concepts and Case Studies*, Oxford University Press, New York, NY, pp193-206

70.Savage-Rumbaugh, S., Wamba, K., Wamba, P. and Wamba, N. (2007)'Welfare of apes in captive environments: comments on, and by, a specific group of apes', *Journal of Applied Animal Welfare Science*, vol 10, pp7-19

71.Schaller, G. B. (2011)'Politics is killing the big cats', *National Geographic*, December, accessed 10 April 2012

72.Schrengohst, K. L. (2011) 'Animal law—cultivating compassionate law: unlocking the laboratory door and shining light on the inadequacies and contradictions of the Animal Welfare Act', *Western New England Law Review*, vol 33, pp855-900

73.Schroepfer, K. K., Rosati, A. G., Chartrand, T. and Hare, B. (2011)'Use of "entertainment"chimpanzees in commercials distorts public perception regarding their conservation status', *PLosONE*, vol 6, no 7, accessed 12 November 2012

74.Smith, K. M., Anthony, S. J., Switzer, W. M., Epstein, J. H., Seimon, T. et al (2012)'Zoonotic viruses associated with illegally imported wildlife products', *PLosONE*, vol 7, no 1, accessed 12 November 2012

75.Smith, L., Angus, W., Ballantyne, R. and Packer, J. (2011)'Using websites to influence visitor behavior', *International Zoo Educators Journal*, vol 47, pp38-41

76.Sommer, V. and Vasey, P. L. (eds) (2006) *Homosexual Behaviour in Animals: An Evolutionary Perspective*, Cambridge University Press, Cambridge, UK

77.Stoinski, T. S., Allen, M. T., Bloomsmith, M. A., Forthman, D. L. and Maple, T. L. (2002)'Educating zoo visitors about complex environmental issues: should we do it and how?', *Curator: The Museum Journal*, vol 45, pp129-143

78.Tilden, J. L. (2006)'Behind a glass, darkly', *Journal of Animal Law*, vol 2, pp143-157

79.Whyte, C. (2011)'Exotic pets USA: tigers, big bucks and organised crime', *New Scientist*, 21 October, accessed 12 May 2012

80.Woods, V. (2007) *It's Every Monkey for Themselves*, Allen and Unwin, Crows Nest, NSW, Australia

81.Woods, V. (2010) *Bonobo Handshake*, Gotham Books, New York, NY

82.Wrangham, R. W. and Peterson, D. (1996) *Demonic Males*, Houghton Mifflin, Boston, MA

83.WWF International (2012) *Living Planet Report 2012: Biodiversity, Biocapacity ard Better Choices*, WWF International, Gland, Switzerland, in collaboration with Zoological Society of London, Global Footprint Network, and European Space Agency, accessed 1 September 2012

84.Zirngibl, W. M. (2010)'Wolves and widows: naming, metaphor, and the language of serial murder', in S. Waller (ed) *Serial Killers: Philosophy For Everyone*, Wiley-Blackwell, Oxford, UK, pp166-177

9　广告、公共关系及社会营销：
塑造可持续消费行为

乔柯·穆拉托夫斯基

【提要】

就在全世界努力维持大众消费这一选择性生活方式时，对可持续行为的需求也变得越来越明显。如今正在进行的许多技术和立法途径都可视为解决之道，然而我们仍然需要改变消费习惯。这需要我们找到能在全球推广并渗透可持续行为的社会营销策略，可问题在于主导当今媒体的可持续性社会营销是无效的，甚至是起反作用的。

在此项研究中我将研究推动消费主义的因素，并证明：可采用已经成功塑造大众消费生活方式的相同策略将可持续消费作为另一种生活方式进行推广。我反对传统社会营销的主张，同时提出：以与商业营销相同的手段诉诸人们内心深处的需求实际上是比今天盛行的消极的宣传运动更有效的行为变革方式。这需要一种不同类型的社会营销——一种基于主观幸福感和自我实现的积极诉求，而不是基于恐吓战术和枯燥的教育活动的方式。

导 言

如今我们生活的社会使我们不厌其烦地寻找新的处理价、便宜货和特价促销（Lury，2011）。我们无休无止地热衷于购物，就像在狩猎和采集那些我们看作生存"必需品"的原始活动。这些必需品包括时装、新房、好车、新款手机或一次出国度假（Zukin，2004：253）。我们已然相信买得越多生活就会越好。为寻求更好的东西，我们不停更换其实并不需更换的东西，我们甚至并不真正需要这些东西。然而，我们工作再努力，在产品和生活方式上花再多的钱，总有东西我们无法企及（Shah et al.，2007：7），这就是我们所谓的"消费社会"具有的基本特征（Baudrillard，2005）。

这种高昂的消费主义造成了恶性循环，即个人努力想要拥有与周围其他人相同或更多的东西。由于我们的许多需要和欲望都与周围人的情况有关，这种行为就成了持续增长的"社会推动力"。随着一些人增加消费，其余人面临更高的参考点。这最终将整个社会推向更高的消费水平，这种朝不保夕的消费使得世界难以为继，经济也难以持续发展（McKibbin & Stoeckel，2009）。

回顾历史，大众消费其实是近年才出现的现象，但现在它却已经占据我们生活的中心位置，现如今消费塑造着我们的态度、生活方式、期望及信念（Campbell，2004：27；Croker & Lehmann，2012：385）。这也意味着不久前我们的行为方式被彻底改变了，我们开始把消费主义视作所有问题的答案，即使这通常是不合理的。由于需要改变这种趋势，可持续消费应运而生（Jackson，2011）。广义而言，可将可持续消费定义为"满足当代人的需要且不损害后代人满足自身需求的能力的消费"（DEST，1996：2）。因此要实现可持续消费，其解决途径远不止开发新产品及产品替代品那么简单，还需要全世界的人都接受"负责任消费、减少消费、自愿简化及可持续生活方式"等观念（Jackson，2005：3；Peattie & Peattie，2009：261）。

对可持续消费的重视主要在于找出问题所在，以及如果我们继续这样消费，会有什么影响。此后通常会提供一些实际解决方案的提案，或对新政策和立法提出建议（Schor，

2005：310）。新技术、系统革新、可持续设计、可持续生产、法律法规、促销活动、教育、信息及奖励措施都会有所裨益，但是一个被一次又一次提及的最重要的问题是，我们的生活方式需要根本性转变（Thorpe，2010：3）。我们需要改变现在的消费方式（DEST，1996：6）。

若可持续消费问题由我们的行为方式导致，那么至少我们需要关注养成新习惯以取代旧习惯（Ehrenfeld，2008：46-47；Jackson，2005）。一般而言，环境心理学家都认为：重复使用或循环使用可用产品对社会十分有利，但是改变消费行为会带来更大的环境效益（Gardner & Stern，2002；Steg & Vlek，2009）。因此可以说，需要说服大众为了他们自身及整个社会的利益变革他们的行为。通过一系列被统称为"社会营销"的劝说活动，我们已经在尝试这样做了（Wymer，2010：99）。

重新审视社会营销

"社会营销"这一术语首次出现于 1971 年《市场营销杂志》（*Journal of Marketing*）中的一篇论文（见 Kotler & Zaltman，1971）。虽然人们对社会营销的定义有很多种，但通常将其定义为通过系统运用商业营销和沟通技巧影响或变革公共行为的过程，以期为社会带来实在利益（Andreasen，2006：7-8；Dann，2010：151；Kotler，2008：8）。

虽然科特勒（Kotler，2008：11）宣称他于 1971 年发表的文章具有"首创性"，但我们可看出他和萨尔特曼（Zaltman）的观点受到了此前与之相隔约 20 年的一篇文章的极大影响，该文由维贝发表于《舆论季刊》（*The Public Opinion Quartely*）（见 Wiebe，1952）。维贝（Wiebe，1952）的文章成了科特勒和萨尔特曼（Kotler & Zaltman，1971）的主要参考资料，其中我们可以看出，"社会营销"这一概念即使没有明确的定义，却也已经存在了。我们必须再次指出，这篇文章本身也依赖于伟大的公共关系先驱爱德华·伯内斯提出的观点。爱德华·伯内斯（Edward Bernays）1928 年发表于《美国社会学期刊》（*American Journal of Sociology*）的论文研究了几乎相同的问题（见 Bernays，1928a）。回顾此后的文献证实，伯内斯（Bernays，1928a）是提出这一观点的第一人，即社会方案可用与商业产品和服务一样的方式"出售"，反之亦然。

这一点很重要，因为要理解当前我们正努力解决的不可持续大众消费问题的根源，伯内斯的理论遗产和实践应用必不可少。鲜为人知的是，在伯内斯为今天所谓的社会营销奠定基础的同时，他也是消费社会兴起的幕后策划者之一（Ewen，1996）。

消费社会的兴起

许多商业史学家已经指出，1885 年到 1905 年期间仍处于新兴阶段的美国公司曾发起运动，以改变它们与家庭、教堂、社区和国家等主流社会机构之间的关系（Marchand，1997）。之后私人企业开始逐渐让社会和政府机构相形见绌。截至 19 世纪 20 年代，美国最大的企业中的每一家都宣称自己本身就是"机构"，而非单纯的"企业"。他们试图模糊企业与社会的界限，并保障企业利益变成大众关心的利益（Marchand，1997：80）。

当时，多数产品的销售都基于人们的需求和产品的功能、性能或材质（Stearns，2001：15）。但对大企业来说，这似乎从长远来看不可持续，其原因则与眼下完全不同。企业感到恐惧的是，某一天人们会认为他们拥有足够多的商品而停止购买，这一信念似乎为第一次世界大战后的经济动荡所证实。企业明白，若想继续经营，它们需要转变消费者看待产品的方式（Cohen，2004）。

为雷曼兄弟公司效力的保罗·马泽（Paul Mazer）是当时华尔街一流的银行家，他勾勒出了一个当时许多公司领导都认同的愿景：

> 我们必须把美国的需求文化转变为欲望文化。必须训练人们在老旧东西被完全消耗掉之前去渴望想要新事物。我们需要为美国塑造一种新的心态……人的欲望须遮蔽他的需求［原文如此］。

> （引自 Curtis；2002；又见 Cohen，2004）

这也催生了公关、广告业和工业设计等新职业。这些"文化中介"的目的是保证 20 世纪早期"大量累积的货物"能变成货币和利润（Jhally，1998）。

要达到这个目的实属不易。第一次世界大战后的美国，工业家受到大众憎恨、嫉妒和鄙视，而富兰克林·D. 罗斯福（Franklin D. Roosevelt）这样的政治家（后来成为总统）则备受尊敬。罗斯福因致力于改革美国金融体系造福人民，并不惜牺牲企业利益而受到人们欢迎。作为回应，大型美国企业出于"自卫"认为自己必须进入政治舞台——美国制造商协会主席的这一声明令人印象深刻。美国制造商协会认为，发展工业才能解决美国的问题，而不是政治。在他们看来，政治家是其获取大众信心和喜爱的主要竞争者。针对这一情况，他们充分运用现代广告宣传和市场营销所能提供的想象力、说服力和艺术性来讲述他们的故事（Marchand，1998：202-203）。

在心理分析学家、社会学家、广告商和设计师的帮助下，在美国企业（还有之后的美国胡佛政府）的大量财政支持和后勤保障下，伯内斯成为后来推动美国社会转变为消费社会的关键人物之一。他所取得的"成功"包括将社会问题与消费主义联系起来，并在杂志和电影中引入名人代言和为产品做植入式广告（Curtis，2002；Ewen，1996）。

消费社会的兴起也最终为美国企业带来了梦寐以求的政治影响力。这些企业可以为大众带来政治家永远不能给的东西。企业产品不再是物品，而成了符号和想象产物，企业应答了大众内心深处的欲望。反对来这也使企业能够控制舆论（Curtis，2002；Ewen，1996）。任何旨在变革公众行为的宣传活动从来没有像建立和扩大消费主义的早期运动一样投入那么多的金钱、思考、努力、创造力、时间或是对细节的关注（Jhally，2000；Marchand，1997：85）。

操纵美国梦

伯内斯秉承自己做什么都必须有利于国家的信念，在美国政府和大企业间不断变换雇主，他在认识确实由消费主义塑造和控制的新世纪大众民主上发挥了巨大的影响力。他相信"有意识、有智慧地操纵系统惯例和群众舆论是民主社会的一大重要元素"（Bernays，1928b：9）。在他看来，他正出于国家利益负责领导社会变革运动。当时伯内斯的行为极富争议，现在也同样如此（见 St. John III，2009；St. John III & Opdycke，2011）。然而它们却又极富影响力并十分有效（Ewen，1996）。

在伯内斯的推波助澜之下，大企业成功地使消费主义不仅看起来是美国经济发展急需的刺激因素，还是所有美国人的爱国责任（Cohen，2004：239）。美国企业开始说服大众，购买他们并不需要的物品对保持美国生活方式却极为重要。大众也认为，私人消费等同于公共利益（Cohen，2004：236-37），这个观念流传至今（Friedman，2008）。

对于伯内斯及其同时代的许多人来说资本主义就是美国梦（见 Schudson，2004），需要不惜任何代价维护它，即使这意味着"为他们自身利益"操纵大众（见 Marchand，1998：203）。伯内斯称此为"操纵同见"（F. W. Faxon Company，1951：6），这与当时纽约的广告公司提倡的"消费者操纵"不谋而合。如果说消费主义早期广告业仅仅是在唤起人们对产品的注意并强调其优点，那么在 20 世纪上半叶广告业已经开始制造自己的产品，即消费者（见 Lasch，1978：72）。

随着向美国大众推销美国生活方式这一大规模运动的逐步发展（Marchand，1997；203），对新产品和更好产品的"需求"也开始出现（Cohen，2004；Meikle，2005）。20 世纪 30 年代成为美国工业设计师的黄金时代。新房子、流线型列车和汽车，还有时髦的冰箱都接踵而至。有了它们，日用品不再与往日重样。设计师创造并塑造大众愿意购买的产品（Jodard，1992：59；见 Marchand，1992；Schönerger，1990）。麦德逊大道的广告业高管竭尽全力地推销体现"美国梦"的新产品。正如舒德森（Schudson，1993，p6）所说，除了将美国"日常"生活描绘成田园诗般的场景——或"资本主义写实"——为了寻求灵感外，他们甚至涉足宗教宣传。他们把自己看作"现代性的使徒"，向民众解释如何与在他们协助下创立的消费资本主义新主流文化打交道。他们的目标是让消费主义在大众心中占据从前宗教所拥有的相同地位（Sheffield，2006；Cracknell，2011；Marchand，1985）。

经过说服，大众认为仅仅通过购买产品就可以满足他们的所有需求和欲望，甚至克服所有恐惧。从饥饿和安全这样的基本生理需求到诸如爱、声望、尊重及自我实现等心理和享乐需求，任何东西都有价码。美国企业通过将商品与社会生活中人们渴望的那部分内容衍生的有效图像关联，开始销售人的梦想、幻想和人际关系（见 Stø et al.，2008：244）。生活中的成功开始体现"美国梦"，并且"成功"也与拥有物质商品相一致（Holmes et al.，2012：20-21；Schudson，2004：566）。随着美国公司向全球发展，它们把消费视为生活方式的愿景也随之传播到世界的其他地方（De Grazia，2005）。正是出于这个原因，我们今天才认为，我们生活的世界中"大肆"消费体现了物品、服务和物质商品的富足（Baudrillard，2001：32）。

追求幸福

伯内斯倡导的消费者社会和20世纪二三十年代的新文化中介都基于这一核心观点，即人们可以通过积累财富获得幸福。但这并不意味着幸福真的可以简单地通过拥有更多东西来获取。生活中不同文化、年龄和收入的人感知幸福的方式倾向于普遍一致。多数情况下我们基于亲密的人际关系感知幸福（Kasser，2002）。当我们难过或对自身感到不满时，广告业就看到了机会，这是广告业通过"提醒"我们生活中可能缺少什么时常常引发的一种状态（见Ellul，1973：148-149；Mikul，2009）。广告模糊了情感、物质和精神满足感之间的界限，所以我们经常通过购物来满足未实现的欲望或补偿未满足的社会需求（Thorpe，2010：9）。不幸的是这种"购物疗法"效果短暂，我们将很快把目光转向下一次购物"治愈"（Ehrenfeld，2008：36）。

莱易斯等（Leiss et al.,1997：193）认为，广告是一种多元化形式，它吸收并融合了日常生活中各种象征性实践和话语。广告信息中的物品和图像都基于广泛的文化参照。广告往往借用设计、文学、传媒、历史甚至是未来（比如人们对未来的猜想）等领域的理念、语言和视觉来表现。一旦收集到合适的参考物，他们就会围绕与消费有关的主题将其进行重组（Leiss et al.，1997：193）。广告的作用在于：现实与幻想微妙的融合——实际上就是"超真实"。毕竟通过广告每天出售给我们的"现实"实在太不现实（见Baudrillard，1986；Eco，1986）。我们通常倾向于偏爱超现实而非现实，我们不断追求比"现实"更好的东西，要求得到比日常见到的东西看起来更刺激、更美好、更鼓舞人心、更骇人而且通常也更有趣的东西（Sanes，2011）。我们不断追求永远不能真正实现的理想，而这也正是广告具有操控力量的原因。因此，人们很难区分理智行为和不经意的放纵行为（Muratovski，2010：80）。

从这个角度来看，广告可以说是一种专门针对我们弱点下手的掠夺性活动（Alexander et al.，2011）。于此，我指的并不是售卖贴有商标、流通迅速的消费品，而是指精心设计，并以操纵大众为目的而创作的品牌广告。这类广告宣传的就是我们潜意识里想要或需要的东西。在这类品牌驱动的广告中它们并非真正提供产品，而是某种具有社会价值的东西的替代品，如隶属于某一特定群体（Jhally，1998；Neumeier，2006：151）。即使是最奢侈的"欲望之物"，也就是那些明显助长了诸如地位或名望等外在社会抱负的产品，通常都有一个与之有关的、潜藏的内在品牌故事，以"证明"其高昂价格的合理性（Farameh，2011）。此外，桑蝶等（Sundie et al.，2011）的研究也表明，惹人注目的奢侈品消费往往在潜意识里与人际关系有关联。该研究表明，奢侈品牌往往扮演了吸引异性伴侣的性信号角色。以发展的眼光看，奢侈品也可以充当意在获得生殖奖励的交流工具，这是一个重要信号，展现了信号发出者的配偶品质。

一系列研究物质财富与主观幸福关联的调查推断出：内在价值的重要性明显超过外在价值。根据这些一致的结论，生活中我们想要的是自主意识和控制感、良好的自尊、温暖的家庭关系、放松的休闲时光、亲密无间的友人、浪漫和爱情，而不是更多的物品（Holmes et al.，2012；Jhally，1998；Thorpe，2010）。这并不是说物质商品不重要，它们仍然关乎好的生活品质，但此研究表明，一旦人们获得一定的舒适度，物品就不再让他们快乐（Jhally，1998；Putnam，2000：332-333；Thorpe，2010：8），因此，高效广告卖的是幸福而非产品。

肖和李（Xiao & Li，2011）最近完成的研究表明，以上观念也适用于社会营销及可持续消费。他们研究了可持续消费与主观幸福的联系，发现了一个初露端倪的新趋势：相比传统的、"不可持续"产品的消费者，宣称自己有意购买绿色产品并践行可持续行为的消费者开始获得更高的生活满足感。该研究还表明，这些消费者愿意为集体利益牺牲个人利益，为长远利益而接受短期损失，其践行方式就是购买价格偏贵但绿色环保的产品（Xiao & Li，2011）。这意味着已有部分人开始认为可持续消费比不可持续消费更具价值（并非仅仅价格更高）——但可惜这并不是社会营销的功劳。基于此研究，肖和李（Xiao & Li，2011：328）认为，应该鼓励人们以积极心态看待可持续消费，不仅因为这样对社会有利，还因为它可以提升幸福和生活满足感。我们从此项研究中可得出的主要观点是：由于可持续消费能提供增强的自我实现感作为回报，它可以用外在价值观的诉求来"出售"。尽管关于这个话题的争论仍在持续（见 Common Cause，2012），但这代表着存在于多数商业营销中的交换原理的回归。不幸的是，在许多宣扬"世界末日"的社会营销活动中却常常缺失这一交换原理。

广告的效力

20世纪公民和消费者之间的关联早已根深蒂固，因而我们似乎仍然不可能在21世纪引入一种"不消费"的公民模式（Schudson，2004：570）。因此，我们若想实现自发的社会变革，即使这涉及一定程度"新的""集体的"消费（Seyfang，2009），仍然需要采用消费者驱动的途径，从内部改变体制，而我们可能采用的途径还是通过广告。莱斯等（Leiss et al.，1997：193）认为，广告是可促成社会变革的交流活动。因为广告在我们的日常生活中无孔不入，我们应该追问的问题就变成我们应该如何"重设"广告，让人们可以受其影响而接受可持续行为。毕竟，正如斯哆等（Stø et al.，2008：237）所说，我们不可能让人们在没有新梦想的情况下变革自身行为。

但是有人可能会反对这一假设，他们的依据是，广告的消极面超过其社会利益；抑或广告漠视真实体验，滋生物质享乐主义、愤世嫉俗、焦虑及对时代和传统失敬等情绪，也导致以自我为中心、痴迷性和竞争。然而，它"编辑"或塑造行为的效力及能力却是无可争议的（Ling et al.，1992：346）。或许还有人认为广告不道德，因为操纵性是其本质（Grier & Bryant，2005：330）。而且它也不能实现社会变革，因为它只能反映社会价值却非影响它们（Holbrook，1987；见Alexander et al.，2011）。

与之相反，广告评论家琴·基尔孟（Kilboume，2006：12）认为，广告根本绝非"社会的一面默镜"，相反，她证明了广告是一种具有累积影响力和微妙说服力的无所不在的媒介。基尔孟宣称，广告的影响之大，它在消费社会中发挥的作用可以和神话对古代社会的影响相提并论（见Alexander et al.，2011）。贾海利（Jhally）也认同，"若想不受广告影响，就只能脱离文化生活。然而并没有脱离文化生活的人"（引自Kilbourne，2006：10）。虽然许多人认同基尔伯恩的看法，坚持认为广告通过操纵大众的正常的动机刺激创造社会需求，莱斯等（Leiss et al.，1997：32）却认为，大众已清楚自身需求和欲望。依据这一观点，广告只是让人们知道有某种东西可能满足他们现有的需求和欲望。这表明广告带来令人痛苦的幻觉不在它发出的非常真实的诉求上，而在于它提供的答案上（Jhally，1998）。

再者，有人因为广告的操纵力而反对或批评广告，但其他人却是因为它毫无作用反对广告，比如所罗门（Solomon，1994：100-103）认为广告的效力被夸大了，他还引用了一位广告主管的话，这位主管曾向美国联邦贸易委员会证实：虽然大众认为广告商有层出不穷的魔术花招和 / 或科学技巧来操纵他们，但事实却是售卖好产品的广告才会成功，售卖不好的产品则会失败。所罗门认为，几乎没有证据证实广告有能力创造消费模式。鉴于新产品的失败率为 40% ～ 80%，他认为广告商根本不会为了影响大众而了解他们。这并非全对，虽然并非所有广告商都了解如何影响大众，但有些广告商确实了解（Alexander et al.，2011）。

我可以用奢侈品牌圈的事例来反驳所罗门的观点。对购买保时捷（Sundie et al.，2011）、戴·比尔斯或蒂凡尼订婚钻戒（CIBJO，2007），或路易斯威登包（Frankel，2011）等的行为进行心理学分析，将清楚地看到广告操纵情感的痕迹。奢侈品牌背后的整个经营理念的核心就是劝说大众在冲动情绪的驱使下完成非理性购买。

人们普遍认为购买奢侈品完全基于对声誉、形象或社会地位的理解；与此相反，其实这种购买行为也可以成为人际关系中明确表达真诚和关爱等的姿态（Miller，2011：229；Thorpe，2010：9）或是作为发展性关系的手段（Sundie et al.，2011）。福尔斯（Fowles，1996：167）认为，广告业就是要努力揭示"感情的深层脉络"，同时产生可以引发大众某些反应的新符号。因此可以说广告应该基于真实的（隐藏的）人类动机，而不应基于人们对其自身行为的主观解释。

与此相符，心理学家弗洛伊德也认为，许多人类想法及行为是人类被迫压抑的欲望的补偿替代品。在很多情况下，人们想要某个产品并不是因为其内在价值或实用性，而是因为它无意中象征了其他某种东西，一种个人甚至可能羞于向自己承认的欲望。伯内斯（Bernays，1928b：52）认为，大多数消费实际上都基于隐藏的欲望。比如一个人想要买某款车，或许会辩称自己想把它用作交通工具——即使实际上他可能因车所累，或者更喜欢为了健康选择步行，但潜意识里他想买某款车可能是因为这款车被认为是社会地位的象征、事业成功的证据、取悦其伴侣的方式或吸引新欢的方法。

对购买一款车的动机的最新研究发现，目前其盛行程度与伯内斯所处时代一样。诸如保时捷这类车并不是市场上最实用的，当然也不是最实惠的车。比如博克斯特这款车，货舱空间狭小，仅有两座，耗油量大，而且维修费用贵得吓人，但是这些考虑对于那些花高价买它们的人来说都无关紧要，重要的是车的象征价值。此研究表明，购买保时捷博克斯特车的男士是出于想发展露水情缘。不过非常有趣的是，研究还发现被驾驶保时捷的男士吸引的女士也有同样的欲望。在此类情形下，保时捷就是"增加"对异性吸引力的交流信号，与车本身的适用性或耗油并无关系（Sundie et al.，2011）。

烟酒广告

烟酒广告是证明广告效力的另一论据。一个多世纪以来，烟酒广告商一直在完善广告的劝服技巧，同时围绕其产品创造主流文化（Vaknin，2007），甚至是在儿童及青少年中（Kilbourne，2003；Pechmann & Reibling，2000）。

此类产品取得的成功令人震惊，尤其是考虑到：如果我们像广告所宣传那样吸烟饮酒，这些产品会造成严重的、长期的健康问题（Kilbourne，2003）。还有甚者：其实没有人在抽第一口烟、喝第一口酒时感觉良好，通常人们会在吸烟较长一段时间后觉得不舒服，或在过量饮酒（狂饮）后犯恶心，但是烟酒还是卖出去了，并且卖得很好。这些行业成功地让这些不好的产品对大众充满吸引力，以至于政府对烟酒广告和促销实行了几十年的禁令和限制这种情况才勉强有所放慢。当然这些产品令人上瘾也保证了人们的持续购买，但人们需要经过训练才会为此上瘾。一个人需要很长时间才学会真正享受烟酒，染上烟瘾和酒瘾。同时，生理上瘾还必须被心理上瘾代替，而正是广告创造了这种心理上瘾。

大量社会营销和公共产品运动的支持者可能会憎恨烟酒广告，认为它们肆无忌惮并且不道德（Grier & Bryant，2005：330；Ling et al.，1992：346），他们看似有道理，但是我们却不应该抛弃一个世纪以来售卖难以出售的产品用到的有关劝服技巧、社会模式和在人类行为研究方面建立的知识。而且烟酒广告主管们已经拥有了无限的资源，并获得了用金钱购买最优市场研究的途径。这已经帮他们开展了一些广告史和营销史上最有效、最令人难忘的营销活动。若我们抛开广告图片中的产品不看，就会发现有大量经验可学。

值得注意的是，20世纪末用于烟酒销售的营销策略与现在运用的营销策略没什么区别，关键信息是这些产品有益健康。烟酒被当作所有疾病的灵丹妙药，从治疗心脏病到缓解焦虑和压力——甚至能治不孕不育（Blount，2005：38；Vaknin，2007：44）。20 世纪 30 年代及 40 年代早期，医学杂志上刊登了香烟广告，宣传它可以治感冒及其他各种疾病。甚至有杰出健康专家宣称，香烟有助于预防各类心脏疾病（Blount，2005：38-39）。在当时，名人代言还未兴起，健康代言极为紧俏，为了五盒免费香烟医生们不惜排队为"好彩"牌香烟代言，称其可"保护喉咙"，还可治疗发炎和咳嗽。1930 年，20 679 名医师开心地宣称"好彩牌香烟刺激性更小"（Vaknin，2007：27-28）。此时期内，广告商假定人们是理性的，会做所有看起来对他们有利的事。

然而，20 世纪 30 年代到 60 年代烟酒广告商彻底改变了策略。他们不再把烟酒当作"神奇万能药"来售卖，他们开始强调将获得的社交利益。"抽烟会让你与众不同、聪明又迷人，而喝好牌子的酒会给你的邻居和客户留下深刻印象，并让你在度过漫长的一天后舒缓放松"，他们承诺说（Blount，2005：1）。这些产品成了希望的象征、欲望的对象，以及逃避经济萧条、焦虑、压力、贫穷或孤独等问题的方式。烟酒还成了人们所有梦想之物的象征，从自由、冒险和性到财富和社会地位的提升。同时，它们也是男子汉气概，及妇女解放和独立的象征（Vaknin，2007：36）。它们不再传播与健康或有益健康之间的联系，因为就销售来说，这被认为会适得其反（Chapman，1983：20）。相反，他们开始售卖生活方式和幻想，为美好生活承诺。其广告承诺，消费者消费这些产品，就会立竿见影地在生活中获得成功，变得更迷人、沉着、浪漫、苗条（对女人而言）、强壮（对男人而言），或者只是过得更开心（Audrain-McGovern et al.，2006；Kilbourne，1988；Martin et al.，2002；Peck，1993；Vaknin，2007）。

消费这些产品变得不仅是个人选择，还是一次社交经历，与更广泛的人际关系紧密相连，与同一社会阶层的人持有相同价值观（Szmigin et al.，2011：761）。对这些产品上瘾的行为被正常化甚至被美化。过度饮酒和嗜烟也被社会接受（Alexander et al.，2011；Peck，1993）。他们甚至还让大众相信自己曲解了自身感受。对于广告商来说，没有不愉快的醉酒，只是"精神亢奋"而已（Kilbourne，1995）。刚开始吸烟可能觉得味道不好，但现在吸烟已变成进入成人世界的重要仪式及"成长"的一部分（Chapman，1983：20）。

自由的火炬

香烟业一项"最了不起的成功"在于将吸烟与社会问题相关联，如采用策略表明吸烟是女性独立、性别平等及现代性的关键，以使女性在公共场合吸烟得到社会认可。20世纪30年代前，美国和欧洲大部分国家一样，女性在公共场合吸烟被视为禁忌。对于香烟业来说，这是一个亟待解决的问题。伯内斯的早期客户乔治·希尔（George Hill），美国香烟公司董事长请求伯内斯找到此禁忌的破解之道。希尔认为，女性不能吸烟，他们就失去了半壁市场。伯内斯做的第一件事是委任心理分析学家开展一项研究，调查香烟对女性的意义。通过这个研究伯内斯了解到，女性视香烟为男性阴茎的象征（男性性别权力的象征）。另外，此研究还表明，如果女性吸烟被当作挑战男性权力的一种方式，那么女性愿意吸烟以实现与男性更平等。伯内斯找到了解决之道。纽约市每年会举行复活节游行，参加者成千上万，伯内斯决定借此筹划一次活动。他劝说一群富有的名媛将香烟藏在衣服里，然后参加游行，当他发出信号时，所有人同时拿出香烟并点燃。与此同时，他通知报社，有一群女性正准备在游行时举行抗议，其间，她们会点燃他所谓的"自由的火炬"，明显影射伟大的美国象征——自由女神。他知道这将引发媒体的兴趣，他们会派记者和摄影师去记录那一时刻。伯内斯通过将一次行动——年轻女性在公共场合吸烟（这在当时是一件十分激进的事）与象征性短语——"自由的火炬"（带有强化记忆的因素）联系在一起，编造了一个故事。它意味着所有相信社会平等的人都应该支持这些女性享有与男性平等的权利。次日，这个新闻报道不仅轰动了纽约市，也轰动了整个美国甚至全球。自此以后，香烟在女性中的销售量开始增加。伯内斯通过这个单一的象征性行为，成功催生了这一观点：吸烟的女性看起来更强大、更独立。这一观点现在依然存在。这是伯内斯运用社会问题助力消费主义——将情感需求及感受与产品相连的最富传奇色彩的一个例子。虽然事实上香烟并未让女性更自由，但它确实让女性更独立。这意味着只要定位和推销得当，即使是香烟这种毫无关联的物品也能成为强大的情感象征，传达人们希望被别人如何看待（Curtis，2002；Ewen，1996）。

社会营销问题

虽然商业营销与社会营销之间联系紧密，后者还被视为前者的衍生物，但是当前社会营销从未取得与商业营销相提并论的成功。社会营销的部分支持者认为，这是因为社会营销比商业营销更具挑战性。科特勒（Kotler，2008：13）认为，因为人们觉得可持续行为给自己带来不便并带有强迫性，所以社会营销者想获得任何实质性成果都困难重重。对此我并不赞同。前述例子说明，不论意识到什么障碍，总有办法劝服人们尝试新事物。

当然，让人们竭尽全力、透支去购买他们并不需要的东西，并且是为了引起他们并不了解或不喜欢的人的注意，这定非易事。然而人们却天天如此，很明显是因为广告和营销的影响。甚至还不如说，要求行为变革的社会效益应该比许多非理性的潜在有害的消费主义关联活动更易诱发，而这些活动往往需要大量的经济投入。

其次，这一问题可能还在于人们理解社会营销的方式存在这样的误解：尽管社会营销和商业营销的操作逻辑通常一致，但还是有某种程度的差异。比如科特勒认为，其关键差异在于商业营销售卖商品和服务，比起社会营销售卖"行为"要容易得多（Kotler，2008：8）。这并不正确，因为商业营销在售卖商品和服务时也影响甚至"编辑"了行为。而购买本身就是受商业营销影响最明显的行为。若我们观察得更细致些，就会发现营销也会影响购物活动的特定行为模式。拿麦当劳或宜家来说，我们可看到这类公司甚至训练其顾客完成特定任务及职责，并将此视作购物流程不可分割的一部分。麦当劳让顾客在点餐前排队、听从安排，并在就餐后自行清理桌面。而宜家则鼓励顾客在店铺及餐厅都主要靠自助服务，并自助组装自己购买的家具。这些都是事先设计的行为步骤，确保客户服从和高效率，并最终获取更多利润（Muratovski，2011：255）。而诸如快餐店、购物中心、机场购物场区、娱乐城及超市之类的零售环境，则设计为通过各种提示或刺激物以高度可预测方式来塑造或驱使顾客行为。即使顾客看起来是自己做的购买决定，他们也通常因循预定模式进行思考。甚至在售卖形成可持续消费的健康或环保产品时，商业营销的表现也远远胜过社会营销（见 Koolhaas，2001）。

人们可能发现，商业营销成功背后的原因可能在于它关注消费的积极面，比如社会融入和人际关系。消费主义的社交层面不容小觑，尤其是因为它可用于社会营销（Jackson，

2011：98–102）。然而，这却与多数社会营销的嵌入预期背道而驰，社会营销扶植的运动专注于负面内容，或为个人提供很少有形的可识别的回报。事实证明，基于正面情绪如爱、兴奋、性、希望、幽默及正面榜样的吸引力非常高效（Hastings et al.，2004：976-978）。

如果我们汲取一些特别成功的品牌如可口可乐和麦当劳的经验，就会发现它们对自我展示方式极其谨慎。比如，它们从不允许把产品投放到主题不合适或者会引起恐惧的广告中；而且它们从不在晚间电视新闻期间或临近此新闻的时段投放广告，以避免与骇人听闻的或传播关注负面的新闻报道扯上关系（Hastings et al.，2004：967；Praxmarer & Gierl，2009：517）。

与之相对的是，典型社会营销活动专注于提供沉闷信息或教育内容，或让观众产生害怕、内疚或羞耻等感受。虽然大家一致认为此类活动鲜有成效，有时甚至适得其反，但是社会营销者还是在继续开展这样的活动（Brennan & Binney，2010；Hastings et al.，2004；Kotler & Roberto，1989；McKenzie-Mohr，2000a，2000b；McKenzie-Mohr & Smith，1999；Peattie & Peattie，2009；Steg & Vlek，2009；Szmigin et al.，2011；Wymer，2010）。

科特勒也以一种略显自相矛盾的方式提出，此类社会营销活动应该流行开来，因为通常而言，社会营销界认为依靠自发的行为变革是"过时的"观念，所以必须对行为变革在某种程度上加以强迫。而且他还提议，营销工作专注于更多地传播教育，推行新法律或政策，以及产生更强的媒体压力（Kotler，2008：10）。但是这类社会营销经常忽略了潜藏的商业营销原理：每一方——活动发起者和消费者——都要有值得交换的东西（Szmigin et al.，2011：765）。虽然教育性或否定性社会营销可以促成对既定问题的认识，或使受众因恐惧而屈服，但它通常不提供任何可资交换的东西（Rotschild，1999）。而更糟糕的是，社会营销经常采取"责备受害人"策略，认为人们应该对自身的问题负责，因此掩盖了个人无法控制的机构力量及社会力量。这种情况下的营销工作通常向人们喊话，鼓励个人变革行为，因此含蓄表达了个人应找出问题解决之道的观点。而这却阻止了人们采取行动，因为他们认为单凭自己的力量什么也做不了（Grier & Bryant，2005；Ling et al.，1992：346-347）。

大量研究证明，教育性活动并未对可持续行为产生影响（McKenzie-Mohr & Smith，1999：9；又见本书序二），基于负面诉求产生恐惧、羞耻和内疚感的活动也没有影响（Hastings et al.，2004：962）。但社会市场营销者仍然继续采用负面宣传，因为他们认为必须对行为变革施以强力（Kotler，2008：13；McKenzie-Mohr，2000b：532）。此类活动最大的问题是，负面诉求可能在整个社会引起不安，并可能引发逆反应（见 Common Cause，2012）。

否定性社会营销主要目标是形成情感失调，而这种失调可通过从事或摆脱某种特定行为得以纠正。使用此类方法的社会市场营销者希望通过形成不适感，从而让人们为了减少不适感而照着他们传达的信息做（Brennan & Binney，2010：141）。然而研究表明，过于生动和情绪化的广告可能会导致接收者情感创伤，并可能导致其对信息的"逃避"而不是顺从或参与。引发公众最强烈的厌恶情绪的恐惧诉求试图将弱势群体如孩童、老人或普通人置身于恐惧、震惊的情景中，并多次重复，以此激发同理心（Brennan& Binney，2010：143）。多项研究表明，暴露于恐惧中会引起不适反应（这样的反应是为了缓解恐惧信息所导致的不愉快情绪），而不是尽力控制或消除广告所表达的危险。不适反应包括逃避或删除信息、不理会信息、屏蔽信息或进行反驳。一方面，不适反应让威胁最小化却没有让接收者的实际危险最小化；另一方面，它们也可能导致接收者错过重要信息，或带着偏见处理信息并得出错误结论（Hastings et al.，2004：974）。另一个相关问题是，长时间暴露于此类信息中的接收者可能会产生倦怠情绪（Brennan & Binney，2010：145），也可能会感到气愤和产生防御情绪，因而增加其危险感和脆弱性（Hastings et al.，2004：975）。

我并不是说负面诉求完全无效，它们能起作用，但是需要付出代价。如果它们的目的是提倡自发行为变革，却打算"强制"大众变革行为，这就变成了某一种独裁主义。从政治角度来看，恐吓战术是极权主义政权的标志，其目的是挫伤目标对象的士气，使其顺从。某些政治压力集团、极端革命运动、想推翻政权的恐怖组织也运用它们制造危机感，以证明当前体制已经功能失调（Muratovski，2011：261）。我明白其中的相似之处，却不能理解自由社会的社会营销者为什么要采用这种技巧。

在其他任何情况下，任何现代社会都不会允许使用恐惧活动策略。设想一下，如果宗教机构、医药公司或针对儿童的广告，尤其是儿童因为没能拥有最新的玩具或游戏而遭到嘲笑的广告，采用恐惧活动策略，又会怎样呢？但是，当谈及社会营销时同样的规则不知为何却不适用了。这确实是一大问题，因为使用恐惧诉求和基于威胁的广告引起了严重的道德问题。任何有意通过营销传播制造焦虑情绪以实现行为变革目的的做法都是完全错误的，即使这样做是出于好心（Hastings et al.，2004：972）。

然而必须承认，部分此类活动激发了有政治意识的消费者的崛起。他们的购买行为有社会责任感，或拒绝购买的行为通常是由于对生态恶化感到害怕、排斥物质享乐主义及市场、想要保护孩童及弱势群体，或仅仅因为为人正直。他们对购买什么或不购买什么的选择已成为个人宣言和其"属性"的标志（Schudson，2006：198；Shah et al.，2007：7）。

"真相"运动

"真相"运动是由美国遗产基金会发起的禁烟运动（1998—2002年）。它是基于上述原则的否定性社会营销运动取得成功的一个著名案例。1998年4月，在佛罗里达州首次开展了这一运动，它是旨在减少青少年吸烟现象的国家综合控烟行动的一部分，也是一次全国范围的公益活动，其预算之巨大（起初预算为每年1亿美元）足以有效打击向有吸烟危险的青少年推销烟草产品的营销活动。禁烟运动成功减少了青少年吸烟现象。其采用的广告策略与他们想打击的那些广告无异：吸引目标人群的随身用具和代言人。他们最令人印象深刻的特点是那些基于草根游击策略的高效否定性广告（Apollonio & Malone，2009）。

尤其是其中一个被命名为"装尸袋"的广告，成了他们最有效的广告之一。广告中，一群青少年在纽约市菲利普莫里斯公司总部外面停下脚步，将1 200个"装尸袋"堆在大厦面前的小径上，并用扩音器向菲利普莫里斯喊话的职员：这就是每天死于抽烟的人数。这个广告令人震惊，甚至有报道称在此运动后部分菲利普莫里斯的员工寻求了心理咨询。另外，还有个名叫"催眠"的广告，也直接剑指烟草公司。广告中两个年轻人驾车去附近被认为是烟草公司主管们居家的地方。他们播放了一段旨在对他们进行"重新编程"的录音："我是个好人，售卖杀人产品让我备感不适，我已意识到香烟致人上瘾"（引自Apollonio & Malone，2009：486-487）。

但是值得注意的是，上述运动与许多社会营销运动中的典型反面诉求迥然不同。被"真相"运动诟病的是烟草业而不是"受害人"（吸烟者），而这也是常有的事。阿波罗尼奥和马龙（Apollonio & Malone，2009）认为，这一策略的基础是政治宣传活动而非社会心理学。其关键区别在于定位。大多数社会营销活动家都在理解如何定位其运动方面都存在问题。比如若我们将一般的社会营销活动放到政治竞选活动环境中，我们就会看到这样的情节：政治候选人在批评选民投错了票，却没有质疑并挑战其对手拙劣的政治措施。我只想说，相比运用正面信息迎合选民情绪的政治候选人，那些攻击其选民的政治候选人将更难获取选票。在社会营销方面，"真相"运动没有诟病吸烟的青少年，而是反对行业影响力、操纵及权力，所以它直接迎合了青少年的反抗欲。然而可惜的是，几乎没有社会营销活动运用这个原则，或取得过能和"真相"运动相提并论的成功。

结　论

　　一个世纪以来，在各种营销、广告、公关及设计策略的影响下，我们已经习惯了购买大量我们不需要并通常超出我们承受能力的东西。当前我们面临的问题——不可持续的大众消费主义——由公司企业缺乏社会及环境责任感造成的。大众消费主义被伪装成与就业、发展、经济增长及进步直接相关的社会问题，因此 20 世纪早期它被看作理想的生活方式而被正常化。但是大众消费并没有带来它所承诺的繁荣时代，相反却导致经济失调、资源稀缺和破坏程度愈加严重的环境。

　　导致消费社会兴起的运动通过激发我们从根本上做出变革行为才实现了其目的，它们是"行为变革"运动。现在我们又到了需要再次变革行为的时候。通过接受并反转与起初造成这一问题相同的、消费者驱动的方式，我们可以最有效地实现这一目标。然后采用一种新型社会营销手段——这种营销手段可以在全球范围内推广可持续行为，并使其被接受。这些与当今支配媒体的环保运动应该大不相同。

　　以实现可持续消费为目标的行为变革无法通过宣扬消费主义将毁灭世界或宣扬可持续消费能拯救世界来实现。只有暗示人们，可持续消费将让他们感觉更好、更开心，才能实现可持续消费。这是多数社会营销运动都遗漏了的交换原理。

　　若我们查看商业营销的成功纪录，特别是烟酒广告，我们就会发现只要我们恰当运用这一技巧，我们就可以推销任何东西，包括可持续消费。这样做，我们就可以像烟酒业曾经做到的那样，利用令人难忘的卡通角色和丰富多彩的故事与儿童交流；通过利用有抱负的行为榜样并提供体验和融入社会发展的交流平台，我们可以吸引青少年；我们可以告诉年轻的专业人士，可持续消费会让他们看起来更智慧和时髦，并且如果以可持续方式行事，他们会令自己的邻里、朋友和客户感到钦佩。我们可以告诉人们，可持续消费可以让生活回归美好。如果人们相信可持续消费会让他们自我感觉良好，就没有理由不能像 20 世纪引入消费社会那样在 21 世纪推行一个更可持续的社会。而这就是我们需要社会营销的原因：它通过与正面诉求相联系并提供可供交换的东西促进可持续消费。

可能会有人反对上述途径，认为有这种特征的社会营销不道德，因为它使用的技巧被视为操纵性广告策略。但是此类广告能有效影响行为变革，这点无可争议。我们不应该试图与商业营销和品牌广告对立；相反，我们更应该弄清楚它们如何运作，以及如何运用它们的技巧来激发人们重新追求幸福，也就是追求可持续社会。它将指引我们走向一个拥有既可以满足当代人的需求又不会影响后代人满足自身需求的能力的社会。

参考文献

1.Alexander, J., Crompton, T. and Shrubsole, G. (2011) *Think of Me as Evil: Opening the Ethical Debates in Advertising*, Public Interest Research Centre and WWF-UK, Surrey, UK

2.Andreasen, A. (2006) *Social Marketing in the 21st Century*, Sage Publications, Thousand Oaks, CA

3.Apollonio, D. E. and Malone, R. E. (2009)'Turning negative into positive: public health mass media campaigns and negative advertising', *Health Education Research*, vol 24, no 3,pp483-495

4.Audrain-McGovern, J., Rodriguez, D., Patel, V., Faith, M. S., Rodgers, K. and Cuevas, J. (2006)'How do psychological factors influence adolescent smoking progression? The evidence for indirect effects through tobacco advertising receptivity', *Pediatrics*, vol 117, no 4, pp1216-1225

5.Baudrillard, J. (1986)'Simulacra and simulations', in M. Poster (ed) *Jean Baudrillard: Selected Writings*, Stanford University Press, Stanford, CA, pp166-184

6.Baudrillard, J. (2001)'Consumer society', in M. Poster (ed) *Jean Baudrillard: Selected Writings*, Stanford University Press, Stanford, CA, pp32-59

7.Baudrillard, J. (2005) *Consumer Society: Myths & Structures*, Sage Publications, London

8.Bernays, E. 1. (1928a) 'Manipulating public opinion: the why and the how', *American Journal of Sociology*, vol 33, no 6, pp958-971

9.Bernays, E. L. (1928b) *Propaganda*, Horace Loveright, New York, NY

10.Blount, K. (2005) *What' s Your Poison? Addictive Advertising of the ' 40s— ' 60s*, Collectors Press, Portland, OR

11.Brennan, L. and Binney, W. (2010)'Fear, guilt, and shame appeals in social marketing', *Journal of Business Research*, vol 63, pp140-146

12.Briceno, T. and Stagl, S. (2006)'The role of social processes for sustainable consumption', *Journal of Cleaner Production*, vol 14, pp1541-1551

13.Campbell, C. (2004)'I shop therefore I am: the metaphysical basis of modem consumerism', in K. M. Ekstrol and H. Brembeck (eds) *Elusive Consumption*, Berg, Oxford, pp27-44

14.Chapman, S. (1983) *The Lung Goodbye: A Manual of Tactics for Counteracting the Tobacco Industry in the 1980s*, Consumer Interpol, Winnipeg, MB

15.CIBJO (2007) *The Retailer' s Guide to Marketing Diamond Jewellery*, CIBJO—The World Jewellery

Confederation, Bern, Switzerland

16.Cohen,L. (2004)'A consumer's republic: the politics of mass consumption in postwar America', *Journal of Consumer Research*, vol 31, pp236-239

17.Common Cause (2012) *Common Cause: The Case for Working with Values and Frames*

18.Cracknell, A. (2011) *The Real Mad Men: The Remarkable True Story of Madison Avenue's Golden Age*, Quercus, New York, NY

19.Crocker, R. and Lehmann, S. (2012)'The culture and politics of zero waste: looking ahead', in S. Lehmann and R. Crocker (eds) *Designing for Zero Waste*, Earthscan, London, pp385-393

20.Curtis, A. (2002) *The Century of the Self*, documentary television series, Part 1: *Happiness Machines*, BBC Four, London

21.Dann, S. (2010)'Redefining social marketing with contemporary commercial marketing definitions', *Journal of Business Research*, vol 63, pp147-153

22.De Grazia, V. (2005) *Irresistible Empire: America' s Advance Through Twentieth-Century Europe*, Harvard University Press, Cambridge, MA

23.Department of the Environment; Sport and Territories (DEST) (1996)'More with less: initiatives to promote sustainable consumption', Environmental Economics Research Paper no 3, Commonwealth of Australia, Canberra, ACT

24.Eco, U. (1986) *Travels in Hyperreality*, Harcourt Brace Jovano Vit. ch, New York, NY

25.Ehrenfeld, J. R. (2008) *Sustainability by Design: A Subversive Strategy for Transforming our Consumer Culture*, Yale University Press, New Haven, CT

26.Ellul, J. (1973) *Propaganda: The Formation of Men's Attitudes*, Vintage Books, New York, NY

27.Ewen, S. (1996) *PR! A Social History of Spin*, Basic Books, New York, NY

28.Farameh, P. (ed) (2011) *Objects of Desire,* Farameh Media, New York, NY

29.Fowles, J. (1996) *Advertising and Popular Culture*, Sage Publications, London

30.Frankel, S. (2011)'A flourish for fetish: Louis Vuitton unleashes its new objects of desire', *The Independent,* 10 March, accessed 21 March 2012

31.Friedman, T. L. (2008)'9/11 and 4/11', *New York Times*, 20 July, accessed 17 February 2012

32.F.W. Faxon Company (1951) *Public Relations, Edward L. Bernays and the American scene: Annotated Bibliography of, and Reference Guide to Writings By and About Edward L. Bernays from 1917 to 1951*, F.W. Faxon Company, Boston

33.Gardner, G. T. and Stern, P. C. (2002) *Enviromnental Problems and Human Behavior*, Pearson Custom Publishing, Boston, MA

34.Grier, S. and Bryant C. A. (2005) 'Social marketing in public health', *Annual Review of Public Health*, vol 26, pp319-339

35.Hastings, G., Stead, M. and Webb, J. (2004) 'Fear appeals in social marketing: strategic and ethical reasons for concern', *Psychology & Marketing*, vol 21, no 11, pp961-986

36.Holbrook, M. B. (1987)'Mirror, mirror, on the wall, what's unfair in the reflections on advertising', *Journal of Marketing*, vol 51, pp95-103

37.Holmes, T., Blackmore, E., Hawkins, R., and Wakeford, T. (2012) *The Common Cause Handbook*, Public Interest Research Centre, London

38.Jackson, T. (2005)'Motivating sustainable consumption: a review of evidence on consumer behaviour and behavioural change', a report to the Sustainable Development Research Network, Centre for Environmental Strategy, University of Surrey, UK

39.Jackson, T. (2011) *Prosperity Without Growth: Economics for a Finite Planet,* Earthscan, London

40.Jhally, S. (1998)'Advertising and the end of the world', documentary/videotape, Media Education Foundation, Northampton

41.Jhally, S. (2000)'Advertising at the edge of the apocalypse', in R. Andersen and L. Strate (eds) *Critical Studies in Media Commercialism*, Oxford University Press, New York, NY, pp27-39

42.Jodard, P. (1992) *Raymond Loewy*, Trefol Publications, London

43.Kasser, T. (2002) *The High Price of Materialism*, MIT Press, Cambridge, MA

44.Kilbourne, J. (1988)'Cigarette ads target women, young people', *Alcohol & Addiction Magazine*, December, p22

45.Kilbourne, J. (1995) 'Seven myths alcohol advertisers want you to believe', *Vibrant Life*, January—February, p19

46.Kilbourne, J. (2003)'Deadly persuasion: the advertising of alcohol and tobacco'documentary/ videotape, Media Education Foundation, Northampton

47.Kilbourne, J. (2006) 'Jesus is a brand of jeans', *New Internationalist*, September, p10

48.Koolhaas, R. (ed) (2001) *The Harvard Design School Guide to Shopping*, Taschen, New York, NY

49.Kotler, P. (2008) *Social Marketing*, Sage, Thousand Oaks, CA

50.Kotler, P. and Roberto, E. L. (1989) *Social Marketing: Strategies for Changing Public Behavior*, The Free Press, New York, NY

51.Kotler, P. and Zaltman, G. (1971)'Social marketing: an approach to planned social change', *Journal of Marketing*, vol 35, pp3-12

52.Lasch, C. (1978) *The Culture of Narcissism*, Norton, New York, NY

53.Leiss, W., Kline, S. and Jhally, S. (1997) *Social Communication in Advertising*, Routledge, New York, NY

54.Ling, J. C., Franklin, B. A., Lindsteadt, J. F. and Gearon, S. A. (1992)'Social marketing: its place in public health', *Annual Review of Public Health*, vol 13, pp341-362

55.Lury, C. (2011) *Consumer Culture*, Polity Press, Cambridge, UK

56.McKenzie-Mohr, D. (2000a)'Promoting sustainable behaviour: an introduction to community-based social marketing', *Journal of Social Issues*, vol 56, no 3, pp543-554

57.McKenzie-Mohr, D. (2000b)'Fostering sustainable behaviour through community-based social marketing', *American Psychologist*, vol 55, no 5, pp531-537

58.McKenzie-Mohr, D. and Smith, W. (1999) *Fostering Sustainable Behavior: An Introduction to Community-Based Social Marketing*, New Society Publishers, Gabriola Island, BC

59.McKibbin, W. J. and Stoeckel, A. (2009) 'The global financial crisis: causes and consequences', *Working Papers in International Economics*, vol 2, no 9, accessed 24 February 2012

60.Marchand, R. (1985) *Advertising the American Dream: Making Way for Modernity, 1920—1940*, University of California Press, Los Angeles, CA

61.Marchand, R. (1992)'The designers go to the fair II : Norman Bel Geddes, the General Motors 'Futurama,'and the visit to the factory transformed', *Design Issues*, vol 8, no 2, pp22-40

62.Marchand, R. (1997)'Where lie the boundaries of the corporation? Explorations in "corporate responsibility" in the 1930s', *Business and Economic History*, vol 26, no 1, pp80-100

63.Marchand, R. (1998) *Creating the Corporate Soul: The Rise of Public Relations and Corporate Imagery in American Big Business*, University of California Press, Berkley, CA

64.Martin, S. E., Snyder, L. B., Hamilton, M., Fleming-Milici, F., Slater, M. D., Stacy A., Chen, M. J. and Grube, J. W. (2002) 'Alcohol advertising and youth', *Alcoholism: Clinical and Experimental Research*, vol 26, no 6, pp900-906

65.Meikle, J. L. (2005) *Design in the USA*, Oxford University Press, Oxford

66.Mikul, C. (2009) *The Cult Files*, Murdoch Books, London

67.Miller, D. (2001)'The poverty of morality', *Journal of Consumer Culture*, vol 1, no 2, pp225-243

68.Muratovski, G. (2010)'Corporate communication strategies: from religious propaganda to strategic brand management', PhD thesis, University of South Australia at Adelaide, Australia

69.Muratovski, G. (2011)'Franchising totalitarianism: design, branding and propaganda', *Design Principles and Practices: An International Journal*, vol 5, no 1, pp253-265

70.Neumeier, M. (2006) *Brand Gap: How to Bridge the Distance between Business Strategy and Design*, New Riders, New York, NY

71.Peattie, K. and Peattie, S. (2009)'Social marketing: a pathway to consumption reduction?', *Journal of Business Research*, vol 62, no 2, pp260-268

72.Pechmann, C. and Reibling, E. T. (2000)'Anti-smoking advertising campaigns targeting youth: case studies from USA and Canada', *Tobacco Control*, vol 9, no 2, pp18-31

73.Peck, R. 1. (1993) 'Alcohol advertising and addiction: what's the connection', *Addiction & Recovery*, March-April, p11

74.Praxmarer, S. and Gierl, H. (2009)'The effects of positive arid negative ad-evoked associations on brand attitude', *Journal of Marketing and Logistics*, vol 21, no 4, pp507-520

75.Putnam, R. D. (2000) *Bowling Alone: The Collapse and Revival of American Community*, Simon. & Schuster, New York, NY

76.Rotschild, M. 1. (1999)'Carrots, sticks and promises: a conceptual framework for the management of public health and social issue behaviors', *Journal of Marketing*, vol 63, pp24-37

77.Sanes, K. (2011)'Travelling through hyperreality with Umberto Eco', accessed 17 February 2012

78.Schönerger, A. (1990)'Preface', in A. Schönerger (ed) *Raymond Loewy: Pioneer of American Industrial Design*, Prestel, Munich, pp7-8

79.Schor, J. B. (2005)'Prices and quantities: unsustainable consumption and the global economy', *Ecological Economics*, vol 55, pp309-320

80.Schudson, M. (1993) *Advertising, The Uneasy Persuasion: Its Dubious Impact on the American Society*, Routledge, London

81.Schudson, M. (2004)'American dreams', *American Literary History*, vol 16, no 3, pp566-573

82.Schudson, M. (2006)'The troubling equivalence of citizen and consumer', *Annals of the American Academy of Political and Social Science*, vol 608, pp193-204

83.Seyfang, G. (2009) *The New Economics of Sustainable Consumption: Seeds of Change*, Palgrave Macmillan, Basingstoke

84.Shah, D. V., McLeod, D. M., Friedland, L. and Nelson, M. R. (2007)'The politics of consumption/the consumption of politics', *The ANNALS of the American Academy of Political and Social Science*, vol 611, pp6-15

85.Sheffield, T. (2006) *The Religious Aspects of Advertising*, Palgrave Macmillan, Hampshire

86.Solomon, M. R. (1994) *Consumer Behavior: Buying, Having, and Being*, Allyn & Bacon, New York, NY

87.St. John III, B. (2009). 'Claiming journalistic truth', *Journalism Studies*, vol 10, no 3, pp353-367

88.St. JohnIII, B. and Opdycke Lamme, M. (2011)'The evolution of an idea: charting the early public relations ideology of Edward L. Bernays', *Journal of Communication Management*, vol 15, no 3, pp223-235

89.Stearns, P. N. (2001) *Consumerism in World History: The Global Transformation of Desire*, Routledge, London

90.Steg, L. and Vlek, C. (2009)'Encouraging pro-environmental behaviour: an integrative review and research agenda', *Journal of Environmental Psychology*, vol 29, no 3 pp309-317

91.Stø, E., Throne-Holst, H., Strandbakken, P. and Vitterso, G. (2008)'Review: a multi-dimensional approach to the study of consumption in modern societies and the potential for radical sustainable changes', in A. Tukker, M. Charter, C. Vezzoli, E. Stø and M. M. Andersen (eds) *System Innovation for Sustainability* 1: *Perspectives on Radical Changes to Sustainable Consumption and Production*, Greenleaf Publishing, Sheffield, pp234-254

92.Sundie, J. M., Kenrick, D. T., Griskevicius, V., Tybur, J. M., Vohs, K. D. and Beal, D. J. (2011) 'Peacocks, Porsches, and Thorstein Veblen: conspicuous consumption as a sexual signaling system', *Journal of Personality and Social Psychology*, vol 100, no 4, pp664-680

93.Szmigin, I., Bengry-Howell, A., Griffin, C., Hackley, C. and Mistral, W. (2011)'Social marketing, individual responsibility and the"culture of intoxication", *European Journal of Marketing*, vol 45, no 5, pp759-779

94.Thorpe, A. (2010)'Design's role in sustainable consumption', *Design Issues*, vol 26, no 2, pp3-16

95.Vaknin, J. (2007) *Smoke Signals: 100 Years of Tobacco Advertising*, Middlesex University Press, London

96.Wiebe, G. D. (1952)'Merchandising commodities and citizenship on television', *The Public Opinion Quarterly*, vol 15, no 4, pp679-691

97.Wymer, W. (2010) 'Rethinking the boundaries of social marketing: activism or advertising?', *Journal of Business Research*, vol 63, pp99-103

98.Xiao, J. J. and Li, H. (2011) 'Sustainable consumption and life satisfaction', *Social Indicators Research*, vol 104, pp323-329

99.Zukin, S. (2004) *Point of Purchase: How Shopping Changed American Culture*, Routledge, New York, NY

10 沉思对象：挑战传统并 激励变革的人工制品

斯图尔特·沃克

【提要】

本文中沉思对象概念的创建是用来反思当今物质文化观，尤其是反思表面上造福人类的技术产品的一种途径。通过批评性调查与基于实践的概念设计相结合的研究方法，我们对当前产品概念化、生产、使用及处置模式的假定与惯例都将在其所处的主流意识形态中得到语境化。选定的附属物品——服务于手机、手提电脑和打印机等主要产品的附件——被剥离了它们具有潜在影响力的品牌标识和其他劝导性麻烦——成为包含在面板结构里的元素。这些具有美学考量的产品部件引发了反思及对其意义的探求。伴随着更多的信息和争论，这样的产品提供了创造性的、符合规程的方法，并将方法应用于反思产品的实践及创造物品的种类，以及谋求可持续未来的选择性方向。

导　言

> 只不过它们总还有暗指，这就比什么都强。奥兰则相反，看起来是一座没有暗指的城市，亦即一座纯粹现代的城市。

[Camus，1960（1947）：4]

可持续发展带来的挑战要求我们在生产、使用和更换产品的思路和方法上进行根本性转变。学术界和产业界越来越多的思考者倡导这种变化（如 Nair，2011：76；Senge et al.，2008：5），他们中的大多数人认为，这种改变必须出现在地方层面，而不是或仅局限于某一大型项目（Jackson，2009：130，196；Scruton，2012：2，399）。这些方向不仅使人怀疑一种要求生产力持续增长的经济模式，而且还意味着我们需要从整体上重新定位个人与产品及物质文化之间的关系。因此我们有必要更加清楚地认识我们个人获得、使用及处置产品的日常行为与其破坏性影响间不容否认的联系。然而，这些行为中有很多我们都非常熟悉甚至已成为惯例，正是这一点可能阻碍这样的认识。为了克服这点我们必须努力从不同的视角看待当代产品——以了解它们本身是什么、其实际用途是什么——不受营销对其夸张的妨碍。作为实践调查的一部分而创建的产品构成代表了这样一种尝试。它们让观察者以全新的角度理解常见技术产品，并且在此过程中反思这些产品及其产生的影响，这被当成是形成一个更加善意、更具移情作用的物质文化概念的前兆。

本质上讲，本次讨论涉及平淡无奇的物品和日常活动与广泛理解可持续发展之间的关系，这种理解不仅包括环境保护和社会正义，而且还包括对个人意义的理解，以及什么情况下经济方面的考虑被公认为是一种途径而非目的，且在四者中排在最后。

采取的方法是将批判性调查与设计富于表现力的人工制品结合起来，在文献综述的基础上提出理性的、有说服力的论据或开展修辞批评，这是为了探索、揭露和批判现有规范和意识形态，特别是那些被证明阻碍我们进一步理解可持续发展的规范和意识形态。这一实践有别于更加务实或商业化的设计实践，它与创造性、"学术性"的设计实践相结合。在这里，创造性实践被用来富有想象力地探索和表达从批判性调查中得出的观点和论据。反思由此产生的人工制品可以为进一步实践和调查提供信息和推动力。这样，新兴人工制品就成为开展批判的贡献因素。这样，它们可以被理解为一种"指示修辞"形式（Buchanan，1989：107）。因此，该方法结合了分析与综合。理性论证运用其他学科的认知知识、经验证据和信息，影响审美表现和创造性实践所固有的主观性、反思性及直觉性，同时也受到它们的影响。此外，还提出了一些涉及道德认知的论据和创造性实践，这些认知试图引导我们的努力朝着对社会公正、对环境负责和对个人有意义的方向发展。这样，设计的创造性和表现性核心在研究过程中得到了肯定，并与其他学术方法结合起来。与之相符的是，设计思想家们越发认识到，为了促进可持续发展，我们的教育观念和知识必须超越实证研究、经验事实和仪器分析法（如 Fry et al.，2011）。

进步和产品

人工制品是创造它的社会所持世界观的象征。例如，几个世纪以来现代性在西方社会都是主导世界观，它的重点在于：

●科学方法、自然科学和社会科学，还有实验证据，它们是可靠信息和重要知识的主要根基；

●进步，尤其是从知识进步和主宰自然世界的能力的进步的角度理解；

●科学知识进步向为人类造福的技术的转变；还有

●技术的商品化及其广泛传播——满足适用性并创造财富，这些被看作对社会、国家及企业最有利的活动（Smith，2001：12，59，81）。

持有此种世界观的社会所创造的人工制品将具有使这些当务之急具体化的特征。事实上，人工制品成了世界观及其价值观的一种体现和认可指代。因此，我们期望看到这样的人工制品，它们通过其目的、外观、功能、可容纳性和其他特征显示对进步的一种特定解释。值得注意的是，在这种世界观中"进步"一般不被视为指个人道德或精神发展，也不指穷人和被剥夺权利者的困境得到改善。人们通常认为，它指的是认知知识、经验证据和对物质世界的理解的进步，这些进步与自然"资源"的工具主义观点相结合。这些自然"资源"则是通过开发技术产品提炼出来的，并服务于人类目的。虽然人们可能认为，后一种解释是为前一种解释服务的，但这种联系绝不确定，事实上还可能是对抗性的（Davison，2001：36-42）。在这样一种世界观中，我们期望看到基于最新科学进展的或声称如此并采用了最新技术的人工制品，相比早期款式，其功能改进了，性能也提高了。我们也期望看到与这些理念一致的外部处理，如完美饰面、多功能传达视觉特征及日新月异的外形和色彩，这些都是以技术为核心的进步观念的外在表现。最后，我们期望看到许多人都能得到的人工制品，因为这些人工制品要为不断增长的目标服务，就必须是人们既能得到又能负担得起的。然而，再说这里的"增长"一词一般不指整体教育水平的提高，社会公平和公正的增加，或雨林及自然保护区的扩大。相反，它指的是经济增长，而经济增长的一大要素是以消费主义为基础，消费主义则有助于推动进一步的技术发展、生产和消费，并随之加速资源枯竭、浪费和污染。

这些发展完全符合现代性的世界观，并受到其中占主导地位的经济体系的推动。事实证明，西式资本主义尤其擅长推动技术进步。然而，在追求更多利润的同时，它也造成了惊人的社会差异，浪费了自然资源（Eagleton，2011：8；Northcott，2007：175-177，186），并视深刻的人类认识为纯粹的迷信，纵观历史，这些认识为世俗规矩、社会良知和个人意义提供了依据（Smith，2001：150-152）。讽刺的是，正如伊格尔顿（Eagleton）所指出的，它对自身颇具优越感的"理性"的信仰也是一种迷信，而这种迷信现在有毁灭地球危险（Eagleton，2011：9，15）。此外，尽管我们已经从现代性中慢慢走出几十年了，并进入了一个被称为"晚期现代性"或"后现代性"时期，但它最重要的当务之急仍然存在。

这些"进步"的概念以生产力和制造业为坚实基础，在过去的几十年里，生产力和制造业变得愈加集中于亚洲。在可预见的未来，西方国家大规模重建这样的制造业以及随之而来的就业机会是不太可能的。不仅许多亚洲国家的劳动力成本较低，而且现在已有相当数量的制造商积聚于此，他们在区域范围内集中了相互依赖、高度灵活且适应性强的供应链、大规模生产能力，以及组装现代微处理器产品所需的大量技术工人（Duhigg & Bradsher，2012）。然而，与其哀叹这种生产上的转变，我们或许更应该考虑从不同方向思考全局。虽然亚洲现在在产品制造业中占有重要分量——追随 20 世纪美国及 19 世纪英国的成就——但是此类活动因其累积的环境影响将越来越具有自我毁灭性，而且还可以被看作人类对"世俗"琐事的错误专注。比如，当一家世界领先电子产品公司负责人尝试通过展示手持设备上的新驾驶游戏给美国总统留下印象时（Duhigg & Bradsher，2012），或许就是时候该考虑我们的当务之急了。这类产品导致的持续、无休止的分心，以及随之而来且浩如烟海的媒体宣传，阻碍了自我反思及更深刻地理解人类成就和满足感的想法（Borgmann，2010；Curtis，2005：53-69）。换句话说，它们阻碍对幸福的传统认识，即以内在发展和心灵成长为中心并通过我们与他人的关系表现出来的传统幸福观。这种追求不仅对物质"产品"的要求要少得多，而且它们在我们生活中的存在也被有意识地忽略了；几千年来这一直是世界伟大精神传统的通用教义［如《伽陀奥义书》（*Katha Upanishad*）和林前第七章第 30—32 节］（Rumi，2006：221）。

超越现状

为应对这些问题，根据当代可持续发展理念，我们在提出新的技术解决方案和更"有用"的物质产品时，无论它们的凭证如何环保，都应该谨慎。这样做有助于维持现状，而不是促成上述许多人认为需要的更根本的转变。更恰当的做法也许是暂时停下来，全面思考我们已经生产的产品及其可能带来的影响，开发完全涉及不同事物的物品；迄今为止，与对技术的热衷相比，"现代性—后现代性"对这些不同事物表现出相对较少的兴趣。为此，创造出能促使人们思考以下问题的物品，首先是人类认识和"内在"满足的深层次问题，其次是现在的技术，似乎与变化中的世界观，以及当务之急和实践方面更根本、系统的转变越来越步调一致。我在其他地方探索过前一类（Walker，2012）。本次专门重点讨论后一类物品——引发人们从可持续发展角度对当前技术进行反思的物品。

虽然"可持续发展"已经变成了被严重滥用甚至误用的术语，但如果运用正确，它指的是各种重要的、相互关联的想法。此处将其理解为由四大广义要素构成（即四重底线）。其中三个主要元素分别是实践意义（与我们在物质 / 自然世界中的活动相关，这些活动在满足我们的需求同时对环境造成影响）、社会意义（与涉及他人、道德、平等和公正的活动有关），以及个人意义（与个人目的、良知和心灵发展相关）。这三大元素以人类在世界上生存的基本法则为基础：我们生活在自然环境中并有功能性需求，我们是社会动物，我们在生活中寻求意义和目的。第四元素，即经济问题，是一种人为构建而非规范准则，因此被赋予了某种次要作用，被视为一种手段而非目的（Walker，2011：187-190）。这类观点由来已久。例如，罗斯金（Ruskin）就表达过相似观点。他的观点是 19 世纪对工业资本主义以及经济问题和财富创造的地位最重要的批判之一，其他还包括《共产党宣言》（*The Communist Manifesto*）［Marx & Engels，2004（1848）］、梭罗的《瓦尔登湖》（*Walden*）（Thoreau，1854），以及莫里斯（Morris）于 19 世纪 80 年代关于工作及社会主义的作品（Briggs，1962：158-180）。罗斯金的思想影响了托尔斯泰（Tolstoy）及甘地（Gandhi），他认为创造财富的人有责任用自己创造的财富为大众及社会谋利益（Ruskin，1862-1863），而不是仅仅积聚财富，或仅仅用财富来购买大众难以获得的奢侈品（Ruskin，1857）。其基本信条是，应该被重视的是人而不是财富和财富累积。他还写到了工业烟囱的毒烟——这是一种早期的环保主义，预示了当今的气候变化问题（Ruskin，1884）。新近的评论让人们注意到了这一事实："现代性虽仍然占据优势地位，但已经了无生气，它导致了理性和意义的认知—工具形式、道德—实践形式、审美—表现形式发生脱节，分别走向体系化和专业化，传统、社会习俗和美德遭到了抛弃。分离出了认知工具、道德实践的制度化专门研究，以及理性和意义的美学表达形式，同时有意避开了传统、社会习俗及美德（Habermas，1980）。哈贝马斯（Habermas）认为，这些知识和理性领域分别是科学（其中"真理"或可靠知识源自经科学途径获取的信息）、道德（公正标准）及艺术（逼真和美）。其结果之一是宗教在公民社会中被边缘化了（Warsi，2012），随之而来的是有关精神实践、心灵成长及对道德价值观和美德的传统认识观念的边缘化。并且，学术界也未能摆脱这种世俗化倾向。一般来说，在现代大学的许多领域中，可能尤其是社会科学，以及包括设计在内的许多人文学科中，宗教和精神观念并不重要（Woodhead，2012）。

可持续设计面临的挑战是克服这些不同的分离和排斥，实施对以下事项间的关系充分认可，并且更全面、综合的途径：

- 获得与语境和环境相契合的实践意义；

- 道德责任，涉及环境道德和环境影响对人的作用；

- 个人精神信仰和心灵成长，它们是美德和永恒价值观的传统来源；

- 美学表达和美的概念。

换句话说，可持续设计需要的方法是：道德精神考量、环境责任和实践要求在设计过程中合而为一，并在审美表达中得到体现，显示一种更深层次的美——一种超越了纯粹外表及风格的美。其目的是发展在生产、使用和使用后的各个环节，都能与人和地方产生共鸣的物质文化形式。

反思对象

当今许多消费品的美感、品牌推广和广告宣传显然具有影响力和诱惑力。它们被应用于融入了"先进"技术的产品时尤为有效，如智能手机、平板电脑、笔记本电脑及许多其他无处不在的"下一代"数字化对象。伴随这些产品的宣传和虚构的激动，即使不能说是歇斯底里，也让人们很难公正地看待它们。通过总是夸大微小差异的重要性的营销策略进行无所不在的心理操纵是驱动消费主义引擎的一大关键因素。这种策略并不新鲜。它们可以追溯到 20 世纪 20 年代，汽车制造业将宣扬产品的内置报废属性和每年车型更新作为制造不满情绪和刺激销售的一种策略（Sparke，1986：179-181）。同样，就我们的购买习惯而言，我们往往会表现出相当模仿的行为。因此，在一个普遍由消费主导的社会环境中，如果媒体和我们的同事似乎对一个新产品感到激动，我们通常会也会有类似的表现。这种行为的例子不在少数（如 Gladwell，2000：4-5；Smith-Spark，2007）。然而，这种以消费为中心的策略不可避免地会伴有社会差距、环境破坏和个人不满（Eagleton，2011：15；Nair，2011：76）。

持续不断地鼓动人们对新产品和技术创新产品的渴望，其中暗含与之相随的对新近过时产品的鄙弃。虽然我们可能认为，我们可以用更中性的眼光看待老产品，因为它们不再被媒体大肆宣传而失去了新鲜感的光泽，但在当代消费文化中情况并非如此。这些产品从功能或美学角度看已经过时，这一事实本身就意味着人们往往会以一种嘲笑的眼光看待它们。因此，可以从它们那儿汲取的任何教训，如对资源的利用过于短暂，以及导致垃圾填埋增加，都势必会被减弱。

出于这些原因，无论是新产品还是刚过时的产品都适合用来反映以技术为基础的当代物质文化及其重要性。但是，还是有更多种类的物品我们认为可堪此用。

我们的眼睛总是紧盯着频繁出现在媒体聚光灯下的那些闪亮的新设备，所以我们很少考虑它们所依靠的、比较晦暗的配套装备。虽然无足轻重的配件——一次性墨盒、电池及充电器——也表明了我们对技术的信仰及依赖，但它们与其所服务的主要产品不同，这些卑微的物品并未被看作有价值的东西。人们可能因为需要而勉强容忍它们，却没有欣赏、珍惜或真正"看到"它们。它们不是财产，仅仅是工具，对世界并无美学或其他方面的积极贡献。但事实正好相反，它们是那些迷人的电子设备所不可或缺的辅助物及消耗品。我们把它们视为途径而非目的，但我们并未真正想拥有这类物品，如酒店里经常有一大堆手机充电器等人认领。这类辅助产品很少成为广告或促销材料中的主角，它们通常免于所谓的劝服美学的影响。

维特根斯坦（Wittgenstein）指出，当一些物品成为事物状况的组成部分时它们组合在一起，并且相互间形成确定的关系，这一确定的关系形成了事物状态的结构（Wittgenstein，1921：3，11，31，32）。在这一点上，对于我们物质文化的不可持续状态来说，这些卑微的配件和主要产品本身一样重要，但是没有外部装饰、陪衬的华丽辞藻、受欢迎的功能和社会声望，它们反而提供了一个更有效的基础来了解事物的本来面目，并为沉思和反思提供了一个更恰当的关注点。

越来越明显的是，我们已经形成了这样一种状况：大量生产、使用、丢弃和替换物品与社会、我们自身及自然环境的最大利益严重冲突。同样明显的是，我们缺乏意愿采取重要行动来减少消费以及我们造成的浪费和污染。实际上，事实正好相反。尽管与能源有关的二氧化碳排放已达到历史最高值，政府和大企业仍鼓励生产和消费（IEA，2011）。我们似乎已经非常习惯于我们当前的物质文化形式，并不乐意了解它的真实面目及它代表什么。因此，有必要开发新的方式来看待这种情况，劝导以其高雅的审美、理想化和技巧模糊我们对现实的看法，这一新方式将不受其影响。必须探索其他途径，绕过这些有影响力但没用的关联。这次讨论就提出了这样一条途径。

沉思对象

图 10.1、图 10.2 和图 10.3 展示了三个面板，分别命名为"土地""水"及"空气"。三个面板上都主要展示了人们熟悉的附属产品或辅助产品。这些产品已经被剥去了品牌这层外衣，并排列在装裱到旧胶合板上的一张长方形白纸内。因此，这些组合物只是在一个将它们与其周围环境和正常使用环境剥离开来的有限框架内，仅呈现产品本身。

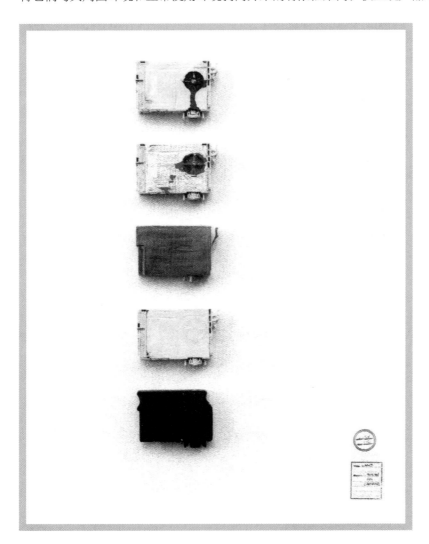

图 10.1 "土地"：旧打印机墨盒，纸张，被重新覆盖的胶合板。
来源：图片由作者提供

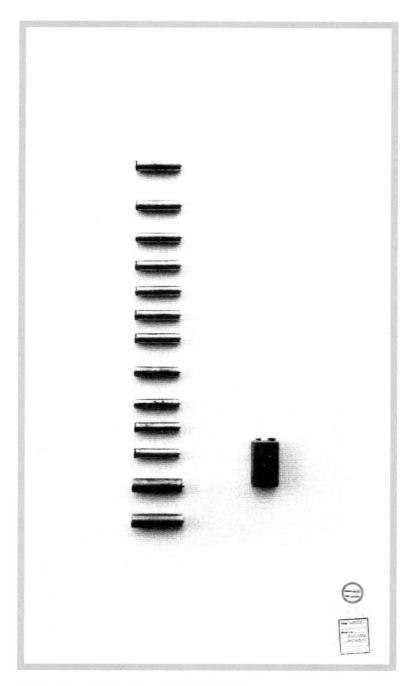

图 10.2 "水"：旧电池，纸张，被重新覆盖的胶合板。
来源：图片由作者提供

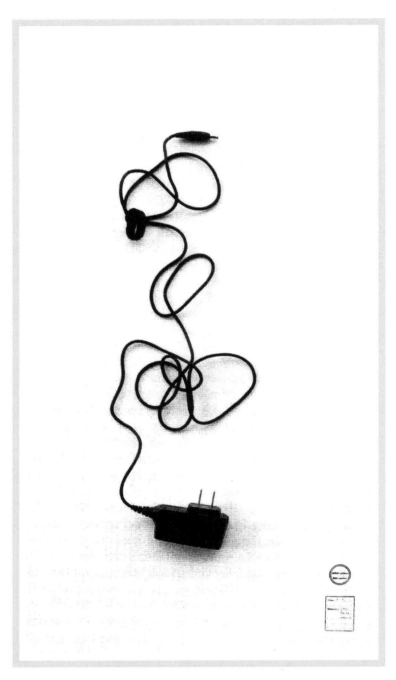

图 10.3 "空气"：旧手机充电器，纸张，被重新覆盖的胶合板。
来源：图片由作者提供

虽然它们都以面板结构的形式呈现，但重要的是要明白它们不是艺术品，也不是设计对象。更确切地说，它们是关于设计对象的物品。就目的而言它是学术性的，是通过创造性实践不断探索的一部分，在创新实践中，探索对象与合理论据同时形成，用以探索、构思和展示关于设计，以及设计与我们的物质文化的本质、可持续发展和人类繁荣之间关系的设想。这种设计工作涉及反思、质疑和探索学科本身的发展潜力。从 20 世纪 20 年代的德·斯蒂尔（De Stijl）和鲍豪斯（Bauhaus）到 70 年代和 80 年代的阿尔基米亚（Alchimia）和孟菲斯（Memphis），再到 20 世纪 90 年代的楚格设计（Droog Design），设计有着悠久的反思和探索实践历史。创建这些面板结构为反思与可持续发展关联的当代物质文化提供了基础。更具体地说，它们为重新"看到"随处可见的物品并思考它们在我们自己的活动和日常生活中的作用提供了一个焦点。

以这种方式展示物品——给它分配一个特殊的地方的行为本身就引发了沉思（Perry，2011：73）。平常事物得以充分展示并被突出。此外，通过它们的标题设计者对它们各自与可持续发展之间的关系提出了建议，特别是就以下方面：每年全世界有数百万吨电子废物被丢弃并填埋；水质及有毒物质浸出导致的水质恶化；空气污染，特别是可能导致气候变化的排放物（Leonard，2010：261–268）。

以极简的图案—底面的艺术排列来呈现这些结构，人们会认为它们是美丽的。然而，想要吸引大众的审美关注，我们需要更深入思考并寻求意义，这与每一面板的标题相结合，可以在美的概念与我们眼前之物更广泛的影响之间产生一种张力。

通过这种方式要求观众以新的角度来思考被广泛应用的技术——不受时髦诱惑和劝服推销技术妨碍的视角，其目的是更好地认识我们的个人、工作活动与以下几个方面之间不可避免的联系：

• 我们对技术及相关能源使用的依赖，还有我们对频繁充电、接通电源、抛弃以及更换的需求；

• 对可用及可负担之物，获得电力供应及接受一次性使用 / 可替代产品等的依赖被认为是理所当然的；

• 自然环境日益恶化，自然环境不仅为生产提供资源，还要承受资源利用和废物处置导致的破坏性后果，以及由此造成的对世界的剥夺和毁容。

以去语境化方式展示此类产品可促使我们反思自身行为及我们对当代技术的使用。它们令我们每个人都难辞其咎。每次我们丢弃墨盒都是在浪费来之不易的、不可再生的碳氢化合物资源，并将重金属和可能有害的墨水混合物一起投入已经爆满的垃圾填埋场中。每次我们扔掉一次性电池就是在洗掉自己手上的有毒物，这些有毒物会渗入土壤和地下蓄水层。还有，每次我们给笔记本电脑或手机充电时实际上是在启动一个小型二氧化碳气泵，让它向大气中排放污染气体。

这些特定的人工制品代表了我们今天欣然接受、使用然后丢弃的那些数量庞大、种类繁多的人工制品，它们消耗资源和能源并造成污染。这样做时，我们也同时加剧了社会不平等和经济不公正，使这些产品及其服务的主要产品变得既可获得又能买得起。事实上，它们的可用性和可负担性与其一次性使用、可替代形式密不可分。如果没有严重经济差异、滥用性生产方式、浪费性资源利用，以及对污染和排放的漠视，当代技术产品根本就不可能以它们现有的形式存在。如果它们真的存在，就必定会被认为是永恒的产物，而且不可避免地要昂贵得多。因此，我们无力如此轻易地更换它们，无论是主要产品本身，还是次要、晦暗的配件。所以我们不得不把它们设计为可升级、可补充并可有效维护的产品。

将我们的日常及产品使用与更重大的可持续发展问题联系起来，是充分认识我们个人活动的影响至关重要的一步。但这样做不可避免地会引出与目标、正确的生活方式、个人认知、满足感和内心平静等相关的问题。所以，这些面板结构触及了上述可持续发展四重底线的所有四大元素，包括个人意义的概念。

我们最珍视之物

出现在这些面板结构中的产品虽然平淡无奇，但可以看出它们体现了我们对人类存在的意义和目的的理解。它们是我们珍视之物的象征——主流世界观的物质表现。在现代人心目中，对意义的不懈追求已演变成了一种世俗化的努力。人们不再把意义看作通过内在地追求精神成长和神圣传统，而是通过思想观念的"进步"来寻求意义（Eagleton，

2009：84；Taylor，2007：716–717），如上所述，"进步"已不可避免地与不断发展的技术设备及配件联系在一起。

因此，这些面板结构可被阐释为我们时代的浮雕或图标。墨西哥浮雕或还愿物，还有用宗教传统中流行的其他表达形式描绘的神圣人物、圣徒、奇迹或幽灵，这些人工制品成为忠于意义和至善之源的有形标志和焦点。此处呈现的面板结构也具有类似作用。但是，在"进步"的世界观看来，寻找意义牢牢定位在物质及世俗领域，而不是形而上学的精神领域，其主要表现方式是科学进步及技术应用。因此，人类潜力及抱负都往往沦落为实用主义和功利主义。这些结构的目的是通过将我们在日常生活中常用的普通"进步产品"与它们的广泛影响及其对社会、自然环境的累加影响，以及我们对意义、目标和成就的自我意识相联系，引起人们对这种状况和意义所在之不足的反思。它们延续早期的探索，着眼于超越实际需求的功能产品的概念（即指向"内在"功效而非"外在"效用的沉思对象）。本讨论中包含的三个面板采用与先前工作中所使用的相同展示技法，但与那些早期概念相反，这里没有对精神演绎的影射。这些结构体现了支撑面向消费者的基本上不可持续的物质文化意识形态。于是"进步"这一支配性意识形态就和传统的、可以说更全面更深刻的人之为人的观念并列在一起。在这些结构中纳入平淡无奇的功利产品，也许可以使我们从新的角度看待这些产品及其立足的意识形态——看清它们真正是什么，实际上体现着什么。

关注对象

当我们的审美目光集中于那些与周围环境分离并容纳在一个框架内的人工制品时，我们无法用完全公正的方式思考它们。因为设有框架，按惯常理解，此类物品被看作关注对象——脱离它们在日常生活中可能具有的功能。此外，此类物品还是一种交流方式（斯克鲁顿称其为"中项"），其作用是促进框架内人工制品的创造者与观赏者之间的交流。此类物品还带有预期的信息。我们对它们的体验不能完全脱离我们对其构成的认识——不仅是它们的功能，而且在今天还有它们暗含的对环境和社会的破坏性。这种认识将影响我们的审美体验，进而影响我们的判断，因为我们对美的感知与我们的道德观念、精神观念，对很多人来说，甚至是有关神圣的观念密切相关。依照传统，美与美德、人类最深层的精神价值观及对世界的敬畏密切相关（Scruton，2009：75-78，172-175）。因此，我们看到了一条不容忽视的连线，它把我们关注的这些人工制品和我们对美的判断连接在一起，这些人工制品从它们所处的正常语境中被挑选出来，呈现为值得我们关注和审美凝视的重要对象，我们对美的判断并非公正无私，而是与我们对其寓意和影响的了解密切相关。认识到这一点，我们就很难，如果不是不可能的话，认为此类物品是美的。这是因为我们对美的看法与不道德的做法和社会不公不相容，这些不公往往与产品生产（Krueger，2008）和大规模的环境退化有关。虽然在开采和加工自然资源供人类使用时，环境退化包括由于累积的废物处理和排放污染土地、水和空气，可能是不可避免的，但今天这种退化规模是前所未有的。这种状况与重视以技术发展为基础的持续经济增长的意识形态有关，技术发展继而又促进了产品生产、使用、处置和替代。相比之下，更为良性的模式，如支持升级和维修的生产服务一体化（Manzini & Jegou，2003），重视整个或部分生产本土化的方法（Porritt，2007：306），以及将当务之急从公认的技术"效益"和便捷性重新定义为人的完善这一更深厚、更持久的观念（Walker，2011：185-205），都有助于缓和资源利用与环境破坏。虽然我们可以利用和享受此类物品的效用，但也必须认识到，它们给世界增添了丑陋而不是美丽。它们助长了社会不公和对自然的破坏，也会侵蚀我们的精神幸福感，这不仅是因为它们与破坏性的关联，而且因为当今许多电子物品往往会造成人心不宁的环境，这将阻碍人们反思，并阻止更深层次的、更深思熟虑的存在方式（Carr，2010：112-113）。

在有审美考量的结构中呈现这些物品，使物品脱离它们的品牌印记、商品属性和通常所处的语境，并提供了重新审视它们的机会（Scruton，2009：62，90-92）。凭借观察者的知识和经验，从这些表达中诠释出来的意义并不准确。创作者心里可能有希望传达的特殊含义，但观众也带来了他/她自己的理解，他们的理解可能会大为不同，并且还会因人而异。即便如此，人们的判断也并非是任意妄为的。要对作品做出价值判断，就必须将其视为值得我们关注的、有意义的东西。以这种方式看待这一物品，人们需要反思、寻求意义并作出判断。在这种观察中得出的信息或论据也会影响我们如何看待它，并帮助我们做出价值判断，这将是我们价值观的作用之一。我们把我们看到的，以及我们的情感、主观反应交由自己的价值观——并且我们正是根据这些价值观做出判断。例如，我们最初可能会被一件作品吸引，发现这幅作品很有趣，可能还很美。仔细观察才发现，它是由一次性的、有害物品组成的，这一点将在我们阅读作品的标题"土地"或"水"时被强化。然后，我们就可能在脑海中思考这件作品的意义，或许还可以考虑其创作的根本原因（如本文所述）这样的附加信息，并最终形成价值判断。我们也许会发现这件作品令人印象深刻，但我们可能再也无法认为它是美的，因为其构成与损害自然和／或破坏社会的行为有关。这种外在的、表面的美与其内在构成成分可能引发的破坏性后果之间的矛盾被设计出来，旨在引起反思。这是一次尝试，试图创造一次审美体验，该体验密切关注当代物质文化缺陷及其为之带去便利的日常生活。

因此，每一结构都可以被理解为一种表达形式，在观众眼中，它并不是在描述，而是将我们这个数字世界中熟悉的日常产品与其更广泛的寓意联系起来。其目的不是进行道德说教，而是认清关系，用不同的方式看待事物。如果我们要改变常规，开创更可持续的前进道路，这样"以不同方式看待事物"的心态至关重要。全面了解事物的本来面目是成熟的标志，因为我们很清楚自己的行为，对其影响也心知肚明。也许，我们可以更具体、更近距离地识别出，正是这些东西，这些我们生活中极为熟悉的日常用品，才是不可持续发展的根源——也是环境恶化和社会不公的根源。这些看似无害的小元素是以进步和增长为基础且建立在一种仍然占主导地位但明显存在缺陷的意识形态上的技术官僚政治的产物，它们容易被忽略、不引人注目、很容易被抛弃和取代。

设计之眼

一个世纪以来，甚至更长时间，人们都把设计，尤其是工业设计，看作为工业提供的一项服务，是增加价值、提高销量、提高生产力、降低成本，乃至为产品、系统或实际上是企业提供美学身份的一种方式（IDSA，2012）。因此，它为将我们的生产—消费体系发展成今天的现状发挥了积极作用。然而，设计之眼可以关注别处，如果要在创造可持续发展的未来中发挥重要作用，那么它的作用可以而且应该有相当不同的解读。设计的特殊贡献更多体现在其综合作用上，而不在于其分析作用。设计过程汇集了种类繁多且迥然不同的因素和考量范围，并通过视觉技术和审美敏感、经验信息和实证效用，以及直觉、情感和象征手法等，将它们整合并呈现为一个创新的、连贯的和统一的整体。因此，设计知识、技能、技术和综合实践非常契合可持续发展的复杂性和千差万别的层面。然而，为了有效地解决这个问题，设计必须批判性看待自身及其假设和惯例。我们必须以一种新的眼光来看待现状和日常生活中极为熟悉的日用品，并以寻求意义的眼光来审视它们。为了促成这样的评判，设计本身可以通过重新构思我们看待熟悉事物的方式，并在一个不同寻常的审美框架中呈现它们，提供一种有创意的方法。对此类物品的沉思可能会启发更多的暗指，并且回想加缪说过的话，这就比什么都强。因为如果没有这样的暗指，我们就会完全停留在现代状态，这对我们是有害的。

参考文献

1.Borgmann, A. (2010)'I miss the hungry years', *The Montana Professor*, vol 21, no 1, pp4-7

2.Briggs, A. S. A. (ed) (1962) 'Socialism', various writings in *William Morris: News from Nowhere and Selected Writings and Designs*, Penguin, London

3.Buchanan, R. (1989)'Declaration by design: rhetoric, argument, and demonstration in design practice', in V. Margolin (ed) *Design Discourse: History, Theory, Criticism*, University of Chicago Press, Chicago, IL, pp91-109

4.Camus, A. (1960 [1947]) *The Plague*, Penguin Books, Harmondsworth

5.Carr, N. (2010) *The Shallows: What the Internet is Doing to Our Brains*, W.W. Norton, New York, NY

6.Curtis, M. (2005) *Distraction: Being Human in the Digital Age*, futuretext, London

7.Davison, A. (2001) *Technology and the Contested Meanings of Sustainability*, State University of New York Press, Albany, NY

8.Duhigg, C. and Bradsher, K. (2012)'How U.S. lost out in iPhone work', *New York Times*, 21 January 2012, accessed 22 January 2012

9.Eagleton, T. (2009) *Reason, Faith and Revolution: Reflections on the God Debate*, Yale University Press, New Haven, CT

10.Eagleton, T. (2011) *Why Marx Was Right*, Yale University Press, New Haven, CT

11.Fry, T., et al. (2011) *Future Tense: Design, Sustainability and the Urmadic University*, ABC National Radio, Australia, broadcast 4 August 2011, accessed 1 2 January 2012

12.Gladwell, M. (2000) *The Tipping Point*, Abacus, London

13.Habermas, J. (1980)'Modernity', in V. B. Leitch (ed) *The Norton Anthology of Theory and Criticism* (2nd edition, 2010), W.W. Norton, London, pp1577-1587

14.IDSA (2012) *Industrial Design: Defined*, Industrial Designers Society of America, accessed 10 February 2012

15.IEA (2011) *Prospect of Limiting the Global Increase in Temperature to 2°C is Getting Bleaker*, International Energy Agency, 30 May 2011, accessed 11 January 2012

16.Jackson, T. (2009) *Prosperity without Growth: Economics for a Finite Planet*, Earthscan, London

17.Krueger, D. A. (2008)'The ethics global supply chains in China—convergences of East and West', *Journal of Business Ethics*, vol 79, ppl113-120

18.Leonard, A. (2010) *The Story of Stuff*, Constable & Robinson, London

19.Manzini, E. and Jegou, F. (2003) *Sustainable Everyday: Scenarios for Urban Life*, Edizioni Ambiente, Milan

20.Marx, K. and Engels, F. (2004 [1848]) *The Communist Manifesto*, Penguin Group, London

21.Nair, C. (2011) *Consumptionomics: Asia' s Role in Reshaping Capitalism and Saving the Planet,* Infinite Ideas, Oxford

22.Northcott, M. S. (2007) *A Moral Climate: The Ethics of Global Warming*, Darton, Longman and Todd, London

23.Perry, G. (2011) *The Tomb of the Unknown Craftsman*, British Museum Press, London

24.Porritt, J. (2007) *Capitalism—as if the World Matters*, Earthscan, London

25.Rumi (2006) *Rumi: Spiritual Verses—the First Book of the Masnavi-ye Ma' navi*, A. Williams (trans) Penguin Group, London

26.Ruskin, J. (1857)'The political economy of art: addenda 5—invention of new wants', in E. Rhys (ed) *Unto This Last and Other Essays on Art and Political Economy*, Everyman's Library, J. M. Dent & Sons, London [1907], 96

27.Ruskin, J. (1862-1863) 'Essays on the political economy, part 1: maintenance of life—wealth, money and riches', in E. Rhys (ed) *Unto This Last and Other Essays on Art and Political Economy*, Everyman's Library, J. M. Dent & Sons, London [1907], 198

28.Ruskin, J. (1884) *The Storm-Cloud of the Nineteenth Century*, two lectures delivered at the London Institution, 4 February and 11 February, accessed 21 January 2012

29.Scruton, R. (2009) *Beauty*, Oxford University Press, Oxford

30.Scruton, R. (2012) *Green Philosophy: How to Think Seriously about the Planet*, Atlantic Books,

31.London

32.Senge, P., Smith, B., Kruschwitz, N., Laur, J. and Schley, S. (2008) *The Necessary Revolution*, Nicholas Brealey, London

33.Smith, H. (2001) *Why Religions Matter*, HarperCollins, San Francisco, CA

34.Smith-Spark, L. (2007)'Apple iPhone draws diverse queue', BBC News, 29 June 2007, accessed 17 January 2012

35.Sparke, P. (1986) *An Introduction to Design and Culture in the 20th Century*, Allen & Unwin, London

36.Taylor, C. (2007) *A Secular Age,* The Belknap Press of Harvard University Press, Cambridge, MA

37.Thoreau, H. D. (1854)'Walden'in *Walden and Civil Disobedience*, Penguin Group, London [1983]

38.Walker, S. (2011) *The Spirit of Design: Objects, Environment and Meaning*, Routledge/Earthscan, London

39.Walker, S. (2012)'Design on a darkling plain: transcending utility through questions in form', *The Design Journal*, vol 15, no 3, pp347-372

40.Warsi, S. H. (2012)'We stand side by side with the Pope in fighting for faith', *The Telegraph*, London, 14 February 2012, accessed 14 February 2012

41.Wittgenstein,L. (1921) *Tractatus Logico-Philosophicus*, D. F. Pears and B. F. McGuinness (trans), Routledge, London [1961]

42.Woodhead, L. (2012)'Restoring religion to the public square', *The Tablet*, London, 28 January 2012, pp6-7

第三部分

社会创新变革：以设计影响行为

11　可持续品质：社会变革的强驱力

埃齐奥·曼齐尼　　弗吉尼亚·塔西纳里

【提要】

　　我们只要留意复杂的当代社会，就会发现有许多参与可持续社会创新的创意社区。每项创新倡议的背后都有一批人，能超越标准思维和行动方式，构想、培育并管理着新事物。在解决问题的方式上，他们敢于挑战主流思想的霸权，提出有价值的替代方案。首先，这些创意社区有一个共同点，它们大部分是在共同面对日常生活问题时产生的。在面对这些问题时，创意社区构想出各方皆赢的新思维行动模式——个人、社会、环境。其次，提出了新的品质观并受到这些新观念的驱动：也就是说，创意社区所处的自然与社会环境应有的新品质，也称为可持续品质。我们要从可持续品质中受益，就要求更多的可持续性行为。

　　本章将介绍和讨论这些品质，特别是界定这些品质的底层框架，如视复杂性为一种价值；追求深厚持久的关系；重新定义工作与协作内在于人类经验的本质；以及支持人性化的社会—技术体系及其在确定民主、以人为本、可持续性社会问题上的积极作用。这些框架孵化的品质是多元的，远非20世纪广布全球的主流模式所能及。本章结论如下：这些可持续品质与许多——如果不是大多数——主流思想行为模式相抵触，这是一场不同文化（行为）模式的博弈，需要不同社会角色发挥作用。日常生活品质遭受风险时，设计师们应该成为有影响力的玩家。当代社会正在从以个人主义、消费主义和不可持续行为为特点的范式向其雏形渐露的替代范式转型，设计师理应成为参与这一进程的一个相关社会行动者群体。

以品质作为革新推进器

1989 年，卡洛·佩特里尼（Carlo Petrini）创建了国际慢食协会。协会宣言开宗明义地写道，"我们深信，人人皆有追求快乐的根本权利。因而，我们有责任保护粮食、传统和文化遗产，没有这些遗产，快乐就无从谈起"（Petrini，n.d.）。但这并非协会的唯一关切。宣言继续写道，"我们视自己为共同生产者而非消费者，我们如能知晓粮食的生产过程，积极支持生产者，我们就成为粮食生产的一分子和合伙人"（Petrini，n.d.）。

换言之，慢食协会提出了看待粮食消费的新视角。各个地方如能把生产与消费相连接，便能带来可持续发展优势，这一问题许多学者已经讨论过（见 Meroni，2011；Meroni et al.，2009；Seyfang，2006）。慢食协会是国际社会公认的这一有效模式的具体实例（Andrews，2008；Chrzan，2004；Donati，2005；Germov & Williams，2008；Kinley，2012；Labelle，2004；Leitch，2003；Miele & Murdoch，2003；Mintz，2003；Parkins，2004；Parkins & Craig，2006；Waters，2003）。

慢食协会的职责是挽救那些在工农业主导体制下不具经济效益而逐渐消失的粮食，该协会供应这些粮食并对其定价。慢食协会通过孔多特（Condotte）等消费者生产者组织发起的活动，意大利境外称联欢会（Convivia）（Andrews，2008），已经在消费者（需求方）中培育了粮食意识。在供给一侧，协会面向农场主、饲养员、渔民和食品加工公司发表演讲，促动地方机构（主席团，即 Presidia）支持上述群体，帮助这些群体和各自的市场对接。

我们通过现有文献及对慢食协会发挥的短期、中期乃至较长期效应的经验观察，可以得出结论，佩特里尼和慢食协会创建团队共同推动了富有成效的全新社会变革。该变革之所以成为可能，是因为协会的远见卓识和具体地方行动对接后，凝聚起人们的共识，从而激励团体和个人采取或大或小但有意义的行动。在这一过程中，慢食协会实施的就是我们通常认为的战略设计程序：制定总目标，确立（潜在的）利益各方，构想创建能把目标变为现实或至少部分变为现实的社会技术体系（见 Jégou & Manzini，2008；Manzini，

2009b；Manzini & Vezzoli，2003；Meroni，2008）。

佩特里尼和慢食协会就一个先进可持续的粮食体系建立了全新愿景。他们在确立了主要参与方（优质粮食的生产者和自愿认可他们的市民消费者），创办了主席团和联欢会等机构后，这些社会行动者才得以开展协作，建立一种有活力的新型城乡关系。主席团开辟合适的渠道，帮助农场主以好价钱卖出他们的优质粮食。同样，联欢会组织市民鉴赏这些优质粮食，提高了对粮食的认可度。慢食协会的这些举措是要建立一个设计术语称之为"启动系统"的产品服务体系，旨在增加相关社会参与者的自主权（Jégou & Manzini，2008）。总之，佩特里尼和慢食协会的所为等同于实施一项设计策略，它立足于三大相互依存的举措：

（1）认识真正的问题及能解决这一问题的社会资源（人、社区及其相关能力）。

（2）提出可激活上述资源的组织及经济结构的建议，为不同环境下这些结构的自我组织、存续和复制提供援助。

（3）建立并传递一个整体构想，纳入大量地方行动，并统一进行定位。

在此将要讨论的是第三项举措，这之中包含了可持续新品质的构想。首先，慢食协会在开创事业之初，并非单纯批评事物现状，而是抛出了"快乐权利"（意大利语，diritto al piacere）的理念，即享有"佳、洁、美"产品的权利（Petrini，2007）。继而，协会又提出了具体可行的质量观，与现行质量观两相对照。慢食协会的质量思想是深刻的，这一思想从产生、认可、理解到普及需要时间。慢食中的"慢"字意指高品质粮食，它的生产和消费有其自然的时间周期。慢食所谓的"慢"本身并不可取，天下没有任何事物仅仅因其慢而受称道，这便是问题的关键所在。慢速的重要性凸显出来，因为它能为产生和鉴赏佩特里尼关心的意义深远的质量提供必要保证，这就是要兼具"佳、洁、美"的品质（Petrini，2007）。

质量和时间二者的关系既可识别还可扩展到粮食领域以外。经验观察表明，任何东西的质量都不能由仓促生产而得到改善。如果不花时间去体验，事物就无法得到欣赏。因此，深邃的品质是缓慢社会过程作用的结果，在此过程中，行动、创造的能力与认识、欣赏的能力同步发展。总之，"快乐的权利"意味着令人愉快和向往的事物，它唤起了有关时间、交互关系和工作的新观念，与 20 世纪对时间、交互关系和工作的主流认识截然不同。我们认为，促进这一"快乐权利"及其引入当代社会的成套新价值观意义重大。

慢食协会质量思想的作用体现在几个方面。我们将考虑其中的两个：

质量和实用主义，文化和组织

慢食运动作为社会创新在全世界最成功的案例之一，十分强调质量维度的相关性。这一运动显示，质量维度须有实用维度作为支撑，这使文化与组织问题的关联变得十分明显。

直觉设计服务于可持续社会创新

慢食协会直至新近才开始与设计师合作，佩特里尼和他的主要合作者都没有正式的专业设计背景。然而，他们都可被视为"了不起的设计师"，他们的设计思维方法直观而有效。设计师们在启动支持可持续社会创新的事业中能够和应该做什么，关于这一点，他们的故事告诉我们许多。

社会创新

社会创新指"用以实现社会目标的新思想"（Mulgan，2006：9）。用这个定义观察当代社会，就会发现有许多倡议可被视为社会创新的绝佳范例。其中包括：共享服务的家庭社团，既能减少经济和环境成本，又可改善周边环境；新的社会交换互助形式（时间储蓄银行）；取代私家车的新型流动系统（从共享汽车、拼车到重拾自行车）；研发以地方资源为基础的生产活动和链接广大全球网络的技术（如某个地方的专属产品，在全球生产者和消费者间直接建立公平贸易网络）。在这份长长的清单上可加进更多倡议，这些倡议涉及全世界人们日常生活的方方面面（DESIS，2012；Meroni，2007）。这些倡议挑战传统行为方式，引入新的可持续替代行为模式。当然，要精确评估真正的环境社会可持续性，对每一个个案都应进行详尽分析。然而，我们也能一眼看出，这些个案与可持续性的一些基本准则高度吻合。

许多这些倡议似乎能前所未有地调和个人利益和经济利益、环境利益——这样社会结构就得到了巩固。照此，这些倡议孕育出新的更可持续的幸福观，这种幸福观更为强调社会和自然环境品质，强调爱心、协作、慢节奏生活及新型社区和地域。而且，实现这些幸福看似十分接近环境可持续性的主要指南，包括秉持积极态度，共享空间与物品，喜好区域性季节性生物食品，重建局地网络等。最重要的是，这要求相应的配套经济模式，其交通密集特点将大幅削弱，更好地整合可再生能源和生态系统（见 de Young & Kaplan，2012；Jégou，2011；Manzini，2012；Manzini & Rizzo，2011；Meroni，2011；Parks et al.，1999；Seyfang，2007；Seyfang & Smith，2007）。这些社会创新的示例提出了个人利益和社会环境利益相融合的途径，因而具有十分光明的前景。在这些倡议的框架内，人们以不同的方式、因不同的原因、依据具体目标，能够引导自我期待和个人行为，靠近更可持续的生活方式和生产方式。

共同特征

这些前景可观的社会创新倡议虽然数量甚微，但仍在增长，影响也在扩大。过去 10 年，各式各样的社会创新方兴未艾，启动、支持、指导社会创新的战略部署不一而足，受到人们越来越多的关注，渐渐地发现了构成社会创新的一些特征。下面我们将通过社会创新的三个代表性例子讨论它们对社会经济模式的影响作用。

纽约社区花园（美国）

纽约的社区花园是在"绿色大拇指"行动支持下，由志愿者团体管理维护的，纽约市政公园娱乐事务部为开办的这一项目提供物资、技术和经济援助。20 世纪 70 年代，纽约发生经济危机，大量公共土地及私人土地遭到闲置废弃，大部分社区花园就建在荒地上。1973 年，本地市民和号称绿色游击队的一群园艺爱好者在空地上掘出一个个树坑，撒播种子，开始了种植、培育花木的事业。1974 年 4 月 23 日，纽约市政住房保护开发署同意以 1 美元的月租出租第一个场地，修建"包厘—休斯敦街社区农场公园"。园艺志愿者是支撑花园社区的脊梁，他们的年龄和背景各不相同，开展多种活动，种植及看护树木、灌木、花草，举办社交活动和教育研习班，种植粮食，还在一年中某些特定时间向公众开放花园。这些活动从整体上促进了社区参与和公民参与（Lupi，2011）。

萨瑟克区关爱圈（英国）

萨瑟克区关爱圈组织社区助手按需为老年人提供日常家务的援助。关爱圈为老年人组织社交活动和卫生活动，提高了他们的生活质量，同时也创建了社区。社区助手在时间银行会得到奖励积分，还有专业社会工作者的支持。萨瑟克区关爱圈的创意最初由总部设在伦敦的设计公司 Participle 有限公司协作设计，在超过 250 位老人及其家人中进行试点，而后加以推广。第一个真正规模的试点于 2009 年 5 月投入运行。Participle 原创的关爱圈在几个地区得到推广。2010 年，有 4 个关爱圈投入运行，另有 9 个关爱圈目前处于业务规划阶段（研发经济模式有 Participle 的支持）。其中，有一个关爱圈第三年就实现了经济上的自给自足，不需地方政府追加资金（Participle，2012）。

爱农会，农民协会（中国）

2005 年，中国广西柳州，由于不能从普通城市市场获取放心、安全的粮食，一群市民驱车两小时来到郊外农村，他们发现传统农业模式在农村虽步履维艰，但依然存在。最终他们创办了名为爱农会的社会企业，帮助农民在困难中求生存，建立稳定渠道供应安全有机粮食。今天，爱农会经营着四家有机餐厅和一家社区运营的有机食品店。在向市民售卖传统来源粮食的同时，也向他们普及传统／有机农业知识，介绍可持续生活方式。幸有爱农会的存在及其在市民和村民中创建的直通渠道，现在，农民更受尊敬，收入也很充裕，能继续传统耕作方式，生活品质大为改善。而且，一些农民重新回到农村加入这个有机粮食网络（Zhong，2011）。

我们从这些范例中，首先会观察到，每一范例的背后，都有一批人能够构想、培育新事物，并去经营管理（即打破解决问题的主流思想）。能够这么做，他们必须（1）（重新）发现合作的力量；（2）对现有产品、服务、场所和知识、技能及传统予以创造性重组；（3）依靠自身资源，而不坐等政治、经济制度或者基础设施系统发生总体变化。为此，我们可把这样的群体称为创意社区，他们为建立新的可持续生活方式，携手合作，共同发明、改进和管理可行的解决方案。

当代日常生活有诸多问题亟待解决，创意社区及由其提出的优良倡议正是出自这样的需求和意愿，这是二者的主要共同点。例如，这些问题有：我们的社区如何才有更多的绿色空间？若亲人不再提供惯有的支持，国家又不再能组织必要服务，我们该怎样帮助老人？生活在全球化的大都市，迫切需要天然粮食和清洁卫生的居住环境，对此我们又该如何回应？

这些问题既是日常问题，也是新问题。尽管居于支配地位的生产消费系统提供了绝大多数的产品和服务，这一系统不仅不能为上述问题提供答案，而且还不能提供满意、可持续的答案。这里介绍的创意社区能够回答这些问题和其他问题，这些社区施展自身创造力，摒弃主流思想行为模式，构想出个人、社会、环境三方面皆赢的三赢模式，并对其施以微调。纽约的社区花园为社区提供绿色空间，空气质量提高了，生物多样性得到了保护，居民福祉得到了支持。此外，社会交往、公共安全和公共投资的经济效益也得到了加强。对其他两个范例也可作出大致相同的评价：关爱圈减少了社区开支，却为老人提供了更好的服务，社区帮扶的农业在市民和村民中建立了人人共赢的互利共生的关系。这些积极成果的核心在于它们中正在发生一大剧变——一种范式的变化，人们在服务系统扮演的角色、他们的目标动机和人们构想实现的经济模式都有了范式变化。

角色和模型

上述三项倡议中，"终端用户"基本上不再存在：这些倡议中没有纯粹的用户或消费者角色，所有参与者以不同方式成了解决方案的行为主体。这些倡议之所以可行，正在于角色的巨大转变。以萨瑟克区关爱圈为例，中心问题是存在一批需要帮助的老人。人口老龄化是当代社会面临的诸多复杂挑战之一，这已经众所周知。鉴于人口结构的新变化，如果仍按传统方式设计配送资源，根本没有足够资源提供给每个需要接受服务的人。这一纯粹经济问题常常掩盖另一个同样严重的问题：许多老人感到孤独无助且被遗弃。萨瑟克区关爱圈打破旧的社会服务范式，这种范式的服务对象是被动的个体，而关爱圈给予老人及其社会关系网（日常生活中帮扶他们的街坊邻居）的是主动角色。关爱圈的方法显示，如果最终用户能积极参与发现解决问题的途径并付诸实现，如果规定将他们的社会关系网作为解决方案交付系统中不可缺少的基本的组成部分，就可以有经济和品质的双重保证。

跟大多数社区帮扶农业相仿，爱农会立足的社会经济模式映照出人与人之间（城市市民和农村乡民）、地方与地方之间（城市与农村）的一种新型关系。这个模式打破传统界限，弱化市民与村民的差异，把城乡连成一体，协同相异的目标动机而产生增效，出现了不同认知价值观的鼎足而立。可将社区帮扶农业模式视为新型社会经济的苗床，呈现出不同经济的生态环境：市场经济、国家经济、基础经济，还有互惠经济、古老的家庭社区经济以及最新的共享社会网络经济。

我们的这些观察涉及传统与新提案的关系问题。正如此处提出的范例所示，创意社区利用所在体系内的一切资源，包括现存观念、可用技术和现有传统，来搭建自己的解决方案（当代生活种种问题的解决办法）。这些与前工业文化的思维与行为方式常常又有相似，诸如产品市场、家庭蔬菜园、邻里彼此关照、工具设备共用等，这是现在的消费型社会到来前的常态。与传统生活方式的关联可能会引起某些观察家的误判，他们会说社会创新其实不新，反映的只是对一去不复返的乡村生活的怀念。

然而，仔细审视这些倡议及其目标动机，就知道上述结论远非真实可信。这些倡议中的"过去"元素其实是一种最新的社会文化资源。珍惜欢乐友爱的社区，我们就能为社区和乡村带来生机和安全感。重视季节性地方特产粮食，就可向今天不可持续的粮食生产体制发起挑战。提倡共享，我们就能卸下物件和产品的包袱，得到我们需要的有着特殊配备的空间。这些传统是知识、行为模式和组织形态的一笔遗产。鉴于人类生存的现状和困境，它们可以成为创建未来的宝贵资源。

社会创新设计

设计驱动社会创新的进程有着独到特点："设计"师这个多元化的社会团体里，不管是否意识到，他们的各种思维方式和才能都属于"设计思维"和"设计知识"（Burns et al.，2006；Manzini，2009a）范畴。三个实例得出的结论表明，拓宽社会创新的定义或许有用，因而可以说，社会创新是源出于对现有资产（从社会资本到历史遗产，从传统手工技艺到可用先进技术）进行创造性重组的变革进程，旨在实现社会认可的目标。社会创新的这一定义突出了从设计角度来看十分重要的两个方面：社会创新是一种协同行动，启动之初就须有社会认可。社会创新，有别于技术创新。是创造性重组现有资源。因而，社会创新的首个基本活动便是认识潜在可用的或实有自然社会技术资源（现存资产）。社会创新在这一活动过程中创建新功能和意义。创建意义这一点十分关键：设计师最明确的职能便是理解人工制品的意义。所以，罗贝托·韦尔甘蒂在其著作《设计驱动创新》（*Design-Driven Innovation*）（Verganti，2009）中有这样的话语：创新创建新意义，按照定义应将其视为设计力创新。我们赞同此观点，同时我们坚持认为，社会创新是人人参与的设计力创新（即所有参与者，并非仅有专业设计师，都参与复杂的共同设计过程）（Brown，2009；Brown & Wyatt，2010；Manzini，2009b；Verganti，2009）。

我们这里所用的社会创新概念有着广泛的内涵。它就像一把避雨的伞，伞下面可以发现，"设计对于启动支持社会创新简直无所不能"（DESIS，2012）。同样可以说，社会创新设计师就是积极参与构思、促进社会创新的人。他们中有设计专家，接受了专业设计教育；也有一些人，他们自觉或不自觉地采纳设计方法，施展设计才能，发挥不同的作用：他们把方案和建议带进社交谈话中，专为创意社区设计成套产品、服务和通信制品，增强社区自主性。社会创新具有自发性，任何严格的计划都为其所不容。可是，要使新的生活、生产方式在社会上顺畅推行，仍然可以有所为。当新思想付诸有希望的案例时，就应给予支持，如此才能确保其持久、有效、可用，最后可以复制。

酝酿新思想、富有创造地适应并掌控现存思想，同时积极参与进行中的风险事业，对时间投入和个人奉献的要求常常是极大的。很多倡议的"艰巨性"虽然吸引着人们，但是客观来说，这会影响倡议的长效性，广泛复制采纳倡议的可能性会降低。这对传播整体性协作努力产生巨大限制：成为积极参与者，需要跨越奉献精神这道门槛，能够且愿意跨过这道门槛的人是有限的，更不用说有人来推动这些倡议了。要克服这些问题，协作组织需要变得更易接近（降低前文所述的门槛）、更加高效（提高结果和所需个人社会努力之间的比率）、更具吸引力（增强人们参与的动机）。每个协作组织要求有其具体实施方略，但也有些通用准则如下：

- 推广传播手段，提供必要知识；

- 支持提高个人能力，使更广泛的群体参与机构组织；

- 发展与潜在参与者经济文化背景相符合的服务商业模式；

- 减少必要的时间与空间量；

- 加强社区建设。

这些策略环环相扣，从而形成一个产品服务系统，整个系统可定义为启动系统。

这一系统提供认知、技术和组织手段，使个人和／或最大限度地利用其技术和能力，重建他们碰巧生活于其中的生活环境的质量，以取得种种成果。

（Manzini, 2004：2, 2010, 2011a）

确切地说，启动系统是一个包含产品、服务、通信和其他一切必要设施的配套系统，旨在提高协作组织的可访问性、有效性和可靠性。启动系统包括以下内容：建立数字平台，实现人际连接，协作组织在此平台上能平稳顺畅地运行（如智能化的定制型订购系统、跟踪追索技术、流畅支付系统）；开辟弹性空间作为社区公共或私人社交聚会场地（同时可作为协作组织的孵化器来帮助其启动）；配备物流服务，支持新的生产—消费网络；设立公民事务机构，深入基层促成新倡议，又推动现有倡议进一步发扬光大；提供信息服务，当整合新程序、新技术已经势在必行时，要给予具体指导。

实际上，启动系统的作用在于它能调动发挥一种特别的智能（有了这种智能，系统发起人及使用人就能激发并增强他们的才能）。显然，系统用户专门知识越多，其主动性就越强，就越有办法解决问题。相反，他们的专门知识越欠缺，系统就得在更大程度上弥补个人技能的不足，填补个人在知识和行动上的空缺。还有，用户对经济实用性的考虑越少，系统就不光是好用，还散发出浓厚的人文气息。这使我们从第一项行动（构建启动系统）迈步向前移到第二项行动（推动可持续品质以吸引并激励可持续行为）。

可持续品质

市民们不约而同地积极加入协会，为找到解决问题的新办法出谋划策，他们看似心甘情愿这么做。在创意社区，问题总能迎刃而解，说明社区已认识到，有些行事方式优于现行的主流方式，也即不可持续的生产消费体制。创意社区选择的途径中，生活品质更好，而消费却会减少。消费减少了，别的方面却收获了增长，而他们认为这些方面更重要。这个"别的方面"大体上是指自然和社会环境质量。我们可将其称为可持续品质，要享有这一品质需要有可持续行为，慢食运动曾经展望过，基层社会创新项目的经验也表明，可持续品质可以取代主宰20世纪的不可持续品质（Manzini，2010）。

此处，我们所用的"品质"（quality）一词有其哲学渊源，希腊语 ποιοτητς 和拉丁语 qualitas 指通过感官识别的特质。照此，该词用来描述一种或多种恒常或可变特性，也可指某个给定真实现象的不同形态。可持续行为中的品质并非只反映纯粹的因果关系，相反，这些品质显示出当代社会正发生范式转向的迹象。若把我们视为的可持续品质和人们认为的主流品质（如速度、个人主义等）加以比较，再想想可持续品质在日常生活中的增长，我们可以感到社会在变。显然，不管是否能把可持续品质看作社会转向的表征，要深入了解可持续品质的意义价值，需进一步研究其本质（Hiltunen，2008；Manzini，2009a）。深入研究可持续品质的本质及其与哲学传统的关系和在范式转向中所起的作用，很有必要，但这不是本章涉及的范围。我们将它们作为社会创新案例中可见的新兴模式的独立元素，寻求将其个性化，并从实证角度对其进行描述。

这些品质常常表现为引人注意的可持续品质。让我们不再将这些有希望的倡议看作明显趋势的实例，而去寻找能够帮助我们定义这些品质的框架。我们在此考虑的框架包括交互关系、时间、工作、协作、人的尺度、地域和复杂性。这些框架及其所产生的品质是多样化的，但也是相互依存的。它们像是一幅巨大美景的不同视图，一个复杂的多元宇宙的不同方面。最终，它会被看成一种符号模式，预示着新兴文化甚至新兴文明的来临。

交互关系

社会工作以关系为特征。组织社会工作依靠一个交互系统，既包括人际交互，也有人、地域、产品的交互。这些交互关系是社会行动的根本特点。创意社区对这些交互关系、复杂深层的人际关系尤为敏感。有些情况下，正是关注较稳固的关系，才带来了行为变化和可持续性的抉择。从强调产品到强调人与产品的交互，这一转变已不是新鲜事物了。

现行的主流生产及消费系统已经实现了这一转变，只是在这个系统里，交互关系简化成了肤浅的经验。例如，生活看成了电视真人秀，生活环境看成了主题公园（Baudrillard，2002）。创意社区似乎要反其道而行之，它们提出的方案要求密切、深厚、持久的关系体系。创意社区重视的恰恰是这些"深层关系"。

时　间

深层关系的内在要求是要重新评价、阐释和体验时间。发展丰富复杂的深层关系需要一种慢节拍。我们介绍慢食运动及其背景理论时已经指出，提倡慢速是为了整合各个行动者、地域和产品，由其构建多层意义。创意社区认识到这其中的联系——有别于当代的快速时间，创意社区认为慢速是创建深邃品质的先决条件。可是，重新发现"慢"，并不意味着拿"慢速"取代"快速"（20世纪有着显著优势）（见 Alliez，1991）。质性时间有其复杂性，在时间生态里，并存有各不相同的时间类型，它们的特点和节奏千差万别，质性时间不过是其中的一分子。

工　作

有了深层交互关系和时间生态的背景，就可以且必须重塑人类活动。这一新气象的中心，摆着重新评估工作的问题，工作应是人自我表达的重要手段（Sennett，2008）。在此方面创意社区已有作为。事实上，创意社区重新评估了工作，把人看作从事有意义活动的个体，他们积极主动，"想有所为"来塑造生活环境，创建美好未来。这样，创意社区跟主流体制形成了鲜明对照。主流体制中，人基本上是纯粹的消费者、使用者和他人生产节目的观赏者（见 Adorno，1972；Debord，1967）。但是，创意社区拒绝接受传统的工作观，体力劳动很受重视，工作范畴大为拓宽，包括一些通常认为是工作以外的事务，如爱心活动、社区管理、社区建设。人们最终只能通过这些活动才可以面对日常生活问题，它们是日常生活的基本结构（Ostrom，2000；Pestoff，2009）。有了这个框架，就有了"有意义的工作"，一种新品质诞生了。

协　作

就在重新评估或重新定义工作的时候，协作的价值与力量这个问题重又回到了人们的视线。人们要"有所为"，在建设理想未来中发挥积极作用，协作是必要前提（Sennett，2012）。创意社区本质上是建构在协作基础之上，它们就是一些个人团体，个人为了"有所为"决定抱团合作。参与者自愿放弃部分个性，建立和其他志同道合者的联系纽带（Arvidsson et al.，2008）。协作方式灵活多变，合作出发点也各有不同。从我们研究过的倡议可以发现，合作做事既有实际效果，同时交流思想与合作项目又有文化意义。与传统社区不同，合作在创意社区是非强制性的，更像是"自愿的合作"，人们可以自由进入，也可选择退出。这种有意合作刚好处在两条轨道的十字交叉路口上，一条轨道上，极端个人主义者在发达工业社会里重新认识到合作的力量，另一条轨道上，欠发达工业社会正逐步从传统社区向形式灵活的意向性合作过渡。

人的尺度

一般而言，机构越小越透明，越易了解，因而（Schumacher，1973），也就越贴近本地社区。与此同时，许多这类机构和其他同类或互补型机构连接在一起，共同编织出一个巨大的分布式系统，这预示着全新理念的全球化。在分布式全球化系统里，从生产、分配到消费的每一环节，决策权掌握在本地社区手里，社区智囊团握有专业技术，经济效益流进了社区钱袋。创意社区朝着这一方向定位，是出于两个考虑。一方面，社区成员可（以公开民主的方式）理解、管理复杂的社会技术体系；另一方面，社区"以人为本"，个人得以在组织框架内从事活动，满足需求，奔向理想和未来，在这里，人们感到愉快喜悦、亲密无间（见 Taylor，1989）。

地　域

社会组织规模小，又有互联性，可以扎根在某个地方。这些组织与外界高度互通，对全球流动的思想、信息、人员、物品和资金，保持十分开放的心态。创意社区总在寻求本土主义与对外开放的平衡："国际化地方主义"形成了崭新的地域意识。

这样，地方不再是孤立的实体，而是短途网络和远程网络上的一个个节点，短途网络架构和巩固地方社会经济结构，远程网络把任一特定社区和世界各地连接（注意这一网络思想和德勒兹与瓜塔里德网络思想的相似性）（Deleuze & Guattari，1980）。在这个框架内，各种地方性、开放式、极具时代感的活动正在蓬勃兴起，诸如重新认识社区，振兴地方食品工艺品，探访产品原产地，实施自给自足战略，并以此促进社区应对外部威胁和攻坚克难的能力（Sennett，2012）。

复杂性

所有社会创新及其方案都具有内在复杂性，不能把它们归结为单一动机所诱发又造成了单一的结果，无论动机还是结果都是多样的，质量的高低就在于是否有复杂多样的格局。创意社区把这种复杂性看作自身依存的核心价值（即提供丰富经验）。有了这种复杂性，谁来设计方案，谁又来传递和使用方案，这三者间的传统界限越发模糊。模式化形象不再适用于参与各方。所以，"富集的复杂性"开始露出苗头，可将其视为一种价值观，反映真实的人性，不能以单向度方式表达这种复杂性（见 Smuts，1926；Teilhard de Chardin，1959；Whitehead，1979）。

深层关系、时间生态、有意义的工作、自愿协作、人的尺度、国际化地方主义及富集的复杂性，我们已将这些鉴定为可持续品质，这些品质脱胎于定性结构。在我们看来，要更全面了解这些可持续品质在当代社会的价值与可能产生的影响，就要求进一步从哲学、社会学和人类学方面进行反思。

新品质、社会变革与设计

上述定性结构是否可以说明，构造可持续新文明的板块已经显现？我们清楚，要使可持续品质落地生根，尚需进一步论述我们在此提出的观点及开展深入的哲学思考。然而，直觉告诉我们，这个问题的答案是肯定的：我们正目睹一场已触及人们日常生活底层的对峙。可将其称为一场时空战，日常生活中的各异质部分发生碰撞争斗，形成一种对峙。定性结构可视为一个复杂整体，在这种动态环境下，生化出一整套新品质：可持续品质。这些品质和 20 世纪极端不可持续的品质构成了鲜明对照，可以从纯粹的信号发展为变革的强大驱动器。

要深入评估这些框架的动态变化及接踵而至的品质，借鉴其他学科的见解和认识是大有裨益的。由于其基础技能，设计师在人的方程式里可说是核心人物，目前正在而且也应该在这一转型时期发挥中心作用。虽然创新是可持续品质的内在特点，我们仍可借鉴过去的文化、历史、哲学和社会学来理解和解释这些品质。如果哲学家研究这些初显的品质，并详尽地解释其关键特征，那么设计师就该肩负责任，描绘这一全新范式。由于学科性质，还因为整个设计史的传承和培养，当日常生活品质面临风险时，不管愿意与否，设计师都是举足轻重的参与者。另外，不难发现，设计师这个群体在 20 世纪为解决问题并提高品质做了许多事情（很多情况下，他们没意识到这些方法和品质具有不可持续性）。如今，情况更复杂，矛盾更多。一方面，很多设计师沿袭陈旧的工作方法；另一方面，也有其他设计师多方尝试，积极寻求推动变革的方法，扮演领跑人，透过现在千变万化的表象，去识别（增强）这一新兴（可持续）文明发出的信号。

任何设计师要提出以社会创新为导向的方案，塑造和支持这一新兴范式，跨出的第一步可能就是提高对这些新兴可持续品质和价值观的认识。虽已取得不俗成绩，要做的事仍有许多。时空战早在几十年前就已经打响，但这场战争目前仍处于初始阶段。这场富有戏剧性的对峙将备受关注。

参考文献

1.Adorno, T. W. (1972) *The Dialectics of Enlightenment,* Herder and Herder, New York, NY
2.Alliez, E.(1991) *Les Temps capitaux: Récits de la conquête du temps*, Cerf, Paris
3.Andrews, G. (2008) *The Slow Food Story: Politics and Pleasure*, McGill-Queen's University Press, Ithaca, NY
4.Arvidsson, A., Bauwens, M. and Peitersen, N. (2008) 'The crisis of value and the ethical economy', *Journal of Futures Studies*, vol 12, no 4 pp9-20
5.Baudrillard, J. (2002) *Pataphysique*, Sens et Tonka, Paris
6.Brown, T. (2009) *Change by Design*, Harper Business, New York, NY
7.Brown, T. and Wyatt, J. (2010) 'Design thinking for social innovation', *Stanford Social Innovation Review*, vol 8, no 1, pp30-35
8.Burns, C., Cottam, H., Vanstone, C. and Winhall, J. (2006) 'Transformation design', RED Paper 02, Design Council, London
9.Chrzan, J. (2004) 'Slow food: what, why, and to where?', *Food, Culture, and Society*, vol 7, no 2, pp117-132

10.de Young, R. and Kaplan, S. (2012) 'Adaptive muddling', in R. De Young and T. Princen (eds) *The Localization Reader: Adapting to the Coming Downshift*, MIT Press, Cambridge, MA, pp287-298

11.Debord, G. (1967), *La Société du spectacle*, Buchet-Chastel, Paris

12.Deleuze, G. and Guattari, F. (1980) *A Thousand Plateaus, Continuum,* London and New York, NY

13.Donati, K. (2005) 'The pleasure of diversity in slow food's ethics of taste', *Food, Culture and Society*, vol 8, no 2, pp227-242

14.Design for Social Innovation and Sustainability (DESIS) (2012) 'DESIS presentation', accessed 11 November 2012

15.Germov, J. and Williams, L. (2008)'A qualitative study of slow food in Australia', *The Australian Sociological Association (TASA) Conference 'Re-imaginingSociology'Proceedings*, 2-5 December, University of Melbourne, Australia

16.Hiltunen, E. (2008) 'The future sign and its three dimensions', *Futures*, vol 40, no 3, Finland Futures Research Centre, Helsinki, Finland, pp247-260

17.Jégou, F. (2011)'Design, social innovation and regional acupuncture towards sustainability', *Nordic Design Research Conference Proceedings*, 30 May-1 June 2011, Aalto University, Helsinki, Finland

18.Jégou, F. and Manzini, E. (2008) *Collaborative Services; Social Innovation and Design for Sustainability*, Polidesign, Milan, Italy

19.Kinley, A. (2012)'Local food on a global scale; an exploration of the international slow food movement', *Journal of Integrated Studies*, vol 1, no 3, accessed 11 November 2012

20.Labelle, J. (2004)'A recipe for connectedness: bridging production and consumption with slow food', *Food, Culture and Society*, vol 7, no 2, pp81-96

21.Leitch, A. (2003)'Slow food and the politics of pork fat: Italian food and European identity', *Ethnos: Journal of Anthropology*, vol 68, no 4, pp437-462

22.Lupi, G. (2011)'Cases of service co-production', working document, Parsons DESIS Lab, Parsons The New School for Design, New York, accessed 10 May 2012

23.Manzini, E. (2004) 'Enabling solutions; introductory notes', Internal Document

24.Manzini, E. (2009a)'New design knowledge', *Design Studies*, vol 30, no 1, pp4-12

25.Manzini, E. (2009b) 'Service design in the age of networks and sustainability', in S. Miettinen and M. Koivisto (eds) *Designing Services with Innovative Methods*, University of Arts and Design, Helsinki, Finland, pp35-44

26.Manzini, E. (2010)'Small, local, open and connected; design research topics in the age of networks and sustainability', *Journal of Design Strategies*, vol 4, no 1, pp8-11

27.Manzini, E. (2011a)'Introduction to design for services. A new discipline', in A. Meroni and D. Sangiorgi (eds) *Design for Services*, Gower, London, pp9-37

28.Manzini, E. (2011b)'SLOC: the emerging scenario of small, local, open and connected', in S. Harding (ed) *Grow Small, Think Beautiful*, Floris Books, Edinburgh, UK, pp216-232

29.Manzini, E. (2012)'Error-friendliness: how to design resilient socio-technical systems', *Architectural Design*, vol 82, no 4, pp56-61

30.Manzini, E. and Rizzo, F. (2011)'Small projects/large changes: participatory design as an open participated process', *CoDesign*, vol 7, nos 3-4, pp199-215

31.Manzini, E. and Vezzoli, C. (2003)'A strategic design approach to develop sustainable product service systems: examples taken from the"environmentally friendly innovation"Italian prize', *Journal of Cleaner Production*, vol 11, no 8, pp851-857

32.Meroni, A. (2007)'Creative communities; people inventing sustainable ways of living', Polidesign, Milano, DESIS, accessed 20 May 2012

33.Meroni, A. (2008)'Strategic design: where are we now? Reflection around the foundations of a recent discipline', *Strategic Design Research Journal*, vol 1, no 1, pp31-38

34.Meroni, A. (2011)'Design for services and place development. Interactions and relationships as ways of thinking about places: the periurban environment', *Cumulus Working Papers*: Shanghai, vol 26, no 10, pp32-40, accessed 10 May 2012

35.Meroni, A., Simeone, G. and Trapani, P. (2009)'Servizi per le reti agroalimentari. Il Design dei Servizi come contributo alla progettazione delle aree agricole periurbane', in G. Ferraresi (ed) *Produrre e scambiare valore territoriale: dalla Città diffusa allo scenario di forma urbis et agri*, Alinea Editrice, Firenze, Italy, pp161-201

36.Miele, M. and Murdoch, J. (2003)'Fast food/slow food; standardizing and differentiating cultures of food', in R. Almas and G. Lawrence (eds) *Globalization, Localization and Sustainable Livelihoods,* Ashgate, Surrey, UK, pp25-41

37.Mintz, S. (2003)'Food at moderate speeds', in R. Wilk (ed) *Fast Food/Slow Food: The Cultural Economy of the Global Food System*, Alta Mira Press, Lanham, MD, pp3-11

38.Mulgan, J. (2006) *Social Innovation: What it Is, Why it Matters, How it Can be Accelerated*, Basingstoke Press, London

39.Ostrom, E. (2000)'Crowding out citizenship', *Scandinavian Political Studies*, vol 23, no 1, pp3-16

40.Parkins, W. (2004)'Out of time: fast subjects and slow living', *Time and Society*, vol 13, pp363-382

41.Parkins, W. and Craig, G. (2006) *Slow Living* , UNSW Press, Sydney, NWS

42.Parks, R., Baker, P., Kiser, L., Oakerson, R., Ostrom, E., Ostrom, V., Percy, S., Vandivort, M., Whitaker, G. and Wilson, R. (1999)'Consumers as co-producers of public services: some economical and institutional considerations', in M. McGinnis (ed) *Policentricity and Local Public Economies*, The University of Michigan Press, Ann Arbor, MI, pp381-391

43.Participle (2012)'Participle presentation', accessed 20 June 2012

44.Pestoff, V. (2009)'Towards a paradigm of democratic participation: citizen participation and co-production of personal social services in Sweden', *Annals of Public and Cooperative Economics*, vol 80, no 2, pp197-224

45.Petrini, C. (2007) *Slow Food Nation: Why Our Food Should Be Good, Clean and Fair*, Rizzoli, Milan, Italy

46.Petrini, C. (n.d.)'Our philosophy', accessed 11 November 2012

47.Schumacher, F. E. (1973) *Small is Beautiful: A Study of Economics as if People Mattered*, Blond and Briggs, London

48.Sennett, R. (2008) *The Craftsman*, Yale University Press, New Haven, CT

49.Sennett, R. (2012) *Together: The Rituals, Pleasures and Politics of Cooperation*, Yale University Press, New Haven, CT

50.Seyfang, G. (2006)'Ecological citizenship and sustainable consumption: examining local food networks', *Journal of Rural Studies*, vol 22, no 4, pp385-395

51.Seyfang, G. (2007)'Bartering for a better future: community currencies and sustainable consumption', *Proceedings of the 2nd International Conference on Gross National Happiness Rethinking Development: Local Pathways to Global Wellbeing*, St. Francis Xavier University in Antigonish, Nova Scotia, Canada, pp186-210

52.Seyfang, G. and Smith A. (2007) 'Grassroots innovations for sustainable development: towards a new research and policy agenda', *Environmental Politics*, vol 16, no 4, pp584-603

53.Smuts, J.C. (1926) *Holism and Evolution*, MacMillan, London

54.Taylor, C. (1989) *Sources of the Self: The Making of the Modern Identity*, Harvard University Press, Cambridge, MA

55.Teilhard de Chardin, P. (1959) *The Phenomenon of Man*, Harper and Brothers, New York, NY

56.Verganti, R. (2009) *Design Driven Innovation*, Harvard Business Press, Boston, MA

57.Waters, A. (2003)'Foreword', in C. Petrini (ed) *Slow Food: The Case for Taste*, Columbia University Press, New York, NY, ppix-x

58.Whitehead, A. N. (1979) *Process and Reality: An Essay in Cosmology*, Free Press, New York, NY

59.Zhong, F. (2011)'Community supported agriculture in China', working document, DIS-Indaco, Politecnico di Milano, Milan, Italy

12 推广创新城市可持续行为：
确立以设计为导向的社会创新途径

劳拉·佩宁

【提要】

　　笔者认为，设计有助于促进可持续社会创新跟普通民众的结合，并提升这些社会创新的价值，为开创别样的生活方式提供实际参考，因而，设计依然是社会学习和行为变化的酵素。为革新尤其是社会革新而设计，这一点成为设计师们的当务之急距今已有些时日了。仅在过去20年间记录在册的就有一系列实践和经验，从中可透视设计为提高生活品质和人们生活水平而作出的多样贡献。本章将呈现有关社会创新理论出台的背景，讨论纽约市的某些具体社区，详述案例研究方法，并评估这些对设计师及社会可能的影响。

　　本章呈现的"设计推广"法由纽约帕森斯社会创新与可持续设计（Design for Social Innovation and Sustainability, DESIS）实验室提出，意在提炼一种可行办法，汇编一册设计推动社会创新和行为变革的方法集锦。"设计推广"法分别在纽约曼哈顿的下东城、北布鲁克林的威廉斯堡和绿点社区进行试点。程序设计上纳入了多样策略，首先是对市民、社区发起的地方可持续发展倡议和城市行动进行系统研究，建立系统文档。这些行动倡议记录在电影短片里，也通过展览公开展出，或者直接从公众处采集资料，或者举办系列工作坊推动与社区领导人的产出性协作，从而形成了一种促进社会对话的机制。

导　言

本章认同以设计为先导的可持续社会创新方法，认为创新城市行为是驱动积极变化的潜在引擎，也讨论了如何利用设计加大这些行为在全社会的扩散。为描述这种方法，进行了一个案例研究，即由帕森斯 DESIS 实验室发起、洛克菲勒基金会资助的纽约创意社区推广项目。成功的社会创新个案表明，立足于现有经典案例探寻可持续变革，不失为一条光明的坦途。因而，本章把社会创新这一概念重新解读为指导系统性行为变革的全新范式。基层力量理所当然是城市创新变革的源头，这一认识至关重要。

设计师从现有社会创新中学以致用的策略是多样的，本章从中梳理出一个具体的项目谱系。这些项目界定了实现社会变革的某些基本设计规范，在早期的欧洲项目中已可见这些规范的雏形。本章还将解释这些规范何以在纽约以高度本土化的方式重又提及，让社会创新从具体社区开始，如此，社会创新便会扎根于重大的关切领域。案例研究的推广项目确定了两个试点社区：曼哈顿的下东城区、北布鲁克林的威廉斯堡和绿点。本章呈现了这两个社区的现状，追溯了它们的简史、社会、文化与经济背景，力图说明，这些社区的独特性对"设计推广法"流程的性质和面貌有着关键的决定性作用。

本章分两步介绍这个流程：首先，对市民和社区发起的地方可持续项目研究和文献记录进行描述；其次，勾勒主要设计方法，明晰"设计推广法"流程，包括新闻影片、展览（实验了不同模式的展览，如"研究型展览"和"社区设计工作室型展览"）、不同利益群体参与的设计工作坊与设计工具包（帮助简化实施可持续倡议）。

最后，本章将总结项目经验，用以指导未来行动，推动社会学习和行为变革；同时，还将思考未来如何在设计主导的倡议中运用案例研究示范的不同设计策略。

社会创新：何以举足轻重？

杨氏基金会的莫尔根（Mulgan）给社会创新的定义是"能发挥效应，实现社会目标的新思想"（Mulgan，2007：8）[1]。这么一个刻意开放的定义是有意义的，因为它可以容纳全系列的变革行动，这些变革行动既不是基于技术，也非市场驱动的创新，而是"来自人民"，或个人或群体，总是从一个小举措开始，到一定时候，就为更多的人所采纳。该项研究宣称，首先应关注"可复制项目或组织"（Mulgan，2007：8，9），这意味着社会创新不排斥模仿复制。莫尔根描述了被称为"社会创新'关联差异'的理论"（Mulgan，2007：35），基本内容包括社会创新成功案例的三个最重要维度：

（1）兼容并蓄的特点，社会创新要融入"现有元素，不能脱离现实而一味求新"（Mulgan，2007：5）；

（2）实施社会创新需要不同组织、部门和学科的联动；

（3）促进过去互相分隔的个人团体形成引人注目的新型社会关系（Mulgan，2007：35）。

成功的社会创新案例具有兼容并蓄的特点，这告诉我们，明智之举应该是立足于现有的成功元素，学习现行实践并加以结合，而不是发明新方案，这往往是一些自上而下的大型可持续发展计划的议题。关于行为变革，社会创新的这一特点提出了一套奖励性而非惩戒性的方法。

默里等（Murray et al.，2010：3）人认为，依靠社会创新解决"棘手的社会问题"正日益受到关注。这一热潮的兴起，是因为"政府政策和市场手段等传统方法被证明是极其不够的"。民间团体虽然肩负重大责任，但"缺乏资金、技术和资源孵化那些有潜力的构想，使其呈现规模"（Murray et al.，2010：4）。

卡斯特尔（Castells，1983）指出，塑造城市及其自然人文环境，其实是不同力量间经常对立妥协的结果，总体上区分为主导力量和针对它的草根运动。草根运动有助于确立城市的"空间意义和文化认同，社会商品服务需求及走向地方自治"（Castells，1983：xv），这是一股重要力量，理应享有合法性。据卡斯特尔（Castells，1983：291）的观点，城市环境是"不同社会利益和价值观冲突对立的产物"，支配利益的行动、草根不服支配的抉择必定对空间、社会产生双重影响，新的城市变迁理论需对此进行解释。

卡斯特尔阐述的城市运动可以和杨氏基金会的作者们提出的社会创新理论相结合。杨氏基金会的作者们是务实派，卡斯特尔的路径充满了浓厚的政治色彩，抗议和愤怒中爆发的城市运动跟实用主义的动员之间有着本质差异，莫尔根（Mulgan，2007）、默里等（Murray et al.，2010）论证观点时的引例至少部分反映出他们倾向于采用动员法。设计师必须能捕捉到这些塑造城市环境但往往又难以辨识的力量（现存矛盾和紧张关系），他们需要一套机制帮助他们深刻理解社会，方法便是：深入内部学习，先观察、分析和理解，最后才是设计，不仅为民众设计，主要是与民众共同设计。

设计改变世界：社会变革的设计策略

设计师们可运用多种方法学习现有社会创新。近年来，有些项目举措提出纽约实行"众包城市再设计"的主张，东奇怀斯（Tonkinwise，2011）举了其中的三个例子：

（1）作为本章的案例研究对象，推广创新型社区这一课题提出，应认定城市社区正在发起的可持续社会创新（并应用设计干预改善社区）。

（2）城市设计研究院举办了"依靠城市／为了城市"（By the City/ For the City）的大型比赛，旨在征求公众意见，改善纽约的公共空间（Tonkinwsie，2011）。

（3）"我们改变世界"（Change by Us）这个平台"最初由地方项目公司为彭博市政府开发设计，并得到城市和洛克菲勒基金会首席执行官的资助，市民提出城市发展需求后，平台随即连接相关的政府机构和社区团体"（Tonkinwsie，2011）。

三个例子中，只有推广创新型社区（简称 Amplify）采用了完整的设计流程——从人种学研究到原型设计，整个流程涉及公众咨询和用户测试——使用的设计方法后面将会概述。支撑这一推广项目的背后有一个项目谱系，这些始于 2004 年的项目依托现有理念和成功社会创新范例，确立了以社区为中心的方法。

新兴用户需求和创新型社区的可持续生活方式等一批欧洲项目推出了创新型社区的概念：一些"不畏艰难"、锐意创新的市民团体自行组织起来，解决日常难题，谋求一种更具社会凝聚力和生态效益的可持续生活方式（Meroni，2007）。人们相互影响，取得了一些可贵的成果，这称为"协同服务"（Jégou & Manzini，2008），要求倡议发起人和最终用户直接、积极参与。这些倡议往往倡导以多样的选择性方案克服城市日常难题，诸如住房、饮食、交通、学习、社交和医疗卫生。

这些努力历经发展，演变成为众所周知的模式，如粮食合作社、社区支持农业、城市农场、农贸市场和自行车共享系统。新兴用户需求和创新型社区的可持续生活方式项目收集了从 2004 到 2008 年全球创新型社区方案的 100 多起案例研究，这个案例研究集协助制定了建立创新型社区的一些具体标准，包括社区团体提出解决方案，帮助解决日常问题；社区团体通过自身行动，更新社会结构，建立分散网络；基于参与者对等协作、互惠互利的原则实行灵活的组织形式。

这些项目 21 世纪初在欧洲启动时，方法是全新的，没有任何指导参数。2008 年创建帕森斯 DESIS 实验室时，亟待解决的问题就是找到合适的框架，从中研究和解释发生在纽约的社会创新举措。纽约这座有着雄厚社会文化资本的城市，尽管内（20 世纪 70 年代和 80 年代爆发经济危机，基础设施老旧）外（"9·11"恐怖袭击）困难重重，但城市宜居性和规模都有了显著改善。纽约取得成功的部分原因除了各种日常实践创新外，还在于其能接纳新的文化规范和经济模式。

在帕森斯 DESIS 实验室团队大显身手的是所谓的"高度地方化"的策略，其定义包括三方面内容。首先，由于纽约的城市规模和人口密度，我们只能看某些具体社区，那些社会资本雄厚、文化特征鲜明而又保持变化的社区最有可能承担多个社会创新案例项目。其次，由于要在这些区域开辟大量的"社会创新场景"，要求有地方合作伙伴从中斡旋，他们在社区根基深厚，能帮助传递信息，在我们和社区领导人、地方社会革新家之间牵线搭桥。这不仅是发展关系的问题，合作伙伴通过自身的可信度可以增进各方的信任，这是开始研究和共同设计工作的必要条件。最后，我们进入这些地区时，要避免对当地社会变革的优先重点有先入之见（她要听凭地方举措决定地方社会创新议程）。

两个社区的故事

为贯彻高度地方化的方法，帕森斯 DESIS 实验室团队在纽约市确定了两个具体社区（图 12.1）。这其中包含一个假说：当优质社会文化资本与市场力量引发的冲突狭路相逢时，带来的张力足以产生重大试验（即基层社会创新）。因而在不同行政区（分别是曼哈顿和布鲁克林）选择两个社区（下东城社区和绿点-威廉斯堡社区）作为推广创新模式的示范地，具有战略意义。

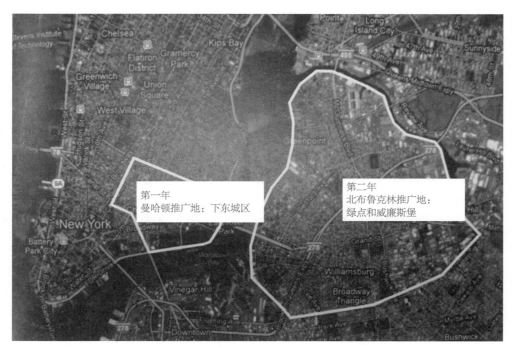

图 12.1　纽约市地图，醒目标记部分分别是曼哈顿的下东城社区及北布鲁克林的绿点和威廉斯堡社区，即推广创新型社区项目所在地。
来源：帕森斯 DESIS 实验室在谷歌地图基础上绘制，授权许可

曼哈顿的下东城区

曼哈顿下东城区获选成为研究项目实验期的首站，是基于如下原因：

人口密度高、多样化的族裔、对中产阶级化的一贯抵制和强大的政治资本。下东城区生态中心是本地一家非营利性环保机构，这家机构见证了社区从20世纪80年代至今的蜕变——20世纪80年代的社区跟战后德国毁于战火的城市毫无二致——如今，超过40个花园社区一派欣欣向荣的样子，连接起本地居民，成为有凝聚力的群体。

（Forlano，2010）

下东城区位于曼哈顿东南。其历史边界为房地产动态所改变，一直存在争议。现在，划定的第三社区委员会（纽约市地方代表机构）的辖区边界如下：（东起）东河；（南至）布鲁克林大桥；（西至）珍珠街、巴士打街、坚尼街、包厘街和第四大道；（北到）第十四大街。历史上，下东城区也包括东村、部分唐人街往南直达小意大利一带（NYC DCP，2011a）。

下东城区历来人口众多，也是纽约族裔最多的区域之一。一波又一波的欧洲移民先后登临此地，他们中有意大利人、德国人、乌克兰人、爱尔兰人和波兰人。20世纪初，犹太移民居住的廉租公寓房狭小逼仄、声名狼藉，成了该地的永久性遗产：

世纪之交的时候，一套面积为325平方英尺的廉租公寓房要住8～10人。许多移民不得不走出公寓房，走上大街、厅堂、教堂、犹太会堂、影院，去寻找"阳光"，搭建自己的家园。

（Lower East Side Tenement Museum, n.d.）

如今，社区种族多样性非常显著，亚裔数量巨大（占35%），主要集中在唐人街，西班牙裔也不少（占26%），社区甚至有一个西班牙语别称，叫"洛伊萨达"（据维基百科，这是下东城的拉丁语发音）。近年来，虽然社区推行住宅高档化，这里的经济水平依然偏低。2006年，该社区年收入中位数36 500美元，只有市收入中位数76 800美元的46%。59%的人口会得到某种形式的收入补贴（CUP et al.，2009）。

下东城各种新旧问题与此地建筑环境有内在关联。20世纪70年代，随着金融危机的爆发，取消赎回权、弃置楼盘的现象在全市蔓延开来。债务缠身的地产商无力缴税，市政府于是接管其土地房产，代偿应交税。纵火在纽约和美国其他城市十分猖獗。1977年，时任总统吉米·卡特（Jimmy Carter）意外到访南布朗克斯，留下了一幅著名照片，照片中的景象宛若战后的欧洲城镇，成片的街区沦为瓦砾（Dembart，1977）。这些情况对下东城区的特别影响经过一个较长时期方才显现。

楼盘焚烧后留下一片片废墟，很快，下东城区就面临治安和卫生问题。或许是居民适者生存能创造社会资本，或许是时代精神特别蓬勃向上，此种情形下，绿色游击队这个民间组织（仍是活跃的非营利组织）出现了，从1973年起，它开始在空地上投掷"种子炸弹"（NYC Parks，2012）。市民团体纷纷上阵，开始整治弃置场地，这场社区运动进行得如火如荼。最后，兴建了一座座社区花园，把运动推向高峰。

绿色游击队和其他组织把社区空地变成了赏心悦目的花园，比这更重要的是，自然环境的变化转变了人们对本地的固有看法。援引一位老住户也是社区活动家的话，下东城区在20世纪70年代和80年代能够复兴，一个重要原因是社区花园。花园建设得到了市政项目"绿色大拇指"的技术援助，呈现出一派繁荣的兴旺景象。

到20世纪90年代，社区发生的新变化对社区花园产生了巨大影响。新任市长鲁道夫·朱利亚尼（Rudolph Giuliani）没有延长花园租期，而且，随着房价上涨，地产动态全变了。新开发项目蚕食了许多花园，一些花园永远销声匿迹了。花园是一个彼此紧密相连的统一体，这些破坏就像是整个社区的重大损失。即使花园用地大部分属于市政府，人们仍感到挥之不去的恐惧，害怕政治上的风吹草动会危及花园的命运。社区推行的住宅高档化形成越来越大的压力（从开发商的角度看，花园是未加使用的空地，迟早要在上面盖公寓房），因而，总能听到动员社区来保护花园的呼声。其中，有44座花园幸存下来了，作为不同社区不同实践的集大成者，这些花园将成为下东城区走向社会创新的主要门户。

北布鲁克林的绿点和威廉斯堡

北布鲁克林的绿点和威廉斯堡社区位于东河西岸，行政区划隶属于布鲁克林第一社区，占地面积4.8平方英里。地理边界分别是：东至东河；北接新城溪与皇后区分隔；西与皇后区接界；南达法拉盛大道，与布鲁克林布希维克和斯图文森社区分隔（NYC DCP，2011b）。2009年，社区土地利用中工业用地占32.2%（NYC DCP，2011b）。居民年均收入约为35 000美元，为纽约大都会区年平均收入的46%（CUP et al.，2009），与下东城区接近。

威廉斯堡走了一条工业化发展道路，财富的积累与工业化的兴衰息息相关。早在19世纪中叶，这里就有多米诺糖厂、辉瑞制药厂、铸造厂、啤酒厂、炼油厂、玻璃厂和布鲁克林海军码头，这些工厂一直开办到了20世纪40年代。较长的工业发展史留下了诸多环境问题。纪录片《中毒的布鲁克林》（*Toxic Brooklyn*）（由Vice期刊社制作）讲述了北布鲁克林那些声名狼藉的环境威胁，其中有20世纪70年代（Prud'Homme，2010）发生在绿点的一起重大石油外泄事件和放射性废品管理不足的问题。出人意料的是，这些问题并未引起多少公众兴趣，没成为热议话题。

1903年，威廉斯堡大桥开通后，曼哈顿下东城区的穷人，主要是东欧犹太移民，纷纷离开拥挤的公寓房，奔向威廉斯堡，加入那儿业已形成的工人阶层（主要是德国和爱尔兰移民）。第二次世界大战后，一些工业部门的萎缩引起大面积失业，此后数十年，城市陷入萧条而一蹶不振。或许是邻近曼哈顿之故，战后几十年间，这里依然吸引着来自曼哈顿区各个地方的不同移民群体。绿点和威廉斯堡北侧是数量庞大的波兰移民的家园，也居住着小部分意大利裔美国人（Lederer & Brooklyn Historical Society，2005）。南侧最大的族裔是波多黎各人，附近的百老汇街可视为一道地理分界线，分界线一侧的南威廉斯堡聚居着哈西德教派，人口众多，讲意第续语。在东威廉斯堡，布鲁克林皇后区高速公路的另一侧，散落着意大利裔、非裔和拉丁裔社区（NYC DCP，2011b）。

20世纪70到80年代，纽约经济形势严峻，城市陷于凋敝，正当全市努力抗争以摆脱困境之时，贩毒和其他犯罪在威廉斯堡却甚嚣尘上。1971年发生的一起著名案件中，警方在威廉斯堡大桥附近的德里格斯大道突击搜查毒品时，警官弗兰克·塞尔皮科遭到枪击。1973年，由西德尼·吕美特执导、阿尔·帕西诺饰演塞尔皮科的影片再现了这一案件。

到20世纪80年代中叶，视觉艺术家、音乐家及有抱负的各路艺术家发现这个社区紧邻曼哈顿，房租便宜、空间充裕，不失为天然的艺术乐园。于是，他们将闲置厂房和仓库改装成生活工作用住房，在威廉斯堡搭建起艺术现场。随后几十年，社区缓慢地从过去的罪恶渊薮蜕变成了"酷毙的"与"前卫的"时尚之地，吸引着那些喜欢别样生活方式的居民。

社区于 2005 年实施了区域重划，为修复广阔滨海地带的荒废建筑提供了法律依据，同时，也对改变本地地产动态、最终加速住宅高档化至关重要。2005 年 5 月，纽约城市规划部提出并批准了"绿点-威廉斯堡土地利用和海滨规划"。规划书指出，"区划变更要留出住房和开放空间用地，同时，东河河滨和附近高地沿岸两英里地带，要留出轻工业和商业用地"（NYC DCP，2005）。规划依据的主要理据是"它将创造机会，在两个充满生机的社区和多年来几乎闲置废弃的区域，兴建数千套新房，其中含经济适用房"（NYC DCP，2005）。

2005 年分区变更的效应仍在持续释放中。滨海沿岸及以远地带，幢幢新楼盘拔地而起——其中，大部分是豪华公寓，针对高收入人群中的未婚者、年轻夫妻、有小孩家庭，而不是本地居民。城市基础设施确实改善了，海滨还辟有自行车专用车道。与此同时，由于房租和房价一路突升猛涨，原有居民赶不上富有新住户的购买力和强劲的房地产市场需求，感到巨大压力，准备迁出。虽然预测该规划的长期效应还为时尚早，但几乎可以肯定，这个地区的问题是独有的，也许正因如此，才得以展示自我，才得以孵化出有趣的城市实践。

推广创新型社区：项目

推广创新型社区项目由帕森斯 DESIS 实验室团队牵头（笔者为首席研究员），受洛克菲勒基金 2009 年纽约文化创新基金资助。项目合作方包括：绿地图系统，该机构通过绘制绿色地图促进社区可持续发展；下东城区生态中心，一家非营利环保组织；我们的后院（in our backyards，ioby），关注环保的在线微慈善机构；IDEO，全球知名的设计咨询公司；Pure + Applied 设计工作室的展览设计师们。

项目旨在翔实记录纽约市内发起的城市行动倡议，将其传递给广大受众，通过设计介入，帮助更好地实施这些倡议。项目提出，要寻觅到那些正在创建可持续生活工作方式的个人和社区。其基本原则是，通过学习当前成功的实践，可以更好地塑面向未来的新理念。设计师和社区领导从中学习，可以共同设计新的方案和服务理念，以解决关乎他们特定社区日常生活的问题。

项目应用不同设计策略创建有关发生在社区层面的可持续发展项目的对话。项目开局之年（2009—2010）重点在曼哈顿的下东城区，实验室团队和学生们将在此进行人种学研究（主要是在社区花园），并筹备举办一次展览（在本地社区机构中心）和开办一间设计工作坊。第二年（2010—2011），工作重心将转移到北布鲁克林的威廉斯堡–绿点社区，仍将展开人种学研究，拍摄影片来记录社会创新事迹。此外，还将举办一次展览，开办系列设计工作坊。帕森斯 DESIS 实验室研发实施的"推广"程序包括三大举措，描述如下：

测绘可持续社会创新

鉴定地方社会创新项目要求与本地机构联动。在下东城区，对社区花园进行的实地研究得到了下东城区生态中心的支持，并由中心帮助联系了一些花匠。实验室学生采访了大约 18 名花匠，实地考察了花园，拍摄了大量图片。这些图片都上传到绿地图系统平台。在北布鲁克林，鉴定和测绘本地社会创新项目由 ioby 完成，实地研究则与一位从事定性研究的社会科学家合作，由其指导实验室研究助手。他们与不同群体和个人开展了 30 多次访谈。两种情形下，无论是实地研究还是测绘与分析，都帮助团队确定了每个社区具体的社会创新主题，即本地社会创新议程。

交流可持续社会创新

电影、展览、工作坊这些形式的交流在社区中激发了全新的认知和变化。展览既是描绘本地社会创新实情的一种重要设计手段（在下东城区展览是研究工具），也提供了产生新思想的场所（在北布鲁克林展览是社区设计工作室）。第一年影片由学生制作，第二年由专业摄像师制作。第一年组织了一次设计工作坊，第二年实施了 5 个不同类别的系列工作坊。

设计方案和工具包加速启动新举措

第一年，由帕森斯 DESIS 实验室（师生）与 IDEO 合作开发工具包，这些工具包不是有利于改进现有项目，就是有助于新的社会创新更易走向大众。第二年，在他们的成功案例和启动经验基础上，ioby 开发新的工具包。

尽管推广模式采用了相同的设计手段（实地研究、分析建档、电影、展览、设计工作坊和工具包），但是前后两年依然存在研究方法上的重大差异。值得一提的是，团队认识到，整个过程如果融入多学科专业知识将会获益匪浅，特别是人种学研究（可确立访谈协议和惯例、数据分析）和电影制作（可形成强有力的叙述方式，人们讲述自己的真实故事）。研究方法的另一差异是探求开办展览和工作坊的不同方法。这些差异是对参与式设计方法和工具的优化改进，有助于扩大团队与社区的接触面。项目采用的每一具体设计方法将在下面予以详解。

依托设计推广：电影揭示个人叙事的力量

在下东城区，实验室学生在接受一门课程的嵌入式研究培训后，针对社区的地方诉求、未满足需求和现有创新解决方案制作了 4 部短片，涉及本地社会创新议程的四个方面，归纳如下：

老年关怀

由于地方政府支持减少，不少老年中心纷纷关闭。影片记录了社区一对高龄夫妻和一位神父制订多种自助方案所做的努力。

健康饮食

下东城区有许多可供选择的粮食系统，诸如粮食合作社和社区支持的农业计划。如何提升这些系统的可及性和广泛性是一个挑战。

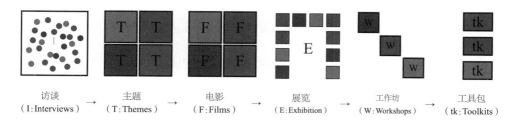

访谈 → 主题 → 电影 → 展览 → 工作坊 → 工具包
（I：Interviews）（T：Themes）（F：Films）（E：Exhibition）（W：Workshops）（tk：Toolkits）

图 12.2　推广程序图和设计方法。
来源：帕森斯 DESIS 实验室，经授权许可

改善住房服务

有个社区花园的居民们讲述了亲身经历，社区在住宅高档化的过程中，街坊邻居协同努力，可以变相提供优惠服务。

保持文化多样性

短片通过对不同文化背景的居民和某一文化多样性项目负责人的访谈，探讨如何打造这笔丰富的文化资源，举办富有成效的庆祝、庆典活动。

项目实施到第二年，电影短片已用作综合研究成果的工具，并成为创建社会对话的强大交流工具。如果影片记录得充分，那些勇敢无畏、锐意创新者们的叙事是富于感召力的，也契合了美国社会创新倚重个人而非群体的传统。为此，团队特别关注北布鲁克林区那些为实现创新而努力奋进的个人事迹。2011 年夏，团队对活动家、企业家、决策人和教育工作者共计 30 人进行了持续 1 小时的深度访谈。这些访谈围绕 4 个主题：地方风味食品、共享经济、环境健康和多样化交通工具。专业摄像师拍摄了 4 部短片供展览和设计推广工作坊使用，随后将对此予以描述。

这 4 部短片（观赏网址：amplifyingcreativecommunities）演示说明了北布鲁克林本地社会创新议程的主题。

海滨大道

面对遗留在海滨的破旧工业建筑，当地居民总会问如何处置这些建筑或谁对此负责这样的问题。布鲁克林海滨林荫道行动组提倡修建一条长为 14 英里的林荫大道，并与市政机构和私营业主协商结盟，共同护卫海滨这个公益项目，这对创建更加美好、便于本地人享有的环境至关重要。

地方粮食举措

随着更多年轻家庭的迁入，布鲁克林的人口结构出现了变化，围绕本地绿色市场的多样化粮食系统正在培育形成，包括一个社区支持的农业集团公司、一个混合肥料项目和获取地方有机农产品的饭店餐厅。这些举措说明了社会资本如何增强，并推动社区逐步走向中产阶级化。

1 号装置：
下东城区社区花园墙

2 号装置：
交互式 3-D 绿色地
图表

4 号装置：
全球创新型
社区（I-pods）

3 号装置：
社会创新
角落（电影）

5 号装置：
依托设计推广：下东城区社会创新的 4 个方案

图 12.3　装置图文说明。
来源：帕森斯 DESIS 实验室，经授权许可

共享经济

社区无数举措表明，共享方式有助于优化现有资源，减少环境影响，加强社区联系，使需求实现系统更趋人性化。共享经济的范例包括人们可以互教互学的实物贸易学校，以及冠名为"别无选择"的联合工作组。

多样化交通工具

由于人口持续增长，公共交通服务趋于饱和，北布鲁克林各社区到处洋溢着一股自行车文化气息。例如，拉丁裔中的帕拉洛马自行车俱乐部成员就是一些施文牌自行车迷，塔里夫自行车行推动了自行车在正统犹太社区的使用，"时间到了"（Time's up！）是提供自行车手装备的专门店。

依托设计推广：作为研究工具的展览

展示最终成果通常要举办展览。在下东城区（LES）首次推广展会上，展览被当作一种研究工具用来建立公共对话，就几大问题征询本地公众意见，汇总一些进展中的假设和成果。此次展览以互动性装置的形式组织，为方便不同背景、年龄的人们参与进来。展览

图 12.4 配有公众参与索引卡的互动表视图。
来源：帕森斯 DESIS 实验室，经授权许可

既有低科技装置也有高科技装置，每件装置都促使参观者面对给他的问题作出具体答复。下面简要概述其中的部分装置。

"下东城区社区花园墙"这一装置展示了 18 个社区花园，这些花园均是社区城市活动的典范。每只花盆代表一个社区花园，配有实验室学生撰写的文字说明。

"交互式绿地图表"这一装置包括一张下东城区绿地图。我们希望得到参观者的帮助，发现下东城区其他的社会创新举措，备有卡片（上面有这个问题："能说出您知道的下东城的一个创新社区吗？"）供观众填写。后来发现，用这种众包机制搜集公众意见非常有效，得到了大约 60 份答卷。这些结果有助于揭示下东城社会创新发生的具体领域。结果证明，这对确定公众认可的对保持本地社会文化活力的具体机构和举措是十分有效的。

"下东区社会创新设想"这一装置（图 12.7，装置 5）展示了实验室学生设计的有关创新协作服务的方案。装置设计的意图是要观众在便利贴上留下意见，收集反馈。学生们核对这些意见后，针对性地提出自己的想法。随后，包括社区代表、设计师和其他专家在内参与的设计工作坊，将对这些设想进行复议，学生们各抒己见后，参与者讨论在本地条件下这些设想的可行性、可用性和充分性。

图 12.5　北布鲁克林"工作室展览"的主要特色。
来源：帕森斯 DESIS 实验室，经授权许可

公众对互动展览的反应表明，展览让公众自行裁决他们有什么重要的资产资源以及他们有什么需求，这是联系社区的有效手段。展览使我们增加了最初搜集的社区已有举措，同时得到居民关注，他们也从中备受鼓舞。

依托设计推广：作为社区设计工作室的展览

在北布鲁克林，项目团队确定以展览为有效手段，开展有关社会、环境问题的地方讨论。团队探讨了一种不同的方法，提出了将"展览办成工作室"的概念，扩展增加每次与本地社区联系的方式。展览空间被构想为一个舞台，系列工作坊就在舞台上举办，展览空间纳入了工作坊的全部过程和结果，在向公众开放的两个星期里一直处于演变中。

我们可将展览／工作室空间定义为一个社会创新的设计平台。如此说来，在北布鲁克林举办的深化社会创新展览成了一个设计研究平台，原因在于本次展览策划了

一些背景研究，展示并启用这些研究，成为包括社会服务系统设计专家和本地社区代表在内的系列工作坊的重心。只要有提议在工作坊中萌芽，就会被纳入展览中，只有在作为研究平台的展览闭幕时，才将呈现最终的"结果"。

（Tonkinwise，2011）

依托设计推广：设计工作坊

北布鲁克林深化社会创新项目先后连续举办了 5 期工作坊，初衷是要加速探讨针对不同受益人的不同问题，有不同群体参与了工作坊。这一方法旨在通过创建专家（设计师、社会科学家等）和社区团体、个人、机构之间的多重衔接，提出更具针对性的想法和解决方案，以优化和最大化成果。每期工作坊采用了不同的设计方法来深化社会创新。表 12.1 是 5 期工作坊的概览。

表 12.1　北布鲁克林社会创新推广 5 期工作坊

工作坊	时长	目标	负责人和参与人	收益人和顾问（设计过程的顾问和参与者）
设计推广	5 天	围绕实地调查和影片中确定的社会创新领域制定措施，设计服务理念和工具包，提出政策建议	**负责人：**IDEO 团队和帕森斯 DESIS 实验室教师　**参与人：**20 名帕森斯设计艺术硕士生	蛋饭店老总，绿点-威廉斯堡 CSA 经销商，布鲁克林海滨林荫大道项目负责人，"别无选择"协作组织创始人，布鲁克林第一社区委员会交通委员会前会长
变革秘方	半天	试验 ioby 设计的"变革秘方"工具包。"你对所处社区有构想吗……是怎样的构想？"或者"大家都来资助设想的项目"	**负责人：**ioby 创始人，工具包设计师　**参与人：**ioby 现在和未来的项目负责人	ioby 未来项目负责人
分享你的观点——胸怀全球，绘制本地地图	半天	探索制图作为地方增强自主权的手段	**负责人：**绿地图系统创建人　**参与人：**关注社会和环境变化的设计师	工作坊本为当地一所中学学生定制，由于学生未参加，实际参与人多为不同背景的设计师
开放式设计	1 天	聘请多学科团队采用设计方法解决圣尼可斯的结构性问题。设计任务集中在四大主题上：讲述我们的故事，保持联系，发现和调动资源，密切联系终端用户	**负责人：**劳拉·福拉诺和康奈尔大学的一个社会科学团队，他们是国家科学基会资助科研项目"社会技术体系中的设计协作"项目组成员　**参与人：**30 位设计师、社会科学家及从业人员	非营利组织圣尼克斯联盟通过经济适用房、青年教育和其他项目，"致力于把北布鲁克林打造成中低收入人群的可持续居住地"

工作坊	时长	目标	负责人和参与人	收益人和顾问 （设计过程的顾问和参与者）
设计挑战	半天	本期工作坊是联合纽约共享经济大会官网共同举办的，工作坊路径"如何设计社会创新和可持续性"探索了借助现有设计工具解决社区挑战的问题	**负责人：**帕森斯多学科设计艺术硕士生 **参与人：**纽约设计界和城市活动家	纽约设计界和城市活动家

设计推广工作坊是宏观（社区）层面上的工作坊，在与社区领导人和专家们举行的一次次重要咨询会上，工作坊的设计程序也就清晰地产生了。工作坊由纽约设计咨询公司IDEO的一个团队带头，确定以实地研究发现的 4 个地方社会创新议程为主题。

变革秘诀工作坊是在微观（个人）层面上开展的工作坊，该工作坊的目标是开发最新的启用工具包来帮助那些潜在的社会创新者；同时，又为眼前那些雄心勃勃的社会革新者们提供网络共享的机会。

开放式设计工作坊是根据主办机构圣尼克斯的设计要求在机构层面上开设的工作坊。在这期工作坊中，跨学科专家、设计师、社会科学家和技术专家开展了无与伦比的联合协作。

依托设计推广：加速实施可持续举措的设计工具包

下东城区 1 号推广项目推出的工具包是帕森斯设计专业学生的课程研发产品，研发过程中得到了 IDEO 的咨询指导。北布鲁克林的 2 号推广项目走的是另一条不同路径。项目最初的提案曾写道，工具包要纳入"推动持续实施可持续活动的指南和说明"。工具包"将成为项目最终的传播手段"，"在推广项目结束后将交由社区合作伙伴使用和传播"。因为工具包的最终接受人将是地方合作伙伴，我们决定和那些有成就和专长的人直接合作。工具包经与项目团队磋商后由 ioby 制作完成，来自 ioby 的两位工具包作者克拉丽莎·迪亚兹（Clarisa Diaz）和艾琳·巴恩斯（Erin Barnes）这样来描述工具包：

"变革秘方"工具包收入了 ioby 的项目案例，这些案例从项目负责人的角度讲述了小型环保项目从想法到实现的实施过程。读了老项目负责人的经历或秘诀后，ioby 未来的新项目负责人就有了可倚靠的参照，得到的一些提示在自己的项目中可能派上用场。"添加你的秘方"部分有项目策划使用的模板，你需填写自己的情况，回寄给 ioby，可循环供给将来项目参照。这里的理念是，以印刷品或电子格式向资源不足的社区寄送这只秘方宝盒，工具包可以进入很多这样的社区。

（Diaz & Barnes, 2011）

这一策略背后有设计者的想法：从机构内部产生的产品更有机会得到传播和使用。工具包其实先由 ioby 股东（见第 2 期工作坊介绍）试用并得到了极佳反馈。

图 12.6 北布鲁克林工作坊图片：变革秘方；分享你的观点——胸怀全球，绘制本地地图；开放式设计；设计挑战。
来源：帕森斯 DESIS 实验室，经授权许可

对设计师的影响：项目带来的认识可指导未来行动，促进社会学习和行为变革

推广项目探求不同的设计策略，针对社区拟定问题提出设想。这些策略结合典型设计方法和其他学科的方法与工具，采集纽约市不同社区的疑难问题和现有社会资本，并创建一个参与程序，提出新想法和方案。设计策略的物化形式提供了多种空间和与广大相关利益人群体多样的互动方式。图 12.7 综合了这些不同的方式，并进行了定量概述。

项目影响可清晰表达为双重影响：可望指导未来行动，促进社会学习和行为变革。

一重影响：社区参与

第一重影响表现在社区参与上。推广方法立足这一设想：社区外展服务应当有地方机构介入。为能发现并联系本地的社会创新者，下东城区 1 号推广项目中下东城区生态中心、北布鲁克林 2 号推广项目中的 ioby 都是必不可少的合作伙伴。地方合作伙伴在地方组织中扮演着重要调停人的角色，可借自身信誉与地方创新者建立信任关系；当然，地方合作伙伴并非中性实体，而是有各自议程和要务的机构，因此，从一开始就要求与它们不断接触，并建设好关系。

我们在协同设计和后续环节中遇到了挑战。几位本地革新者参与了设计工作坊，他们出席了工作坊的开幕式，而后作为顾问参加了一次周中总结会。这固然是好兆头，但不能保证有更深层次参与，也并不一定能迎来学生设计项目的后续实施。未来的推广项目至少有两种方法减轻这些风险。其一，设计工作坊应该有一个培育期，对学生研发项目进行培育和试点。这得有资源，还需要提前预算，但这是已经验证过的产品开发机制，尤其适用于出自大学的项目。其二，制定强大的宣传策略，向地方社区机构充分解说它们将如何受益于这些工作坊。有了这些机构的预先参与及和它们共同制订的设计大纲，就可打造出能付诸实施的项目（即使短期工作坊开发的项目并非都能实现，有些也可留作创建社会对话的工具）。佐治亚州萨凡纳召开的 2012 设计理念年度会议是个有趣的先例。这届大会除了有演讲嘉宾作主题发言外，还组织了一场"行动会议"，集中开展动手活动来解决这座城市的一大难题。组织者和社区机构共同制定协议和设计纲领。他们联合与会者（各自领域的专家）和设计专业学生与社区机构领导人一起开展工作。协作得来的项目大获成功，实现这些项目的概率极高。

图 12.7　装置 5：对推广项目的定量说明。
来源：帕森斯 DESIS 实验室艾米·芬黛丝（Amy Findeiss），经授权许可

二重影响：社会创新设计

推广项目的二重影响体现在为社会创新设计实践作出了贡献，在此有四点评述。

（1）聘用一个包括社会科学家、设计师、电影制片人在内的多学科团队，对于采集、分析数据和创建引人注目的社会创新视听叙事至关重要。

（2）运用不同设计策略引导不同类别社区参与，或者促进讨论和认识，或者在协同设计过程中提出社区服务和社区体制的新思路。

（3）事实证明，展览是促进有关社会环境问题地方讨论的有效手段，可设计策划产生具体成果的互动环节，这种互动截然不同于传统展览模式中常见的即兴公众参与。展览

可办成社区工作室，创建一种良好的设计环境，来自实地调研的数据、叙事就置于工作室中（Penin et al.，2012）。

（4）主题工作坊，即有明确拟定议题的主题工作坊，可吸引不同批次人们参与亲自动手体验。这既有助于不同的人及机构之间增进联系，又易于形成想法和项目。此外，工作坊引入了设计思维、设计方法和设计工具，浸淫其中，将给人们和机构的工作方式带来积极影响。

为增强设计师担当变革推动者的能力，有必要对支持此类设计实践的方法与工具体系化，并将其纳入正规设计培训中。这一推广项目对师生具有实质性的教学意义。同学们是新思想与新项目的主要载体，是研发社会创新项目的主要动力，这需要得到认可。同时，他们还需要磨炼，才能担当未来社会创新设计师的使命。

项目总结与后续

推广案例研究显示，基层社会创新举措是塑造可持续新行为的潜在关键力量；同时也显示，运用不同设计手段（电影、展览、工作坊）有助于培育这些行为，使其获得重视和公众认可，并具有实用性。

这一推广模式已开启了第二阶段的运作，后续运作有助于验证这种方法的有效性。具体而言，（城市公园基金会和纽约市政公园娱乐事务局所属的）合作园区／催化剂项目组已经指示帕森斯 DESIS 实验室团队和帕森斯跨学科设计艺术硕士点，要运用这一模式加强对布朗克斯的桑德维尤社区本地居民的组织管理，依托地方优势，帮助个人和机构成为所在社区的领导者，扶持、振兴社区，使社区公共空间焕发生机（布朗克斯海滨桑德维尤公园）。新的推广行动中，同学们将运用不同设计方法确定地方需求和资产，开辟永久性通道，强化存在于社区居民和领导人中的社会资本，在决定园区未来这一方面，提高他们参与的积极性。

参考文献

1. Castells, M (1983) *The City and the Grassroots: A Cross-Cultural Theory of Urban Social Movements*, University of California Press, Berkeley and Los Angeles, CA
2. City of New York Parks and Recreation (NYC Parks) (2012) 'The community garden movement', NYC Parks, accessed 18 May 2012
3. CUP, Pratt Center for Community Development and the Fifth Avenue Committee (2009) 'NYC income map', *The Envisioning Development Toolkit*, accessed 14 May 2012
4. Dembart, L. (1997) 'Carter takes "sobering" trip to South Bronx', *New York Times*, 6 October, accessed 18 May 2012
5. Diaz, C. and Barnes, E. (2011) 'E. Recipes for Change Toolkit', accessed 18 Mach 2012
6. Forlano, L. (2010) 'Design and politics on the Lower East Side', accessed 11 January 2011
7. Jégou, F. and Manzini, E. (2008) *Collaborative Services; Social Innovation and Design for Sustainability*, Ediziioni Polidesign, Milan, Italy
8. Lederer, V. and Brooklyn Historical Society (2005) *Williamsburg: Images of America*, Arcadia Publishing, Charleston, NC
9. Lower East Side Tenement Museum (n.d.) tenement.org, accessed 20 February 2012
10. Meroni, A. (2007) *Creative Communities: People Inventing Sustainable Ways of Living*, Polidesign, Milan, Italy
11. Mulgan, G. (2007) Social Innovation: *What it Is, Why it Matters and How it Can Be Accelerated*, The Young Foundation, Skoll Center for Social Entrepreneurship, Oxford Said Business School, London
12. Murray, R., Julie Caulier-Grice, J. and Mulgan, G. (2010) *The Open Book of Social Innovation*, The Young Foundation, Nesta, London
13. New York City Department of City Planning (NYC DCP) (2005) 'Greenpoint-Williamsburg Land Use and Waterfront Plan', accessed 18 May 2012
14. New York City Department of City Planning (NYC DCP) (2011a) 'Manhattan Community District 3 Profile', accessed 18 May 2012
15. New York City Department of City Planning (NYC DCP) (2011b) 'Brooklyn Community District 1 Profile', accessed 18 May 2012
16. Penin, L., Forlano, L. and Staszowski, E. (2012) 'Designing in the wild: amplifying creative communities in North Brooklyn', *Cumulus Helsinki Conference*, 24-26 May 2012, Cumulus Helsinki, accessed 21 May 2012
17. Prud'Homme, A. (2010) 'An oil spill grows in Brooklyn', *New York Times*, 15 May, accessed 18 May 2012
18. Tonkinwise, C. (2011) 'Amplifying Creative Communities 2011 Northwest Brooklyn: the opposing designs of urban activism', Core 77 blog; 17 November, accessed 14 November 2012
19. Woodcraft, S. with Bacon, N., Caistor-Arendar, L. and Hackett, T. (2011) *Design for Social Sustainability: A Framework for Creating Thriving New Communities*, The Young Foundation, London, accessed 18 May 2012

13 幸福、参与及建设城镇的青年公民

安吉丽·埃特蒙德

【提要】

我们的紧迫挑战大多要求集体性行为变革，参与型管理模式可影响支撑行为变革的社会可持续发展议程，本章即探讨对这种影响的新认识。越来越多的研究支持社区自主的理念——居民有机会参与影响居住区域的集体活动——有助于提高社区和居民福祉。本章先讨论两个问题：社会连通性与社会参与的关系和社会福祉。由于城镇规划在一定程度上影响了我们相互交往的能力，进而又探讨参与建成环境决策及其对幸福指数的影响二者间的相互关系。

设计作为创建未来可能性公共对话的一种机制，发挥的作用非同小可，本章对此也予以检视。这是极为重要的，因为有证据显示，凡社区居民缺少机会影响规划、发展决策，必定发生地方设施僵化不齐的境况，从而造成经济及社会成本的双重消耗。本章将对5000+项目进行深入个案研究，该项目位于（南澳州）阿德莱德市，是一个典型的以设计主导建成环境参与式决策的项目，笔者本人也密切参与其中。由于这是一个庞大的项目，讨论不可能面面俱到，本章只关注项目密切联系儿童和青年就其周围环境决策给出建议这一个侧面。结论显示，纳入儿童和青年参与周边环境决策，是当代公民提出的一项伟大而长远的行为变革倡议，也是对人类共同未来和持续福祉的一笔投资。

导　言

　　澳大利亚的人口约有 80% 生活在大城市，城市决策是关乎每个人的大事，（智库）格拉顿研究所提醒我们，城市建设要么有助于加强社会联系，要么会阻碍社会联系（Kelly，2010）。如果说努力实现设定目标与设定数值可以衡量社会的进步（ANDI，2010），那么城市演变大体上是在许许多多城市居民无数次的决定过程中铺开的（Kelly，2010：5）。直到最近，我们有关进步的全国讨论大部分都集中在经济增长这一国家主要目标上。这也是其他很多国家的情形。过去 30 年间，英国的国内生产总值翻了一倍多，可是生活满意度却没有相应增长（Hothi et al.，2008：12）。本章首先探讨决策参与、幸福与城市建设方式三者关系的本质，继而审查一个儿童、青年参与的南澳州的具体案例研究。

　　澳大利亚社会的愿景写入了《南澳州战略规划》和《澳大利亚国家发展指数》（ANDI），其中的话语表明，我们的目标和价值不可能是单边决定，而是多种意见的会合及多重经验的反映。吸纳公众参与协商，影响决策和规划，已成为当代管理革新的重中之重，这在协商政策文献中有着详尽的记载。设计建筑环境是一个涉及技术性能分析、未来预测的过程，此过程可吸引公众商议可选项及其相关优点。设计在社区政府工作中，起着传声筒、导管、催化剂的作用，把社区和政府的宏愿诠释成鼓舞人心的对未来的憧憬。

　　布朗（Brown，2009：41）认为，"设计思维的核心原则是把人放在第一位，要求将抽象认识转化成具体的人的行为，了解人们如何与议题中的服务、产品互动"。就城市设计而言，这意味着人们如何与所处的自然环境和建筑环境相互发生作用。布朗（Brown，2009：106）进一步阐述道："用原型法对解决问题的选择方案进行发散性探究，以论证和检测这些方案的优势，在这个过程中，创新思维和充满希望的乐观主义是不可或缺的。"本章拟梳理有关决策参与和提高幸福水平关系的研究文献，在此基础上，继而探究建成环境中决策参与及其对幸福产生影响的交互关系问题。

　　在确定决策参与提高幸福水平二者关联存在相关学术支撑后，本章将仔细研究一个设计主导的南澳州阿德莱德建成环境决策的具体实例，本文作者是这一决策的参与者。虽然该项目长期影响的征兆要在未来若干年方能显现，我们将研究相关文献，这些文献表明，对建成环境的公众参与、公共审议（项目鼓励）能够影响人们的幸福。

项目名称为 5000+，地址位于南澳州阿德莱德。项目受到三级政府的支持，任务是为南澳州州府（邮编 5000，项目名称的由来）阿德莱德旧城（半径 2.5 千米）制定一项综合设计策略。在 5000+ 这个项目中，笔者除了主持专业论坛、社区论坛外，还有一次儿童和青年友好城市论坛及青年参与的多个项目。本章借助 5000+ 这一个案，探究了参与建筑环境决策及其对幸福影响的相关性，在此背景下，又探究了作为社会可持续发展和关于幸福长远考量的 一笔重要投资，吸纳儿童和青年参与环境决策的重要性。

幸福的定义是什么？

幸福的定义数不胜数。本章并非要对各种定义的细微差别给予喋喋不休的详评，相反，在本章，幸福被笼统地视为一把标尺，用以丈量我们生活的意义、我们的成就感、自我接纳度及和周围人们的关系。我在这里把幸福看作个人经验，但又不是心理学上的个人幸福概念（常涉及积极心理学领域及实践）。我打算讨论一种宽泛的集体层面的幸福观，它是我们人人都有的体验，我们的目标、与他人的关系及我们生活于其中的社会条件。

幸福的理念正日益为中央政府、地方政府和两级政府战略合作伙伴所认识，幸福对人们的生活具有核心作用，也是改进区域政策、提供服务决策的重要考虑因素。幸福越重要，也就越要求有强有力措施实现幸福（Steuer & Marks，2008：6），如同皇家墨尔本理工大学应用人权和社会幸福教授迈克·萨尔瓦利斯（Mike Salvaris）所指出的：

> 经济合作与发展组织认为，过去 20 年间，在"超越 GDP"、制定"衡量社会进步"新标准需求的推动下，兴起了一场"全球运动"（Giovanni，2008）。这其实提出了一种更为全面的进步观，不仅考虑经济问题，还有社会和环境问题（ABS，2008：4）。这些新标准的出台为进行综合规划提供了有价值的工具，为制定方针政策提供了坚实的循证基础，标志着强大的公民参与民主时代已然来到。过去数年间，许多依据相同原则的重要国际报告相继由如下组织发布：由诺贝尔奖得主、经济学家约瑟夫·斯蒂格利茨和阿玛蒂亚·森教授主持的由

法国总统萨科齐领导的国际委员会（Stiglitz，2009），欧盟委员会（2009）以及经合组织（2009）。2010 年初，加拿大首次发布了加拿大幸福新指数（2010）。

（Salvaris，2010：2）

经合组织正在实施 "全球项目"，和联合国开发计划署、欧盟委员会和世界银行合作，领导这场全球运动，"实现全球进步范式从经济生产到公平可持续幸福的转变"；与此同时，促进世界各国社会就什么是真正的幸福开展讨论（Salvaris，2010：2）。于是，在新近拟定的澳大利亚国家发展指数中，提出了如下问题：

何谓真正的进步？如何确定进步的重要内涵？怎样衡量进步的程度？澳大利亚国家发展指数体现出一种认识，在澳大利亚确立进步定义及衡量进步的方法不只是立法者要面对的政策问题，也不只是专家们要解决的技术问题，而是全体澳大利亚人要应对的民主问题。澳大利亚国家发展指数这项社会倡议旨在振兴民主，鼓舞全体国民参与有关国家共同愿景的全国性讨论。

（ANDI，2010：3）

澳大利亚对福祉的日益关注是全球共同关注的一个问题的缩影。例如，在英国，"人们越来越关心如何通过制定政策和提供服务，改善人们的生活体验——他们的福祉——以及他们的生活条件"（Steuer & Marks，2008：6）。

幸福和参与之间的关联

参与管理的过程旨在为广大选民创造机会，使他们在政治制度走向和运行问题上拥有发言权。关于公民授权与幸福增长的关系问题，英国杨氏基金会的研究规模虽小却在扩大。基于这部分研究，霍思等（Hothi et al.，2008：24）提出了他们认为有待进一步探讨的三大假设：

（1）居民能够影响社区决策的地区，幸福感更高；

（2）与邻里保持经常性接触的人们，幸福感更高；

（3）居民有信心掌控本地局势的地区，幸福感更高。

该报告的作者们认为，地方社区往往向往变革，但却缺乏实现这些抱负的资源（Hothi

et al.，2008）。如果公共机构与地方社区携手联动，就能从地方性知识、地方对变革的热情和愿景中获得匹配资源。无论公共机构还是社区，都需肩负变革的责任，但是社区要担当此责，常常需要公共机构具备能力提供支持（Hothi et al.，2008：10）。5000+ 这一案例研究项目旨在通过参与设计帮助开发上述能力。

美国西雅图社区事务所主任吉姆·迪尔斯（Jim Diers）也提供了无数方法和范例，邻里、居民乃至当地社区通过这些方法和范例，均获授权与地方政府合作，成功完成了一些项目，增强了社区幸福感和凝聚力（Diers，2004）。如果通过社区层面的行为变革可以加速实现社会的可持续发展，那么，地方政府政策、服务提供和参与机会就是保障实现社会可持续发展的重要工具。这二者是相辅相成的，因为地方当局及其合作伙伴要增进人民福祉，除了提供服务外，如何设计交付服务（以促进互联、参与和自主等）也有密切关系（Steuer & Marks，2008：14）。出于上述原因，人们如何看待机构、是否参与决策对实现社会可持续发展具有举足轻重的作用。简言之，参与很重要。

参与何以至关重要

森尼特讨论合作这个问题时提出，"合作的要点是积极**参与**而非被动在场"（Sennett，2012：233，附加强调）"合作可提升社会生活品质"（Sennett，2012：273）。对于阿恩斯坦而言，"公民参与等同于公民力量"（Arnstein，1969：216），坎波内斯基（Camponeschi，2010）则认为公民参与概念

> 起源于20世纪60年代，那时，保罗·弗莱雷（Paulo Freire）的《被压迫者教育学》（Pedagogy of the Oppressed）推广了社会下层参与的理念。弗莱雷认为，人的发展是人们自身进行批判性反思和行动引起的改造过程。这位备受推崇的巴西籍教育家倡导基层参与，以此挑战权力动态，引起对受排挤者的关注。今天，参与式管理是对弗莱雷自下而上赋权思想的延伸，是公民发现自身专长领域、监控自身幸福的手段，这与社会健康息息相关。
>
> （Camponeschi，2010：66）

在英国，中央和地方两级政府都日益关注以不同方式向社区和居民赋权。激发此举的

是改进地方服务、重申公民市民生活、动员人们参与民主进程的愿望。采用赋权举措增加幸福感，可强化所有这些结果，包括提高社区居民生活品质（Hothi et al.，2008：11）。越来越多的研究显示，街道和社区赋权有超越提高公共服务水准的潜能，这组研究表明，这一赋权有增加幸福感的潜能（Hothi et al.，2008：13）。

英国地方政府的所有政治派别现在纷纷利用地方激进主义，为居民提供社区决策和影响决策的机会。地方政府的此举出于诸多原因（Hothi et al.，2008：21）。英国融合凝聚力委员会在其2007年年度报告《我们共同的未来》（*Our Shared Futures*）中强调，迫切需要发动民众参与公民生活，在社区和公共机构之间建立信任。该报告还指出，相信可以影响地方决策的居民中，有71%信任地方市政委员会；不相信可以影响地方决策的居民中，只有48%信任地方市政委员会（2005，市民调查，引自Hothi et al.，2008：22，Kitchen et al.，2006）。这些问题，加之人们对机构疲软确实感到忧虑，都使得社区赋权摆上了议事日程（Hothi et al.，2008：22）。

南澳州战略合作与规划的背景

跟英国民众一样，南澳州许多公民感到现有政治制度已经失信于民，他们的诉求得不到政府的回应。部分民众觉得，民主参与由于透明度缺乏、接触信息有限和地方知识发挥不充分而受到了损害。加拿大的坎波内斯基反映的不满情绪在南澳州的阿德莱德同样也感受得到：

> 传统的参与方式早已使我们对这一看法习以为常：代议制民主不会回应地方诉求，我们自己掏钱投票选举是唯一可对日常生活施以较为直接控制的手段。于是，西部多数城市出现了民主生活参与严重不足的情况，中央政府和民众的关系与其说是一种平等关系，毋宁说更像是断断续续打电话的游戏。

> （Camponeschi，2010：66）

尽管坎波内斯基概述的问题令人感到担忧，阿德莱德市政府和市民间就城市愿景对话的合作关系还是有了进步。南澳州社区参与董事会是州政府公共关系办公室的下属机构，该机构在2011年修改更新了南澳州战略规划，并因此荣获国际公众参与协会颁发的2011

年度奖。更新南澳州战略规划各项目标的工作由南澳州社区参与董事会领导，共有超过9 200人参与其中，既有面对面的社区会议、利益相关人讨论会和有针对性的扩大社区服务聚会，也有博客、社交媒体等网络交流。国际公众参与协会大奖是对不拘一格广泛征询信息的肯定（受访群体文化、语言、社会经济多样不同的背景信息均上载到网络）。人们为谋划本州的未来建言献策，向澳州社区参与董事会收集到成千上万条意见和看法，并汇总形成报告，后来，又纳入了升级版的南澳州战略规划。

毋庸置疑，南澳州战略规划涉及的是一整套宏伟目标，当社会信任的财富处于赤字时，有人会质疑这些目标的有效性，他们认为愿景和日常生活（愿景在日常生活中是受忽略的）不可相提并论。帕克（Parker，2007：148）在阐述可持续系统性参与机会的重要性时，提出了投资型国家的概念，"如果政府把民众的亲身经验和生活视为学习、创新的潜在场域，就有机会展望可能出现的社会景观"。帕克认为，传统的管理模式如今已后继乏力，公共机构必须探索新的管理方法，把工作重心从提供服务和量化产出转移到和受益人群体共同确定目标和方向上来。南澳州战略规划从中获得资讯的协商过程表明，那些受咨询的人们十分关心所在社区的公共领域以及复杂城市的组织结构，社会生活正是在此发生的。帕克（2007：147）认同的创新对用户知识的要求"不亚于对新技术或谓之尤里卡时刻（顿悟时刻）的要求"。决策者们只有深化对专门知识的理解，才更能将习惯上要求的种种证据和民众带来的经验认知等而视之。

同样，为阿德莱德市提供一体化设计策略的5000+项目也致力于认同市民认知，吸引并邀请市民参与。这是在与众多机构接触与合作中实施的，包括超过19家的政府机构，74个社区和专业峰体组织，5所大学以及成千上万的本地居民，每个机构在10条指导原则的帮助下设法为阿德莱德内城区构想一种愿景。在面临管控城市发展中种种挑战的背景下，格拉顿研究所2010年发布了《城市：谁来做主》（*Cities: Who Decides*）的报告，报告讨论了8个城市的市级决策，这些城市大幅改进了对居民诉求的回应情况，并力图分析出伴随这一改进必然会有的管理模式调整（Kelly，2010：4）。按照凯利（2010：4）的说法，这些成功的背后有一共同因素，即"许多城市都可见公众持续高水平地参与决策，尤其是那些需要作出艰难抉择方可改进的方面"。5000+参与策略力图展示凯利描述的方法，随后将对此予以详解。

参与结构的变化

迪尔斯（2004：11）谈及《枯骨发声：振兴美国民主的社区建设》（*Dry Bones Rattling: Community Building to Revitalize American Democracy*）（Warren，2001）的作者马克·沃伦（Mark Warren），他解释道，沃伦断言"振兴民主要求组织良好的社区和政治制度之间的有效结合。由于政党在社区失去了根基，需要新的能对社区负责的中介机构取而代之"。迪尔斯在批评沃伦时指出，沃伦没有注意到，许多地方政府正在启动跟各自社区的关系；这是过去30年里出现的又一形式的参与式民主（Diers，2004：11）。迪尔斯进而指出，这种新型民主使决策向民众挪近了一步，并盛行开来。根据《美国的公民创新》（*Civic Innovation in America*）的统计（Sirianni & Friedland，2001），1990年美国超10万人口的城市中约有40%正式承认了社区协会，迪尔斯认为，这一百分比目前处于上升中（Diers，2004：13）。

瑞士的民主文化使每个愿意参与的公民皆可提出决策，往往是以全民公决或"特别动议"的形式。这就是所谓的直接民主，有迹象显示，直接民主有助于民众福祉（Hothi et al.，2008：28）。事实上，有大量机会参与地方或区域决策的瑞士公民比那些参与机会较少的地区的公民更为幸福（Hothi et al.，2008：28）。

直接民主的过程不仅是大有裨益的，其结果也有助于提高公民福祉。特别是，公民参与程度越大，就越能更好地对政治家及其决策进行监督，使之符合民众的愿望。对于实行直接民主的机构给予他们的决策权利，人民很珍惜这一参与机会（Hothi et al.，2008：28）。公民赋权行动之父索尔·阿林斯基深信：

> 自尊见于那些积极解决自身危机的人们，见于那些并非被动无助且像木偶样接受私人或公共服务的人们，因为给人以帮助实际上剥夺了他们行动的一个重要部分，根本无助于个人发展。在最深层意义上，这不是给予而是剥夺人们的尊严。否定参与机会就是否定人的尊严和民主。

（Alinsky，1971：123）

迪尔斯（2004：8）认为，过去30年间，出现了三种极有前景的参与式民主：基于资产的社区发展、正式参与体系和社区组织构建。迪尔斯（2004：14）主张，"基于资产的社区发展不仅有助于树立个人尊严，而且有利于增强社区活力和促进民主的健康发展"，原因在于，这一模式把被动的客户改造成了积极主动的公民。儿童和青年的参与（下面将予以讨论）证实了这一说法。迪尔斯在担任西雅图社区办事处主任20多年的履历中，见证了多种形式的公共参与，除了2000年世纪之交帕特曼（Putnam，2000）的担忧（民主参与正在衰退），他注意到：

> 如果帕特曼的统计确切无误，只能说参与旧式民主的人数减少了，但是在西雅图乃至全美，越来越多的人参与到历经演变能够满足当代社会需求的新型民主生活。

（Diers，2004：17）

民主文化越超越投票箱，传播到社区、工作场所、公共服务的其他交互生活领域，生活满意度就越高，二者间有清晰明确的关系（Hothi et al.，2008：30）。有相关文献足以证实参与决策与提高幸福度之间存在着依附关系，我要对此予以拓展，探求参与建成环境决策及其对幸福影响的相互关系。

有关建成环境决策的公众参与

格拉顿研究所2010年年度报告《城市：谁来做主》的研究结果运用上一节有关参与决策重要性的见解得出了一系列结论，如跨部门机构组织真正发挥的重大作用，各级政府及其选民之间协作的重要性等。格拉顿报告中居民们必须实质性参与艰难决策的建议尤为重要，对此凯利作了如下的评述：

> 在那些作出过艰难抉择并坚持到底的城市中，有过最早的、真正的、复杂而深刻的公众参与，这种参与程度与澳大利亚今天的情形有着数量级的差异。有了这样的参与，艰难的选择由此变得可行，且可以坚持下去。

（Kelly，2010：4，36）

格拉顿研究所（2012）在其《社会化城市》（Social Cities）报告中提醒我们，"我们建立、组织城市的方式可以促进或阻碍社会关系"（Kelly et al.，2012：3）。城市建设不仅指市的形式结构，而且指抵达这一结构的途径，如同弗瑞斯特（Forester）所言：

一些人视市民参与城市规划为宣示主张和合法权益（Checkoway，1994）；我以为，参与不仅可以将操纵的危险暴露于光天化日之下（Arnstein，1969），而且真正提供了讨论式转化性学习及参与性行动研究的政治机会。在一个权利没有自我实现的世界里，多种形式的宣传策划肯定必不可少……我认为实用主义和务实行动与道德是一体的，我们在行动中不仅了解工作对象还了解什么是重要的。

（Forester，1999：6）

采用设计程序吸引公众参与城市建设的意义

城市设计、规划、开发部门能够把根深蒂固的社会愿望娴熟地转化为建成环境，这些部门独一无二的专业知识有助于确保实行十分重要而又显著增强了的公众参与。涉及规划、基础设施和建成环境意义的公众参与需要由相关部门的设计专家领导。建筑师通过有效的公众参与，不仅可改造空间关系和有争议的空间，而且可在此基础上实现公共和政治关系改造（Forester，1999：71）。

设计建成环境是一个多步骤多阶段的过程。面向单个客户的工作或许会有一份简明的概要交到手上，而接触居民将其愿望纳入城市建设的工作一启动，写作设计概要就需要居民的参与。概要写作涉及诸多内容，包括前期研究场地环境、历史，分析场地现状，认定解决问题和明确场地未来性能的愿景。公众对这些问题的认识可为研究工作提供信息，这有巨大无比的价值，该方法也证实了帕克（2007）认为创新必然要求用户知识的观点。有一实例发生在5000+项目中的儿童和青年友好城市工作中，涉及名为空间造型器的这一设计工具的两种不同用途。该工具的用途之一是帮助培养小学生能力，方法上与迪尔斯观察的资产型社区规划这一新型参与式民主有异曲同工之处，"能够变消极被动的客户为主动积极的市民"（Diers，2004：14）。该工具的用途之二是阿德莱德市的一个开发区。在依次讨论这些用途前，我将简要介绍对儿童、青年产生关注的由来。

建成环境决策中的儿童与青年参与

博加塔市前任市长恩里克·佩纳罗萨（Enrique Penalosa）说，"儿童群体可看作一种指针。我们如能建设令儿童满意的城市，我们就能建设令所有人满意的城市"（Penalosa & Ives，2002，n.p.）。过去 10 年，从社区到地方、从各国到全球各个层面都在传播"儿童友好"的理念。"不断扩大的城市化引起人们对西方国家年轻一代健康和福祉的日益关注"，在这样的背景下，儿童友好运动便应运而生了（Gleeson & Sipe，2006：2）。儿童友好的思想写入了《联合国儿童权利公约》（*United Nations Convention on the Rights of the Child*），公约规定，要保障儿童积极参与公民生活，要促进地方培育专注于保护儿童权利的良好管理系统（UNICEF，2004）。"儿童友好城市"这一术语还见于联合国儿童基金会一份题为《儿童权利和栖息地》（*Children's Rights and Habitat*）（1996）的文件中，其中包括如下陈述：

> 必须充分考虑儿童和青年的需求，特别是生活环境的需求。必须特别注意城市、城镇、社区建设中的参与环节，要确保儿童和青年的生活条件，发挥他们的洞察力、创造力和对环境的思考。

（UNICEF，1996：16）

关于儿童的自身环境，他们才是这个问题的专家，设计、规划社区设施及空间应该倾听孩子们的声音，并遵照实施（Howard，2006）。本章已经力证，所有人，不管长幼，都有权参与自己的生活，影响身边发生的事情，创建自身环境和进行决策，他们的意见理应得到尊重和珍视。做到这些并非易事，正如兰斯当（Landsdown）所言：

> 创建孩子们实现这些权益的环境需要发生深刻变革。许多国家延续着儿童不过是关爱与保护的被动接受者的旧观念。他们的参与能力受到了低估，他们的生命力遭到了否定，他们参与的作用没有得到认可。

（Landsdown，2005：40）

除了有兰斯当的这番言论，也有越来越多令人信服的证据在挑战这些障碍。5000+ 儿童与青年城市论坛正是在这一背景下，吸引了广大青年学习、使用城市造型器参与示范项目。

走进校园的空间造型器

英国建筑与建筑环境委员会在广泛咨询专业、行业和社区机构后，开发了一款称之为空间造型器的软件，用于增进社区参与，开展公共场所的性能分析。在这款成人软件运行之际，又专为 9 ～ 14 岁的少年和儿童设计了一款少儿软件。英国建筑与建筑环境委员会给出的理由是，"社区参与中，儿童和青年往往受到忽略，推出 9 ～ 14 岁少儿空间造型器，目的在于帮助他们参与进来，改善本地公园、街道、游乐场和其他空间的环境质量"（CABE，2011：n.p.）。两款软件均涵盖 8 大主题：使用权、使用、他人、护养、环境、设计和外观、社区（空间对于本地人的重要）和你（空间赋予你的感觉）。

图 13.1a 和图 13.1b　2012 年 3 月，在南澳州阿德莱德市儿童和青年友好城市论坛上，基思·巴特利（Keith Bartley）与斯特街和吉尔斯街小学的同学们在会谈中。
来源：本文作者摄影

为培养阿德莱德市年轻一代运用软件的能力，2012 年初，5000+ 项目团队和南澳州儿童关爱委员会走进市中心的两所公立学校，和两个班的孩子共同使用一款经过改编的空间造型器软件。两个班按照软件设定的 8 大主题，分析了所在学校的环境和阿德莱德中心商业区的一些场所（公共建筑和露天场所）。此项工作的目标是吸引孩子们的参与，培养他们的各项能力：（1）思考构建一个场所必有的种种元素；（2）思考这一场所不同的使用者及其需求；（3）了解参与场所决策的过程及参与人；（4）思考年轻一代如何就公共场所发表自己的意见。

在举办"空间造型器走进校园"系列研讨会期间，我们逐步帮助孩子们学会谈论环境设计问题，如此，当有成人问他们某些议案是否有利于儿童和青年时，他们就有能力和信心作出相应答复。其中的原因，兰斯当是这么说的：

> 儿童参与涉及他们自身的决策，可以提高他们的自尊和自信。参与不失为难得的机会，有助于培养自主自立精神，提高社交能力和应变力。参与带来实质性的益处，对孩子们承担直接或间接责任的长辈应有虚怀若谷的精神，承认有诸多方面应向孩子们学习。

（Landsdown, 2005：41）

"空间造型器走进校园"项目全程进行了拍摄录像，录像提交给了为期两天的儿童和青年友好城市论坛，此次论坛由 5000+ 项目及其合作伙伴共同主办。

5000+ 儿童和青年友好城市论坛

共 300 名与会者出席了 5000+ 儿童和青年友好城市论坛，如何将南澳州特别是阿德莱德旧城区建设成对儿童和青年更加友好的区域，如何使年轻一代参与建成环境决策系统化、体制化，是与会者思考的焦点。论坛促成几大机构建立了互相合作的伙伴关系，这些机构有：南澳州教育和儿童发展部、南澳州儿童关爱委员会和重建委员会、查尔斯特市（地方政府）、南澳州一体化设计委员会。论坛包括来自国内外参会者的主题发言和系列协作研讨会。此外，还接受了三个涉及儿童与青年参与阿德莱德城市结构话语权的项目，这些项目作为青年参与的典范，可以为其他项目所复制。"空间造型器走进校园"是这三个项目之一。

12 名来自阿德莱德市中心两所公立学校的学生（每所学校 6 名）在进行实地考察和分析（在论坛上拍的视频有记录）后，作为青年专家小组成员受到论坛邀请，参加了由南澳州教育和儿童发展部首席执行官基斯·巴特利主持的题为"对话中"的论坛会议。此次以专家小组现身是对这些年轻人的礼赞，展示了他们在城市建设对话中建言献策的能力，树立了他们的自尊与自信，增强了他们的幸福度。

同学们的发言反映了他们关于城市环境的深刻见解和他们视角中蕴含的深入思考。同学们在市内实地考察的会议和录像也说明寻找代际间的共同语言是有价值的。澳大利亚青年基金会研究总监卢卡斯·沃尔什（Lucas Walsh）在论坛上说过，"寻找共同语言是名副其实的挑战，但是这种共同语言可以提升讨论质量，看起来有降低难度、过于简化之嫌，但其实有助于你找回纯洁的话语"。他呼唤的共同话语与霍蕾莉谓之曰"儿童友好结构体系"是一脉相承的概念，她把这种结构体系描述为"可以进行有意义活动的网状场所，无论童叟，不管个人还是集体，都能从中体验到一种归属感"（Horelli，1998：225）。这些示例证实了霍斯等人的判断，幸福与参与的关联有待于进一步探讨，因为，可以清楚地看到，孩子们参与"空间造型器走进校园"项目，以专家身份列席论坛，意见得到了重视，这提高了他们的自尊、自信和幸福度。

空间造型器在校园被用作指导学生学习和能力构建的框架体系。此外，有一个开发区，撰写公共空间设计纲要时又用这款工具纳入地方知识。空间造型器的这两个用例说明，它能激发创新，要求发挥用户知识，这是帕克（2007）所推荐的。与此同时，它又能开发资产型社区发展（空间造型器走进校园）和（特别是在下面的例子中）正式参与结构所需技术，这是迪尔斯（2004）强调的两种新兴且前景看好的参与民主形式。

走进鲍登的空间造型器

在儿童和青年友好城市论坛期间，还举办了空间造型器的同场研讨会，审查尚处于规划阶段的一个开发项目，项目中心是鲍登的一片露天场所用地（阿德莱德的内城郊区）。研讨的这片用地刚好位于阿德莱德一个新的（同等规模中的第一个）中密度住宅开发区边上，要使新开发区的边沿融入现有社区环境，这片公共空间的作用尤为重要。

2012 年 3 月的某天，举办了两场各历时 4 小时的研讨会。上午的研讨会在一群来自本地小学的 9 ~ 14 岁少年儿童中举行，出席晚间研讨会的则是一些本地居民、专业设计人士和对演示空间造型器感兴趣的观察者。两场研讨会同步举行的目的是确保广泛参与和比对 9 ~ 14 岁少儿组提出的问题，如果不听取孩子们的意见，这些问题可能会被忽视。

弗里曼（Freeman）提醒大家，"自然环境为规划师和政策制定者们提供了许多机会，走近儿童和青年，以增进年轻一代福祉的方式塑造社区环境"（Freeman，2006：83）。参与、奉献和提高福祉是相互关联的，三者间的纽带关系对于本章力主的管理制度如何决定建成环境中的行为变革至关重要。而且让孩子们自己处理所处环境这一点的重要性，使弗里曼（2006）意识到城市规划和决策中地方视角的必要性。他认为，新型城市规划：

> 将参考采纳那些熟稔本地情况人士的意见，也会接洽那些深受城市开发和开发决策影响的人士。一个更具包容性的规划体系会给儿童、社会和相关专业人士增益。

（Freeman，2006：83）

空间造型器研讨会期间并未形成专用地新的设计方案，但却促成了本地不同年龄层人士参与场地研究与分析，记录了场地的良好性能、需要改进的方面及改进细节。这将为设计专业人士随后着手的设计纲要提供关键信息。公众期待的设计方案可能仅是一个视觉产品，这个例子却表明，设计包括分析、研究、测试各种想法的程序，在此过程中，公众可以扮演重要角色。

视觉方案一经形成，便有助于以可视化方式传达复杂思想，如此，从专家到感兴趣的民众等各方人士均易于接受和理解。"对部分民众而言，政策文件和技术文件既难于接触又不具吸引力，与之相比，借助于可视化图像解释概念却非常有效"（Integrated Design Strategy，2011：8；Lee，2011）。设计师如能和居民促膝交谈，便有机会阐释开发方案，呈现其视觉表象，这有助于公众领会他们可以从中获得的益处，比较备选方案又各有哪些利弊。

如此一来，设计方法中包含一个转化、诠释和交流的环节。这涉及用实体模型帮助公众理解城市王国的规模与关系，否则，可能就止步于书面报告中的抽象描述。光有文本，无意中可能会疏漏从模型直接联想（或理解的）到的关系的描述。森尼特（Sennett，2012：129）在讨论合作环节时认为，"现代资本主义社会中，竞争与合作已经失衡，合作本身的坦诚性和对话性已经削弱"。他说，"对话性合作要求一种特别坦诚的襟怀，这种襟怀带来的是移情而非同情"（Sennett，2012：127）。一名专业设计人员要能够倾听，要把开发方案的视觉表象转化、诠释、表达为经验叙事，意味着他在与居民探讨该方案给他们的日常生活经验带来什么时，要保持住移情心理，理解居民的反应。

规划设计讨论常常被看作是走一道纯粹的"程序"，但其实，这些讨论要么会激发公众想象力、点燃公众希望，要么使公众变得盲目附和、愤世嫉俗（Susskin & Field，1996）。这些讨论或许能强化公众相互倾听、相互接触的能力，或许走向反面，导致要求

图 13.2 研讨会聚焦的鲍登专用地位于拟开发区（白色模型）的外缘，也即图片的中前景部分。
来源：图片由作者提供

举行那司空见惯的、绝不妥协让步的决定—宣布—捍卫的公众听证会（Forester，1999：63）。对于这种不妥协的立场，森尼特给出的理由是，"现代社会没有能力满足合作要求的严苛挑战。现代社会使人们合作的能力逐渐退化"（Sennett，2012：8）。如果森尼特提出的理由真实可信，那么运用设计主导的参与程序有助于培养公众（和设计专业人士）的合作能力，因为，考虑各种想法与选择，是在一个可视化响应环节触发的对话讨论中展开进行的。因而，参与公共项目的设计专业人员除了场地设计的工作外，需要倾听公众心声，培养公众想象力，以新的全局观看待现场（Forester，1999：70）。

轰轰烈烈的公共协商

设计师们锐意创新，提出可以期盼的美好愿景，开展对话描述和落实愿景对日常生活的渗透影响，这就提供了一种基本的通用语言，由此建立城市发展建议的共识。当下这场迈向参与式民主的国际运动已经表明，我们从正在发生的变革中可以目睹，公众对影响社区及其生活决策的参与已经大为提升。所以说，如果社区能得到设计专家的支持，配合政府实现这些愿望，民主规划过程中重大的行为变革极有可能产生极好效果。

华盛顿州的一项发展管理法案从西雅图市直接招募了 2 万人共商社区未来。这大约占该市家庭人口的 4%。高水准的社区参与、公众和市政当局的有效沟通最后制定了既深思熟虑又得到广泛支持的西雅图市政规划（Kelly，2010：17）。这是弗瑞斯特所谓的"民主协商"的一个范例，弗瑞斯特将其定义为"公众在形成真实决策的各种讨论会、社区会议或社区协商中，对未来进行的符合实际的想象，参与人不是公共团体代表，就是利益攸关的市民自己"（Forester，1999：85）。对于民主协商的重要性，亚历山大和托马笛（Alexander & Tomalty 2002：405）有这一番解释，"如果能听取民众意见，考虑他们的设计偏好，他们起初的保留态度就会变成对社区积极变化的支持与接纳"。

参与过程若有专业知识予以管理，就大有机会建立社区理解力。温哥华在 20 世纪 90 年代中期制定城市规划时，提供给居民的不是"两个麻风病人隔离区和一个 Club Med 度假村"，而是"实实在在的选择"及各自的优缺点和效果（Kelly，2010：37）。所以，居民参与其实是要考虑每项决策的得失与取舍。参与人越多，就越能接受艰难抉择的势在必行，决定提高现有住宅区密度，反对"向河谷蔓延扩张"（Kelly，2010：37）。此等程度的参与提供了一种学习经历。其实，参与此类规划是"一个改变参与人心理的教育过程；直接参与的经历能塑造一个新［人］，从中成为社会化的人，获得信念、态度和价值观"（Cook & Morgan，1971：7）。此外，"直接参与将会促使参与者更加关心政治，心甘情愿地考虑公共事务"（Cook & Morgan，1971：8）。正是在这一公众广泛参与城市决策的潮流与背景下，让我现在来谈论 5000+ 个案研究的概况。

5000+：针对阿德莱德旧城区的综合设计策略

5000+ 项目针对阿德莱德旧城区的再设计和改建。如前文所述，这是一个受联邦、州、地方三级政府支持、历时 18 个月的试点项目，旨在为阿德莱德市拟定一项综合设计策略。在澳大利亚，涉及政策变化和城市开发的参与活动传统上有最低法定要求。通常的情形是，不管是利益相关人还是社区，既不会让他们前期主动参与，政策变化和城市开发的重要阶段也不会听取他们的意见（Integrated Design Strategy，2011：14；Lee，2011）。5000+ 项目旨在挑战城市改建中有限公共参与的历史。该试点项目力图展示新的工作方式，为政府和非政府机构提供创新型公共参与模式，用于复制到将来要求城市战略协同决策的项目中。如前面所讲，把有效参与愿望转化成参与式管理的可用模式，意义重大。这是非常真实可信的，有证据显示，在居民缺少机会参与规划开发决策的社区，往往面临地方设施老化而又匮乏、经济与社会成本遭双重损失的局面（Woodcraft et al.，2011）。

5000+ 项目立足于以人为本、以设计为导向的方法，运用设计思维和设计程序解决问题、破旧立新，展示依靠设计程序发动公众参与城市建设的重要性。项目运作表现出适应性、应答性、协同性三大特点。该项目目标宏阔，旨在设计和记录一个促进公共问询、使人们能真正参与其中的畅达易行的程序。城市改建的各项提案有大量国际及国内最佳实践案例研究的实证支撑，还要经实业界、政府、非政府机构和公众的讨论和验证。超过 15 万人在线参与了该项目，此外，项目及其提案还展示到数十个公共活动中。承担所有这些工作、与超过 19 个政府机构商议并争取支持，对于不到 10 人的项目团队而言，确实是毫不令人惊讶的一项艰巨任务，因为，"在许多的利益相关人、规划师和政策分析人士中间工作，面临民主政治的一大紧迫核心挑战："公共协商得以落实"的挑战，参与式规划成为实际的现实而非空洞理想"（Forrester，1999：3，参考 Benhabib，1992；Bessette，1994；Gutman & Thompson，1996；Healy，1997；Hoch，1994）。

南澳州州长杰伊·韦德里（Jay Weatherill）在5000+协作性城市工作于2012年10月18日举办的公共展览会上谈及项目所用方法，称"此参与法可用于制定所有公共政策，因为它吸收了社区广博的知识"。他对此参与法的认可证实了本章提出的观点。同时也说明，呼吁政策决策中包含参与程序的不只是市民，官方和民间有着共同的目标。接下来的挑战是在日常管理过程中贯彻实施这一愿景。

逐一讨论5000+项目所有的工作与活动不在本章议题范围内。有关项目的更多详情可在5000plus网站获取。本文作者代表论坛合作伙伴南澳大利亚建筑师学会，作为志愿者参与项目长达六个月时间，而后获聘为5000+项目参与课题组全职负责人，时间也是六个月。在这期间，笔者主持了一些活动，推动发展策略中的公众参与。我们和地方政府合作伙伴一道，管理数个项目，带领市民、企业主和市议会议员尝试多样策略解决以下问题，包括住房多样性、社区供给、社区连通性建设、老龄化处置以及高人口密度区优质休憩用地保障。还举办了多次论坛，其中之一（前文已经描述）邀请了行业合作伙伴和300多位个体参与者，共商如何把阿德莱德建设成儿童和青年友好城市。此次论坛的焦点是认可儿童与青年的公民身份。前文已讨论过他们参与的两个案例。在此，我将呈现这些年轻人参与的最后一个示范项目。

项目标签

儿童和青年友好城市论坛上提交的第三个项目名为项目标签，项目邀请年轻人参与环境决策。他们是14～26岁的青少年，这是一个既不算儿童也不算成人的备受忽略的年龄段，虽然他们处在即将成年的人生重要过渡期，也渴望进入社会。霍莱莉（Horelli，1998：235）说，参与指"参加规划发展的各种机会"，这种机会青少年们极为珍惜，他们了解社会过程，知道如何在这些过程中发挥作用。诺德斯特姆（Nordström）认为：

这是成长中了不起的成绩。这一成绩意味着，青少年不再像儿童那样在感情上依赖成人，他们与成人相处时在情感上显得更为独立。情感和理智告诉他们，不能想当然地认为，成人将主动去了解和维护他们的利益。青少年参与规划不只是青年实现民主抱负的问题，而且也是对他们发展潜力的认可。

（Görlitz et al.,1998，引自 Nordström，2010：526）

在本文作者主讲的第三学年建筑设计课程中，南澳大利亚大学的学生们设计了一些项目，以解决无家可归青年的需求问题；建筑系研究生参加了 2011 年举办的设计竞赛，派给他们的任务是设计一件公共装置，凸显无家可归青年面临问题的严峻性。竞赛简介规定，参赛作品需符合规定尺寸，适合陈列在阿德莱德市中心商业区。该项目彰显了青年参与城市建设的益处。获奖作品项目标签扼要勾勒出年轻专业设计师的重要贡献，他们致力于接触其他年轻人，与他们共同解决城市社会问题。

项目标签提出的问题是：如何能使公共空间成为将公众纳入其中，而不是拒之门外的对话工具、开放论坛或者信访场地（见 projecttag 网站）？装置的地面层画有一张黑板，上面的开放式问题等待公众完成句子"我需要一个_____的地方"。如同官网的文字描述，"项目标签是一件流程导向的城市装置，目的在于加强公共讨论，发掘未用城市空间转化为安全空间的潜力，推动积极的青年导向的社会行动"。

竞赛优胜者名单公布后的 12 个月里，建筑系的研究生们携手无家可归的青年行走于城市的每一个角落，以摸清他们关于安全空间、不安全空间的看法，共同构建巨型装置的展示信息，作品安装在阿德莱德市文化大道北大街上，甚为醒目突出。参与过程、概念设计和作品安装都用一部影片作了记录，电影上载到了作品官网。影片作为青年参与的典范提交给 5000+ 儿童和青年友好城市论坛，展示了年轻一代通过参与程序在建设城市中发出的声音，以及他们声音中蕴含的力量和得到的认可。

三个青年参与项目相互独立，这些项目还有儿童和青年友好城市论坛上讨论决议的内容和结果都记录在本项目的网站上。

如前所述，5000+ 项目得到了联邦政府的支持，为的是澳大利亚其他城市可复制其模式。就在本文写作之际，项目的交付成果适才上报政府，项目可资期待的在政府决策中的应用前景尚不可知。在南澳州，发动儿童和青年参与建成环境决策已经被提到议事日程，儿童和青年友好城市论坛和上述示范项目对此产生了巨大的推动力。把南澳州建设成儿童和青年友好之州从政界和社区得到越来越多的支持，与此同时，论坛的讨论效应仍在持续发酵。

结 论

展开分析儿童和青年参与自身环境决策虽不在本章议题范围内，但却是一个需要充分讨论的领域，该领域明显有需要改进和行为变革的空间，要有更多开放协商的机会，倾听年轻人的心声，邀请他们参与。这一观点为查特吉所强调，查特吉认为，城市规划者和儿童之间的地域概念没有直接关联（Chatterjee，2005，2006），儿童的地域概念既不同于成人，更有别于实体规划师和决策者。

参与过程代表决策权，其他评论家对产出并享有这一权力的必要性不置可否。比约克立德便是其中之一，此人提出，尽管要倾听儿童心声，但是"归根结底，由于成年人特有的知识、经验和见解，必须由成年人作出决策并为此承担责任"（Björklid，2009，引自Nordström，2010：525）。虽然比约克立德对责任进行了正统切分，但是我们有理由提出以下问题，创建一个儿童友好的社会或环境殊非易事，这是因为成人是终极责任者，还是因为现行制度并未承认儿童与青年参与决策的公民权。看来这是一个关涉权力分配的问题。

本章已经阐明，当代建成环境管理体制在关于公民权、民主协商决策的行为方面存在改进空间。许多居民虽然感到自身未被体制充分接纳，但这些无权的成年人很少呼吁体制对儿童和青年的纳入，尽管他们有能力和责任这么做。不管我们各自的角色是公民、居民，还是设计师、政府雇员或政府拥戴者，我们如果要呼吁分权或参与式决策，就必须承认，我们不同年龄层的公民彼此间负有责任。森尼特（2012：292）援引森和努斯鲍姆的话，"人们合作的能力远比体制许可大且复杂"。他继而又讲，与他人互动是非常丰富的体验。本章已经表明，采用程序设计法可就城市环境、我们珍视和需要改进的方面、我们对公共场所的性能期许开展对话讨论。当然，虽说设计不可能解决公共参与和权力分享的所有问题，但不失为一透明方法，可推动开放包容性协商讨论紧紧围绕地方成果展开。在

图 13.3　在 2012 年全国青年无家可归事务日，项目标签装置在南澳州阿德莱德市面世
来源：作者摄影

居民可以影响社区决策的地区，幸福指数更高（Hothi et al.，2008），由于这一假说，公共设计的效益对于实现幸福具有特殊意义。

森尼特还报道了哲学家玛莎·努斯鲍姆在哥伦比亚大学谈论青年人遭受境遇不公等问题所说的话：

> 才能既可以衡量人们能做什么，也可反映社会滋养的缺失。不平等限制了孩子们的才能，他们有比体制许可更充分的相互联系合作的天赋。

（Sennett, 2012：147）

当代城市面临的复杂挑战彰显出公民参与合作的重要性。如果儿童和青年不参与当代决策，我们怎么指望他们养成必备的能力和才华，进而在有朝一日去应对我们这个世界预计会遇到的诸多难题？本章认为，儿童和青年参与决策，将是当代公民发起的一项最伟大而长远的行为变革倡议，这无疑也是对我们共同未来和人类持续福祉的一笔投资。

参考文献

1. Alexander, D. and Tomalty, R. (2002)'Smart growth and sustainable development challenges: solutions and policy directions', *Local Environment,* vol 7, no 4, pp397-409

2. Alinsky, S. (1971) *Rules for Radicals: A Pragmatic Primer for Realistic Radicals*, Vintage, New York, NY

3. Australian Bureau of Statistics (ABS) (2008) *NatStats08 Conference Handbook*, Australian Government, Canberra, ACT, accessed 10 July 2011

4. Australian National Development Index (ANDI) (2010) *Business Prospectus*, accessed 10 December 2011

5. Arnstein. S. (1969)'A ladder of citizen participation', *Journal of the American Planning Association*, vol 35, no 4, pp216-224

6. Benhabib, S. (1992) *Situating the Self: Gender, Community and Postmodernism in Contemporary Ethics*, Routledge, New York, NY

7. Bessette, J.M. (1994) *The Mild Voice of Reason: Deliberative Democracy and American National Government*, University of Chicago Press, Chicago, IL

8. Björklid, P. (2009)'Child-friendly cities—sustainable cities? A child-centred perspective and the child's perspective', *Proceedings of the 19th International Association for People—Environment Studies Conference*, Alexandria, September 2006

9. Brown, T. (2009) *Change by Design: How Design Thinking Transforms Organizations and Inspires Innovation*, HarperCollins, New York, NY

10. CABE (2011)'Spaceshaper documents', accessed 10 January 2012

11. Camponeschi, C. (2010) *The Enabling City: Place-Based Creative Problem-Solving and the Power of the Everyday* (toolkit published online, based on research conducted by Chiara Camponeschi as part of the Major Portfolio submitted to the Faculty of Environmental Studies in partial fulfillment of the requirements for the degree of Master in Environmental Studies at York University in Toronto, Canada), accessed 10 October 2012

12. Canadian Index of Wellbeing (2010) *About the Canadian Index of Wellbeing Network*, accessed 10 January 2012

13. Chatterjee, S. (2005)'Children's friendship with place: a conceptual inquiry', *Children, Youth and Environments,* vol 15, no 1, pp1-26

14. Chatterjee, S. (2006)'Children's friendship with place: an exploration of environmental child friendliness of children's environments in cities', PhD Thesis, North Carolina State University, USA

15. Checkoway, B. (1994) *Involving Young People in Neighborhood Development*, Center for Youth Development and Policy Research, Washington, DC

16. Cook, T. and Morgan, P. (1971) *Participatory Democracy*, Canfield Press, San Francisco, CA

17. Diers, J. (2004) *Neighbor Power: Building Community the Seattle Way,* University of Washington Press, Seattle, WA

18. European Commission (2009) *GDP and Beyond: Measuring Progress in a Changing World*, European Commission, Brussels, August, accessed 10 November 2012

19. Forester, J. (1999) *The Deliberative Practitioner: Encouraging Participatory Planning Processes*, MIT Press, Cambridge, MA

20. Freeman, C. (2006)'Colliding worlds: planning with children and young people for better cities', in B. Gleeson and N. Sipe (eds) *Creating Child Friendly Cities: Reinstating Kids in the City,* Routledge, London, pp69-85

21. Giovanni, E. (2008) *Global Movement for a Global Challenge*, OECD, Paris

22. Gleeson, B. and Sipe, N. (eds) (2006) *Creating Child Friendly Cities*, Routledge, New York, NY

23. Görlitz, D. et al (eds) (1998) *Children, Cities and Psychological Relationships: Developing Theories*, de Gruyter, Berlin and New York, NY

24. Gutman, A. and Thompson, D. (1996) *Democracy and Disagreement*, Harvard University Press, Cambridge, MA

25. Healy, P. (1997) *Collaborative Planning: Shaping Places in Fragmented Societies*, University of British Columbia Press, Vancouver, BC

26. Hoch, C. (1994) *What Planners Do: Power, Politics and Persuasion*, Planners Press, Chicago, IL

27.Horelli, L. (1998)'Creating child-friendly environments: case studies on children's participation in three European countries' *Childhood*, vol 5, pp225-239

28.Hothi, M., with Bacon, N., Brophy, M. and Mulgan, G. (2008) *Neighbourliness + Empowerment = Wellbeing, is there a Formula for Happy Communities?*, Local Wellbeing Project, London

29.Howard, A. (2006) *What Constitutes Child Friendly Communities and How are they Built?*, Australian Research Alliance for Children and Youth, Perth, WA

30.Integrated Design Strategy (2011) *Knowledge Base Recommendations Report*, Integrated Design Strategy, Department of Premier and Cabinet, Government of South Australia, Adelaide, SA

31.Kelly, J. (2010) *Cities: Who Decides?*, Grattan Institute, Melbourne, VIC

32.Kelly, J-F., Breadon, P., Davis, C., Hunter, A., Mares, P., Mullerworth, D. and Weidmann, B. (2012) *Social Cities*, Grattan Institute, Melbourne, VIC

33.Kitchen, S., Michaelson, J., Wood, N. and John, P. (2006), 2005 *Citizenship Survey: Cross-Cutting Themes*, Department for Communities and Local Government, London, accessed 10 November 2012

34.Landsdown, G. (2005) *Can You Hear Me? The Rights of Young Children to Participate in Decisions Affecting Them*, Working Paper 36, Bernard van Leer Foundation, The Hague, Netherlands

35.Lee, L. (2011) *An Integrated Design Strategy for South Australia: Building the Future*, Adelaide Thinkers in Residence, Department of Premier and Cabinet, Government of South Australia, Adelaide, SA

36.Nordström, M. (2010)'Children's views on child-friendly environments in different geographical, cultural and social neighbourhoods', *Urban Studies*, vol 47, no 3, pp514-528

37.OECD (2009) *A Proposed Framework to Measure the Progress of Societies*, Paris, accessed 10 November 2012

38.Parker, S. (2007)'Porous government: co-design as a route to innovation', in S. Parker and S. Parker (eds) *Unlocking Innovation: Why Citizens Hold the Key to Public Service Reform*, Demos, UK，PP145-155.

39.Penalosa, E. and Ives, S. (2002)'The politics of happiness', *Land and People*, Spring, Trust for Public Land, accessed 10 December 2011

40.Putnam, R. (2000) *Bowling Alone: The Collapse and Revival of American Community*, Touchstone, New York, NY

41.Salvaris, M. (2010) *An Australian National Development Index: General Background Paper*, accessed 10 November 2012

42.Sennett, R. (2012) *Together：The Rituals, Pleasures and Politics of Cooperation*, Allen Lane/Penguin Books, London

43.Sirianni, C. and Friedland, L.A. (2001) *Civic Innovation in America: Community Empowerment, Public Policy, and the Movement for Civic Renewal*, University of California Press, Berkeley, CA

44.Steuer, N. and Marks, N. (2008) *Local Wellbeing: Can We Measure it ?*, New Economics Foundation, London

45.Stiglitz, J. (2009) *Report by the Commission for the Measurement of Economic Performance and Social Progress*, Paris, accessed 10 August 2012

46.Susskin, L. and Field, P. (1996) *Dealing with an Angry Public*, Free Press, New York, NY

47.UNICEF(1996) *Children's Rights and Habitat: Working Towards Child Friendly Cities*, UNICEF NYHQ, accessed 10 May 2012

48.UNICEF (2004) *Building Child Friendly Cities: A Framework for Action*, UNICEF Innocenti Research Centre, Florence

49.Warren, M. (2001) *Dry Bones Rattling; Community Building to Revitalize American Democracy*, Princeton University Press, Princeton, NJ

50.Woodcraft, S., with Bacon, N., Caistor-Arendar, L. and Hackett, T. (2011) *Design for Social Sustainability: A Framework for Creating Thriving New Communities*, Young Foundation, London

14　可持续发展体系设计：
　　行为变革的挑战

卡洛·维左

【提要】

产品服务创新体系（Product-service system，PSS）是一条通往可持续发展的光明之路。然而，该模式的应用十分有限，其实施和推广要求改变消费和生产模式，要求各个层面的行为变革，而这些却由于几大障碍的存在而受到制约。本章探讨了四个相关设想和关键节点上的障碍，提出通过系列可持续设计的资用假设来克服这些障碍。第一，多数情形下，可持续产品服务创新的出现最初都是为求得市场生存，设计在引入、增加、转移基于PSS解决办法方面，发挥着重要的推动作用。第二，推广可持续产品服务体系与（还有其他因素）其吸引力和消费者接受度及满意度息息相关，而且，由此还拉开了可持续产品服务体系美学需求的讨论，要增强新一代人工产品的具体特点，揭示其内在品质。第三，这种商业模式的产品服务创新体系被认为是工业化背景下有创造生态效益机会才得到研究和实施的，在此提出如下看法：即便置于生态效益与社会伦理可持续发展相结合的背景下，系统创新方法依然大有商机，特别是当这些方法表现出基于本地化和网络结构的特点时，将更受欢迎（即系统创新作为分布式经济体）。最后，面对可持续体系设计，全球设计界乏善可陈、能力不济，这表明设计科研人员、设计教育工作者和设计师迫切需要行为变化。为加速知识的构建及传播过程，设计界需要采纳新认识与新方法，要尽可能协同配合、共同学习，树立更多开放、较少版权的风气，实现基础知识和专业技术的有效共享、交互渗透和开花结果。以上四大假设突出了新的研究前沿，将设计角色延伸到系统方法上，确切来讲，需要在不同的相互关联的层面上实现行为变革。

产品服务体系（PSS）设计：通往可持续发展的康庄大道

自 20 世纪 90 年代以来，为数不少的设计研究中心开始提倡以超越产品本身，以此从根本上推动可持续消费。具体讲，这涉及开发一个产品服务的综合集成系统，用以满足消费者的多种需求（Bijma et al.，2001；Brezet et al.，2001；Charter & Tischner，2001；Goedkoop et al.，1999，Manzini & Vezzoli，2001）。这便是通常所说的产品服务体系（PSS）。联合国环境计划署的一份出版物给出的定义是：

> 产品与服务联合系统（及相关基础设施）能更有效地满足用户需求，且为企业和用户带来的价值高于纯粹基于产品的解决方案……PSS 体系使得创造价值和物质能源消耗互相脱钩，极大减少了现有产品体系生命周期的环境载荷。
>
> （Tischner et al.，2009：97）

由于相关利益人互助合作的新型关系和相关经济利益的融合，这些创新体系可以使"系统性资源消耗"降至最低（UNEP，2002）。这类生态型创新体系从特定价值生产系统中不同相关利益人新型互助的伙伴关系发展而来。价值生产系统的价值链包括企业供应商（以及它们的供应商）、企业自身、企业分销渠道和企业买方（可能延伸到企业产品的买方）（Porter，2008）。

总体说来，新型 PSS 体系的核心特征源于这个体系：

• 立足基于满意度的经济模式（即根据特定客户"满意度单位"研发/设计和交付每个体系）；

• 基于利益相关人的互助合作（即这些全新的方法与其说是技术创新，不如说是特定价值生产系统不同利益相关人互助伙伴关系的创新）；

• 具有产生生态效益的内在潜力（这些创新体系中，企业得到了经济利益和竞争利益，可能有助于减少环境影响：创造价值与资源消耗脱钩）。

迄今为止，可持续性设计引入 PSS 创新，已促使设计科研人员着手从战略角度确立角色、方法、技能的全新定位。指向生态效益的这一体系设计可定义为：构想与满意度体系直接和间接关联的利益相关者的交互关系，根据此构想，设计一个能满足客户特定需求、具有生态效益的产品与服务集成体系（提供一个"满意度单位"）（Vezzoli，2010）。

生态效益体系设计须结合三种方法：

（1）满意度体系的方法（即设计满足特定需求的满意度单位——及其相关产品和服务）；

（2）利益相关人配置方法（即构想特定满意度体系利益相关人的交互关系）；

（3）生态型体系的方法（即构建利益相关人的交互关系，这种新型关系为了经济和竞争利益，将不断寻找新的有益于环保的解决方案）。

实施与推广可持续 PSS 体系的障碍

大多数产品都涉及服务，反之，服务也必然涉及产品；几十年来，服务型经济的转向一直在悄然发生。换句话说，PSS 并非新生事物，然而生态型 PSS 体系也没有深入人心。我们若要检视工业化背景下推广高效生态 PSS 体系存在的障碍，就要考虑三种类型的利益相关者，即企业、用户和政府（Ceschin，2012）。[1]

企 业

对企业而言，采纳 PSS 策略比单纯只负责交付产品管理难度和复杂性都更大。企业文化和组织迫切需要变化，以支持体系化创新和面向服务的商业模式（UNEP，2002），将产品连带责任延伸到销售后，确实遇到了来自企业的阻力（Mont，2002；Stoughton et al.，1998）。延伸连带责任需要新设计、新的管理知识和途径。还要求中长期投资，现金周转具有很多不确定性（Mont，2004a）。此外，为向企业内外利益相关者或者企业战略合作伙伴推销 PSS 体系，从经济和环境的角度难以量化 PSS 产生的节约，是另一大障碍（UNEP，2002）。最后，赢利方式彻底变化可能使生产商对这个体系望而却步，其一，给这种体系定价报价，企业经验有限；其二，过去由消费者承担的风险可能转移到企业头上（Baines et al.，2007）。

用　户

对用户而言，需求得到了满足但却不占有产品，接受这一方式需要文化转向，这是主要障碍（Goedkoop et al.，1999；Manzini et al.，2001；Mont，2002；UNEP，2002）。基于共享和使用的办法与完善规范支配性所有权相抵牾（Behrendt et al.，2003）；这在 B2C 市场（企业对用户）尤为真实，而在 B2B 市场（企业对企业）中，却较易看到生态型 PSS 体系的实例（Stahel，1997）。产品所有权把实实在在有功能的物品交给私人用户，这让用户感到自己的地位、形象和操控力（James et al.，2002）。另一个障碍是，用户缺乏生命周期成本知识（White et al.，1999），难以理解不占有产品的方法会有什么经济效益。

政　府

从管理方看，政府法律不一定支持 PSS 趋向的解决方案。由于环境效应没有内化，环保创新在企业层面往往得不到回报（Mont & Lindhqvist，2003）。此外，在实施政策创造企业驱动力，推广和传播这种创新体系方面，还存在诸多困难。（Ceschin & Vezzoli，2010；Mont & Lindhqvist，2003）。

为克服这些障碍，下面提出四种可持续性假设，它们相互关联，互有区别：

（1）发挥设计潜能，推动该方案的引介、扩展和进一步专业化；

（2）迫切需要创设可持续 PSS 美学，强化新一代人工产品的具体特点和内在品质；

（3）即便结合生态效益与社会伦理可持续发展的综合考量，体系创新方法依然可带来商机，特别是当这些方法表现出本地化和网络结构特点时，将更受欢迎（即体系创新作为分布式经济体）；

（4）设计界要接纳、提倡协作和分享学习的风气，实现基础知识和专业技术知识的有效共享。

设计如何辅助开发生态型 PSS 体系？

基于创新研究领域的新成果（尤其是转型研究的贡献），本章在设计研究语境下引入和增加 PSS 体系，提出一种资用假设。受保护条件下开展社会技术实验在这一假设中被赋予重要功能，激进创新举措经试验可以臻于成熟，并能潜在挑战改变居支配地位的社会技术实践、行为模式和制度。

实施推广生态型 PSS 体系的概念框架由舍琴（Ceschin，2012）于 2012 年提出，也即描述生态型 PSS 体系是如何引介和扩充的。该过程应视为一种渐进式转型路径，包括三阶段：孵化、社会技术实验和逐步推进实施。

阶段 1：孵化

要创造条件，启动社会嵌入流程，PSS 理念要得到相关角色的认同和参与，需开展讨论和协商，就这一理念及实施其社会嵌入的可行策略达成共识。

阶段 2：社会技术实验

开展系列实验探讨如何改进 PSS 创新体系及推动其社会嵌入。这些实验对于触发催化激进创新具有战略核心作用。由于其重要性，厘清社会技术实验的概念及其推动产品服务体系转型和行为变革的潜力大有裨益。

阶段 3：逐步推进

PSS 创新体系（及相关新实践、行为、制度）势头看涨，并开始影响社会技术体系，直至成为实现社会需求的主导方式的一部分。

在这个转型过程中，建立和发展一个广泛动态的行动者网络至关重要，能发挥保护、支持和培育创新的作用。网络包含的不只是 PSS 价值链上的角色（如生产商、合作供应商和消费者／用户），还有其他角色：譬如，高等院校和科研中心（提供学术支持）、机构和公共团体（推动创新并提供政治支持）、非政府组织（潜在项目伙伴）和媒体（有了媒体，这个创新体系就变得引人注目了）。必须强调的是，我们所说的是一个动态网络，其构成甚至是每个角色的作用时时都在变化。

一种潜在的新型设计方法

可持续发展体系设计有助于孕育生态 PSS 理念，并设计转型路径，支持和促进理念的引介和推广（Ceschin，2012）。从这个意义上讲，在逐步引介和在全社会嵌入生态 PSS 理念的过程中，设计师能够担当责任，指导并支持公司、公共机构或行动者网络。这么做要求有全新的设计方法和设计能力。

首先，设计师需要广泛关注设计领域：也就是说，在构思可持续 PSS 理念时，需同步设计适当的转型路径，逐渐孵化、导入和普及这些理念。尤其是，设计范围应该拓宽如下内容：

● 设计系列战略步骤（孵化、社会技术实验、利基发展和扩大规模）以逐步强化、改进 PSS 创新体系，培育其社会嵌入；

● 若能得到行动者的认可和参与，他们会在转型的不同阶段支持社会嵌入过程（行动者的认可、相关角色和相互作用）。

其次，设计认识上要具备开阔的战略眼光。这意味着设计师不仅要关注 PSS 创新，更要关注可能有利于或阻碍社会嵌入过程的环境条件。设计师应该具备战略意识，要设法影响社会技术环境，创造最有利的条件来支持 PSS 的社会嵌入（行动者进入这个系统，行为受激励而发生改变，会直接或间接地影响实践和机构）。这些角色可通过自己的行动直接或间接地刺激转变和影响实施。由此，转型过程瞄准了两个目标：

● 检验 PSS 创新体系并使之日趋成熟（由于来自社会技术环境的反馈）；

● 影响社会技术环境，支持并促进 PSS 的社会嵌入（由于具有激励行动者行为变化的战略意识）。

再次，要具备实验与学习精神。事实上，我们处理的是极其复杂且不确定的新事物，这些事物的社会嵌入不能依据先入为主的固定方案。某种意义上，这个社会嵌入过程应该是一条发现、学习的探索之路。

最后，采纳基于实验和学习的方法当然要求灵活、动态的管理思想。愿景项目并非一个静候人们去实现的结果，由于行为主体在社会嵌入过程中不断学习（尤其是在社会技术实验期间），也在时时调整他们的愿景。由于转型战略以实现愿景项目为导向，也可以对其调整，以配合愿景出现的变化。即便参与社会嵌入过程的行动者网络也有动态性：网络组成及每个角色承担的任务长时间里都会演绎变化；譬如，地方技术实验阶段的人际关系网就有别于其推广阶段的人际关系网。

普及可持续 PSS 体系的新美学

本章关注影响 PSS 生态体系吸引用户、获得用户认可及满意度的障碍，并就其美学功能展开讨论，即能否激发用户感知到 PSS 生态方案比基于产品的传统方法令人满意（作出购买决定时和使用中）。PSS 生态体系的美感，或用户感知到的美感，对于提升其用户吸引力、认可度、满意度发挥着关键作用。PSS 生态体系不同元素的感知与设计是十分值得重视的问题，从中又引申出两大问题（Ceschin et al.，2010）：

（1）围绕设计必须开展科研：由于 PSS 创新本质上是一个日趋明显的服务型社会中利益相关者交往关系的创新，我们需要确立一个服务美学的知识库，将所有利益相关者的互动关系纳入考虑，而不仅是和用户的关系。

（2）PSS 生态创新体系的具体特点（比如对实物产品不具有所有权）。

我们深知，美观对于产品设计、用户接受满意度具有重要意义。迁移到体系创新层面，自然就引发这样一个问题：在何种意义上可考虑 PSS 生态体系的美学概念？这样的美学不仅要思考 PSS 相关产品，还要考虑其涉及的服务和各种交往关系。我们可以谈论系统美学（Ceschin et al.，2010）（如，这样的美学建立于对 PSS 不同元素表达形式的综合感知——也就是综合协调了产品美学、服务美学和利益相关者人际交往美学的美学）。

在此提出一个重要问题：PSS 生态体系美学会给用户带来什么作用？

首先，必须牢记：PSS 生态体系是基于满意度的解决办法，意味着其所构建的是满意度体系，而非用以满足某种需求的单个产品。例如，人们可以使用的是交通设施而非私人汽车，有舒适的供暖系统而不是一只锅炉，衣物已经洁净而不是要有洗衣机或洗衣粉。从这个角度讲，深层次构建这一体系的是审美维度和传递感知价值，而不是可能存在的各种手段。在这个意义上，美学的内涵虽然保持不变（如吸引力、接受度、满意度），但在用户那里却显得更加诚实和透明。

此外，PSS 生态体系很多时候都以获得产品、分享产品为出发点，如果我们希望人们觉得 PSS 方法比基于产品的传统解决办法好，就必须重视这些特点，促成优势转化。特别是，PSS 生态体系可能有利于人们共享产品，从而促进人与人的相互交往，发展新型人际关系。在使用 PSS 体系的过程中，人们相互间要直接联系，用户参与人数多了，就会有集体的归属感；举例说，来看看采购团团结一致的人际关系，人们组团去向本地农民直接购买食品。这种人际关系并没有采购后结束——像基于产品的传统模式那样——而是延伸到合同规定期限外，在此期间，用户和生产者可以发展并维护他们的工作关系。

基于产品的传统模式中往往看不到这些元素，还有 PSS 用户间、用户与制造商 / 供应商的关系。这些是 PSS 生态解决方案最显著的特征。因此，若要提升用户吸引力、接受度和满意度，这些关系必须作为稳定元素进入体系，就更应看重人际关系。如果购买商品事关满足社会期望（Jackson & Marks，1999），有时又体现失却的社群感（Hacker，1967），在设计 PSS 生态体系时，应该特别重视这些社会过程，只有如此，人们才会感到它比基于产品的系统好。

除了这些元素之外，PSS 生态体系的又一特点便是其内在的环境效益与经济效益。但问题是用户并不常常知道这些好处（Ceschin et al.，2010）。因此，我们如果想提高此类解决方案的吸引力和接受度，就需要在这些方面下功夫。尤其要帮助用户认识使用 PSS 生态体系产生的环境效益和经济效益。随后，用户就将意识到自己获取并采纳了一种负责任的可持续行为，这可能成为进一步推广这个方案的支点，因为初始用户会告诉其他用户，勉励他们采纳相同行为。

同时还须指出，相较于基于所有权的传统解决方案，PSS 生态体系往往能给用户带来更多好处，比如免除保养、维修和处理产品的麻烦和费用。这个方面要着重强调，才能让用户和消费者看清楚。

最后，PSS 生态体系不应只在使用阶段产生满意度，在购买选择阶段，其吸引力就应盖过基于所有权的办法。换言之，PSS 生态体系应该比基于产品的解决方案更能“邀请”和“吸引”用户（且引起他们的兴趣）。这暗示了设计研究的新方向——在材料领域和符号学领域架设桥梁。

新兴经济体和低收入国家的体系设计，生态效益与社会伦理可持续发展的结合

大部分 PSS 研究主要侧重工业化国家可持续发展的环境与经济维度。这些新方法同样适用于新兴的或发展中的低收入国家，还可能会促进那里可持续发展社会伦理维度与环境（还有经济）维度的融合。下文将讨论这些问题。

在新兴的低收入国家，PSS 理念前景看好吗？

2000 年，联合国环境署组建了一支国际专家团队，拟在全球传播产品服务体系创新理念。参与此项工作的学者（包括作者本人）来自工业国家、新兴的低收入国家，此次团队协作的主要成果凝聚在环境署刊物《产品服务体系：可持续解决方案契机》（*Product-Service System：Opportunities for Sustainable Solutions*）中（UNEP，2002）。小册子概述了 PSS 可能有的新前景，可以将其归纳成 3 个问题：

（1）PSS 创新在新兴经济体和低收入国家下是否适用？

（2）如果第一个问题的答案是肯定的，那么，在此情形下，PSS 创新方法是否有利于增进生态效益和社会公平与社会凝聚力？

（3）如果前两个问题答案是肯定的，那么其发生会表现出哪些特征？

针对前面两个问题，环境署聘用的国际专家团队提出了以下资用假设：

在新兴的低收入国家，蕴藏无限商机的 PSS 体系有助于跨越个人消费／占有批量生产产品的阶段——进入基于满意度和先进的低资源消耗集约型服务经济模式，从而推动社会与经济的发展进程。

（UNEP，2002：13）

环境署研究项目下系列案例研究探讨的下述论点为这一假设提供了支撑（UNEP，2002；Vezzoli，2006）。首先，如果 PSS 可从体系层面产生生态效益，就有机会在经济可能性较少的情况下降低总成本，从而实现未能满足的社会需求。其次，PSS 方案更强调使用情况，因为体系不只是销售产品，还要建立（并加深）与最终用户的关系。因此，在这些条件下，更多的 PSS 体系的提供，应该可以触发更多有实力的地方股东而不是国际股东参与进来，从而培育和促进地方经济的繁荣。再有，由于 PSS 具有劳动、关系密集

型的特点，这就有助于增加地方就业和传播劳动技能。最后，发展 PSS 体系要立足于构建系统关系和伙伴关系，这与发展地方化企业网络是不谋而合的，从而拉开自下而上的再全球化过程。最后这一个问题将在下面阐释分布式经济模式时加以明晰。

分布式经济：一种在融合生态效益、社会公平与凝聚力的创新体系下，前景光明的经济模式

上文已经论证了 PSS 创新体系适用于新兴低收入国家，但由此却引发了第二个问题：要在新兴低收入国家中，培育生态效益、社会公平和凝聚力，PSS 需要具备哪些特征呢？

这个问题的焦点是 PSS 创新，可持续发展学习网（Learning Network on Sustainability，LeNs）项目（由欧盟亚洲联盟计划资助）对其给予了解答，该项目旨在为可持续设计开发课程。本文作者担任 LeNS 项目协调人，与来自很多亚洲新兴国家的伙伴们历经三年协作研究，才得以创办这个项目。PSS 创新模式和分布式经济模式的融合为这一问题提供了一个答案。位于隆德（瑞典南部城市）的工业环境经济学国际学院这样定义分布式经济，"将选定生产份额分布在那些以小而灵活、彼此协同的单位组织生产的地区"（Johansson et al.，2005：971）。好几位作者都证明了：与 PSS 一样，分布式经济也是一种良好的经济模式，有利于融合可持续发展的社会伦理与环境维度（Crul ＆ Diehl，2006；Johansson et al.，2005；Mance，2003；Rifkin，2002；Sachs et al.，2002；Vezzoli ＆ Manzini，2006）。

研究（Sachs ＆ Santarius，2007；Sachs et al.，2002）发现，如有地方股东参与资源开采、转化和销售，他们会注意保护资源的可再生性。因为不管是从短期还是长期看，他们维持经济生活都要依靠资源。因此，他们不赞成迅速耗尽资源。经济哲学家欧克利德斯·曼斯（Enclides Mance）描述的"团结协作网"与分布式经济模式是兼容的。根据曼斯的定义（2003），团结协作网"网络中，生产单位与消费单位在自动传输自行馈送的节点上，团结协作、互相挂钩"。团结协作网有两大重要特征：

（1）是地方企业，或者立足于可持续地方资源和地方需求的地方项目，但是也能面向非地方或全球体系开放；

（2）是网状结构的企业或项目（由于网络内部联系，其潜在性临界质量增加了）。

因此，我们现在已能回答本节开头提出的问题：

在新兴的低收入国家中，可将产品服务创新体系视为一种商机——通过跨越个人消费／占有批量生产产品的阶段——进入基于满意度和先进的低资源消耗集约型服务经济模式，从而推动社会与经济的发展进程，其特点表现为：立足于地方和网状结构的企业和项目寻求一种可持续再全球化的进程，旨在使获得资源、商品、服务的机会民主化。

（Vezzoli，2010：154）

可行的设计新方法

有了前面的假设，我们便可按以下方式拓展已有的生态体系设计定义，重新定义可持续发展的体系设计（Vezzoli，2010）：设计一个有利于社会公平和凝聚力的产品服务生态体系，整个体系要能够满足用户的特定需求（或者提供一个满意度单位），要立足于与"满意度"体系直接或间接关联的相关利益者互动设计（基于地方的和网状结构的）。

按照上述定义归纳本章之前阐述的主要论点，显而易见，PSS 生态体系创新设计必须满足如下要求（Vezzoli，2010）：

● 是一种满意度体系的方法（如：设计满足特定需求的满意度单位及其相关产品与服务）；

● 是一种相关利益者配置的方法（即特定满意度体系利益相关者的互动设计）；

● 是一种体系可持续发展的方法（即为获得经济竞争优势，利益相关者互动设计将不断寻求有益于环境和社会伦理的全新解决方案）。

设计院校推进分享学习机制，树立开放来源、减少版权的精神风尚

无论从学术角度还是专业角度看，可持续发展设计都称得上一个复杂而深奥的新领域，但也是一个不断迅速发展的领域。因此，设计师需要时时更新理论知识和基础技能，才能培养实践能力，应对可持续发展挑战。设计高等教育机构（HEIs）、设计科研人员／教育工作者要能为设计专业学生和设计从业者（通过终身学习）提供广博的基础知识和有效的方法与工具，以使新一代设计师发挥积极作用，变革我们的消费与生产模式。鉴于此，高

等教育机构迫切需要建立多种机制，促使工业国家、新兴的低收入国家的设计教育工作者加速知识共享，制订设计教育日程，回应地方和全球面临的可持续发展问题。

在这个大框架下，本节提出，设计界需接纳一种新风尚：要竭力推动协作和分享学习进程，实现基础知识和专门知识的有效共享，促进知识的交叉与渗透，培育知识沃土，树立开放且减少版权的精神。这些内容概括在 LeNs 宣言的承诺中：

我们将尽可能在减少版权的开源模式中奉献我们的已有知识（同时保护我们的著述和认可的学术出版活动），使设计界同仁可以免费获取，通过采用创意公共牌照的方式，得以复制、修改、合成和再利用这些知识。这包括我们作为科研人员已有的基础研究知识（如文献、书籍等）和专门知识（如方法、工具等）；也包括我们作为教育工作者掌握的教育资源（幻灯片、课本、课程视频、教学工具等）；还包括设计师和设计思想者就产品、服务、体系与方案创建的可持续概念提案及其所用的专业知识。我们一定要把自身的观念灌输给设计界的其他个人和机构。我们将竭尽所能，运用一切可行的方法，使这一观念在设计界落地生根，无论是科研人员、教育工作者、专业设计师、设计思想者这些个体，还是研究机构、设计院校、设计师协会这些机构，大家都追随践行这同一思想，蔚然成风；我们也将不遗余力地创建和启动开放式可持续学习网络，广纳设计英才，包括设计科研人员、设计教育工作者、专业设计师和设计思想者。

自《班加罗尔 2010 年设计宣言：可持续发展设计：从现在做起》（*Bangalore 2010 Design Manifesto*：*Sustainability in Design*：*Now!*）（Lensconference 网站）问世以来，设计界拉开了改革序幕，可持续发展学习网既是这一改革的愿景规划，也是其政治纲领。受欧盟资助的 LeNS 项目正是这一系列行动的产物，该项目是一个开发可持续设计发展课程的多级网络，重点是 PSS 创新，上文已有说明。意大利米兰理工大学是项目的协调机构，参与项目的有荷兰、芬兰、印度、中国和泰国的高等院所。

LeNS 项目的初衷是向新一代设计师提供适用观念和操作工具，使其在向可持续社会转型的过渡期发挥职能。为实现这个目标，不同区域的设计工作者应该创建新的学习资源并纳入现有或新的课程体系中。LeNS 项目重点覆盖欧亚地区，但其理想是本着减少版权保护精神、增加输出，面向全球设计教育工作者和高等教育院校。

LeNS 的主打产品是开放式学习 E 平台，在这个网络平台上，可以分散或协同开展设计知识的生产与共享。教学材料（幻灯片、课本、音频、视频等）和设计工具压缩在模块化的电子包里，全世界的设计科研人员 / 教育工作者（以及学生、设计师、企业家和感兴趣的个人或机构）都能免费下载，（在遵循减少版权的原则下）修改、合成然后再利用。开放式学习 E 平台就置于 LeNS 网络平台上（Lens 网站），网上可以访问单一学习资源，也可访问组合学习资源。迄今为止，LeNS 平台有两个切入点：第一，访问某一课程或教师的所有学习资源；第二是访问按内容划分的单一学习资源（不管教师和课程）。

有两种方式上传学习资源：第一，上传或修改某一课程的学习资源（学习累积）；第二，上传或修改单一学习资源。用户可查找具体课程，查看课程组织结构，访问（观看和下载）所有学习资源。这个功能对于希望开发一门侧重 PSS 可持续发展设计课程的老师特别管用，他们会乐于概览一门课程的全部内容结构，遇有合适的学习资源，可下载修改，综合加工后再行利用，这一功能还可帮助学生，帮助他们修完一门课程，给他们提供所需学习资源。

按具体内容查找学习资源的用户可以访问（观看和下载）所有相关学习资源。这一功能特别能帮助那些希望改进一门可持续发展设计课程的老师，他们需要获取关于某个具体问题的所有一手资料，希望深入了解某个问题或主题的学生可直接获取所有相关资料，不再依靠老师指导。

LeNS——可复制的网络平台

作为一种免费、来源开放、不设版权的模块化学习模式，LeNS 有如下特征：它提供了大量机遇，传播与升级知识；根据不同环境、不同学习者改编知识；科研人员和教师开展协作；平台是否可靠，是否该允许知识的传播，也面临一些问题和威胁。因此，就有了这样一个决定：开发一个可再生复制的网络平台。不仅是平台上的内容，平台在保障机会的同时，也竭力减少或规避对其可靠性的威胁。平台自身作为来源开放、无版权的人工产品，也可以下载。

- 任何侧重教育的机构、教师或可持续发展的网络均可在 LeNS 平台基础上建立新的网络平台，并进行重置，重新确立合作伙伴（学术委员会）、平台重点或地区代表；

- 任何新生成的网络平台都应独立上传和管理学习资源（为规范学术严谨提供保证）；

- 任何新建立的网络平台均需和其他平台保持链接。

创建 LeNS 网络平台的宗旨就是要打造一件真正意义上开放来源的人工产品。平台遵循来源开放、不设版权的逻辑，根据具体需求、兴趣领域和地区代表制进行重置和下载，可以说已实现了原定目标。这样就支持推动了那些以内容为本的地方性互联网络在设计界的扩散。也才有了 LeNS 一个又一个的附属平台，非洲、南美、墨西哥或中美洲、大洋洲、北美、奥地利或德国以及中国都建立了 LeNS 附属平台。

各个附属网络在一个多极结构里相互连通，同时又自成一体，每个网络的具体要求和主题都各有侧重（如，南美网重点关注新兴国家的可持续发展设计）。针对上传材料的学术可靠性问题，每个附属网络都负责知识生产的质量监控。LeNS 成为全球可持续设计教育与科研的源头。该项目旨在通过生产、传播新知识，通过灌输开放来源、减少版权的思想观念，来推动全球设计界的变革，如此，拥有科研人员和教育工作者的设计院校不仅是学术研究和教学的场所，而且是可持续观点和思想的传播者。

结 论

产品服务创新体系（PSS）是通往可持续发展的一条康庄大道；这些根本性创新要求多层面的行为变革。本章重点阐释了设计研究界在这个问题上的资用假设，提出这样的创新体系在实现可持续发展的转型期能够且必须发挥核心作用。PSS 体系是可持续发展设计最为看好的一个模式，它可以使资源消耗和环境影响的关系脱钩，增加产值，在某些情形下，还可以增进社会公平和凝聚力。这种新体系肯定优于现有以产品为本的不可持续生产和消费系统。要求设计师具备以系统为本的新认识和能力。要加速实验、引入、增加这一体系，需要设计铺设过渡路径。设计师需将可持续 PSS 美学视为人际交往和服务的新美学，有助于增强新一代人工产品的具体特点和内在品质。这要求当下和未来的设计师们具备适当的基础知识和基本技能，以更好地认识和施用这个全新的生产消费体系。在这个框架内，设计院校将发挥关键作用，那里的科研人员和教师应该认识可持续发展要求的迫切变革，以及设计（设计思维）在推动这类体系创新在我们的生产、消费、交往的方式中和这个联系日益紧密的全球社会带来的机遇中所具有的潜在作用。这要求采纳和传播新的设计理念，设计界应成为一个多极学习社区，推动并启用分享学习程序，遵循开放且减少版权的思想，有效实现可持续发展设计领域的知识渗透，培育知识沃土。这将有助于免费获得知识，在无版权的开源模式中提取知识，也有助于设计界其他更多的人免费获取创意，然后复制、修改、合成和再用。最后，我们还须认识到：这些挑战不仅引发了关于可持续发展的讨论，还有关于设计自身功能的讨论。

注 释

1. 本文依据意大利米兰理工大学设计学院法布黎兹·舍琴（Fabrizio Ceschin）的博士论文写成，本文作者担任其博士论文指导老师。经作者同意，本文改编自舍琴（Ceschin，2012）的论文。

参考文献

1.Baines, T.S., Lightfoot, H.W. Evans, S., Neely, A., Greenough, R., Peppard, J. et al (2007)'State-of-the-art product service systems', *Journal of Engineering Manufacture*, vol 221, no 10, pp 1534-1552

2.Behrendt, S., Jasch, C., Kortman, J., Hrauda, G., Pfitzner, R. and Velte, D. (2003) *Eco-Service Development: Reinventing Supply and Demand in the European Union*, Greenleaf Publishing, Sheffield, UK

3.Bijma, A., Stuts, M. and Silvester, S. (2001)'Developing eco-efficient product-service combinations', *Proceedings of the 6th International Conference Sustainable Services and Systems: Transition towards Sustainability?* Surrey Institute of Art and Design, University College, Amsterdam, Netherlands, October, pp239-245

4.Brezet, H., Bijma, A.S., Ehrenfeld, J. and Silvester, S. (2001) *The Design of Eco-Efficient Service. Methods, Tools and Review of the Case Study Based 'Designing Eco-Efficient Services' Project*, Report for Dutch Ministries of Environment (VROM), The Hague, Netherlands

5.Ceschin, F. (2012)'The introduction and scaling up of sustainable product-service systems: a new role for strategic design for sustainability', PhD thesis, Politecnico di Milano University School of Design, Italy

6.Ceschin, F.，Vezzoloi, C. (2010)'The role of public policy in stimulating radical environmental impact reduction in the automotive sector: the need to focus on product-service system innovation', *International Journal of Automotive Technology and Management*, vol 10, nos 2-3, pp321-341

7.Ceschin, F. and Vezzoloi, C. and Zingale, S. (2010)'An aesthetic for sustainable interactions in product-service system?', *Proceedings of the Learning Network on Sustainability (LeNs) Conference*, vol 1, Bangalore, India, 29 September-10 October 2010, Greenleaf Publishing, Sheffield, UK, accessed 10 May 2011

8.Charter, M. and Tischner, U. (2001) *Sustainable Solutions: Developing Products and Services for the Future*, Greenleaf Publishing, Sheffield, UK

9.Crul, M. and Diehl, J.C. (2009) *Design for Sustainability (D4S): A Step-By-Step Approach. A Global Guide*, United Nations Environment Program (UNEP), TUDelft, accessed 10 May 2012

10.Goedkoop, M., van Halen, C., te Riele, H. and Rommes, P. (1999) *Product Service Systems, Ecological and Economic Basics*, Report 1999/36, VROM, The Hague, Netherlands

11.Hacker A. (1967)'A defence (or at least an explanation) of American materialism', *Sales Management*, March, pp31-33

12.Jackson, T. and Marks, N. (1999)'Consumption, sustainable welfare and human needs—with reference to UK expenditure patterns between 1954 and 1994', *Ecological Economics*, vol 28, no 3, pp421-441

13.James, P., Hopkinson, P. and Oldham, J. (2002) *Service Innovation for Sustainability: A New Option for UK Environment Policy?*, Green Alliance, London

14.Johansson, A., Kisch, P. and Mirata, M. (2005)'Distributed economies: a new engine for innovation', *Journal of Cleaner Production*, vol 13, pp971-979

15.Mance, E. (2003) *La rivoluzione delle reti: L' economia solidale per un'altra globalizzazione*, EMI, Bologna, Italy

16.Manzini, E. and C. Vezzoli (2001)'Strategic design for sustainability', paper presented at the TSPD conference, Amsterdam, Netherlands

17.Manzini, E., Vezzoli, C. and Clark, G. (2001)'Product service systems: using an existing concept as a new approach to sustainability', *Journal of Design Research*, vol 1, no 2, pp12-18

18.Mont, O. (2002)'Clarifying the concept of product-service system', *Journal of Cleaner Production*, vol 10, no 3, pp 237-245

19.Mont, O. (2004a)'Product-service systems: panacea or myth?', PhD thesis, IIIEE, Lund University, Sweden

20.Mont, O. (2004b)'Institutionalisation of sustainablie consumption patterns based on shared use', *Ecological Economics*, vol 50, nos 1-2, pp135-153

21.Mont, O. and Lindhqvist, T. (2003)'The role of public policy in advancement of product service systems', *Journal of Cleaner Production*, vol 11, no 8, pp905-914

22.Porter, M.E. (2008) *Competitive Advantage: Creating and Sustaining Superior Performance* (rev edn), Free Press, New York, NY

23.Rifkin, J. (2002) *The Hydrogen Economy*, Tarcher, New York, NY

24.Sachs, W. and Santarius, T. (eds) (2007) *Fair Future: Resource Conflicts, Security and Global Justice*, Wuppertal Institute, Zed Books, New York, NY

25.Sachs, W. et al (2002) *The Jo-berg Memo, Fairness in a Fragile World*, Memorandum for the World Summit on Sustainable Development, Heinrich Boll Foundation, Berlin, accessed 10 June 2012

26.Stahel, W.R. (1997)'The functional economy: cultural and organizational change', in D. J. Richard (eds) *The Industrial Green Game: Implications for Environmental Design and Management*, National Academy Press, Washington, DC

27.Stoughton, M., Shapiro, K., Feng, L. and Reiskin, E. (1998) *The Business Case for EPR: A Feasibility Study for Developing a Decision-Support Tool*, Tellus Institute, Boston, MA

28.Tischner, U., Rayan, C. and Vezzoli, C. (2009) 'Product-service systems', in M. Crul and J. C. Diehl (eds) *Design for Sustainability (D4S): A Step-By-Step Approach. Modules*, United Nations Environment Program (UNEP), Paris

29.United Nations Environment Programme (UNEP) (2002) *Product-Service Systems and Sustainability: Opportunities for Sustainable Solutions*, Division of Technology Industry and Economics, Production and Consumption Branch, UNEP, Paris

30.Vezzoli, C. (2006)'Design for sustainability: the new research frontiers', *7th Brazilian Conference on Design*, P& D, Curitiba, Brazil

31.Vezzoli, C. (2010) *System Design for Sustainability* (2nd edn), Maggioli Editori, Santarcangelo di Romagna, Romagna, Italy

32.Vezzoli, C. and Manzini, E. (2006)'Design for sustainable consumption', *Proceedings: Changes to Sustainable Consumption*, 20-21 August 2006, work of the Sustainable Consumption Research Exchange (SCORE Network), pp167-197, accessed 10 June 2012

33.White P.R., Franke, M. and Hindle, P. (1999) *Integrated Solid Waste Management: A Lifecycle Inventory*, Aspen, Gaithersburg, MD

15 种族、环境行为和环境公平：
伦敦某行政区的初步研究结果

盖伊·M.罗宾逊　　史蒂文·吉尔伯特　　特里·都铎

斯图尔特·巴尔　　艾伦·梅特卡夫　　马克·莱利

【提要】

支撑族群间不同环境行为背后的人口文化因素，尤其是关于生活垃圾处理的不同态度需要研究，这样的呼吁数不胜数。族群间的巨大差异意味着，当有关环境管理态度出现巨大差异时，制定相关普惠政策的愿望将难于实现。另一考虑因素是，"环境不公"的出现，造成在处置诸如垃圾填埋场、焚烧炉和电站等有害和问题设施时，某些族群和低收入群体可能会承担过大份额的问题。

本章通过对英国伦敦远郊的某行政区展开的大型家庭调查，力图研究种族、环境公平和环境认识等问题。研究项目对1 500余户家庭进行了调查分析，发现该区域内各族群在情感联系和行为上存在显著差异。分析聚焦片区内占人口多数的英国白人和其他族裔，以及一个南亚群落和其他家庭之间的差异。对进一步研究的前景也予以了检视，提出若只关注某个单一可变的种族，就会忽略社会中其他可分割的清晰可辨的族群的存在，这些族群在生活方式上和生命历程认识上皆有比对与变化。

研究对行政区内选出的家庭进行了一些深度访谈，并对访谈的初步结果开展讨论和思考。讨论的焦点是不同的环境公平观和住户对于邻近有害废物处理设施的不同态度。关于某些少数民族居住在某些设施附近的倾向问题，可能确有环境不公的证据，但是某些类别的设施毗邻少数民族也可能确有优势。此项调查还讨论了部分政策方面的考虑。

导　言

过去 20 年间，强化环保行动，尤其是废品管理，已成为世界各地各级政府的工作重点。近年来，有关城市垃圾管理和个人及家庭参与支持环保运动的政治话语及大众话语异常火爆，这说明，在迈向可持续环保和废品管理的进程中，家庭已经越来越被政府视为核心的行为主体（Tonglet et al., 2004；Tucker & Speirs, 2003；Woodard et al., 2004）。家庭生活垃圾管理包括各种形式的废品减量、再利用和再循环，但是许多政策措施却主要集中于地方当局提供的路边和市政回收设施（Perrin & Barton, 2001；Robinson & Read, 2005）。要成功施行这些举措，就要依靠各家各户的积极响应和各级政府出台自上而下的政策。

大量研究探讨了不同家庭参与回收体系的意愿，剖析了家庭参与的种种动机与障碍，这些动机与障碍涉及各种环境和心理因素。本研究强调社会 – 人口因素的重要性，诸如年龄、性别、种族、政治背景（Hines et al., 1987；Schultz et al., 1995；Tudor et al., 2007a），以及知识和经验（Daneshvary et al., 1998），权利和责任（Selman, 1996），有所作为的道德义务（Boldero, 1995），自我效能感和一些后勤因素（Derksen & Gartrell, 1993；Vining & Ebreo, 1992）。

或许人们会惊讶，种族多样性是当下许多社会的共同特点，然而，却鲜有专项研究会关注种族在社会环境交互背景下的废品处理及环保行动中的潜在作用。最近数十年，我们耳闻到无数呼吁，要求对族群间差异性环保和废品处理行为背后的支撑性人口文化因素予以研究（Nriagu, 2009）。本章拟从多个不同的视角解决环保和废品处理行为中的种族变量问题。某种程度上，本章将借助对英国伦敦某区 1500 多户家庭展开的一次大型调查，研究种族在环保行动和环境态度上的作用。研究采用定量和定性的家庭调查方法，检视了伦敦某行政区内各族群的情感关系和行为，发现这些族群间存在明显差异。本章末探讨了家庭环保决策可能性的研究方法，聚焦了包括种族在内的涉及系列社会、经济因素的种种关系。我们认为，种族和获取环境公平二者间关联密切，但是单纯强调种族问题，容易忽略不同生活方式的群体对决策影响的作用。

英国的族群和回收活动

尽管少数民族约占英国全国人口的 8%，2001 年人口普查统计数字为 460 万人，有关这些族群环境态度与环境行为的研究却并不多见。该国很多大城市都有大量少数民族聚居地，他们的集体行为可能对整体行为产生巨大作用。这在伦敦尤为明显，45% 的少数民族族群居住在此；西米德兰郡的少数民族人口占少数民族总人口的 10% 以上；某些城市明显地成为特定族群的聚居地（比如，莱斯特、利兹 – 布拉德福德和格拉斯哥有许多亚裔群体）。

有人持这样的观点：少数民族中的回收率低于占人口多数的白人社区（Coggins，2001；MORI，2002；Resource Recovery Forum，2001），部分原因在于，少数民族一般住在高层公寓类的多户型住宅，这类住宅的回收率常常低于其他地产类型。不过，本研究既无意检视各个族群，也不会深挖存在哪些因素可能影响与特定种族文化传统、态度和行为相关的低回收率。

兰开夏郡（英格兰西北）普雷斯顿的佩里和威廉姆斯（Perry & Williams，2007）进行的一项研究显示：相较于英国白人，英籍印度人参与街道回收项目的可能性大得多，虽然这个族群极难参与慈善商店、堆肥箱之类的回收行动；在市议会推行回收项目之前，该族群也很可能从未参与回收行动（Perry & Williams，2007：321）。他们发现，与占多数的英国白人比，少数民族总体上回收行为更少，同时，对这些族群的访谈揭示出，有某些重要态度在支撑这些群体的回收行为，在少数民族第一代和第二／三代间存在差异。例如，第一代少数民族大都不关心环境问题，但他们平均水平低下的收入不容许他们浪费资源，他们擅长废品再用和减少浪费，将衣物传给族群的其他成员就跟将一包包衣物寄送回"母国"一样稀松平常。第一代少数民族通常回收利用瓶子和塑料袋，街道路边于是不需要回收这类物品了。相反，第二／三代少数民族由于接受了更为西化的生活方式，与英国白人群体多了相似点。马丁等（Martin et al.，2006）在附近的伯恩利市进行的研究也有相同发现。研究表明，经济贫困是英国亚裔人口垃圾回收率低的主要原因，否则，这个群体对生活垃圾处理的态度一定不会与多数派的白人有太大差别。

案例研究：伦敦泰晤士河畔金斯敦的种族和废品管理

民意调查

本文作者以英国这些关于回收和种族的研究为基础，展开一个关于家庭决策的大型研究项目，项目由利华休姆信托基金资助，研究基地位于外伦敦的一行政区。项目对从泰晤士河畔金斯敦皇家区随机选出的 1 611 户人家进行了调查，得到了其中 264 户家庭（占选出家庭的 16.4%）的答复，这些家庭注明的种族不是英国白人——在此称为非英国白人。以下分析首先关注的是，涉及系列环保行为，特别是废品处理，这个多元化群体与居主导地位的英国白人人口有何种程度的差别。此外，原籍南亚的第一代少数民族又要区别开来，项目（尚处于数据分析的初始阶段）将进行单独研究。

泰晤士河畔金斯敦皇家区是伦敦的 32 个行政区 / 地方政府之一。该区距离伦敦市西南 16 千米，是位于伦敦"外环"的行政区，比"内环"行政区富有，种族更趋多元化。据人口普查统计，该区 169 000 人口中，29% 是非英国白人。该区主要族群有韩裔（伦敦最大的韩裔群落）、加勒比海人、西非人，最大族群来自南亚（印度人、巴基斯坦人和斯里兰卡人）。因此，在该区有良好机会调查区域内各族群的不同态度和行为。应该顺便提到，少数民族（16%）的调查回复率低于占当地人口 29% 的比例。这部分地反映出，穷人家庭，特别是多户型住宅家庭的回复率普遍较低。这一明显偏向表明，解释回复模式时需要谨记某些告诫，这个问题稍后再作处理。

调查共计 120 个问题，主要是关于场所和心理对间接浪费行为和环保态度行为方方面面的影响。场所影响涉及环境，包括服务提供、社会人口概况和公共宣传活动等外部因素的作用。心理影响指研究人员非常强调的态度感知因素（如可以感知的便捷、自我效能与应对效能、社会规范和满意度）。笔者过去的研究曾采用一系列定量和定性方法证实：家庭垃圾处理主要围绕四个方面进行，包括减少浪费（通常发生在购物和其他消费场合的决定）、废品再用（通常发生在家庭内，如再利用容器和包装）、废品回收（路边方案的结构化设计）和堆制肥料（厨房与花园的垃圾）（如 Barr，2008；Tudor et al.，2011）。这些做法采用系列频标（"总是"到"从来没有"）和"是 / 否"回答来进行测量。场所和心理变量采用"是/否"和李克特量表两种方法进行测量（Robinson，1998：386-392）。

分发问卷调查表前，先对皇家邮政邮编数据库中泰晤士河畔金斯敦皇家行政区的地址按比例进行随机抽样。每个邮编区根据各自在行政区地址总数中所占比例，随机选出若干地址。因此，研究项目只设法通过地址去获取标本，而没有任何人口分层和其他限定。

英国非白人族裔家庭

英国少数民族人口比英国白人更年轻（少数民族40岁以下人口占34.2%，白人只有19.3%），家庭规模则比后者大（少数民族4人以上的家庭达30.7%，白人这一比例为20.3%）。少数民族中真正有房产的人少于白人（23.3% 对应48.6%），租房者比例为32%（白人为11.9%）。

此次调查发现，白人和其他族裔之间在几大废品处理行为上存在不大但在统计学上却较显著的差异（表15.1）。例如，少数民族家庭较少使用垃圾场市政提供的垃圾桶，他们回收特定类型回收物，尤其是像玻璃、纸和纸板等的记录也不多见，将回收物预留好的少数民族家庭不到一半，而白人家庭超过了2/3。一般而言，少数民族除了使用环保袋和环保桶收纳花园垃圾外，不会经常参与市政规定的支持环保、处理垃圾的活动，而英国白人不大会用市政府提供的这些容器处理花园垃圾。

表 15.1　伦敦泰晤士河畔金斯敦白人和其他族裔在环保行为态度上的对照

活动／态度	种族／%		卡方值 ^	皮尔逊卡方相关性
	白人	其他族裔		
市政规定行为				
常使用垃圾桶	80.3	69.2	20.2	0.000
回收玻璃	88.7	80.2	23.4	0.000
回收纸	85.1	80.0	25.5	0.000
回收纸板	87.6	81.2	29.3	0.000
收集回收物	60.3	46.6	21.7	0.000
花园垃圾环保袋／垃圾桶	19.8	21.2	25.4	0.000
非市政规定行为				
Freegle	4.7	10.2	17.6	0.001
私下出售物品／材料	5.9	6.6	16.4	0.003

活动／态度	种族／%			皮尔逊卡方相关性
	白人	其他族裔	卡方值^	
维修	34.9	36.4	12.8	0.012
保管	27.6	31.6	5.0	0.029
购买（物品）				
包装简单	30.1	38.9	11.4	0.023
回收材料	23.1	31.1	8.8	0.006
环保行为				
减少消费	38.5	46.2	10.2	0.037
减少能源消耗	58.9	76.0	35.2	0.000
减少水消耗	50.3	69.7	39.6	0.000
使用环保购物袋	86.6	80.3	15.1	0.005
购买环保产品	35.8	46.7	28.1	0.000
购买公平贸易产品	39.3	46.6	10.2	0.030
购买本土产品	30.4	38.4	11.5	0.022
态度				
有机废物令人感到不快	16.9	25.7	15.2	0.004
不回收是反社会行为	74.6	65.7	12.4	0.015
市政服务推动了回收	80.6	70.2	15.6	0.004
市政服务中过多的垃圾桶／垃圾袋	25.3	32.4	15.7	0.003
减少碳排放 #	30.1	41.3	14.8	0.005
环境是最重要的问题 #	56.0	73.1	24.1	0.000
减少自然资源的消耗 #	28.5	40.4	15.8	0.003
购买有机产品是好行为 #	38.9	49.0	15.1	0.005
购买本土产品是好行为 #	74.5	71.3	11.1	0.025
动机				
时间有限不能回收	20.1.	28.8	23.6	0.000
空间有限不能回收	26.3	30.7	12.1	0.016
环保信念	9.5	16.5	16.6	0.002

自由度 = 4
强烈赞成
来源：作者调查（2011）

　　此次民调除调查市政府推动的垃圾相关行为外，也包括涉及其他废旧物品和材料的行为态度。在这个问题上，通过"Freegle"处理不需要物品的少数族裔是白人的 2.5 倍，Freegle 是一家不设会员费的英国机构提供的一个网络论坛，人们在此可以赠送或者得到一些物品，这些物品没有该论坛就会被丢弃，目的是加大对垃圾填埋场的再利用和减少垃圾场（ilovefreegle 网站）。少数族裔也更可能私下出售不需要的物品。但是，在维修、再利用、收藏、长期使用、寻求专门回收网点、利用慈善商店、把物品传给亲朋续用等行为方面，少数族裔和白人之间并没有多大差异。总体看来，少数族裔经常参与的更多是非市政推动的环保废品处理行动。不同于白人，他们更可能再利用物品。

有关消费行为的调查发现，其他族裔往往乐于购买包装从简、用回收材料生产的商品。乐于采取措施降低消费，声称有较多办法加强生活垃圾管理的其他族裔的人比白人多一倍，但他们苦于没有时间做这些事。能源和水消耗方面，白人和非白人族裔存在显著差异：其他族裔更能设法减少能源和水消耗，更乐于带上环保袋去超市购物，购买环保、本地出产和公平贸易的产品。

不过，其他族裔并不认为市政委员会的举措可以鼓舞并激励他们的回收行为，反倒认为地方政策引来了过多的箱子和袋子。在被问及减少个人碳排放、减少不可再生资源消耗、购买有机食品的迫切需求时，他们展示出较强的环保态度，重视环保观的重要性。至于没有注意处理生活垃圾，他们给的理由是"时间太少"。他们也认为，宗教是影响他们对废品及其相关行为整体态度的一个重要因素。他们持有较强的环保观，特别认同"环境是 21 世纪最重要问题"的说法。他们感受强烈的其他问题包括减少碳排放、减少对自然资源不可持续的开采利用、提倡购买有机本土产品。当然，有统计显示，他们较排斥处理有机废物。

细分的族群

上述初步分析区分了白人和非白人族裔两大群体，突出了两大群体间在态度和行为上存在的差异，这一初步分析是不够的，需要从若干方面进一步扩大分析。首先，可以打破白人和非白人的简单二分法，把非白人族裔分解为更小的组成部分，审视这些小群体间的差异，并和多数白人群体比较。不同族群内人口数量小，因此难于对族群间作出实质性比较。即便如此，仍然存在清晰的差异。例如，黑人族群（非洲人和加勒比海人）有着回收塑料制品的最高倾向，使用市政提供的环保袋和环保桶处理花园垃圾。该族群也最信奉回收、再用和维修的美德。英国非白人族群内，有些欧洲人（主要是爱尔兰人和东欧人）

展示出不同于英国白人的态度和行为，尤其是他们更乐于私下销售商品，修理旧的家用物品，而不是以新换旧。他们更愿意购买包装简单又环保的商品，也更关心节约能源和水。在资源利用、碳排放、有机地方食品购买这些问题上，他们的态度更环保，但是，他们对地方政府的垃圾处理活动和设施持有较消极的看法。白人与非白人族群的差异就反映在这些观点中，只要是市政规定的垃圾处理办法，白人展示出的环保行为会比较多。而非白人族群在其他环保行为态度方面，则表现更积极（例如他们中参与堆肥、认为支持环保行为本身有益无害的人是白人的两倍）。

　　受访者中有 61 人来自南亚（巴基斯坦、印度和斯里兰卡）。这并不是个单一的族群，他们接受几种不同的传统宗教；但是，他们的回答却有着高度一致，这里姑且把他们看作单一族群来分析（表 15.2）。在废品处理行为上，南亚人和白人存在着 0.01 个数量级的巨大差异。例如，南亚人不太乐意回收材料和整理可回收物品，甚至从来不想触碰垃圾场里市政府提供的垃圾桶。相反，他们乐于使用市政府提供的放置花园垃圾的环保袋或环保桶，和 Freegle 的网络平台。相比之下，白人更乐意从商店购买二手商品。

表 15.2　伦敦泰晤士河畔金斯敦白人和南亚裔在环保行为态度上的对照

活动 / 态度	种族（%）			皮尔逊卡方相关性
	白人	南亚人	卡方值 ^	
常使用垃圾桶	80.3	61.5	12.9	0.012
回收塑料	79.7	73.8	14.2	0.007
回收玻璃	88.7	75.0	24.1	0.000
回收纸	85.1	71.7	32.0	0.000
回收纸板	87.6	78.3	26.6	0.000
收集回收物	60.3	36.1	32.2	0.000
花园垃圾环保袋 / 垃圾桶	19.8	29.8	13.2	0.010
非市政规定行为				
Freegle	4.7	12.0	12.6	0.013
购买二手商品	16.9	13.4	22.9	0.000
环保行为				
减少能源消耗	58.9	77.1	14.6	0.006
减少水消耗	50.3	70.4	17.5	0.002
购买环保产品	35.8	54.1	29.6	0.000
购买公平贸易产品	39.3	49.2	10.9	0.028
购买本土产品	30.4	50.9	15.4	0.004

续表

活动／态度	种族（%）			皮尔逊卡方相关性
	白人	南亚人	卡方值^	
态度				
回收利用是正常行为	88.2	78.7	8.0	0.046
不回收是反社会行为	74.6	57.2	12.8	0.012
市议会的废物管理服务是高效的	56.2	40.1	20.3	0.000
市议会鼓励我的回收利用行为	80.6	67.2	14.4	0.006
不喜欢行动受到市议会的支配	10.2	21.3	12.0	0.017
市政服务中过多的垃圾桶／垃圾袋	25.3	44.2	14.6	0.006
垃圾桶／袋派不上用场	28.7	49.2	13.1	0.011
时间有限不能适当回收	20.1	28.3	12.4	0.015
动机				
生态观念使我有别于人	9.5	21.7	22.9	0.000

^ 自由度 = 4
来源：作者调查（2011）

近半数的南亚人宣称，新的生活垃圾服务系统经市政当局推出后，他们就史无前例地开始回收物品了，而白人的比例仅有 28.6%，觉得自己可以设法加强生活垃圾管理的南亚人接近白人的两倍。在废弃物处理方面，更多白人说，他们做了要求他们做的一切，甚至超出了市政当局的要求和期望。这一差异的部分原因可解释为：南亚人对地方政府的垃圾服务系统持有较负面的看法，市政府鼓励各家各户要拿出更多行动，他们却讨厌"被指使干这干那"。较多的南亚人认为，垃圾袋和垃圾桶实在太多，任有市政府计划也难于处理，再者，这些袋子／桶也派不了多大用场。

在声明对生活垃圾能不处理则不处理的人当中，南亚人的比例略微偏高。在减少能源和水消耗，购买环保、公平贸易的本土产品方面，有显著差异记录在册。其他相距 0.01 个数量级的差异包括，更多南亚人认为，他们拥有的空间过于狭小，不能进行回收。他们中认为回收废品活动是"环保主义者"专属特权的人数为白人的 3 倍。

总之，涉及规定的废品处理和回收行为，白人族群往往参与更多环保活动（也就是说，他们中的回收率更高，他们认为废弃物应该受到社会关注，对此持有环保态度）。然而，有关其他系列的环境行为和态度，非白人族群常常持有更环保的立场，这在南亚受访者中非常明显。不过，在探求白人和南亚人这些标示性差异和经济社会状况的关联时，应该注意的是：接受调查的南亚人（2/3）比例远高于白人（1/3）；他们的家庭规模更大（2/5 的人家庭成员在 4 人或以上，而白人只有 1/5），真正拥有房产的人只有1/4（白人是 1/2），1/4 是租赁户（白人是 11.9%），他们受教育程度更高：39.3% 的人拥有学历（白人是 18.2%），46.7% 的人从事专业工作（白人是 26.7）。因此，必须承认，种族仅仅是可能造成族群差异的一个变量，需要对各变量的相互关系进行深入的分析和研究，用所得数据而不是单纯依靠种族去区别不同类型的群体。

生活方式和生命历程

人口的分割

在社会内部，信息获取、信息吸收及其对知识获取的作用存在巨大差异。因此，可以认为，全部人口能够区分成不同的行为群体，其中一些群体展示的环保行为多于其他群体。实际上，数项研究已经表明：充分参与各种环境管理行动，特别是废品管理，在西方社会至多是局限于部分选定人口中（Barr et al.，2001；Ebreo et al.，1999；Schultz et al.，1995）。广泛的环境行为研究结果显示：类似回收利用的活动产生于嵌入式社会实践中，关联于有着共同社会背景、世界观和理想的"生活方式"群体（Barr & Gilg，2006；Barr & Shaw，2005；Emery et al.，2003；Tudor et al.，2007b）。这些生活方式群体中可能有也可能没有鲜明的民族特色，因此，在认识群体间差异时，种族在考虑变量中仅是其中之一。

同时，有关消费者行为的研究早已强调了"生命历程"和在特定时间的社会环境中形成习俗的重要性。比如，社会中经历过艰苦时代的人们对维修利用旧家居用品表现的态度不同于没有这一生活经历的年轻一代（Harvey & Riley，2005）。有限的研究已经证实，长期环境行为具有相对"稳定性"，多数个体都展示有习惯性重复行为（Pieters，1991；Tucker，2001）。同时还表明，先前的行为对于强化当前目标（Bagozzi et al.，1992；Bamberg et al.，2003）、提升环保观（Lyas et al.，2004）、减少过去对回收利用的便捷性所持误解（Pieters，1991）等几方面都有至关重要的作用。生活方式和生命历程二者在消费和生产议程表上举足轻重（Barr，2004b；Burgess et al.，1998；Crewe，2000；Gilg et al.，2005；Gregson，2007；Hetherington，2004；Hughes，2000）；例如，它们关系到金钱的使用和存留（Layne，1999；Miller，1988），关系到消费者决定如何把物品传给其他人的考虑因素（Marcoux，2001）。

在承认不同生活方式、生命历程不同阶段的重要性的前提下，有必要将人口切分为生活方式群体和生命历程群体，以便于更好地认识与促进行为变革。譬如，巴尔（Barr，2004a）在英国进行的一项研究提出了如下论断：一名"回收利用的代表人物"可定义为来自特定中等收入阶层的白人女性；总人口中却存在集群行为，既有行为笃定的群体，也有不活跃的个人集群，前者关注环境、支持环保的历史由来已久，后者对环境问题一般不感兴趣，环境问题也不能激励或驱动他们（Barr et al.，2001）。这一发现被罗宾逊和里德（Robinson & Read，2005）在伦敦的研究证实。所以，上面讨论的金斯敦项目需要展开更详尽的调查，思考种族如何与广泛的其他变量结合，以搜集这些变量的资料，包括年龄、住房类型、性别、家庭规模、收入、其他社会经济指标及陈述态度、行为时的系列反应。这也许能也许不能突出前文报道的特定族群的个体间差异。

为识别不同群体／集群／（人口）分割，现借助系列确定的分析法对搜集的金斯敦调查数据进行分析，包括层序聚类分析法（用以鉴定生活方式群体）和因子回归分析法（确立每个生活方式群体特有的环境心理影响）。聚类分析以相似性为单位，根据个体的问卷答复在数据集中匹配他们。进行这些分割，将使用系列数据缩减和解释性统计技术来探索每个部分的影响和标志性特点。因子分析将用来探讨不同废品处理方式与处理影响之间在经验和观念上的联系。这将有助于作者描述支配性行为和心理因素，将这些数据通过回归技术用于解释性分析中。使用路径分析，可标示出影响每个生活方式群体各种浪费行为／环保活动的重要因素。

这些增量统计分析将提供依据，研究和描述已知生活方式群体、他们的特点及影响其当前行为的因素。至关重要的是，这些分析将提供实证基础，透过所谓"生活史"方法的镜头，研究生命的动态过程（在个人和家庭两个层面上），从而了解这些群体及其实践。个人层面上就是对房主进行访谈，调查社会环境在不同时期中的变化。这一方法将过去忽视的时间维度引入环境行为研究中，必然会思考先前研究过的生活方式如何与生命过程的不同事件相交并受其塑造——也即是，不能将环境行为简单地视为当下的态度问题，而要看作更具有历史的偶然性。项目现阶段研究这样一些问题，譬如，"不浪费则不匮乏"文化是产生于 20 世纪 40 年代和 50 年代的节俭援助活动（见 Riley，2008），追溯这种文化是否给当下的回收利用活动馈赠了一笔遗产——特别是年长的受访群体？项目还将进一步研究支撑家庭行动行为特定变量的重要性，以及这些变量如何影响家庭生活垃圾处理和回收利用、维修、减少浪费等相关行为（Metcalfe et al.，即将出版）。

行为先因

初步研究这些访谈，就会发现先因对于关键行为的重要；譬如说，环境联系和环境体验。过去的研究大多显示亲环境行为常和个体跟自然环境情感联结的强度有着肯定联系（Buijs et al.，2009）。换言之，与自然环境的情感联结和情感认同在某种意义上可能预示人们接触自然环境的意向。走进森林的频率和自述的"绿色"消费主义、给环保组织捐资等这一类环保行为之间有着明显的相关性（Nord et al.，1998；Teisl & O'Brien，2003）。再举一例，海因兹和斯帕克斯（Hinds & Sparks，2008）发现农村和城市居民存在明显差异。农村受访者在农村度过了童年时代，他们"报告的情感联系更确定，认同感和行为意向更强，态度更积极，主观规范更易接受，接触自然环境的行为掌控更可感知"（Hinds & Sparks，2008：115）。他们得出结论：童年时代亲密接触自然可能有助于促进对自然环境的积极认识（也见 Chawla，2002；Kellert，2002）。因此，情感上积极地亲和环境似乎可以左右人们以各种方式融入自然环境的意愿（Kals & Maes，2002；Pooley & O'Conner，2000）。然而，以童年经历衡量环境体验实在过于有限，进行更细微的评估，或许能就自然环境体验和相关积极认识的关系作出更为精炼的表述。有理由认为，这些关系在不同族群中因其各自有别的文化传统而发生变化，从而造成人与自然不同类型的互动（Teisl & O'Brien，2003）。反过来，这些群体在面对日常选择时可能会作出不同的决定，如关于消费的不同方面和随后的废品处置。在金斯敦抽样调查区的英国白人族群内，家庭中年长的一家之主过去对回收、再利用不同态度的记忆，似乎对家庭内部当前的废品态度和做法正产生着影响。这折射出过去经历的某种文化在源源不断产生影响，这种文化包括破烂收购人定期上门的服务、更多廉价维修的机会，以及将空酒瓶退还酒吧和外卖酒店支付退款。这支持了下述观点，即不同年龄组存在的某些行为差异受个体家庭动态调节，但个体家庭动态往往因同一家庭中不同年龄组的存在而变得复杂。

归属感

不同族群和环境的关系问题还有另外一个考虑因素。这便是每一个体在特定环境内可能有的归属感，这种归属感能够转化为更宽泛的文化关联。譬如，来看看描绘中的发达国家内城区。这些区域在全社会深入人心的印象可能会是：移民群体和贫穷的白人工薪阶层是这里的主宰。相反，描绘中的乡村总是和中产阶级的白人相联系，显而易见，这里没有移民群体，特别是亚裔、加勒比黑人和边缘化的社会群体（Halfacree，1996；Philo，1992）。

英格兰乡村大体白人化的影像遭遇黑人摄影家英格丽·波拉德（Ingrid Pollard）作品的挑战，她置身于自己摄制的农村影像中（Kinsman，1995）。一个黑人出现在英格兰乡村"巧克力盒子"一样的静谧风景中，颠覆了观众心中的常态感，而波拉德说，"寻访乡间总有局促、恐惧的感觉……走在铺满落叶的林中空地，身旁横着一只棒球拍……我感到不属于这里……"（Cloke et al.，2005：27）。这意味着，使用"绿色"和乡村空间不仅与个人对特定类型环境的审美偏好有关，还可能反映由于"不归属"某一个环境内产生的恐惧。所以说，关于地方环境的设想与意象对于建设与开展社会生活十分重要（如 Anderson，1991）。波拉德描述的特定环境下"无所适从"的经历可能对人们的行为有着很大影响。因此，一个人建构空间、地方和环境，对于他们确立态度、决定不同环境下的行为有巨大作用。文化背景和经历处于这一建构过程的核心，而最终成为支撑行为的基座。

然而，主观认为某特定族群的所有成员会抱持同一态度和观点，从而把某种特定行为绑定到一个族群，这个简单的文化过滤器却忽略了群体内的差异性，在有关一个群体如何感知环境并与其互动的问题上，可能会永久延续阿斯金斯（Askins，2009：370）所说的"文化自然神话"。而且，不应该认为，某一族群如果与多数族群行为不一，那便是长期根深蒂固的环境观使然；相反，这可能显示出复杂的权利关系、经济与社会力量，以及诸如年龄、性别、社会经济地位等变量的作用。然而，仍需进一步调查环保行为和环保决策中的种族变量，因而，采访不同种族背景的户主理应揭示问卷调查发现的粗略差异背后的细微差异。特别是，这些访谈可能有助于阐明关于环境公平的若干问题，不同族群在这些问题上可能有不一样的经历。

环境公平

环境"不公平"和有毒废物设施的选址

就废品和环境管理制定普惠政策的争论不绝于耳，社会内部多元化族群间的巨大差异又提供了新的论据，可是，面对个体和族群间的明显差异，实现这个目标尤为棘手。普惠问题作为金斯敦研究工作定性阶段的构成部分，最初是在"环境不公平"的背景下展开调查的，由于"环境不公平"，在垃圾填埋场、发电站等有害问题设施的选址上，某些族群承担了过大份额（Buzzelli，2007；Crouse et al.，2009；Higginbotham et al.，2010；Higgs & Langford，2009，Sze，2008）。例如，在新西兰的克莱斯特奇彻市，皮尔斯等（Pearce et al.，2006）证实了贫穷和恶劣空气质量之间有着明确关联。他们发现了如下证据：富有郊区产生的大气污染超出了其分担份额，而最贫困社区的居民们则遭遇着"双重灾难"：由于种种社会与经济原因，他们不仅健康不良，还因为他们在城市所处位置遭受更多空气污染。污染造成的健康问题，如肺癌和其他呼吸道疾病差异很大，如今暴露出来的环境不公平可能是一个原因。同样，在克莱斯特奇彻，金厄姆等（Kingham et al.，2007）发现，该市最贫困区域受空气污染比例最高，而轿车保有量最高的区域受空气污染程度相对偏低。这与英国伯明翰的一项研究（Brainard et al.，2002）结果如出一辙，研究发现，该市中产阶级的白人住宅区和移民高度集中的贫民区也有一条分界线。

如果社区成为接受填埋场、垃圾焚烧炉等废物处理设施的目标地，那居住在这些社区的人难免感到遭受了歧视。这里有一普遍看法：这些设施的选址加剧了社区社会地位的低下，从而刺激社区抵制这些工作（Elliott et al.，2004；Ellis，2004）。因此，在表达对特定社区设施选址的反对声中，常常听到迫切需要"重新分配"及"社会公平"（Davies，2005）的言辞。这往往还伴随有对政府不信任的夸大之词，认为政府歧视贫困社区，没有征询这些社区的意见（Miranda et al.，2000；Tuan & MacLaren，2005）。从新近金斯敦和相邻行政区爆发的各种市民抗议和前面讲到的少数民族家庭对地方议会的某种不信任来看，此种情形可见一斑。然而，沃克（Walker，2009）警告说，这些观点虽然有效地引起了对现有种种不平等与不公正的关注，却易于忽视环境因素和人类福祉二者间多面关系的潜在过程和复杂性。此外，这些观点也掩盖了那些不能用相对简单的空间关系，比如邻近这一基本度量法来描述的不平等（Bowen，2002；Bowen & Wells，2002）。这尤其为一些美国人所认识，他们对环境不公平等采取了更为激进的做法（如 Sze，2006）。

20世纪90年代，环境公平研究的重要内容包括有害垃圾处理站的选址、选址总是毗邻少数民族聚居中心的问题（Shrader-Frechette，2002），以及这些社会-空间格局的历史演变（Hurley，1995）。这一研究重心在美国很受青睐，也为其他国家特别是欧洲大陆国家所采纳，虽然广泛概念化的环境公平（Walker & Bulkeley，2006）一词的意义早已越过"谁从环境中得到什么"的分配问题的范畴（Walker，2009：27）。然而不言而喻，污水处理厂、废旧物资转运站、填埋场和垃圾焚烧炉等潜在有害设施的选址常常引起争议，伴随公众抗议的是种种邻避（NIMBY，not in my backyard，别在我后院）情绪（如 Schively，2007）。

金斯敦各族群的访谈中反映出一些针对各种废物处理设施的邻避看法，非白人群体对市政服务的信心最低。在北美，这些设施可能过多地毗邻贫困社区，这常常被称为"环境不公"。的确如此，1987年进行的一项具有里程碑意义的研究发现，有3/5的黑人和西班牙裔居住的社区旁有一个或一个以上的有毒化学物质垃圾场（UCC，1987）。不过，这种情形在多大程度上适用于固体废料设施的选址，这方面的研究仍是一大空缺（Faber & Krieg，2002）。为弥补这个缺陷，诺顿等（Norton et al.，2007）审查了在北卡罗来纳州东部申报的民营垃圾填埋场，他们发现，确实存在在非白人和低收入群体集中区域选址的倾向。这支持了费伯和克里格（Faber & Krieg，2002）先前在马萨诸塞州的工作，他们得出的结论是：非白人人口遭受有害废物处理设施产生的生态危害大过白人人口。诺顿等（Norton et al.，2007）的结论是：环境不公的存在意味着非白人和贫困社区可能面临更大风险，承受各种不良健康后果，包括低出生体重（Elliott et al.，2001）、呼吸系统疾病（Hertzman et al.，1987）、场地特殊型癌症（Goldberg et al.，1999）、有害气体（Mirabelli，2005）及可能加大精神压力的噪声和交通拥堵（Eyles et al.，1993；Passchier-Vermeer & Passchier，2000）。所有这些健康问题可能加剧了贫困和非白人社区已经存在的易感染某些医疗疾病的患病体质，这些社区住房条件低劣，交通不便，又没有钱完善个人住房（比如隔离）。诺顿等的结论是非常有用的：

> 产生了最多废品的人口却可以将其在缺少资源和政治权力的区域进行处理，这增加了对公众健康不同影响的可能性，消除了生产和消费二者间的反作用，这种反作用能够为减少废品量造成压力。

（Norton et al, 2007：1349）

就金斯敦家庭调查而言，认识到英国白人和更广大人口中存在差异之后，出现了一个问题，即这对政策变动特别是有关公平及正义的重要事情意味着什么。最初产生这组家庭访谈的一个特定背景便是，人们日益关注伦敦新垃圾焚烧炉和其他废品处理加工设施的选址。地球之友组织（Friends of the Earth，2004）发现，在14个运行的城市垃圾焚烧炉中，有9个分布在全国最贫困的20%选区，一半集中在全国最贫困的10%选区，而生活在这些贫困选区的少数民族族群比例过高。中央政府正在拟订计划，在伦敦修建新的垃圾焚烧炉，以应对目前可用的新填埋场短缺和现有填埋场成本高的问题，这涉及考虑市内的各个场地，金斯敦和相邻区也不排除在外。不过，目前尚不清楚，这些评估是否触及有害设施选址和毗邻社会贫困阶层之间业已存在的关联——换言之，环境公正的要求或许并没有进入设施选址商议的范畴（Walker & Bulkeley，2006）。

政策维度

对于伦敦选择有害废品设施新址没有充分考虑环境公平的问题，人们现在担忧的是：上文引述的诺顿等（Norton et al.，2007）的警告如果不加理睬，那么这些警告强调的负面效应终会发生。这同时又提出了一个问题：要确保规避环境不公平，将社会内部不同群体的系列观点纳入更加兼容的政策中，要采纳何种政策才是合理政策呢？一种常见的解决方案就是政府给那些受到有害设施选址不利影响的居民提供补偿，前提是他们现有福利水平不受丝毫影响，还要消除本地对设施的反对意见（如 Jenkis-Smith & Kunreuther，2001）。然而，要设计可接受的福利套餐并非易事（Mansfield et al.，2002），因为，对于政府提出的金钱补偿或社区补偿，很多所在社区并不愿意买账（Portney，1991）。提供补偿的做法在美国积累了更多经验，因为美国有比其他发达国家更好、更完善的补偿框架，当然，欧洲有些国家也在向美国模式靠近。

废物处理项目选址产生的负面外部效应涉及分配不可分割的好处、不平等的成本分摊和有限选址方案几大问题（Pommerehne et al.，1997）。设施带来的益处由特定社区的大众共享，然而，其负面外部效应却集中落到生活在设施近旁的相对较少的个人头上。此情形引起了对公平判断、风险分担、广泛社会及环境问题的关注（Ellis，2004；Snary，2002）。其中就有财产权的问题，设施附近的居民可能会认为，凡有损于他们环境质量的设施，他们有权不尽地主之谊曲意接受。事实上，他们可能宣称，他们的"地方产权高于区域和国家受益于运行设施的权利之上"（Ferreira & Gallagher，2010：640）。显而易见，在反对伦敦开设新焚烧炉的一片声浪中，主张的就是这种当地主权的思想。不过，就邻近毒害性远低于焚烧炉的各类设施跟金斯敦居民进行的原始采访中，出现了更广泛的观点。

譬如，金斯敦有一个废旧物资转运站，既是城市生活垃圾收集点，也是居民填埋、回收废旧物品的场地，访谈中这个转运站引发了各种不同反应。此处位于地方政府一个大型房产项目附近，聚居着多个少数民族族群，这些族群起先就支持环境不公在少数民族中更甚的观点。不过，有人谈到设施离他们的住宅很近，也有方便的一面，对于那些不符合市政街边收集计划的非标件，他们可以拿着走到转运站方便地处理掉。而且，地方议员和社区代表正在游说地方议会，在这里创办一间"互惠商店"，当地人可以购买、交换二手家具。与这些正面看法相对立，也有人表达出一些忧虑，由于设施的存在，本地污染增加，交通变得拥挤。还提及了本地一些活动团体有一定程度的排外倾向，某些族群（主要是韩裔）由于没有英语语言能力，只关心韩裔为主体的活动，变得越来越边缘化，有些人只跟韩语教堂接触，而不参与广大社区的活动。

这转而又提出了另外的问题：当政府和社区活动团体设法使利益相关方参与决策时，该如何充分代表社区每个部分。人们常说，要切实行使参与权和决策权，咨询利益相关方是必不可少的。要想成功，就必须考虑社区各阶层关心的大事，将其纳入经济和社会目标中，并采用系列安排和计划（如登门造访、路演、市政厅会议和一对一讨论）。多年来，一些人已经认识到，这个问题既要联系"自由环保运动"组织（地方和全国性环保团体）（Gottlieb，1993；Krauss，1993），还要接触基层人士（那些生活在本地社区中有害场所的人）。社区居民有个人利益关系，任何环境问题都将直接影响他们的健康、生活方式、工作和生计。另一方面，自由环保运动在广大范围内又提供连贯一致的组织机构。二者相结合，必然表达出眼下的关切，并提出现实可行的解决办法。最重要的是，早涉入也就抢到了解决问题的先机。

强调废物处理和边缘化社会群体空间关系的研究不断发展，反映出需要用不同方法探求这些关系，从而为运行过程及其人类影响提供精细认识（Cutter，1995；Pulido，1996）。三个不太受重视而又值得广泛关注的研究领域是：广大的社会环境、社会环境对个别家庭以及对个人及健康的影响。由于偏重位置、距离和政治歧视的倾向，就容易忽略环境不公及不平等如何对某些社会群体、家庭和个人产生社会和日常影响。这些影响的复杂性和人们生活经历的差异性对于理解政府和行业某些区位决策的全部意义至关重要。

因此，可以认为，要充分理解环境不公的性质和程度，需要考虑个体如何重视周围环境及对其赋予意义。比如，生活在修剪整齐、管理良好的绿地旁对一个人或群体可能十分重要，但对另一个人或群体则不那么重要（Low et al.，2006）。邻近一座垃圾焚化炉自有其社会背景，受个人享有资源、阶级状况、种族和生命历程的影响。不公平便以不同方式向不同的人展开，最终导致相同经历或场所受到个人截然不同的诠释。哈维（Harvey，1996：6）对此有简洁表述，"不同社会生态环境意味着解决公平／不公平这一问题的方法迥然有别"。有了这一认识，还必须知道，关注地方与个人的同时，不应该忽视那些更大层面上运行的隐性过程和关系（Gandy，2002；Harvey，1996：400-401）。

结　论

　　上述金斯敦研究项目旨在就废品管理政策的具体实施问题大力促进相关争论。现在，人们越来越认识到，倡导个人和家庭回收、减少废品的传统性全民运动收效甚微；因为，其中的资讯与社会特定群体，比如具有特定民族性格的群体，既无关联也违背实情。眼下，正出现一项新倡议，强调分割生活方式和社会营销，以精细法推动行为变革。通过"快照"式态度行为调查（这里描述的就是此类调查）可以了解不同生活方式群体的动力和阻力。因此，本研究的目标在于帮助决策者了解生活方式群体、行为和家庭废品管理情形之间的关联。本研究还通过认识现有行为的历史背景，帮助决策者探寻新方法，以面向、传递废品管理和其他环境信息及行为变革策略。

　　以上分析聚焦金斯敦的种族问题，分析显示出占人口多数的英国白人群体和其他族群的巨大差异。白人群体回收物品更多，但对减少浪费的行为不大关注，如购买包装简约或用回收材料制造的产品。他们也乐于遵照市政有关处理废品、回收材料的方案，但是对亲环境行为总体上并未有过多积极姿态。白人群体和单列的南亚家庭比较，差异更为明显。不过，南亚族群对地方议会及其政策所持的否定态度也是明显可察的。

　　只聚焦种族问题就获得了极复杂的调查结果，这足以说明，要认识人口的多层切分，需要同时考虑种族变量和其他变量。因此，可以认为，下阶段的研究分析需要在家庭决策背景下引进特定环境下的归属感，思考影响行为的潜在先因。在与户主进行深度访谈，打开"家庭""黑匣子"的过程中，可以开拓空间，使研究走向精细化。追寻这一方法时，可研究环境公平的相关问题，思考有关废品处理设施选址的政策导向。使用废旧物资转运站、规划垃圾焚烧炉等有害设施在与户主的谈话中已经涉及。这些方面都突出反映家庭层面决策的复杂性和对某些设施大相径庭的态度。然而，深入征询这些家庭的意见，应该可以提高有关废品和更多环境管理问题方面家庭动态的认识。

致　谢

　　本案例报告的英国的"生命历程和生活方式"研究项目由利华休姆基金会（Leverhulme Foundation）资助。

参考文献

1.Ande-son, K. (1991) *Vancouver's Chinatown: Racial Discourse in Canada 1875-1980*, McGill-Queen's University Press, Montreal, Quebec

2.Askins, K. (2009)'Crossing divides: ethnicity and rurality', *Journal of Rural Studies*, vol 25, no 4, pp365-375

3.Bagozzi, R.P., Davis, F.D. and Warshaw, P.R. (1992)'Development and testing of a theory of technology learning and usage', *Human Relations*, vol 45, no 7, pp660-686

4.Bamberg, S., Ajzen, I. and Schmidt, P. (2003)'Choice and travel mode in the theory of planned behaviour: the role of past behavior, habit and reasoned action', *Basic Applied Social Psychology*, vol 25, no 3, pp175-187

5.Barr, S.W. (2004a)'Are we all environmentalists now? Rhetoric and reality in environmental action', *Geoforum*, vol 35, no 2, pp231-249

6.Barr, S.W. (2004b)'What we buy, what we throw away and how we use our voice: sustainable household waste management in the United Kingdom', *Sustainable Development*, vol 12, pp32-44

7.Barr, S.W. (2008) *Environment and Society: Sustainability, Policy and the Citizen*, Ashgate, Aldershot

8.Barr, S. and Gilg, A. W. (2006)'Sustainable Lifestyles: framing environmental action in and around the home', *Geoforum*, vol 37, no 6, pp 906-920

9.Barr, S. and Shaw, G. (2005)'Understanding and promoting behavior change using lifestyle groups', Department for Environment, Food and Rural Affairs, UK

10.Barr, S.W., Ford, N. and Gilg, A. W. (2001)'A conceptual framework for understanding and analyzing attitudes towards household waste management', *Environment and Planning A*, vol 33, no 11, pp2025-2048

11.Boldero, J. (1995)'The prediction of household recycling of newspaper: the role of attitudes, intentions and situational factors', *Journal of Applied Social Psychology*, vol 25, no 5, pp440-462

12.Bowen, W.M. (2002)'An analytical review of environmental justice research: what do we really know?' *Environmental Management*, vol 29, no 1, pp3-15

13.Bowen, W.M. and Wells, M. V.(2002)'The politics and reality of environmental justice research: a history and considerations for public administrators and policy makers', *Public Administration Review*, vol 62, no 6, pp688-698

14.Brainard, J.S., Jones, A.P., Bateman, I.J., Lovett, A. A. and Fallon, P. J. (2002)' Modelling environmental equity: access to air quality in Birmingham, England', *Environment and Planning A*,vol 34, no 4, pp695-716

15.Bryant, B. (2003)'History and issues of the environmental justice movement', in G. R. Visgilio and G. M. Whitelaw (eds) *Our Backyard: A Quest for Environmental Justice*, Rowman and Littlefield, Lanham, MD, pp3-24

16.Buijs, A.E. Elands, B. H.M. and Langers, F. (2009)'No wilderness for immigrants: cultural differences in images of nature and landscape preferences', *Landscape and Urban Planning*, vol 91, no 3, pp113-123

17.Burgess, J., Harrison, C. and Filius, P. (1998)'Environmental communication and the cultural politics of environmental citizenship', *Environment and Planning A*, vol 30, pp1445-1460

18.Buzzelli, M. (2007)'Bourdieu does environmental justice? Probing the linkages between population health and air pollution epidemiology', *Health and Place*, vol 13, no 1, pp3-16

19.Chawla, L. (2002)'Spots of times: manifold ways of being in nature in childhood', in P.H. Kahn Jr. and S. R. Kellert (eds) *Children and Nature: Psychological, Socio-Cultural and Evolutionary Investigations*, MIT Press, Cambridge, MA

20.Cloke, P. J. Crang, P. and Goodwin, M. (2005) *Introducing Human Geographies* (2nd edn), Hodder Arnold, London

21.Coggins, C. (2001)'Waste prevention—an issue of shared responsibility for UK producers and consumers: policy options and measurement', *Resources, Conservation and Recycling*, vol 32, no 3/4, pp181-190

22.Crewe, L. (2000)'Geographies of retailing and consumption', *Progress in Human Geography*, vol 24, pp275-290

23.Crouse, D. L. Ross, N. A. and Goldberg, M. S. (2009)'Double burden of deprivation and high concentrations of ambient air pollution at the neighborhood scale in Montreal', *Social Science and Medicine*, vol 69, no 6, pp971-981

24.Cutter, S. (1995) 'The forgotten casualties: women, children and environmental change', *Global Environmental Change*, vol 5, no 3, pp181-194

25.Daneshvary N., Daneshvary R. and Schwer R. K. (1998) 'Solid-waste recycling behaviour and support for curbside textile recycling', *Environment and Behavior*, vol 30, no 2, pp144-161

26.Davies, A. (2005)'Incineration politics and the geographies of waste governance: a burning issue for Ireland?'*Environment and Planning C: Government and Policy*, vol 23, pp375-397

27.Derksen, L. and Gartrell, J. (1993)'The social context of recycling', *American Sociological Review*, vol 58, pp434-442

28.Dunion, K. (2003) *Trouble Makers: The Struggle for Environmental Justice in Scotland*, Edinburgh University Press, Edinburgh

29.Ebreo, A., Herschey, J. and Vining, J. (1999)'Reducing solid waste: linking recycling to environmentally responsible consumerism', *Environment and Behavior*, vol 31, pp107-135

30.Elliott, P., Briggs, D., Morris, S., de Hoogh, C., Hurt, C. and Kold-Jensen, T. (2001)'Risk of adverse birth outcomes in populations living near landfill sites', *British Medical Journal*, vol 323, pp363-368

31.Elliott, S. J., Wakefield, S. E. L., Taylor, S. M., Dunn, J. R. Walter, S., Ostry, A. and Hertzman, C. (2004)'A comparative analysis of the psychosocial impacts of waste disposal facilities', *Journal of Environmental Planning and Management*, vol 47, no 3, pp351-363

32.Ellis, G. (2004)'Discourses of objection: towards an understanding of third-party rights in planning', *Environment and Planning A*, vol 36, pp1549-1570

33.Emery, A. D., Griffiths, A. J. and William, K.P. (2003)'An in-depth study of the effects of socio-economic conditions on household waste recycling practices', *Waste Management Research*, vol 21, pp180-190

34.Eyles, J., Taylor, S., Johnson, N. and Baxter, J. (1993)'Worrying about waste: living close to solid waste disposal facilities in southern Ontario', *Social Science and Medicine*, vol 37, pp 805-812

35.Faber, D. and Krieg, E. (2002)'Unequal exposure to ecological hazards: environmental injustices in the Commonwealth of Massachusetts', *Environmental Health Perspectives*, vol 110 (supplement 2), pp277-288

36.Ferreira, S. and Gallagher, L. (2010)'Protest responses and community attitudes toward accepting compensation to host waste disposal infrastructure', *Land Use Policy*, vol 127, no 2, pp638-652

37.Friends of the Earth (2004) *Briefing: Incinerators and Deprivation*, Friends of the Earth, London

38.Gandy, M. (2002) *Concrete and Clay: Reworking Nature in New York City*, MIT Press, Cambridge, MA

39.Gant, R. L., Robinson, G. M. and Fazal, S. (2011)'Land use change in the "Edgelands": policies and pressures in London's rural-urban fringe' *Land Use Policy*, vol 28, no 1, pp266-279

40.Gibbs, L. (1993)'Join together: organizing your community', in M. Legator and S. Strawn (eds) *Chemical Alert: A Community Action Handbook*, University of Texas Press, Austin, TX

41.Gilg, A. W., Barr, S. W. and Ford, N. (2005)'Green consumption or sustainable lifestyle? Identifying the sustainable consumer', *Futures*, vol 37, pp481-504

42.Goldberg, M., Al-Hornsi, N., Goubet, I. and Riberdy, H. (1999)'Incidence of cancer among persons living near a municipal solid waste landfill in Montreal, Quebec', *Archives of Environmental Health*, vol 50, pp416-424

43.Gottlieb, R. (1993) *Forcing the Spring: The Transformation of the American Environmental Movement,* Island Press, Washington, DC

44.Gregson, N. (2007) *Living with Things: Ridding, Accommodation, Dwelling*, Sean Kingston Publishing, Oxford

45.Halfacree, K. (1996)'Out of place in the country: travelers and the "rural idyll"', *Antipode*, vol 28 no. 1, pp42-72

46.Harvey, D. and Riley, M. (2005) 'Country stories: the use of oral histories of the countryside to challenge the sciences of the past and future', *Interdisciplinary Science Reviews*, vol 30, no. 1, pp19-32

47.Harvey, D. W. (1996) *Justice, Nature and the Geography of Difference*, Blackwell, Cambridge, MA

48.Hertzman, C., Hayes, M., Singer, J. and Highland, J. (1987)'Upper Ottawa Street landfill site health study', *Environmental Health Perspective*, vol 75, pp173-195

49.Hetherington, K. (2004)'Second-handedness: consumption, disposal, and absent presence', *Environment and Planning D: Society and Space,* vol 22, pp 157-173

50.Higginbotham, N., Freeman, S., Connor, L. and Albercht, G. (2010)'Environmental injustice and air pollution in coal affected communities, Hunter Valley, Australia', *Health and Place*, vol 16, no 2, pp259-266

51.Higgs, G. and Langford, M. (2009)'GIScience, environmental justice, and estimating populations at risk; the case of landfills in Wales', *Applied Geography*, vol 29, no 1, pp 63-76

52.Hinds, J. and Sparks, P. (2008)'Engaging with the natural environment: the role of affective connection and identity', *Journal of Environmental Planning*, vol 28, pp109-120

53.Hines, J. M., Hungerfords, H. R. and Tomera, A. N. (1987)'Analysis of research on responsible environmental behavior: a meta analysis', *Journal of Environmental Education*, vol 18,pp1-8

54.Hughes, A. (2000)'Retailers, knowledges and changing commodity networks: the case of the cut flower trade', *Geoforum*, vol 31, pp175-190

55.Hurley, A. (1995) *Environmental Inequalities: Class, Race and Industrial Pollution in Gary, Indiana, 1945-1980*, University of North Carolina Press, Chapel Hill, NC

56.Jenkins-Smith, H. and Kunreuther, H. (2001)'Mitigation and benefits measures as policy tools for siting potentially hazardous facilities: determinants of effectiveness and appropriateness', *Risk Analysis,* vol 21, no 2, pp371-382

57.Kals, E. and Maes, J. (2002)'Sustainable development and emotions', in P. Schmuck and W.P. Schultz (eds) *Psychology of Sustainable Development*, Kluwer Academic Publications, Norwell, MA. pp97-122

58.Kellert, S. R. (2002)'Experiencing nature. Affective, cognitive and evaluative development in children', in P. H. Kahn Jr. and S. R. Kellert (eds) *Human Behavior and the Environment: Advances in Theory and Research— Behavior and the Natural Environment*, MIT Press, Cambridge, MA

59.Kingham S., Pearce, J. and Zawar-Reza, P. (2007)'Driven to injustice? Environmental justice and vehicle pollution in Christchurch, New Zealand', *Transportation Research Part D: Transport and Environment*, vol 12, no 4, pp254-263

60.Kinsman, P. (1995)'Landscape, race and national identity: the photography of Ingrid Pollard', *Area*, vol 27, pp300-311

61.Krauss, C. (1993)'Blue-collar women and toxic-waste protest: the process of politicization', in R. Hofrichter (ed) *Toxic Struggles: The Theory and Practice of Environmental Justice*, New Society Publishers, Philadelphia, PA, pp1-23

62.Layne. L., (1999)'Baby things as fetishes? Memorial goods, simulacra and the "realness"problem of pregnancy loss', in H. Ragone and W. Twine (eds) *Ideologies and Technologies of Motherhood*, Routledge, London, pp111-138

63.Low, S., Taplin, D. and Scheld, S. (eds) (2006) *Rethinking Urban Parks: Public Space and Cultural Diversity*, University of Texas, Austin, TX

64.Lyas, J. K., Shaw, P. J. and Van-Vugt, M. (2004)'Provision of feedback to promote householders'use of a kerbside recycling scheme; a social dilemma perspectives', *Journal of Solid Waste Technology Management*, vol 30, pp7-18

65.Mansfield, C., Van Houtven, G.L. and Huber, J. (2002)'Compensating for public harms; why public goods are preferred to money', *Land Economics*, vol 78, no 3, pp368-389

66.Marcoux J. (2001)'The refurbishment of memory', in D. Miller (ed) *Home Possessions: Material Culture behind Closed Doors*, Berg, Oxford

67.Market and Opinion Research International (MORI) (2002) *Public Attitudes Towards Recycling and Waste Management: Quantitative and Qualitative Review*, MORI, London, Cabinet Office, UK

68.Martin, M., Williams, I. D. and Clark, M. (2006) 'Social, cultural and structural influences on household waste recycling: a case study', *Resources, Conversation and Recycling*, vol 48, no 4, pp357-395

69.Metcalfe, A., Riley, M., Tudor, T., Robinson, G. M. and Barr, S. W. (forthcoming)'Food bins: between waste governance and waste practices', *The Sociological Review*

70.Miller, D. (1988)'Appropriating the state on the council estate', *Man*, new series, vol 23, no 2, pp353-372

71.Mirabelli, M. (2005)'Exposure to airborne emissions from confined swine feeding operations as a trigger of childhood respiratory symptoms', unpublished PhD thesis, University of North Carolina, Chapel Hill

72.Miranda, M. L., Miller, J. N. and Jacobs, T. L. (2000)'Talking trash about landfills: using quantitative scoring schemes in landfill siting processes', *Journal of Political Analysis and Management*, vol 19, no 1, pp3-22

73.Nord, M., Luloff A. E. and Bridger, J. C. (1998)'The association of forest recreation with environmentalism',

Environment and Behavior, vol 30, pp235-246

74.Norton, J. M., Wing, S., Lipscomb, H.J., Kaufman, J.S., Marshall, S. W. and Cravey, A. J.(2007)'Race, wealth and solid waste facilities in North Carolina', *Environmental Health Perspectives*, vol 115, no 9, pp1344-1350

75.Nriagu, J. O. (2009) Race, place, and environmental justice after Hurricane Katrina, *Science of the Total Environment*, vol 407, no 16, pp4783-4793

76.Passchier–Vermeer, W. and Passchier, W. (2000)'Noise exposure and public health', *Environmental Health Perspectives*, vol 108(supplement 1), pp123-131

77.Pearce, J., Kingham, S. and Zawar-Reza, P. (2006)'Every breath you take? Environmental justice and air pollution in Christchurch, New Zealand', *Environment and Planning A*, vol 38, no 5, pp919-938

78.Perrin, D. and Barton, J. (2001)'Issues associated with transforming household attitudes and opinions into materials recovery: a review of two kerbside recycling schemes', Resources, Conservation and Recycling, vol 33, pp61-74

79.Perry, G. D. R. and Williams, I. D. (2007)'The participation of ethnic minorities in kerbside recycling : a case study', *Resources, Conservation and Recycling*, vol 49, no 3, pp308-323

80.Philo, C. (1992)'Neglected rural geographies: a review', *Journal of Rural Studies*, vol 8, pp193-207

81.Pieters, R. G. M. (1991)'Changing garbage disposal patterns of consumers: motivation, ability and performance', *Journal of Public Policy and Marketing*, vol 10, pp59-76

82.Pommerehne, W.W., Hart, A. and Schneider, F. (1997)'Tragic choices and collective decision-making: an empirical study of voter preferences for alternative collective decision-making mechanisms', *Economic Journal*, vol 107, no 422, pp618-635

83.Pooley, J. A. and O'Conner, M. (2000)'Environmental education and attitudes', *Environment and Behavior,* vol 32, pp711-723

84.Portney. P. R. (1991) *Siting Hazardous Waste Treatment Facilities: The NIMBY Syndrome*, Auburn House, Boston, MA

85.Pulido, L. (1996)'A critical review of the methodology of environmental racism research', *Antipode*, vol 28, no 2, pp142-159

86.Resource Recovery Forum (2001) *Household Waste Behavior in London*, Resource Recovery Forum, Skipton

87.Riley, M. (2008)'From salvage to recycling—new agendas or same old rubbish?', *Area*, vol 40, no 1, pp79-89

88.Robinson, G. M. (1998) *Methods and Techniques in Human Geography*, John Wiley & Sons, Chichester and New York, NY

89.Robinson, G. M. and Read, A. D., (2005)'Recycling behavior in a London Borough: results from large-scale household surveys', *Resources, Conservation and Recycling*, vol 45, pp70-83

90.Schively, C. (2007)'Understanding the NIMBY and LULU phenomena: reassessing our knowledge base and informing future research', *Journal of Planning Literature*, vol 21, no 3, pp255-266

91.Schultz, P. W., Oskamp, S. and Mainieri, T. (1995)'Who recycles and when? A review of personal and situational factors', *Journal of Environmental Psychology*, vol 15, pp105-121

92.Selman P. (1996) *Local Sustainability: Planning and Managing Ecological Sound Places*, Chapman, London

93.Shrader–Frechette, K. (2002) *Environmental Justice: Creating Equality and Reclaiming Democracy*, Oxford University Press, Oxford

94.Snary, C. (2002)'Risk communication and waste-to-energy incinerator environmental impact assessment process: a UK study of public involvement', *Journal of Environmental Planning and Management*, vol 45, no 2, pp267-283

95.Sze, J. (2006)'Toxic soup redux: why environmental racism, and environmental justice matter after Katrina', *Understanding Katrina: Perspectives from the Social Sciences*, accessed 10 November 2011

96.Sze, J. (2008) *Noxious New York: The Racial Politics of Urban Health and Environmental Justice*, MIT Press, Cambridge, MA

97.Teisl, M. F. and O'Brien, K. (2003)'Who cares and who acts? Outdoor recreationists exhibit different levels of environmental concern and behavior', *Environment and Behavior*, vol 35, pp506-522

98.Tonglet, M., Phillips, P. S. and Bates, M. P. (2004)'Determining the drivers for householder pro-environmental behavior: waste minimization compared to recycling', *Resources, Conservation and Recycling*, vol 43, pp27-48

99.Tuan, N. Q. and MacLaren, V, W. (2005)'Community concerns about landfills: a case study of Hanoi, Vietnam', *Journal of Environmental Planning and Management*, vol 48, no 6 pp809-831

100.Tucker, P. (2001) *Understanding Recycling Behavior*, vol 2, University of Paisley Environmental Technology Group Research Report, Paisley, UK

101.Tucker, P. and Speirs, D. (2003)'Attitudes and behavioral change in household waste management behaviours', *Journal of Environmental Planning and Management*, vol 46, no 2, pp289-307

102.Tudor, T. L., Barr, S. W. and Gilg, A. W. (2007a)'Linking intended behavior into actions: a case study of waste management in the Cornwall NHS', *Resources, Conservation and Recycling*, vol 51, no 1, pp1-23

103.Tudor, T. L., Barr, S. W. and Gilg, A. W. (2007b)'A tale of two settings: does pro-environmental behavior at home influence sustainable environmental actions at work?'*Local Environment*, vol 12, no 4, pp409-421

104.Tudor, T. L., Robinson, G. M, Riley, M., Guilbert, S. and Barr, S. W. (2011)'Challenges facing the sustainable consumption and waste management agendas: perspectives on UK households', *Local Environment*, vol 16, pp51-66

105.United Church of Christ Commission for Racial Justice (UCC) (1987) *Toxic Wastes and Race in the United States*, United Church of Christ Commission for Racial Justice, New York, NY

106.Vining, J. and Ebreo, A. (1992)'Predicting recycling behavior from global and specific environmental attitudes and changes in recycling opportunities', *Journal of Applied Social Psychology*, vol 22, no 20, pp1580-1607

107.Walkner, G. (2009)'Beyond distribution and proximity: exploring the multiple spatialities of environmental justice', *Antipode,* vol 41, no 4, pp614-636

108.Walkner, G. and Bulkeley, H, (2006)'Geographies of environmental justice', *Geoforum*, vol 37, no 5, pp655-659

109.Woodard, R., Buch, M., Harder, M. K. and Stanos, N. (2004)'The optimization of household waste recycling centres for increased recycling: a case study in Sussex, UK', *Resources, Conservation and Recycling*, vol 43, pp75-93

第四部分

城市系统变革设计：
指向"零浪费"城市目标

16　激励行为变革，优化废品管理：
创建"零浪费"城市

阿提克·乌斯·扎曼　　斯蒂芬·莱曼

【提要】

　　当人们怀抱对美好生活的向往，不断由农村迁往城市时，城市便逐渐膨胀起来。我们的消费驱动型社会每天都会产生大量废品。城市人满为患，交通系统拥挤不堪，城市生活品质由于其过快发展而受到损害，不断产生的废品造成垃圾填埋场泛滥成灾，自然栖息地遭到破坏和生物多样性失落殆尽。不同类别的废品需要不同的处理方法。为防止全球资源进一步枯竭，我们需要引进可持续消费模式和战略性废品处理系统。不言而喻，在随后二三十年间，诸多不可再生资源（如镉、金、汞和碲）的全球供给将面临永久性缺口。因此，高效利用资源（能源、原材料、水），杜绝不必要的浪费是当今世界所有城市面临的紧迫挑战。

　　本章概述了"零浪费"的概念，并将其应用于城市层面。"零浪费"作为一种整体论方法，涉及产品和过程的系统设计与管理，通过最小化的初次使用和最大化的废物流回收，达到保护资源的目的。"零浪费"城市（zero waste city）将优化工业设计和建筑设计，从生产环节消除可避免的浪费，终端产品都可回收利用。"零浪费"城市对废旧物品进行100%的回收，也就是从废物流中回收所有可用资源，防止有害废品污染环境。"零浪费"城市模式建构于六大核心设计原则。要将城市改造成"零浪费"城市，要求同步运行这六大设计原则。此外，还需要开发一个被称之为"零浪费指数"（zero waste index）的评估工具，用以量化"零浪费"城市业绩，评价不同城市废品管理系统的效能。

导　言

　　全球人口在 19 世纪初叶达到 10 亿，这历经了 300 万年以上的漫长时间。现在，每隔 12 ~ 14 年，全球人口就会增加 10 亿。这一增幅预计到 2050 年前将趋于平缓，人口数量保持在 85 亿 ~ 90 亿（Cointreau，2007）。目前，世界人口有一半居住在城市，到本世纪中叶，全世界几乎所有地区都将显著城市化（UN-HABITAT，2010）。城市在创造经济增长的同时，也创建了不同形态的特大城市群（Lehmann，2010a）。

　　面对现今消费驱动型社会产生的庞大垃圾废品，城市当局不能不对此施以可持续管理。城市规划对废品管理系统的重视常常不及供水、能源和交通系统。废品管理系统中涉及许多利益相关方（von Weizaecker et al.，1997），包括社会、经济、政治、环境和技术各个方面，这些方面相互间有本质动态联系。因而，废品管理系统其实构成了一个复杂的集群，其功能是动态且互为依存的。

　　人们对废品管理的一大关注点是，过盛的消费文化会造成自然资源枯竭，并加剧全球气候变化。全球气候变化及其对人类生活的诸多影响将迫使我们的社会寻求可持续发展。尽管废品引起的全球温室气体排放数量不大（小于 5%），2005 年约 1 300 吨二氧化碳当量的总排放量主要源于垃圾填埋场的甲烷和废水，但是如果将每个产品从原料开采到最后处置都计算在内，带来的全球温室气体总量无疑就增多了。燃烧含有化石碳的废塑料和合成纺织品废料引起的二氧化碳排放也会加剧气候变化，这成了可持续废品管理的一个核心问题（Bogner et al.，2007）。

　　当前，全球每年产生的城市固体垃圾估计有 20 亿吨。如果每人产生的固体垃圾与旧金山的人均率持平，那么全球城市固体垃圾将达 70 亿吨（UN-HABITAT，2009）。过去20 年中，澳大利亚人产生的垃圾总量翻了一番，这个垃圾总量在 2011—2020 年极有可能再翻一倍（Lehmann & Crocker，2012：1）。当这样的增速与全球人口增长、经济发展和伴随而来的资源消耗结合一起时，必然导致城市固体垃圾的持续增加，这已经成为城市面临的重大难题。可持续废品管理系统至关重要，但是实现这个系统的挑战性也是错综复杂的。而且，运输商品（而非使用本地资源）引起的温室气体排放未来将会逐步上升，最新的估计数字是，到 2020 年，在一国生产到别国消费的商品将占全部商品的 80%，而现在的数字是 20%（McKinsey & Company，2010）。

挑战在于，我们能否改变现有生活方式，重塑我们的城市，从而不再产生不必要的浪费，把废品视为资源，以各种可能的方式回收利用资源。我们依据"零浪费"理念构思城市模型，力图明晰"零浪费"城市概念，以及如何将这一概念嫁接、应用于发达城市。我们提出了"零浪费"城市的完整模型和被称为"零浪费"指数的绩效评估工具。

废品管理系统的历史沿革

废品管理系统早在现代文明之前已经出现。废品管理历史上有过六次创新浪潮，采用过不同技术、方法和工具（图 16.1）。最早的废品管理系统采用了露天倾倒法，许多低收入国家依然在沿袭这种方法。之后便是垃圾填埋场的无序出现。迄今为止，首个有记载的填埋场大约于公元前 3000 年在希腊启用。垃圾堆肥代表废品管理的第三次创新浪潮，从公元前 2000 年开始在中国采用，此后延续下来成为常规方法（UNEP/GRID-Arendal，2006）。第四次浪潮带来了回收利用和填埋场的规范管理。回收利用不同于有机垃圾堆肥，有记录的首个回收案例于 1690 年发生在费城，当时将废弃物回收成为纤维用来造纸（UNEP/GRID-Arendal，2006）。

自 20 世纪 70 年代全球石油危机爆发以来，资源和废品回收利用在全世界逐渐推广开来。伴随着废品管理系统的第五次浪潮，20 世纪出现了焚烧、热解气化和等离子弧等废品转化为能量技术、厌氧消化等先进生物处理法和先进的资源回收设施。"零浪费"可理解为废品管理的第六次创新，也是最全面的创新，能够真正迎来可持续废品管理系统。"零浪费"管理系统包括"从摇篮到摇篮"的循环设计系统、可持续资源消耗和回收废弃资源。

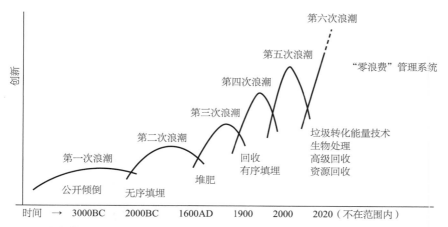

图 16.1 垃圾管理系统的创新浪潮。

来源：改编自哈格罗夫斯和史密斯（Hargroves & Smith，2005），联合国环境规划署／全球资源/信息数据库-阿伦达尔（2006）

当前的资源消费模式

"消费"一词原本有破坏、毁灭之意，可将"消费社会"视为一个由破坏者和浪费者组成的社会（Leonard，2010）。废品产生是资源消耗的必然结果。按照萨格夫的观点（Sagoff，2001），消费存在两个维度：（1）获取和使用资源；（2）消耗有限资源。所以，将消费行为视为滋生浪费的推进器是具有重要意义的。

全球人口增长意味着城市的加速发展。遗憾的是，中国和印度的大部分城市均采用发达工业国家的高消费模式来拉动经济，同时造成了生态系统的破坏。我们需要一种新经济模式将其取而代之，以提高生活品质，并使生态系统得到修复。

彼特·黑德（Peter Head）指出，过去 100 年间，人均可用土地数量已经锐减：

> 新近研究显示，1900 年人均可用土地数量保持在 8 公顷，2011 年降至 2 公顷，到 2050 年，这一数量将跌至 1.4 公顷。显而易见，由于土地数量的减缩，我们必须减少人类生态足迹［由瓦克纳格尔（Wackernagel）和里斯（Rees）在 1996 年提出的方法论，用以计算支持一个人不同消费层次需要的土地公顷数］，同时将资源效率提高 5 倍。

> （Head，2008：36）

土地使用的变化使得我们将来人均可用物资仅有现在的 1/5。这说明严峻的挑战已摆在了我们面前——提出切实可行、实事求是的解决方案——迫切需要树立新的共享价值观。我们必须明白，不可能永远维持现有的物质生活水平。

发达国家现有的消费模式是有损环境的（Evans，2011）。主要工业国家（Rice，2007）造成了生态系统利用的日益失调和环境成本的负外部性，这已向普通公众和决策者们提出了可持续消费的问题。可持续消费包括通过负责任的行业设计，调整人类行为，改变社会及个人规范，关心社会代际幸福，实现共同利益的公平分享（Bentley et al.，2004；Briceno & Stagl，2006；Jorgenson et al.，2009；Mont，2004；Mont & Plepys，2008；Rice，2008）。

全球收入和支出过去数十年里有了巨大增长。2004 年到 2009 年，一个两人家庭购买食品和非酒精饮料的支出在澳大利亚增加了 20.15%，瑞典增加了 12.17%，美国增加了 11.6%（Euromonitor International，2009）。食品是导致环境排放的要素之一，产生了（2011 年内）23.3% 的温室气体，48.7% 的碳排放和 39.7% 的淡水消耗（ACF，2011）。

中国、印度等主要发展中国家的消费总量是惊人的，与澳大利亚、美国等发达国家相比，增长更快，虽然人均消费并非如此。在中国，家庭可支配收入在 2005 至 2007 年增加了 36.5%，支出增加了 41.59%。与澳大利亚、瑞典和美国等发达国家比较，印度和中国的家庭支出增幅明显。支出不断增加，意味着无论是发达国家还是发展中国家，消费都增多了，环境污染和破坏也加剧了。以澳大利亚为例，表 16.1 显示了人均平均消耗和排放的概况。

表 16.1　一个普通澳大利亚人的消费概况快照

消费 / 排放类型	数量 / 数额 年均
能源使用	5 642.98 千克（石油当量）
水使用	720 000 升
自然资源使用	36.5 吨
产生城市固体垃圾	680 千克
碳排放	19.9 吨
生态足迹	6.45 公顷

来源：ACF（2011），贸易经济学（2012）和威立雅研究所（2011）

浪费的产生与全球不可再生资源的消耗

人类很早便知道匮乏的含意，明白和自身需求相比，资源是有限的（Club of Rome et al.，1972；Veolia Institute，2011）。即便如此，社会发展已超出了极限，全球资源正在枯竭（Hawken et al.，2000）；于是，全球人均公顷数正逐年萎缩。当1973年那场石油危机（由供应商自发限制引起）波及原材料市场时，人们第一次注意到有全球极限增长的现实。许多人相信，与2008年全球金融危机脱不了干系的不仅有过度投机，还有过度消费和全球自然资源贬值。

为了解全球资源开采趋势、人类需求和未来储备，已开展了系列研究（Giljum & Polzin，2009；UNEP，2011a，2011b）。克里斯·克拉格斯通（Chris Clugston，2010）分析了不可再生自然资源（NNRs）在不久的将来发生短缺的情形，发现88%的不可再生自然资源在2000—2008年出现了全球稀缺。到2030年，约有23%的不可再生自然资源可能出现永久性全球供应短缺，其中有5种金属元素短缺的可能性极高——镉、金、汞、碲和钨。

联合国环境规划署（INEP，2010，2011c）就全球金属回收进行的研究显示，2010年镉的全球回收率在10%～25%，金超过50%，汞为1%～10%，碲不及1%，钨为10～25%。研究还显示，37种特种金属中有32种的回收率目前接近于零，34种低于1%，60种调查金属中报旧回收率超过50%的不到1/3。研究得出的最后结论是，金属回收率远低于其再用可能性，工业国家应该彻底改变对资源的浪费使用。这表明，我们无须等到"耗尽"不可再生自然资源的那一天，许多资源可能就会出现严重短缺。如果真有这一天，那对我们严重依赖工业的生活方式将会产生毁灭性影响（Clugston，2010）。

"零浪费"概念

当今，"零浪费"是讨论城市固体垃圾处理系统最热的概念（Lehmann & Zaman，2012）。"零浪费"这个术语首次由化学家保罗·帕尔默（Paul Palmer）于1973年从化学品中回收资源时所使用（Palmer，2004）。自此，朝向"零浪费"的努力演变为一场世界性运动，改变了我们拆卸回收产品的方式，改变了我们设计、建造、营运、维修建筑和城市的途径。简言之，"零浪费"意味着系统性设计和管理产品与过程，以达到避免和消除浪费、保护和回收废物流中所有资源的目的（ZWIA，2004）。

"零浪费"的范畴包括为可持续废品管理系统提出的诸多概念，有节约、再用、再生、重新设计、回收、维修、再生产和转售（Dileep，2007；El-Haggar，2007；Jessen，2003；McDonough & Braungart，2002；Palmer，2004），垃圾零填埋和焚烧，以及"从摇篮到摇篮"的循环设计系统（Connett，2007；Kloepffer，2008；McDonough & Braungart，2002；Malinda，2008；Platt，2004；Tangri，2003）。所以说，"零浪费"设计原则超出了回收范畴，强调首先要减少材料浪费和产品再利用，其次才是回收和堆肥处理（Liss，2008）。

建筑师、工程师、城市规划师和商人对"零浪费"概念纷纷表现出浓厚兴趣，希望将其落到实处，重设城市系统，升级回收基础设施，实现"从低碳到无碳"的城区（Lehmann，2010b）。这一废品管理价值体系（节约、再用、维修、回收）正普遍用于建筑施工中，掀起了一股重估现有建筑价值的热潮。再利用现存建筑当然是处理建成环境最可持续的方式。以最少的材料、能源进行最小干预，改造、适应性再利用现有建筑，把"各层级废弃物"转移到建筑中（材料和元件再利用），是最可持续的方式。改变越少，元件材料再利用越多，使用能源和浪费就越少，过程就越优化。

"零浪费"的概念包括从废料中回收所有资源，城市固体垃圾达到100%回收率的目标（Zaman & Lehmann，2011）。"零浪费"产生的影响是强大且彻底的，要求的不只是一种自上而下的、政府强加的方法。要取得成功，需要公民、社会团体、政府和行业予以广泛采纳和执行。

实现"零浪费"的主要障碍如下：生产者和消费者都只顾眼前利益；各国、各地区法律不统一；过度消费与可持续性相抵触，总以为委托项目非最低报价者莫属；以及社区不愿承担财政开支（Sridhar & Shibu，2011）。现在很多人每年都置换新产品，罪魁祸首便是现行的经济增长模式，该模式中产品功能、质量、耐用性的报废早已设计好（Packard 1963：57，80）。因此，要实现"零浪费"和可持续的生活，生产和营销策略两大领域均需进行变革。

城市标尺："零浪费"城市模型

"零浪费"城市模型由莱曼和扎曼两人于2011年提出。这一整体论方法可用来消除来自每个产品生命周期和日常生活的浪费。"零浪费"城市不产生不必要、可避免的浪费，报废产品要进一步回收进行资源利用。"零浪费"城市使用预制模块杜绝材料浪费，回收废物流中的所有可用资源，不产生有毒性废品，并100%回收废品。

"零浪费"城市模型从"生态城市"理念逐步发展而来。许多城市正按照生态城市理念设计和规划，以给居民们提供高品质生活。不管是沃邦弗莱堡、汉诺威康斯伯格（均在德国），斯德哥尔摩的哈马碧滨水新城和马尔摩的奥古斯滕堡（均在瑞典）等已建成的生态城项目，还是马斯达尔市（阿联酋）和万庄生态城（中国）等尚未竣工的项目，设计用途都是要提供好的生活品质（Lehmann，2011a）。所有这些生态城都遵守可持续城市设计规则。建成和未建成的这些生态城设计的人口密度保持在每公顷50～150人（Lehmann，2011a）。

"零浪费"是生态城市能够实现的一种状态。首批追求"零浪费"的城市寻求最大限度的回收，因为"零浪费"最初的定义是100%的回收率。后来，"零浪费"概念由单纯回收拓展到转移填埋场垃圾（达到100%）。然而，回收转移的组合方法并未体现"零浪费"城市的全部真义，"零浪费"城市是要在工业、农业和建筑业通过优化设计和流程，从根本上消除浪费。只有从产品链的整个生命周期剔除各种浪费，"零浪费"才可得以实现。为此，要实施更为综合、全面的城市固体垃圾方案、政策和策略，从产品链切断废物流。

"零浪费"城市的城市代谢

"城市代谢"一词用来描述和分析城市物质和能量的流动，亚伯·沃曼（Abel Wolman，1892–1989）虚构此词，用以研究城市状况和模型比较（Pomázi & Szabó，2008）。城市代谢可定义为城市"技术和社会、经济过程的总和，有了城市代谢，城市便可发展，产生能量并消除浪费"（Kennedy et al.，2008：35）。

无论是高消费社会还是低消费社会，了解物流和回收利用都很重要。通过测算以产品形式入城的物流能量和作为废弃物出城的物流能量，可以测得城市物流（Ackerman，2005）。凡研究过城市物流的人员都会发现，回收利用是可持续废品管理中的一个核心问题（Ackerman，2005；Kofoworola，2007；Leach et al.，1997；Lehmann，2010a；Sinha & Amin，1995）。关于城市代谢的研究已有很多，但以下研究特别有价值：吉拉德特（Girardet，

1992）的香港研究；欧洲环境署（European Environment Agency，1995）的布拉格研究；阿尔贝蒂（Alberti，1996）的测量工具和指标研究；纽曼和肯沃西（Newman & Kenworthy，1999）的悉尼研究；斯维登和琼森（Svidén & Jonsson，2001）的斯德哥尔摩研究；哈默和吉列姆（Hammer & Giljum，2006）的汉堡、维也纳、莱比锡研究；舒尔茨（Schulz，2007）的新加坡研究；布朗等（Browne et al.，2009）的利默里克和爱尔兰研究。这些研究人员进行不同的案例研究，以了解材料、能量、营养素、水等的城市代谢流。

一座城市若能恰当地整合所有要素，其城市代谢功能可保持良好。城市要素分为两组：相互作用的"软"要素和"硬"要素（Lennon，2011）。软要素对硬要素起调节作用。基础设施、政策、法规和制度等要素合并且运行于从个体到最大范畴的不同城市代谢系统。个人、家庭、社区和企业构成城市代谢运行的不同层面。

城市常常被比作生态系统，物质形态的城市可以比作人体细胞。细胞由细胞膜、线粒体、细胞核、核仁等不同元素组成。细胞核是细胞生长、发育的核心。同样，城市也有边界、基础设施、企业、社区、家庭和个人等不同元素。居民个人是城市最重要的核心元素。由个人组成的家庭、社区、企业和社会组织塑造城市形态。因此，要了解城市代谢，就要更好地了解城市元素。要将现有城市改造成"零浪费"城市，每个人都须蜕变成一个"零浪费"个体。迈出改造个人的一步，才可能改变家庭、社区和企业。

城市理论家埃比尼泽·霍华德（Ebenezer Howard，1850—1928）在其著作《明日的花园城市》（*Garden Cities of Tomorrow*）中描绘了一幅乌托邦城市蓝图，人与自然在此和谐共处（Wikipedia，2012a）。哲学家、未来主义者雅克·法斯科（Jacque Fresco，1916—）提出了他的城市社会经济结构，该结构的终极目标是改良社会，使之向全球化、可持续、技术社会转型，这被称作"资源型经济"（Wikipedia，2012b）。资源型经济使用现有资源而非资金，并以最有效、最人性化的方式在全人类中公平分配资源（Fresco，1995：5）。自然界的万事万物都要回收再用，没有一样东西可称作废品。因此，"零浪费"城市应在自然界"零浪费"原则上，依照行业共生原理设计和运行。

城市物流呈动态流动，因而很难进行测量。基于资源的投入与产出机制，受两种物流形式之一的支配，城市代谢分为"线性"代谢和"循环"代谢。

线性代谢

　　线性代谢城市往往不择手段地从广大区域索取所需物资，而后又将剩余残留物资扔掉浪费。资源投入与产出没有任何关联（Girardet，1992）。现在，所有城市无一例外都是线性代谢城市。大量资源投入消耗后，产出的却是排放和浪费。线性代谢系统中，资源在生产过程一次性使用后成为废弃物，资源利用效率低、消耗大，难以回收。产品生产所用的大部分资源在短暂使用后成为废弃物，造成了巨大的日常浪费。

　　在线性代谢系统中，大部分可回收废弃物要么遭到填埋，要么被焚烧。尽管有了现代技术，卫生填埋和焚烧都能够生产能量，但在可持续废品管理系统中，这却是一种最不可取的选择（Connett，2007）。由于线性代谢满足居民需求的生产过程耗用更多资源，线性代谢城市的生态空间面积（为居民提供资源所需的土地面积）也高得多。自工业革命爆发以来，我们一直采用的是线性循环系统：资源开采生产消费后成为废品，大部分进了填埋场（图16.2）。这与自然界的运行规律刚好背道而驰。生态系统自带反馈回路，以循环方式运行。

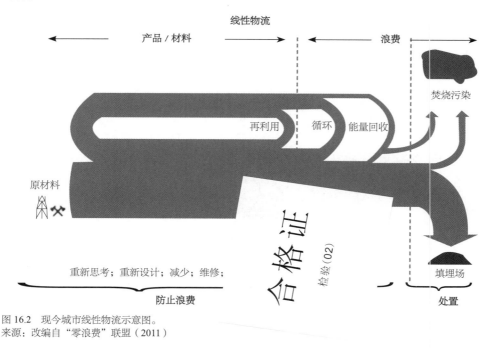

图16.2　现今城市线性物流示意图。
来源：改编自"零浪费"联盟（2011）

循环代谢

循环代谢对废弃物予以回收利用，资源因而得到了反复利用。由于资源在生产过程中循环使用，循环代谢系统耗费资源少，这样的城市生态空间面积远低于线性代谢城市（Lehmann，2011b）。有机物和厨余垃圾中的生物量可制成堆肥，也可采用厌氧消化技术制成气体或肥料。

每一产品可投入生产系统再利用，因而其影响的土地面积大为减少（Girardet，1992）。循环代谢是一种循环的物流系统，资源在整个生命周期中会受到妥善管理。循环代谢借助创新设计实践，在生产系统的源头就将可避免的浪费清除掉，最终不留下任何废弃物，也不需要填埋场，城市成为"零浪费"城市。

"零浪费"城市的整体模型：废品 = 资源

整体性"零浪费"城市在生产中不会有不必要的过度浪费，产品设计成在淘汰报废时可回收修复后再用。产品如确实产生了不可回收垃圾，生产商应该予以处置。个人在"零浪费"城市购买商品时要清楚自己的选择，要按"零浪费"原则承担废品管理的责任。

我们如果要经由"零浪费"城市向一个低碳世界过渡，就必须摒弃高消费愿望。这意味着使用更优、更高效的技术来动员人们改变行为。事实上，25%的减排将来自行为变化。企业、城市发展的新生态模型就是要建立一体化制度，激励各层创新。

因此，首要问题是：我们能够建设"零浪费"城市，或者我们能够将现行城市改造成"零浪费"城市吗？第二个问题是：现行城市改造成"零浪费"城市的核心原则是什么？给出这些问题的答案既不简单也不容易。我们确定了六大互相关联的核心原则，六大原则并步同行，有望将传统的高消费城市改建成"零浪费"城市：

（1）认识、教育和科研；

（2）变革行为，养成可持续的行为、生活方式、消费方式；

（3）基于系统思维，更新基础设施；

（4）改造工业设计、建筑设计，实现材料效能最大化；

（5）100% 回收利用资源；

（6）制定零填埋与零焚烧法律法规。

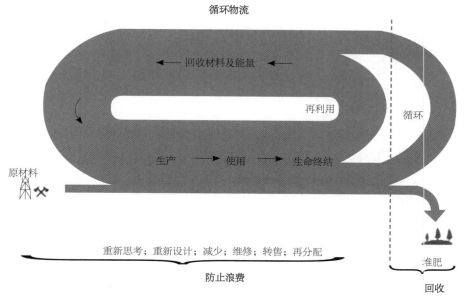

循环物流

回收材料及能量

再利用

循环

原材料

生产 → 使用 → 生命终结

堆肥

重新思考；重新设计；减少；维修；转售；再分配

防止浪费

回收

图 16.3 "零浪费"城市循环（改进后的闭环）物流示意图。
来源：改编自"零浪费"联盟（2011）

"零浪费"城市原则是在环保层级原则上提出的（即避免浪费，减少使用，循环使用和修复使用）。行为变革和可持续消费行为将有助于在生产、消费、使用阶段避免产生不必要的浪费。扩大生产商和消费者责任，将确保他们在使用及占有资源、产生、管理个人垃圾时进行可持续性选择。增强责任感还可避免浪费。管理资源和产品，通过从高消费到可持续消费的行为转向保护资源，将最大限度地减少长期环境影响，确保子孙后代的福祉。通过零填埋与零焚烧立法，实现废弃物的全部回收，"零浪费"城市能够 100% 回收利用资源，当然也能最大程度减少有限自然资源的耗竭。如图 16.4 所示，教育人们改变行为模式和消费心理是迈向"零浪费"城市目标必不可少的环节。

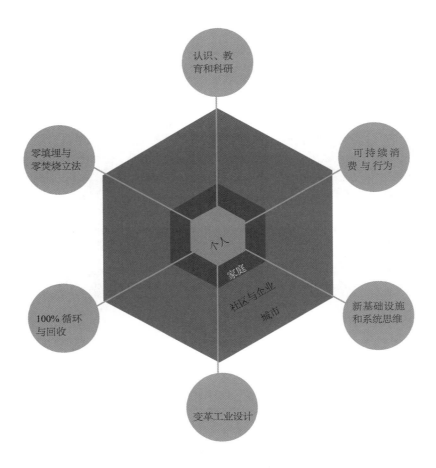

图 16. 4　建设"零浪费"城市六大关联原则示意图。
来源：由莱曼和扎曼提供（2011）

认识、教育和科研

　　认识水平、教育和科研是驱动实现"零浪费"城市的首要因素。培养认识应该从小开始，从家庭教育开始。教育应涵盖学习与践行（转化性学习）创新性生活方式的内容。教育改革要为个人提供可用于日常生活的实用知识。建设"零浪费"城市，研究效率、去物质化、可持续消费和创新技术是十分重要的。改造现有城市成为"零浪费"城市的综合性方法就是要求个人、家庭和社区（即一切城市元素）全盘接受"零浪费"理念和实践。

只有到那时，"零浪费"城市概念才具可行性。

很多国家都认识到全球气候变化及其对人类生活的负面影响。人们已经观察到气候变化的消极作用，譬如，海平面不断上升，亚洲部分陆地消失，澳大利亚和非洲旱灾经年不断，强热带风暴、飓风和灾难性洪涝频繁发生。然而，却没有迹象表明我们改变了行为或减少了消费。很多时候，即使人们由于集体性不可持续的高消费使地球不堪重负，他们也不愿意改变其行为和生活方式。

为能应对全球挑战，各国政府需要大力投资教育、培训等重点领域的科研创新。举例来说，澳大利亚政府针对气候变化实施了一套以创新为本的方法，要求其科研人员锐意创新，提高材料效能，革新工程技术和能源技术，推动行为变革。为适应和减轻气候变化的影响，需要有一套总体政策推动变革，其中，教育、培训和科研显然是重要组成内容。高等院校和科研人员在转型期的作用举足轻重。

通过行为变革，实现可持续消费

要实现一个更可持续的未来，行为变革发挥着重要作用。我们消费越多，购买商品越多，排放也就越多。人们采取的各种行动及作出的各种选择（例如消费某些产品、服务，或者以一种而非另一种方式生活）对环境、个人和集体福祉都有直接或间接的影响（Jackson，2005）。可持续消费教育将为个人和社会团体提供知识、价值观、技能，使之成为实现可持续社会的变革驱动力，要使可持续行为蔚然成风，需要一种协同策略：要确保激励机制、制度和规则向可持续行为倾斜，保障人们有权选择支持环保，发动人们参与自助活动，各级政府要以身作则，政策与实践要能示范理想的变化。这当然也包括各级政府为工程师、工业生态学家和行为科学家相互之间进行更好的协调而努力。

经济增长与能源材料消耗密不可分。人们无所不在地主张提高能源材料效能，反而可能会导致意想不到的消费净增长，消费支出重新配置给了其他产品和服务（"反弹效应"）。如何才能预见和减轻这些潜在的直接或间接的反弹效应，行为研究为此问题提供的见解十分有限。

全新基础设施和系统思维

任何变革都要求有一个被称为“系统思维”的过程。系统思维过程就是摸清整个系统内，比如一座城市里，事物之间的相互影响。很多城市希望转移垃圾填埋场的废品以实现“零浪费”城市为目标。这种转移固然包含在零浪费理念中，但是零浪费目标不可能纯粹靠转移废品和循环系统实现。要实现“零浪费”目标，就得有整体系统思维或者说“零浪费”思维。

有关废品处理的政策法规应该推动以创新方式来解决当下难题。要改变城市体系和基础设施，必须要有创新思维。要推广“零浪费”理念，软基础设施和硬基础设施二者缺一不可。为适应新的系统思维需要，要求有社会的、经济的、政治的崭新而革命性的软基础设施。

什么在驱动人们进行回收利用，这是当前废品处理研究中的一个核心问题。回顾南澳州的回收议题，对此可获得进一步了解。南澳州在资源回收方面大获成功，1977 年出台的《容器储存法》是十分重要的一项政策。根据环境保护局发布的数据，2009—2010年财政年度，罐子和瓶子的回收率高达 80.4%。为达到高回收率，2008 年一只瓶子的返还款从 5 分涨到 10 分，增加了一倍，结果，回收率增加了 10% 以上，这显示，钱在驱动人们进行回收。

借助全新基础设施达到最优效果是十分必要的。举例说，一个社区若没有地方政府提供的废品处理设施，人们就无法有效处理他们的废弃物。如果地方政府引进的是单个垃圾桶系统，所有废弃物就都堆积在一起而后被取走。如果有不同垃圾桶分装有机废物和可回收物品，人们就按照提供的垃圾桶，把废弃物分开（即如基础设施和系统有别，人们的行为也会不同）。光有基础设施虽不足以引发大规模变革，但是基础设施却是优化废品处理系统的一股核心动力，从而推动行为变化。

为实现材料效率最大化的工业设计与建筑设计革新

当今社会，“从摇篮到坟墓”的工业设计主宰了生产过程（McDonough & Braungart 2002：27），自然资源开采出来后制成产品，最后在填埋场和焚烧炉处置。工业设计和生产系统的这种线性物流方式正年复一年地大量耗蠹我们的自然资源。我们生产的产品是乐于报废产品，消费使用周期极短，最后被当作垃圾扔掉。美国生产耐用品的所有材料中几乎有 90% 很快就报废了（McDonough & Braungart 2002：27）。

要改变现有生产系统，我们需要从乐于报废型生产体系向经久耐用型生产体系转向，后者革新了工业和建筑设计方法。"从摇篮到摇篮"（McDonough & Braungart，2002）的工业设计是一种非线性生产体系。在该体系中，终端产品被用作资源生产新产品。同样，在"零浪费"城市，生产商和进口商不会生产和进口城市代谢系统无法回收的产品。生产商只能生产 100% 可回收利用的产品。如果某产品或产品零部件不能回收，必须要求生产商承担生产者责任延伸制度规定的责任，处理其后果影响。

生产者责任延伸制度又称为"产品管理"原则或"回收"原则。生产者责任延伸制度理念是基于"污染者付费"或"垃圾按量收费"理念，于 20 世纪 90 年代初（Milanez & Bührs，2009）在西欧发展起来的，这些理念强调环境可持续性、经济效益和全球公平。生产者责任延伸制度是革新产品和包装设计的重要工具，可避免和减少生产过程中造成的大量浪费。优化产品和包装设计至关重要。生产者和消费者责任延伸制度是责任的保证。譬如，不可持续生产造成了环境负担、环境污染和资源枯竭，生产者需承担其责任。同样，消费者购买物品也要为消费负责。生产者责任延伸制度不仅应该针对生产者，还应该针对消费者。

产品管理就是管控产品使用中和使用毕产生的影响（比如一部手机）。产品管理通常设计一套回收机制，生产者需要回收消费者不再使用的产品。首个电子产品回收系统于 2005 年由德国引进，此后一直在使用。然而，该法规的实施情况显示，只简单引入生产者责任延伸制度系统是不够的，生产者责任延伸制度系统还要保持效力，实施中需要不断优化。21 世纪在通往"零浪费"城市目标的征途中，其循环经济要求有适当调适力，以确保回收收集系统尽可能有效。

努力达到 100% 回收资源的目标

要实现"零浪费"城市目标，应该强制要求地方政府和家庭 100% 回收城市固体垃坂。旧金山、阿德莱德、斯德哥尔摩等高消费城市现在正努力达到100%转移垃圾填埋场、100%回收所有城市固体垃圾的目标，这些目标在低消费城市是难于实现的。不过，城市如果能有效贯彻整体实施废品管理规划和行动倡议，100%的回收目标是可以实现的。

电子工业早就受到警告，该行业原材料短缺早已迫在眉睫，现在不得不寻找新的材料来源。一种解决办法就是强制回收电子垃圾。"城市采矿"理念指从填埋场的电子垃圾中回收资源，看来城市采矿时代已经来临。电子垃圾中通常含有铜、铊、锂等许多珍贵金属。电子垃圾回收商能够提取的金属约有20种，这都是宝贵资源，送进填埋场或焚烧炉，无异于暴殄天物。一些回收专家预言，"将来，挖掘开采城市垃圾填埋场将成为大产业"（Jung，2011）。

可持续废品处理理念要成为现实，需依赖于100%回收城市固体垃圾中的资源。要100%回收固体垃圾中的资源，主要步骤有：实行可持续消费，减少浪费，革新产品设计，100%转移填埋场和焚烧炉中的废弃物。为满足现在和未来人口需要，必须回收资源以谋求长久的可持续性。焚烧废品回收能源，并非实现长久可持续性的途径；不焚烧，我们可能得到一些潜在的可再用资源。

据估计，回收电子垃圾潜力巨大。迄今为止，从回收材料中提取稀土的潜能远未开发。在瑞典，玻璃和纸的回收率高达80%以上，但是大部分电子垃圾的回收（一大材料来源）却被放弃了。遗憾的是，瑞典大部分电子垃圾最后进了焚烧炉，名副其实的珍宝化作了袅袅青烟。举例说，焚烧的每吨移动手机（约1万部）大约损失150千克铜、5千克银和100克钯（Zaman & Lehmann，2011）。

作为实现"零浪费"城市的手段，100%的回收率得到了推动。然而，问题是100%的回收率是否真正可能。如果我们能用100%可回收材料设计产品，是能够实现100%回收的。因此，100%回收不仅有赖于收集全部废品，而且有赖于从摇篮到摇篮的产品设计。有人可能质疑，回收的方法是否比能量回收更可持续。着眼于长久可持续发展的需要，回收比焚烧更理想，因为回收可保护自然资源免遭枯竭，造福后代。

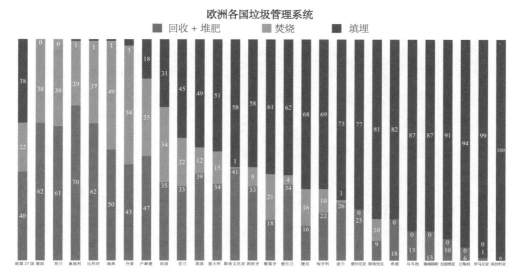

图 16.5　欧洲各国垃圾管理系统示意图。
来源：改编自欧洲垃圾发电企业联盟（2011）

　　废弃不用的填埋场是又一个未被开发的资源宝库，加之以前回收理念尚未广为人知，这些地方可能蕴藏有数以吨计的珍贵金属。据德国专家估计，仅家用垃圾场藏有的稀有金属便足以满足德国一年的需求。目前，从这些垃圾场提取有用电子垃圾的成本超过了预期收入。

零填埋与零焚烧立法

　　由于人们对填埋场资源回收和温室气体排放的认识提高了，零填埋的重要性就突显出来。零填埋是实现"零浪费"城市的重要步骤。欧洲垃圾发电企业联盟（CEWEP，2011）的研究显示，德国在 2009 年实现了零填埋目标，即 100% 回收了填埋场的固体垃圾，成为欧盟国家中第一个达此目标的国家。荷兰、奥地利和瑞典也将实现零填埋，三国 2009 年的回收率达到了 99%。2009 年，丹麦和比利时位列填存量最低国家的榜单之上，分别为 4% 和 5%（CEWEP，2011）。在很多发展中国家，填埋依然是处理城市固体垃圾的主要方法，比如，孟加拉国、印度（Bhuiyan，2010；Sharholy et al.，2008）、保加利亚、马耳他和罗马尼亚等欧洲国家（WTERT，2009）。

尽管垃圾焚烧在发达国家有所减少，但其在整个发展中世界却仍不断上升，年均焚烧量可能从 1.8 亿吨上升到 3.5 亿吨（WtE，2010）。2009 年，27 个欧盟国家中焚烧垃圾的比例在所有处理城市垃圾中占 1/5（WTERT，2009）。2009 年，瑞典和丹麦全部城市固体垃圾中被焚烧的几乎占到一半。全球配备热能回收设施的垃圾焚烧厂约有 2 400 家。2009 年，欧洲 429 家垃圾焚烧厂（不包括有害垃圾焚烧厂）处理了约 6 886 万吨的固体垃圾（CEWEP，2011）。

欧洲城市固体垃圾转移率其实比上述 2009 年的数字低，因为垃圾虽从填埋场转移了，但是其中很大部分被焚烧了。在"零浪费"管理系统中，避免浪费被看作是最佳策略，因为避免浪费直接减少了原始材料的需求量，这些原始材料生产过程中极可能另有他需。回收材料可取代某些类别的原始材料。然而，不同材料间，不浪费与可回收的程度不尽相同。因此，需有评估工具来测量城市可持续废品管理的性能。

欧洲有国家（德国和瑞士）已立法禁止填埋垃圾，也有国家为一次性得到热能和电能焚烧大量资源，有机垃圾在保加利亚和罗马尼亚仍然全部填埋，产生的甲烷危害极大。实现可持续废品管理、浪费最小化和回收再用极为重要，但东、西欧之间存在明显差异。

"零浪费"城市绩效评估工具

许多城市希望通过 100% 转移填埋场的垃圾来实现"零浪费"目标，垃圾转移率等于回收城市固体垃圾总量加填埋场转移垃圾，计算公式如下：

$$城市固体垃圾转移率 = \frac{回收城市固体垃圾总量 + 转移城市固体垃圾}{产生的城市固体垃圾总量} \quad \cdots（1）$$

其中：

产生城市固体垃圾总量 ＝ 转移城市固体垃圾总量 ＋ 回收总量 ＋ 填埋城市固体垃圾总量

转移城市固体垃圾总量 ＝ 制成堆肥的城市固体垃圾总量 ＋ 厌氧消化掉的城市固体垃圾总量 ＋ 回收的城市固体垃圾总量

公式没有考虑工业设计、有效政策和行为变化所防止产生的垃圾。因此，仅有垃圾转移率不足以测算城市的"零浪费"绩效（Clark County，2000）。测算"零浪费"绩效，必须将防止浪费考虑在内。因此，我们基于资源回收率，提出 ZWI（"零浪费"指数）这个新指标，来测算垃圾管理系统的业绩。该指标将防止浪费、产生、垃圾回收、再利用和处理都包含在内，以此计算城市垃圾管理系统的真实业绩。

"零浪费"指数的计算

"零浪费"指数是计算"零浪费"管理系统潜在补偿原材料的成绩指标。该指数计算"零浪费"管理系统带来的环境（资源）经济效益和材料置换。目前，城市多采用"垃圾转移率"来确定各自垃圾管理的成绩。但是，垃圾转移率体现不出垃圾管理系统潜在的原材料置换率，而原材料置换率对于保护全球自然资源非常重要。"零浪费"指数这一全新指标可计算、比较城市"零浪费"管理系统得以实现的原材料置换。使用"零浪费"指数，可准确计算原材料潜在补偿量和可避免枯竭的自然资源数量。"零浪费"指数计算如下：

$$\text{"零浪费"指数（ZWI）} = \sum \frac{\text{城市管理潜在垃圾总量} \times \text{系统置换系数}}{\text{城市产生垃圾总量}} \quad \cdots（2）$$

$$\text{ZWI} = \frac{\sum_{i=1}^{n}(\text{WMS}_i \times \text{SF}_i)}{\sum_{i=1}^{n} \text{GWS}}$$

其中：

WMS_i = 不同系统处理的垃圾量 i （i=1，2，3$\cdots$=防止、回收、处理的垃圾量）

SF_i = 基于原材料置换率的不同垃圾管理系统置换系数

GWS = 产生垃圾总量 （i = 1 到 n，所有垃圾流）

举例来说，如果我们重复使用一只购物袋，其产生的原材料置换率为 100%，重用购物袋的权重因素为 1。如果用两个回收聚酯瓶生产一个聚酯瓶，那么每个瓶子的原材料潜在置换率就是 0.5。

计算"零浪费"指数，数值越高，说明浪费管理业绩越好。尽管可避免浪费材料的数量受大环境背景制约，但是仍可计算出某个时间段的量。南澳州 2009 年全面禁止使用一次性轻型塑料购物袋。澳大利亚就购物袋使用寿命周期的一项研究显示，由于从一次性购物袋改用可重复使用的"绿色购物袋"，澳大利亚节省了 24 100 吨原材料，减少了 42 000 多吨温室气体排放，节约了 140 万焦耳能量和 50 000 升水（Sustainability Victoria，2007：16）。我们只要提高效率并改变行为，便可以防止资源枯竭；将来我们对其他浪费流也采用类似产品使用寿命周期的思维方式，就能提高"零浪费"城市业绩。

"零浪费"指数：阿德莱德案例研究

阿德莱德是南澳州州府，居民总人口 1 089 728 人，城市面积 841.5 平方千米（UN-HABITAT，2010）。阿德莱德城市固体垃圾中包括大量拆建建筑垃圾。1977 年该州制定了《容器储存法》，因此该州回收包装容器的历史有 30 多年了。2008—2009 年，该市人均产生城市固体垃圾量 681 千克。其中，约 46% 得到了回收，8% 作了堆肥处理，剩余 46% 作了填埋处理。图 16.6 展示了阿德莱德市城市固体垃圾和垃圾管理系统的构成。

表 16.2 展示了阿德莱德 2009 年产生和处理的城市固体垃圾量。垃圾按垃圾流分为六大类别：纸张、玻璃、金属、塑料、有机固体垃圾和混合固体垃圾。

表 16.2　阿德莱德垃圾产生和管理

城市	垃圾管理系统	垃圾类别	城市处理垃圾总量（吨）
阿德莱德	回收	纸张	23 918
		玻璃	17 084
		金属	17 084
		塑料	17 084
		混合垃圾	266 521
	堆肥	有机垃圾	59 424
	填埋	Mixed MW[1]	34 1692

注释：1 Mixed MW 指城市一般垃圾
来源：联合国人居署（2010）

表 16.3 展示了不同垃圾类别在垃圾管理系统中的原材料置换率。

表 16.3　垃圾管理系统资源置换的"零浪费"指数

垃圾管理系统	垃圾类别	原材料置换率（吨）	能量置换率（GJLHV/ 吨）	温室气体减排（二氧化碳当量 / 吨）	节水（千升 / 吨）
回收	纸张	0.84 ~ 1.00	6.33 ~ 10.76	0.60 ~ 3.20	2.91
	玻璃	0.90 ~ 1.00	6.07 ~ 6.85	0.18 ~ 0.62	2.30
	金属	0.79 ~ 0.96	36.09 ~ 191.42	1.40 ~ 17.8	5.97 ~ 181.77 -- 11.37
	塑料	0.90 ~ 0.97	38.81 ~ 64.08	0.95 ~ 1.88	2.0 ~ 10
	混合垃圾	0.25 ~ 0.45	5.00 ~ 15.0	1.15	0.44
堆肥	有机垃圾	0.60 ~ 0.65	0.18 ~ 0.47	0.25 ~ 0.75	0.00
填埋	Mixed MW [a]	0.00 [b]	0.00 ~ 0.84 [c]	（－）0.42 ~ 1.2	

注释：a 城市一般垃圾　b 垃圾转化能量技术 15% ~ 30% 的热捕获效率　c 填埋场获取能量
正值表示节余，负值表示需求和消耗
来源：CEF（2011），DECCW（2010），DTU Environment（2008），Grant & James（2005），Grant et al.（2001），Larsen et al.（2012），Massarutto et al.（2011），Metro Vancouver（2010），Morris（1996），UN-HABITAT（2010），US-EPA（2006），Van Berlo（2007），Zaman（2010），Zaman & Lehmann（2011）。

将公式 2 用于表 16.4 中，得到阿德莱德的零浪费指数为 0.23。这意味着，在产生垃圾总量中，垃圾管理系统回收了 23% 的资源。表 16.2 清楚呈现，阿德莱德每年人均产生垃圾量约有 681 千克，从中回收或者说置换的潜在原材料有 153 千克。阿德莱德垃圾管理系统置换能量为 2.9 焦耳，相当于人均每年 805 千瓦·时。置换的温室气体排放为 387 千克二氧化碳当量，人均每年节水 2 800 升。

表 16.4　阿德莱德垃圾管理系统"零浪费"指数

系统	垃圾类别	全市垃圾处理总量（吨）	可置换原材料总量（吨）	可置换能量总量（GJLHV）	温室气体减排总量（吨二氧化碳当量）	节水总量（千升）	"零浪费"指数（ZWI）
回收	纸张	23 918	20 091	204 260	45 444	69 601	
	玻璃	17 084	15 375	110 362	6 833	39 293	
	金属	17 084	13 496	1 944 159	164 006	1 554 644	
堆肥填埋	塑料	17 084	15 375	878 800	23 917	−194 245	0.23
	混合垃圾	266 521	66 630	2 665 210	306 499	1 599 126	
	有机垃圾	59 424	35 654	19 609	29 712	26 146	
	MixedMW[1]	341 692	000	000	−143 510	000	
	总值	742 807	166 621	3 157 190	421 901	3 094 565	
	人均受益	681 千克	153 千克	2.9 焦耳	387 千克	2.8 千升	

注释：1 Mixed MW 指城市一般垃圾

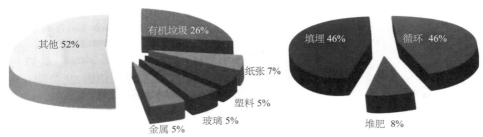

图 16.6　阿德莱德城市垃圾构成和垃圾管理系统。
来源：联合国人居署（2010）

结　语

　　"零浪费"是终极目标。即使我们不能在不久的将来达到这个目标，但首先也应以诸多可支配手段来最大限度减少和避免产生浪费。光依靠技术解决浪费问题是不够的：社会因素和重新设计产生浪费的系统和生产过程也很重要（这包括优化产品设计、改进材料工程和减少包装）。

　　经济增长与其物质效应相脱离（脱钩）常作为最有希望的行动对策而被提出来（Lehmann，2012）；但是，我们的全球化社会以增长发展为本又离不开消费，二者越来越不可能迅速脱钩（Grosse，2010）。要向可持续经济过渡，唯有重视再生资源节约型低碳技术和行为变革，方可搭建必要的平台。浪费不仅是技术问题，也是社会和文化问题。伦岑和特雷洛尔（Lenzen & Treloar，2008）从他们以输入及输出为基础的分析中注意到，我们的生活方式和行为有巨大影响力（大多受到忽视或低估）。有证据表明，仅有回收是不够的。必须解决的首要问题是行为和设计；我们需重新设计生产系统、使用系统和商业系统。如同保罗·帕尔默所说，"实现了'零浪费'，就没有可回收之物了"（个人通信，2012 年 2 月 20 日）。

　　"零浪费"城市理念要成为现实，我们须从根本上重新思考一切产品、建筑、社区和城市的设计、生产、维护／营运和回收／再利用（Lehmann，2012）。在提倡避免浪费的背景下，要更好地了解行为变革和可持续消费面临的挑战和机遇，需进行更多研究。经济增长脱钩、技术革新和潜在环境负荷均须置于产品管理和资源回收背景下予以审视。我们要做到这一点，需要进一步研究实施"零浪费"城市六原则的复杂性与机会。

我们在城市废品管理背景下研究了城市动态复杂性之后，提出了建设"零浪费"城市的六大核心原则。我们必须明白，开发废品管理系统有赖于各种社会、经济和环境因素。实现"零浪费"城市目标，确立一体化综合设计策略，协调运用这六大原则至关重要。

当今世界多数城市的发展范式都立足于不断增长的资源消费，同时又无视资源回收，这种不可持续的范式会摧毁生态系统。消费者需要意识到，废弃物并非废物，而是宝贵资源：食品垃圾、电子垃圾、玻璃和纸板都有价值。必须立法规范产品生产商和建筑公司以节约材料、减少浪费的方式生产和经营。必须要有一种全新解决途径——"零浪费"城市理念。

致　谢

感谢南澳州大学可持续设计与行为"零浪费"中心（sd+b Center）、联合国教科文组织亚太城市发展教席的科研人员，他们的著作给本文以借鉴参考。同时还要向我们的同事和评论家致谢，他们在本文初稿阶段提出了宝贵的建设性意见，为本文增色不少。

参考文献

1. Ackerman, F. (2005)'Material flows for a sustainable city', *International Review for Environmental Strategies*, vol 5, pp499-510

2. Alberti, M. (1996)'Measuring urban sustainability', *Environmental Impact Assessment Review*, vol 16, pp381-424

3. Australian Conservation Foundation (ACF) (2011) *Australian Consumption Atlas*, Australian Conservation Foundation, accessed 9 March 2012

4. Bentley, M., Fien, J. and Neil, C. (2004) *Sustainable Consumption*, National Youth Affairs Research Scheme (NYARS), Canberra, ACT

5. Bhuiyan, S.H.A. (2010)'Crisis in governance: urban solid waste management in Bangladesh', *Habitat International*, vol 34, pp125-133

6. Bogner, J., Abdelrafie Ahmed, M., Diaz, C., Faaij, A., Gao, Q., Hashimotom S., Mareckova, K., Pipatti, R. and Zhang, T. (2007)'Waste management', in B. Metx, O. R. Davidson, P. R. Bosch, R. Dave and L. A. Meyer (eds) *Climate Change 2007: Mitigation of Climate Change*, Contribution of Working Group III to the Fourth Assessment Report of the Intergovernmental Panel on Climate Change 2007, Cambridge University Press, Cambridge, UK, and New York, NY

7. Boulanger, P. M. (2010)'Three strategies for sustainable consumption', *SAPIENS*, vol 3, pp19-28

8.Briceno, T. and Stagl, S. (2006)'The role of social processes for sustainable consumption', *Journal of Cleaner Production*, vol 14, pp1541-1551

9.Browne, D., O'Regan, B. and Moles, R. (2009)'Assessment of total urban metabolism and metabolic inefficiency in an Irish city-region', *Waste Management*, vol 29, no 10, pp2765-2771

10.CEWEP(2011)'Municipal waste treatment in 2009: EU 27', *Eurostat 2009*, CEWEP, Würzburg, Germany, accessed 20 July 2011

11.Clark County (2000)'Chapter 15: waste monitoring and performance measurement', *Clark County Solid Waste Management Plan* 2000, Clark County, WA, accessed 13 March 2012

12.Clean Energy Future (CEF) (2011) *Emission from Landfill Facilities*, Fact Sheet, accessed 6 May 2012

13.Club of Rome, with Meadows, D. H., Meadows, D. L., Randers, J. and Behrens, W. W. (1971Report/1972 Book) *The Limits to Growth*, Universe Books, New York, NY

14.Clugston, C. (2010) *Increasing Global Non-Renewable Natural Resource Scarcity – an Analysis*, The Oil Drum, Fort Collins, CO, accessed 1 November 2011

15.Cointreau, S. (2007) *Global Challenges and Solutions in Waste Management*, accessed 30 July 2011

16.Connett. P. (2007) *Zero Waste: A Key Move Towards a Sustainable Society*, American Environmental Health Studies Project, Canton, NY, accessed 28 July 2011

17.Department of Environment, Climate Change and Water, NSW (DECCW) (2010) *NSW Government Report on Environmental Benefits of Recycling*, accessed 6 May 2012

18.Dileep, M. R. (2007)'Tourism and waste management: a review of implementation of "zerowaste"at Kovalam', *Asia Pacific Journal of Tourism Research*, vol 12, pp377-392

19.DTU Environment (2008) *EASEWASTE* 2008 *Database* (Environmental Assessment of Solid Waste Systems and Technologies), accessed 6 May 2012

20.E1-Haggar, S. (2007) *Sustainable Industrial Design and Waste Management: Cradle-to-Cradle for Sustainable Development*, Elsevier Academics Press, Burlington, MA

21.Euromonitor International (2009) *Who Buys What: Identifying International Household Spending Patterns by Type* 2009 (2nd edn), Euromonitor International, London

22.European Environment Agency (1995) *Europe's Environment: The Dobris Assessment*, Earthscan, London

23.Evans, D. (2011) 'Consuming convention: sustainable consumption, ecological citizenship and the world of worth', *Journal of Rural Studies*, vol 27, pp109-115

24.Fresco, J. (1995) *The Venus Project: The Redesign of Culture*, Global Cyber-Visions, accessed 20 march 2012

25.Giljum, S. and Polzin, C. (2009) *Resource Efficiency for Sustainable Growth: Global Trends and European Policy Scenarios*, Background Paper, Sustainable Europe Research Institute (SERI), Vienna, Austria

26.Girardet, H. (1992) *The Gaia Atlas of Cities: New Directions for Sustainable Urban Living*, Gaia Books, London

27.Grant, T. and James, K. (2005) *Life Cycle Impact Data for Resource Recovery from Commercial and Industrial and Construction and Demolition Waste in Victoria*, Final Report, accessed 6 May 2012

28.Grant, T. and James, K. L., Lundie, S. and Sonneveld, K., (2001) *Stage 2 Report for Life Cycle Assessment for Paper and Packaging Waste Management Scenarios in Victoria*, accessed 6 May 2012

29.Grosse, F. (2010)'Is recycling part of the solution? The role of recycling in an expanding society and a world of finite resources', *Sapiens*, vol 3, no 1, accessed 25 April 2011

30.Hammer, M., and Giljum, S. (2006),'Materialflussanalysen der Regionen Hamburg, Wien und Leipzig'(Material flow analysis of the regions of Hamburg, Vienna and Leipzig), *NEDS Working Papers* #6 (08/2006), Hamburg, Germany

31.Hargroves, K. and Smith, M. H. (2005) *The Natural Advantage of Nations: Business Opportunities, Innovation and Governance in the 21st Century*, Earthscan, London

32.Hawken, P., Lovins, A. and Lovins, H. (2000) *Natural Capitalism: Creating the Next Industrial Revolution*, Little, Brown and Company, Boston, MA

33.Head, P. (2008) *Entering the Ecological Age: The Engineer's Role*, Institution of Civil Engineers, London, UK, accessed 20 June 2011

34.Jackson, T. (2005) *Motivating Sustainable Consumption: A Review of Evidence on Consumer Behavior and*

Behavioral Change, Sustainable Development Research Network, London

35.Jessen, M. (2003) *Discarding the Idea of Waste: The Need for a Zero Waste Policy Now*, Zero Waste Services, Nelson, Canada, accessed 20 July 2011

36.Jorgenson, A.K., Austin, K. and Dick, C. (2009)'Ecologically unequal exchange and the resource consumption/ environmental degradation paradox', *International Journal of Comparative Sociology*, vol 50, pp263-284

37.Jung, A. (2011)'Urban mining could reduce reliance on metal imports', *Spiegel Online*, accessed 1 November 2011

38.Kennedy, C., Cuddih, J. and Engel-Yan, J. (2008)'The changing metabolism of cities', *Journal of Industrial Ecology*, vol 11, no 2, pp43-59

39.Kloepffer, W. (2008)'Life cycle sustainability assessment of products', *International Journal of Life Cycle Assessment*, vol 13, pp89-94

40.Kofoworola, O.F. (2007)'Recovery and recycling practices in municipal solid waste management in Lagos, Nigeria', *Waste Management*, vol 27, pp1139-1143

41.Larsen, A. W., Merrild, H. and Christensen, T. H. (2012)'Assessing recycling versus incineration of key materials in municipal waste: the importance of efficient energy recovery and transport distance', *Journal of Waste Management,* vol 32, pp1009-1018

42.Leach, M. A., Bauen, A. and Lucas, N. J. D. (1997)'A systems approach to materials flow in sustainable cities: a case study of paper', *Journal of Planning and Environmental Management*, vol 40, pp 705-723

43.Lehmann, S. (2010a) *The Principle of Green Urbanism: Transforming the City for Sustainability* (1st edn), Earthscan, London

44.Lehmann, S. (2010b)'Resource recovery and materials flow in the city: zero waste sustainable consumption as paradigms in urban development', *Sustainable Development Law and Policy*, vol XI, pp28-38

45.Lehmann, S. (2011a)'Zero waste and zero emission city: sustainable design and behavior change in urban design', in C. Daniels and P. E. Roetman (eds) *Creating Sustainable Communities in a Changing World*, Crawford House Publishing, Adelaide, SA, pp31-42

46.Lehmann, S. (2011b)'Green urbanism: formulating a series of principles', *S.A.P.I.E.N.S—Surveys and Perspectives Integrating Environment and Society*, vol 3, no 3, pp57-66

47.Lehmann, S. (2012)'For a truly sustainable world, we need zero waste cities', *The Conservation*, 3 December 2012, Melbourne, accessed 15 January 2013

48.Lehmann, S. and Crocker, R. (eds) (2012) *Designing for Zero Waste: Consumption, Technologies and the Built Environment*, Earthscan/Routledge, London

49.Lehmann, S. and Zaman, A. U. (2012) Beyond recycling: making waste obsolete, *The Conversation*, accessed 13 March 2012

50.Lennon, S. (2011)'Cities/systems thinking can make cities work for people', ARUP online publication, 4 November 2011, accessed 18 March 2012

51.Lenzen, M. and Treloar, G. (2008)'Differential convergence of life-cycle inventories toward upstream production layers: implications for life-cycle assessment', *Journal of Industrial Ecology*, vol 6, nos 3-4,pp137-160

52.Leonard, A. (2010) *The Story of Stuff: How Our Obsession with Stuff is Trashing the Planet, Our Communities and Our Health – A Vision for Change*, Free Press, New York, NY

53.Lilley, D. (2009)'Design for sustainable behavior; strategies and perceptions', *Design Studies*, vol 30, no 6, pp704-720

54.Liss, G., with Anthony, A. (2008) *Austin, Texas: Zero Waste Strategic Plan*, City of Austin, Austin, TX., accessed 8 November 2012

55.McDonough, W. and Braungart, M. (2002) *Cradle to Cradle: Remaking the Way We Make Things* (1st edn), North Point Press, New York, NY

56.McKinsey & Company (2010) *Review of Maritime Transport* 2010, launched at the United Nations Conference on Trade and Development (UNCTAD), Geneva

57.Malinda, M. (2008)'On the road to zero landfill', *Print. News*, vol 161, p3

58.Massarutto, A., Carli, A. D. and Graffi, M. (2011)'Material and energy recovery integrated waste management systems: a life-cycle costing approach', *Waste Management*, vol 31, pp2101-2111

59.Metro Vancouver (2010) *Metro Vancouver Response to 'Environmental Life Cycle Assessment of Waste Management Strategies with a Zero Waste Objective' : A Report Prepared by Sound Resource Management for Belkorp Environmental Services Ltd*, accessed 6 May 2012

60.Milanez, B. and Bührs, T. (2009)'Extended producer responsibility in Brazil: the case of tyre waste', *Journal of Cleaner Production*, vol 17, pp608-615

61.Mont, O. (2004)'Institutionalisation of sustainable consumption patterns based on shared use', *Ecological Economics*, vol 50, pp135-153

62.Mont, O. and Plepys, A. (2008)'Sustainable consumption progress: should we be proud or alarmed?', *Journal of Cleaner Production*, vol 16, pp531-537

63.Morris, J., (1996)'Recycling versus incineration: an energy conversion analysis', *Journal of Hazardous Materials*, vol 47, pp277-293

64.Newman, P. and Kenworthy, J. (1999) *Sustainability and Cities: Overcoming Automobile Dependence*, Island Press, Washington, DC

65.Packard, V. (1963) *The Waste Makers*, Penguin, Harmondsworth, UK

66.Palmer, P. (2004) *Getting to Zero Waste*, Purple Sky Press, Oakland, CA

67.Platt, B. (2004) *Resources Up in Flames: The Economic Pitfalls of Incineration versus a Zero Waste Approach in the Global South*, Institute for Local Self-Reliance, Washington, DC

68.Pomázi, I. and Szabó, E. (2008)'Urban resource efficiency: the case of Budapest', OECD-UNEP Conference on Resource Efficiency, Paris, 23-25 April 2008

69.Rice, J. (2007)'Ecological unequal exchange; consumption, equity, and unsustainable structural relationships within the global economy', *International Journal of Comparative Sociology*, vol 48, pp43-72

70.Rice, J. (2008)'Material consumption and social well-being within the periphery of the world economy: an ecological analysis of maternal mortality', *Social Science Research*, vol 37, pp1292-1309

71.Sagoff, M. (2001)'Consumption', in D. Jamieson (ed) *A Companion to Environmental Philosophy*, Blackwell, London, pp473-475

72.Schultz, N. B. (2007)'The direct material inputs into Singapore's development', *Journal of Industrial Ecology*, vol 11, no 2, pp117-131

73.Sharholy, M., Ahmad, K., Mahmood, G. and Trivedi, R. C. (2008)'Municipal solid waste management in Indian cities—a review', *Waste Management*, vol 28, pp459-467

74.Sinha, M. M. H. A. and Amin, A. T. M. N. (1995) 'Dhaka's waste recycling economy: focus on informal sector labor groups and industrial districts', *Regional Development Dialogue*, vol 16, pp173-195

75.Sridhar, R. and Shibu, K.N. (2011) *Thanal Conservation Action and Information Network, Zero Waste Kovalam and Employment Opportunities*, accessed 24 February 2011

76.Sustainability Victoria (2007) *Comparison of Existing Life Cycle Analysis of Shopping Bag*, Final Report, accessed 13 March 2012

77.Svidén, J. and Jonsson, A. (2001) 'Urban metabolism of mercury turnover, emissions and stock in Stockholm 1795–1995', *Journal Water, Air, & Soil Pollution*, vol 1, nos 3-4, pp79-196

78.Tangri, N. (2003) *Waste Incineration: A Dying Technology, Global Anti-Incinerator Alliance*, Quezon City, Philippines

79.Trading Economics (2012) *Energy Use (kg of Oil Equivalent per Capita) in Australia*, accessed 2 October 2012

80.UNEP (2010) *Metal Stocks in Society-Scientific Synthesis*, International Panel for Sustainable Resource Management, Working Group on Global Metal Flows, Lead Author: Graedel, T. E., UNEP, Nairobi, Kenya

81.UNEP (2011a) *Raising Metal Recycling Rates Key Part of Path to Green Economy*, UNEP, Nairobi, Kenya, accessed 20 June 2011

82.UNEP (2011b) *Decoupling Natural Resource Use and Environmental Impacts from Economic Growth: A Report of the Working Group on Decoupling to the International Resource Panel*, M. Fischer-Kowalski, M. Swilling, E. U. von Weizsäcker, Y. Ren, Y. Moriguchi, W. Crane, F. Krausmann, N. Eisenmenger, S. Giljum, P. Hennicke, P. Romero Lankao and A. Siriban Manalang (eds), UNEP-Sustainable Consumption and Production Branch, Paris

83.UNEP (2011c)'Recycling rates of metals – a status report', in *A Report of the Working Group on the Global*

Metal Flows in the International Resource Panel, UNEP, Nairobi, Kenya

84. UNEP/GRID-Arendal (2006) *A History of Waste Management*, UNEP/GRID-Arendal, Arendal, Norway, accessed 10 May 2010

85. UN-HABITAT (2009) *Solid Waste Management in the World' s Cities: Pre-publication Presentation*, United Nations Human Settlements Programme, Nairobi, Kenya

86. UN-HABITAT (2010) *Solid Waste Management in the World' s Cities: Water and Sanitation in the World's Cities Report* 2010, Earthscan, Washington, DC

87. US-EPA (2006) *Solid Waste Management and Greenhouse Gases: A Life Cycle Assessment of Emissions and Sinks*, accessed 6 May 2012

88. Van Gerlo, M. A. J. (2007) *Value from Waste: Amsterdam' s Vision on the 4th Generation Waste-to-Energy*, seminar presentation, accessed 6 May 2012

89. Veolia Institute (2011) *From Waste to Resource: An Abstract of World Waste Survey* 2009, Institut Veolia Environnement, Paris

90. von Veizaecker, E. U., Lovins A. B. and Lovins, L. H. (1997) *Factor Four: Doubling Wealth, Halving Resource Use*, Earthscan, London

91. Wackernagel, M. and Rees, W. (1996) *Our Ecological Footprint: Reducing Human Impact on the Earth*, New Society Publishers, Philadelphia, PA, and Gabriola Island, BC

92. Waste-to-Energy Research and Technology Council (WTERT) (2009)'EU27: waste incineration accounted for a fifth of total municipal waste treated in 2009', WTERT, New York, NY, accessed 30 July 2011

93. Wikipedia (2012a)'Ebenezer Howard', *Wikipedia*, accessed 20 March 2012

94. Wikipedia (2012b)'Jacque Fresco', *Wikipedia*, accessed 20 March 2012

95. WtE (2010) *Waste to Energy: The Worldwide Market for Waste Incineration Plants* 2010/2011, Docstoc, Santa Monica, CA, accessed 1 November 2011

96. Zaman, A. U. (2010)'Comparative study of municipal solid waste treatment technologies using life cycle assessment method', *International Journal of Environmental Science and Technology*, vol 7, no 2, pp225-234

97. Zaman, A. U. and Lehmann, S. (2011)'Urban growth and waste management optimization towards "zero waste city"', *City, Culture and Society*, vol 2, no 4, pp177-187

98. Zero Waste Alliance (ZWA) (2011) *Zero Waste Alliance, Zero Waste Case*, accessed 10 May 2011

99. ZWIA (2004) *Zero Waste Definition Adopted by Zero Waste Planning Group*, accessed 16 July 2010

17　"零浪费"2020：掌控中的可持续性

保罗·康内特

【提要】

　　笔者认为，我们目前的生活方式面临的最大威胁就是可持续性的缺失。扭转目前过度消费的局面并非易事，但我们最好先从处理自身的浪费开始。浪费即证明我们在犯错，垃圾填埋了证据，焚烧销毁了证据。我们不能在一个资源有限的星球上推行一个挥霍无度的社会。问题的产生和解决都取决于我们自身。每个人每天都会造成浪费，但在正确政治领导下的有效策略能使我们向可持续发展迈进。该策略即"零浪费"策略。最终目标或许有些乌托邦化，但我们却能采取一系列切实可行、注重成本效益和政治上可接受的措施，沿着正确道路迈进。笔者概述了实现"零浪费"的10个步骤，但也警示了那些对继续制造浪费抱有特殊兴趣的人会对该策略嗤之以鼻。

导　言

我想在本文开头就将本章主题和全书主旨关联起来：即要进行改革。在我看来，进行改革好似用钉子钉木块，专家可以打磨出尖锐锋利的钉子，但你需要将钉子钉入厚重的公众舆论中去。幸运的是，对于那些期待从这个挥霍无度的社会看到变化的人们来说，浪费问题让我们每人手里都举起了一把"铁锤"。专家们宣布决定后，公众采取行动执行决定，这两个环节需要交迭重复数次。我们需要在实践中学习：从基层开始。

27 年前，我参与了抵制在纽约圣劳伦斯县设立焚烧炉提案的抗议活动，从此与浪费和污染工作结缘。作为当地大学的化学教授，我有能力帮助社区驳回此提议。在此期间，我收到了其他抵制北美周边焚烧炉团体的邀请，让我声援其行动。此后，我还收到了其他国家的邀请。至今，由于此项工作，我走访了美国的 49 个州、加拿大的 7 个省及 54 个国家。在过去的 30 年里，我总共进行了 2 500 多场公益演讲。

我最初是反对焚烧城市垃圾，但这种反对态度很快演变为寻求推动焚烧、填埋的综合性替代策略。这一策略如今被称为"零浪费"2020（Zero Waste 2020）。本章概述了这一策略的哲学依据与实用性。

概述基于《"零浪费"：进行中的革命》（*Zero Wase：A Revolution in Progress*，2012）一书中我执笔的章节，此书由鄙人与罗萨诺·埃尔科利尼（Rossano Ercolini）、帕德里夏·罗瑟多（Patrizia Lo Sciuto）合著。此章是在我和比尔·西汉姆（Bill Sheehan）合著的小册子《指导市民实现"零浪费"：美国 / 加拿大视野》（*A Citizen's Guide to Zero Waste: A United States / Canadian perpective，2001*）的基础上校正写成的。该书又是对我所著小册子《废品管理：未来似乎有关系》（Waste Management：As If the Future Mattered）（Connett，1988a）的修订。后者配有同名光盘（Connett，1988b），录像可以在线观看：AmericanHealthStudies. 网站。[1]

把有效改革这把斧子交到每个公民手中，关键在于使他们看到地方行动与备受关切的大局之间的联系。

巨大忧患

一次性星球

我们是梦游者，生活在西方社会的我们大都实现了祖父母、父母梦寐以求的愿望——除可持续发展以外。我们不能指望目前的消费形式会在未来持续很久。向世界人口提供典型的欧洲消费模式，将至少需要两个地球，而如果每个人都达到美国的平均消费水平，那就需要四个地球（Global Footprint Network，2012）。我们在这个星球上的生活方式俨然还有另外一个星球可去一样。有些事情需要改变，最好从废品开始，因为每人每天都在产生废品。作为废品制造者，我们是这个星球不可持续生活方式的一分子，但是只要有正确的领导，我们能够向可持续发展迈出重要的一步。

浪费即是犯错的证据，我们不能在一个资源有限的星球上推行一个挥霍无度的社会。垃圾填埋了证据，焚烧销毁了证据。无论焚烧者怎样美化自己（比如：废品制能厂、热稳定、气化、热解、等离子弧设备），这些都是事实。我们在 21 世纪的任务不是想出更多精妙的办法去耗费资源，而是停止制造那些必将被取代的产品和包装。

这个浪费无度的社会不仅带给我们地方废品危机，更将引发全球危机。全球升温仅是此危机的一种表现。无论我们谈论化石能源、可用清洁水、耕地、雨林、矿物还是渔业，我们会发现，人口过剩和过度消费正以不断增长的速率耗费着地球资源。找到这场危机的根源至关重要，看清"零浪费"2020 如何在扭转这种局面中发挥作用同样很关键。

线性社会

自工业革命起，我们就试图在这个具有循环功能的星球上强行推进一个线性社会。自然界的万物都呈循环运转，而人类却不是。我们通过四步骤将原材料转换成废品，这是一个单向度线性过程。线性社会运转从原材料的提取和开采开始，其中部分原材料要在全球范围内运输，随后三个步骤分别是：生产、消费和最后的废弃物。社会越"发达"，这一过程转换越快。全球焚烧替代联盟（the Global Allance for Incineration Alternatives, GAIA）是一个致力于寻求废品焚烧、填埋替代法的世界公民组织，遍布 80 多个国家，该组织主要创始人安妮·里奥纳德拍摄的优秀纪录片《物的故事》（*The Story of Stuff*）（Leonard，2007）讲述了这一过程。该片被译成多国语言，还催生了一个后续在线项目，继续讲述"物"的影响。[2]

这条线性链的每一步骤都对环境有着巨大影响。原材料提取需要大量能量，也产生大量固体垃圾、空气污染、水污染、生态破坏、大量二氧化碳和其他气体。在产品生产过程中，这些环境影响大部分又会重现。而每一步骤的交通运输要消耗更多能量，释放更多二氧化碳，造成更严重的全球升温。

广告与消费

消费——这个线性流程的根本驱动力来自广告促销，尤其是通过当前首要的娱乐消遣方式：看电视。过度广告导致过度消费。在美国，由于受广告劝导，我们会认为每七分钟就得买点什么，广告让我们认为自己饥肠辘辘、焦渴难耐、肥胖不堪、病入膏肓，性欲未获满足，并急需买一辆新车！在美国，一个普通高中生毕业时，一定看了 35 万次以上的广告节目（Hawken，1995：131）。我们的孩子从小耳濡目染，养成了过度消费的生活方式。许多过度消费都是由千变万化的"时尚"制造业导致。如奥斯卡·王尔德（Oscar Wilde）所说，"时尚是什么？时尚即我们忍受一种丑陋形式到了极限而必须每 6 个月更换一次。"（Durning，1992：95）。圣雄甘地（Gandhi）说得更严重："世界能满足人类的需求，却满足不了人类的贪欲。"

当中国、印度、巴西和其他人口众多的国家力图达到西方消费水平时，资源有限和全球气候变化的威胁就产生了空前压力。发达国家是时候该率先垂范，而许多发展中国家几乎没有可持续发展的日常活动，人人都在制造废品。可持续发展社会必须是一个"零浪费"社会。

什么是"零浪费"策略？

"零浪费"

"零浪费"策略拒斥焚烧炉、超大型填埋场和一次性消费，支持可持续发展。这听上去很理想化，但假以时日却能变成现实。我们不要奢望来年就实现"零浪费"目标，却可期待 2020 年前出现一批近似于"零浪费"的社区。或许有人会吹毛求疵地问，我们能在多大程度上接近"零浪费"，追求"零浪费"目标的关键在于，我们不仅能明确自身意图，也能更接近这个目标，而设立较低目标则不会有这样的效果。或者我们也可换个方式问：你认为，要是心里挂念子孙后代的需求，浪费多少是合适的？

"零浪费"是一个前所未有的新方向，我们必须从废品处理的后端转移到资源管理的前沿，优化工业设计，改进后消费主义的生活方式。我们必须把浪费从我们的工业生产和日常生活体系中清除出去。事实上，我们需要将"浪费"一词从字典里划去。如伯克利回收员玛丽·卢·范·德文特（Mary Lou Van Deventer）（个人通信）和她的丈夫丹·科奈普（Dan Knapp）所说："废弃材料直到被废弃时才成为废品。'浪费'是动词，而不是名词。"

第四个 R

许多人对 3R 很熟悉（reduce，减少；reuse，再使用；recycle，回收），但浪费根本上是工业设计问题，我们需要再加一个 R：再设计（redesign）。这方面意大利前景喜人，因为这里有世界上最出色的设计师。其实，最早谈论"零浪费"的意大利人就是有史以来世间最优秀的设计师：莱奥纳多·达·芬奇（Leonardo da Vinci）。他的手稿中有一句话：世间哪有废品存在。如同大自然，一个生产者的废弃材料可以成为另一个生产者的开工材料。再设计很重要，但是还有一个更重要的 R。

第五个 R

第五个 R 是责任（responsibility）。责任感对可持续发展举足轻重，我们需要有个人责任、集体责任、工业责任、职业责任和政治责任。

解决问题前期，我们需要工业责任；解决问题后期，我们需要社会集体责任；我们还需要负责任的政治领导将这两种责任结合起来。此外，这个重大问题仅指"废品管理专家"关注就太局限了，需要社会、经济各部门都参与。"零浪费"战略家的队伍中应该融入：农民、医生、艺术家、教育工作者、哲学家、科学家、工程师、经济学家、环境学家、工人、建筑师、社区规划师、社会活动家乃至儿童。

追求可持续发展是人类自工业革命以来面临的最大挑战。每个人都需要参与其中。我在下一环节中，将列举通往"零浪费"目标的 10 个具体步骤。其中的关键一步是如何结合集体责任和工业责任。我们所有人都可以托举双手，踏上通往"零浪费"的征程，但是在征途上走到最后的一定是学术界和工业界那些最具创新思想的才俊。

通往"零浪费"的 10 步

或许"零浪费"这个目标看上去过于理想化，但是只要我们采取一系列简单实用、注重成本效益，政治上又可接受的措施，我们便可以接近这个目标。实际上，这些措施中有许多都为人们所熟悉，关键在于把它们整合起来。这些措施也不复杂，只要求一些常识性行动。靠后的措施相对激进。以下是我建议的通往"零浪费"的 10 步：

（1）资源分类；

（2）上门收集系统；

（3）堆肥；

（4）回收；

（5）旧建筑的再利用、维修和拆除（非爆破拆除）；

（6）减少浪费的措施；

（7）经济激励；

（8）废品分类设备和"零浪费"研究机构；

（9）工业责任；

（10）不可回收物和生物稳定有机分馏污染物的临时填埋。

接下来让我逐条详细讨论这 10 步。

第一步：资源分类

浪费因冗杂造成。将废弃材料简单分类就可避免浪费（至少可暂时避免）。市民将废品送到数量减少了的回收中心，废品类别数字大得惊人。日本有个城镇，市民将资源分为 34 类！若是挨家挨户上门收集废料，物品分类就不会那么细。丹·科奈普（加利福尼亚州伯克利城市矿区）认为，所有废弃材料可归为 12 个大类，他设计了废品回收堆放场以接受并处理这 12 种废料（Connett，1999）。

第二步：上门收集系统

认真贯彻"零浪费"措施的城镇中，上门收集系统通常是配备 3～4 个彩码容器或垃圾袋。旧金山实行每周收集一次的做法，装满 3 个容器（Connett，2004），意大利和西班牙的几个城市则要装到 4 个或更多容器中。这其中又包括每周指定不同日子收集特定物品（用同样的工具）（如卢卡附近的卡潘诺利及西班牙的厄尔纳尼）。

大体上，所有上门收集系统中 1 个容器用于厨余垃圾，1 个用于可回收物，第三个用于残余分馏物。花园垃圾由于有时令季节性，通常不会频繁收集。一些社区将厨余垃圾和花园垃圾混合回收，这就需要更大的容器，将影响回收车的载重量和费用。"蓝箱子"回收计划在北美得到认可不过 10 年时间，但却受到很多城市的拥护及绝大多数市民的热情接纳，分类收集有机物尤其是厨余垃圾，是垃圾源分离和上门收集系统的首要内容。

第三步：堆肥

在我看来，堆肥比回收更重要。天气寒冷时，堆肥可处理废物流中三分之一的垃圾；天气暖和时，又可处理多达百分之五十的家庭垃圾。因此，堆肥成为任何社区转移大量废物流快捷、简便的手段。混合垃圾放置于城市不加收集，其中的厨余垃圾就会产生气味。有机垃圾也有气味，在填埋场中产生甲烷和滤液。但收集纯有机垃圾最重要的原因或许是农民需要为贫瘠的土壤补充营养，并通过保持土壤湿度来抵御土壤侵蚀。跟焚烧相比，堆肥优势明显，它不仅能降低生产合成肥料和表层土壤造成的全球升温，也能锁住木材中的碳元素和堆肥后留下来的其他纤维素纤维。如此便可阻止引起全球温室效应的二氧化碳释放，而焚烧中纤维素和其他有机材料会立刻转化成二氧化碳。

在旧金山，厨房和其他有机垃圾被送到离市区约 100 千米的大型堆肥厂，厂区周围农田环绕，当地农民用这些肥料种植水果、蔬菜，并酿制红酒，而这些产品又会被运回旧金山。这为其他城市提供了很好的示范。市政决策者不能继续把混合垃圾输出到位于乡村的填埋场和焚烧炉，这已多次遭到市民和村民的激烈反对，他们应该与村民合作，生产大家都能共享并从中受益的堆肥产品（比如，合成堆肥城市废物流中的有机垃圾和农业生产中的农业垃圾）。由于气味问题，这些设施的选址尤需慎重。但在农村环境这些不一定是大问题，若在城市或挨近城市的地区，却会造成很大麻烦。

农民不欢迎低等级物料，而问题的关键在于，城市要发动市民将有机废品跟塑料和其他污染物品分类。在这一方面，收集有机垃圾的市政员工是需要教育和培训的一个重要群体。旧金山为保证堆肥厂有源源不断的清洁有机物供应，采用了经济激励法。餐厅分离过有机废品的垃圾箱比混合垃圾箱要便宜百分之五。旧金山废品回收部门也派出工作人员指导餐厅和酒店厨房员工，告诉他们哪些垃圾应该放入垃圾箱，哪些不能放入垃圾箱。

在意大利，正是农用清洁有机物的市场需求推动了上门收集系统的发展。德尔帕可迪蒙扎农业学院的废品管理专家恩索·法沃诺（Enzo Favoino）表示，意大利常见的路边大型垃圾箱，经过分类和没有分类的材料都往里放，导致得到的农用产品清洁度不够（个人通信）。

许多住房空间富裕的城镇经过简单前期准备后，通常会设立中央堆肥站，尽可能鼓励更多市民在后院堆肥箱或蚯蚓养殖箱里处理他们的厨房和庭院垃圾。一些城镇还免费或减价提供堆肥或蚯蚓养殖工具箱。非政府组织培养志愿者成为"堆肥大师"，不时向社区提供帮助。这些都说明人们已经开始行动，会设法解决已出现的问题。这一项目由英国有机花园集团承担。

瑞士苏黎世住房密度大，那里鼓励社区堆肥。此项目中，一些人家（3 户到 200 户不等）共担运营简单堆肥系统的责任。这些堆肥系统不需要占据很大空间，可设在城市公园或高楼之间。目前该市拥有的社区堆肥处已逾 1 000 个，总共解决了全市大约一半的家庭有机垃圾。当我问项目发起人项目的最大成果是什么时，他回答：是其造成的社会影响。

他在一次录像采访中说道，"它改变了大城市社会的匿名性。人们因为堆肥而互相来往"（Connett，1991）。

我建议按以下等级处理食品垃圾：

（1）超市要及时销售接近保质期的食品（Segre，2010，个人通信）。

（2）喂食动物。

（3）家庭堆肥或蠕虫养殖。

（4）社区堆肥或蠕虫养殖。

（5）城市小容器堆肥系统。

（6）农村地区包含农业垃圾的合成堆肥。

（7）农村的堆肥中心或厌氧消化中心。

第四步：回收

在大社区，可回收物品都送到物品回收中心（material recovery facilities，MRFs），全球这类成功范例有数百个。这些回收中心的功能在于对纸张、纸板、玻璃、金属和塑料进行分类处理，并使其达到材料二次使用的工业生产规格。部分工厂处理混合回收物的单类物品（比如，澳大利亚珀斯），部分工厂处理两类：纸张类和瓶罐类（比如，加拿大阿尔伯塔省埃德蒙顿）。就使用这些二次材料的行业而言，三样东西尤其重要：质量、数量、规范。

这些工厂由于需要大量员工，有相当的经济规模，常建在大城市。而大城市提供大量劳动力，靠近使用二次材料的工业区，并位于运输方便的交通枢纽。这为城乡区域建立了十分理想的合作关系。城市应将分类后的清洁有机物运往农村，农村将回收物送至城市。

在新斯科舍（一个拥有90万居民的加拿大省份），几乎所有的回收物都用在了该省的内部工业。该项目在废弃材料的收集与加工环节创造了近1 000个就业岗位，在材料二次使用工业中又创造了2 000个就业岗位（Connett，2001b）。

另有一些评论家则希望对回收物实行更精细化的早期分类并将其运送到"零浪费"生态公园。

第五步：旧建筑的再利用、维修和拆除

再利用和修建

回收和维修中心这类营利或非营利性实体有很多成功案例。退休社会学教授丹·科奈普博士和妻子玛丽·卢·范·德文特在加利福尼亚州伯克利创建的城市矿区就是营利实体的一个范例。这一项目已运营超过 30 年，该项目从业主那里收取家用电器、家具和其他物品，从（反对爆破拆除的）专业从事旧建筑拆除公司处收取材料和物品。后一项业务利润极高。木材、砖块、浴室配件、门窗数量极大。许多建筑商都将他们的回收材料交给这一矿区，并从这里挑选可再用部件用于新项目（Connett，1999）。

城市矿区如今年收入接近 300 万美元，约有 30 名高薪全职员工。其中部分员工在公司工作超过 20 年。公司接受一切可再用物品，并像百货商店一样陈列各类家居用品，外院还陈列着建筑材料。矿区会花钱换有价值的废料，但人们往往更希望看到他们的二手设备、家具能得到再用，而不是将其简单砸碎并送进填埋场或焚烧炉。

佛蒙特伯灵顿的一家非营利机构运营的"北方回收"废品再用项目也提供了很好的案例。这个项目年收入为 100 万美元，雇员约 20 人，他们擅长在经济困难时期提供免费物品及职业培训帮助人们对抗贫穷（社会服务部门为这些员工提供津贴，允许他们使用社会基础设施）。他们培训踯躅街头的人们修理不同类别的物品：大型家用电器、小型家用电器、电子商品、电子器件以及电脑。成功接受 6 个月培训后，人们被授予职业证书，找全职工作还能得到帮助（Connett，2001c）。"北方回收"让人们以免税赠品的形式捐赠物品，吸引了一些高价回收物。该机构还乐意为同行业创业者提供建议与指导（见recyclenorth 网站）。

城市矿区与北方回收不仅是好的交易市场，还吸引了络绎不绝的参观者，逐渐发展成为供人们交流与活动的中心社区。这种使人们认识与交流的地方是无价的，如苏黎世的堆肥社区一样，帮助人们抗争毫无个性特征的大城市生活。在一个理想的世界里，这样的设施应该无处不在，从而刺激社区发展，这是在城市重建"乡村"的自觉努力。最终，应该为社区集会或娱乐留出一些空间。

这些公司之所以经营得如此好，是因为可再用物品是宝贵的。可回收材料量大、价低，可再用物品量小、价高。浪费专家理查德·安东尼（Richard Anthony）（个人通信）预测，洛杉矶仅百分之二的生活废物流是可再用的，但这占所有废弃材料总值的三分之一。在英国，2010年，伦敦市提出斥资约1 200万美元为全市9个回收与维修中心建造新楼或翻新旧楼。人们格外关注办公家具和建材（Sloley，2010）。

回收与维修厂盈利颇丰，因为人们都喜欢淘便宜货。在英国，每条大街都有支持慈善的旧货店。这些店面经营各式小用品，如书籍、CD、玩具、服装，而社区废旧回收与维修中心则经营设备、家具和建材等大物件，提供设备修理和培训服务。理想情况下，还应该有专为"零浪费"研究准备的空间（见第八步）。

拆 建

老建筑拆建或翻新总与废旧回收与维修厂携手。拆建耗时长，但也提供更多就业和有用材料。某些情况下，门窗等回收材料可以再用；另外情况下，（木材）材料可用来生产新家具之类的物品。二次使用的某些材料，如门窗，可以原封不动再用，而有的材料（如木材）则可以用来制造新品。后一种情形会刺激新业务的发展。新斯科舍哈利法克斯的革新者之家便是很好的例子，从那里出售的漂亮家具原来是由旧窗框、教堂靠背长椅做成的（Connett，2001b）。

另一项由反对浪费兴起的利基业务（如加利福尼亚的"微笑回收"）提供酒楼、办公楼翻新产生的回收物品。这样的翻新经常会在大楼外制造大堆垃圾，部分了解材料价值的人会清理掉一些垃圾，但更多情况是这些垃圾材料被填埋处理，其价值从而消失。酒店和办公楼如果能在施工人员开始翻新工作前打电话给废品回收公司会更有意义。这些废弃材料得以移除，并产生最少的危害和污染。回收公司帮助酒店、办公楼经理以及革新者为这些废弃物品、材料找到了家园（Connett，1999）。

前五步

截至2012年，旧金山（85万人口）结合前五个步骤（资源分类、上门收集、堆肥、回收和再使用），实现了垃圾填埋场（当地无垃圾焚化炉）百分之八十的垃圾转移率，逐渐接近"零浪费"2020 的目标（Connett，2004；SF Environment，2012）。但余下废品仍要送去填埋。接下来的五步是解决我们如何减少、最终清除残余废品的问题。

第六步：减少浪费的措施

分离收集清洁的有机物、有价回收可再用物品使我们离可持续未来又近了一步。但我们却没有兼顾到残余废品，这是我们的失败。我们在处理这些失败前，要尽可能最少量生产这些残余废品。许多不必要的物品（特别是包装）走进了我们的生活。随着这些废品在填埋场堆积起来，越来越多的政府和私人企业开始采取措施减少使用与生产这些不必要物品。以下是一些例子。

爱尔兰政府对购物中心所用的塑料购物袋每个征收 15 美分税费。让所有人吃惊的是，一年内，该措施使塑料袋使用率降低 92%，而剩下的 8% 通过征税征得 1 200 万欧元来支持其他回收倡议（Rosenthal，2008）。

澳大利亚某些州政府和领地政府已全面禁用塑料购物袋（Planet Ark，2012）。这些举措的结果是，越来越多的人相信，应该使用棉布袋或其他耐用材料袋。这些袋子上通常有赞助组织的口号和信息。禁用塑料购物袋之风正在世界范围内蔓延（Lowy，2004），美国旧金山等城市也引入了这些禁用措施（Goodyear，2007）。菲律宾地球母亲基金会主席索尼娅·门多萨（Sonia Mendoza，2011）谈到了地方政府的作用，如马尼拉文珍俞巴市已采取行动禁止使用塑料袋，"创立了一个好的先例，并清楚表明，只要有政治意愿，便可令行禁止"。

意大利的一些超市配备取物机，允许顾客自带容器盛液体物品，如水、牛奶、红酒、香波和洗涤剂，粮食和麦片等固体物品又有另外的取物机。托斯卡纳区卢卡附近的卡潘诺利，有一家 2009 年开业的食品店艾菲格尔达配备了多台取物机分发 60 种液体产品和 60 种固体产品。顾客们纷纷带上了自己的瓶子或容器。给这种可持续经营锦上添花的是：该店出售的食品饮料超过 90% 都出产于周围 70 千米内的地域（见意大利 effecorta）。商店出售红酒的原产地会有图标标出，当客户需要取样时，就知道酒的产地了。

许多老一辈市民记得，他们付押金购买装在可回收玻璃瓶内的啤酒和软饮料喝，押金可以退还。渐渐地，想当然地为了"我们方便"，一次性瓶子代替了这种瓶子。然而，安大略省的啤酒业没有发生这种变化。60年来，该省啤酒业一直使用可重复用的玻璃瓶。如今，据啤酒商店（加拿大啤酒销售的垄断企业）讲，回收利用的瓶子超过98%。每个瓶子可重复使用18次，使用这种瓶子比使用一次性瓶子每个要节约13美分。此外，有超过2 000份的工作岗位收集或清理这些瓶子。最重要的是，所有环节都由啤酒业独家承办。不给安大略政府增加任何费用。市政府不需收集、填埋、焚烧或回收这些瓶子。包装费在啤酒业内自行消化。所以，在这里我们的"零浪费"项目持续了60多年（Connett，2001a）。这个项目成本低、效益好，简单可行，当然深得政界赞许。

前沿的一点小创新，后端就能节约数百万美元。我们如果用心，就会发现，有许多场所可以让我们重拾旧时的可持续习惯和活动。其中之一便是学校、办公室和某些机构的咖啡馆。我们需要放弃所有一次性塑料用品，重拾老习惯，刷洗陶瓷杯盘、玻璃、不锈钢刀具。这正是地方政府一显身手的所在，提供一些资金支持这些变化（洗碗机），从而大幅削减在填埋场或焚化炉处理废品的费用，同时又为地方创造更多工作岗位。

另一个减少浪费、节约成本的方法就是鼓励更多父母使用可重复用的尿布而不是一次性尿布。美国普通家庭一个婴儿全部用一次性尿布要花1 000美元到2 000美元，而方便好用（尼龙搭扣带和按扣可以随换）的重复用尿布和纤维素基吸水布料的价格也就40美元多一点，长期用可节约一大笔钱（Internet Brands，2009）。

第七步：经济奖励

通过强力的经济奖励减少残余废品的典型例子是"按袋付费"制。此方法的出发点是：凡产生残余废品的市民都将受罚，以此鼓励他们最大程度提高废品转移的可能性。在这类方案中，收集回收物和堆肥物通常都免费或按统一费率收费（有时会进入地税），但是收集废品则要额外收费。废品产生越多，花钱也就越多。额外费用通过以下途径征收：一些社区对废品称重；另外一些社区要求购买标签贴于堆放在路缘边的包装袋上，特殊塑料袋需花钱购买。由于这一简单财政举措，许多辖区的废品显著减少（Hanley，1988；

Knox，2007）。例如，意大利皮德蒙特省的维拉弗兰卡阿斯蒂（3000人口）采用"按袋付费"制后，废品转移率从70%提高到了85%。[3]

然而，这些措施并非总受人欢迎，有人抱怨说他们在废品罚款上花了更多钱。对于此问题的一种回应是，在策略上稍作调整，采用"节制丢弃"方法。在这种方法中，政府根据家庭规模确定"预期的"和"可接受的"废品量。如果居民产生的废弃物低于这一数量，他们上交地税时会享受折扣。

第八步：废品分类设备和"零浪费"研究机构

如何处理残余废品，正是废品处理策略（填埋和焚烧）和"零浪费"策略的核心差异所在。前者意在使残余废品遁迹，后者则力图增强其可视性。残余废品体现了我们所犯的种种不可持续错误，这些错误不是市民草率的消费决策所致，就是拙劣的工业设计引起。我们要想迈入一个可持续社会，就要正视废品问题，去研究和纠正我们的错误。

所以，在"零浪费"策略中，废品要被送到废物分类和"零浪费"研究中心，而不是直接被拿去填埋。我们将从两方面讨论这一设施：废品分类设备和"零浪费"调研中心。

废品分类设备

在新斯科舍，废品袋并不直接送去填埋，而是送到填埋场附近的一栋大楼前。[4]到达后，袋子被开封，里面的废品被送到传送带上，全副安全装备且训练有素的工作人员会从中挑选出大物件、可回收物件和有害物件。有机污染物将被送到传送带尽头，之后被粉碎，通过二次堆肥（在新斯科舍）或厌氧消化系统实现生物稳定。该过程不是为了制造用于出售的产品（物体已遭污染），而是确保大部分有机腐化在地表上以可控方式发生，小部分在地表下以不可控方式发生。由此，新斯科舍的填埋场比之前的原始垃圾填埋或焚烧炉需要的灰渣垃圾填埋场面积减小了，问题也减少了。作为采用此法的先锋，新斯科舍取得了一定成功（Connett，2001b）。新斯科舍整个项目的关键在于废品分离设备，该项目是哈利法克斯市政府（Sound Resources Management Group，1992）授权市民利用咨询报告设计而成的，在真实进步指数（genuine progress index，GPI）分析中获得很好的评级（Walker，1994）。

然而，我们在"零浪费"项目中要做的远不止于简单填埋无毒害和生物稳定材料。我们需要在废品堆中仔细观察、研究那些目前还不可回收的材料。这给了我们首次将"零浪费"纳入高等教育体系中的机会；如果"零浪费"策略要成为可持续性的一块垫脚石，这是必须迈出的关键一步。

"零浪费"研究中心

我们需要在废品筛查机构建立一个研究中心。理想的情况是由当地大学或理工学院运营。在该研究中心，有志于可持续未来（工业设计、公益广告、城市社区发展、经济、环境管理和全球环境退化）的学者与学生可以研究今日社会的不可持续发展的错误，并提出备选方案。对于那些对可持续性感兴趣的人来说，"零浪费"研究心会是一个理想的实验室。研究中心可能涉及以下方面的一些活动：

（1）上门收集系统、回收中心要加大对可重复使用、可回收和清洁的堆肥物品的收集。

（2）建立一个数据库，收录从所在地区到所在国家乃至全球减避浪费的最佳实践策略，并与决策者和本地企业共享。

（3）某些材料要结合地方实际开发富有地方特色的用途（比如，碎报纸可用作牛圈垫料，可用于建筑保温和生产混凝纸，以取代运输易碎物品的塑料模具）。

（4）研发某些有毒物质的代用品（比如，电池、颜料、溶剂等）。

（5）优化工业设计，设计出更好的包装和产品。

关键步骤

在我看来，垃圾分类与"零浪费"研究设施是通向"零浪费"与可持续发展的关键步骤。它好比是系统的大脑，跟大夫一样，诊断病症并提供治疗，还会监控整个系统，促使我们自我约束，向前推动项目。它又跟大自然一样，也有一套反馈机制。我们的浪费问题就是因为长久以来我们没有引入反馈机制，反而依赖焚烧和填埋处理那些我们不能立即再利用、回收或堆肥的东西。

社区和工业界都应该为可持续未来肩负责任，二者相互制约，而垃圾分类和"零浪费"研究设施正可体现二者这一重要的牵制关系。有了这样的设施，我们就能将下面这则浅显而又重要的信息从社区传递到工业界：

不能回收、再利用或堆肥的东西，工业部门就不应生产，我们也不应购买。

21世纪需要更好的工业设计和更好的消费者教育。

"零浪费"与可持续发展研究院

随着垃圾分类与"零浪费"研究机构的出现，这些机构需要互相联络，并形成一个大的中心实体（可以是区域性、全国性甚至世界性的），我们可将这个实体称为"零浪费"与可持续发展研究院。这样的研究院不仅要向工业界介绍更好的工业设计，而且要将"零浪费"与可持续未来的其他需求相结合。废品是如此重要，以至于不能留给那些"废品专家"。我们需要将攻克这个问题的人们和社会其他部门进行整合。这操作起来不难：堆肥与可持续农业结合；厌氧消化与可持续能源结合；拆建与绿色建筑呼应；垃圾分类、"零浪费"研究和教育、更好的工业设计息息相关；废品回收和维修中心与社区发展紧密联系；而"零浪费"项目本身则推动可持续经济发展，创造就业机会。因此许多产业都参与到这项全面的活动中，将所有废品都留给废品专家会是一个可悲的错误。我们需要每一个人都来迎接我们这一时代的最伟大挑战：迈向一个可持续发展的社会。

第九步：工业责任

工业部门需要抓好三项重要建设：（1）可持续设计；（2）清洁生产；（3）生产者延伸责任。

可持续设计

打一开始，工业部门就必须吸收这一新的伦理标准，生产者不能仅仅满足于在当下卖掉产品；还必须精心设计产品及其组件，以方便未来使用（McDonough & Braungart, 2002）。包装设计要便于再用，产品要能修复，有更长的使用寿命，还要易于拆装。

清洁生产

可持续设计的另一重大挑战就是生产中尽可能消除有毒元素和合成物的使用（Thorpe，2009a，2009b）。这包括有毒金属如铅、镉、汞（没有已知生物用途），以及含有有害元素氯、溴、氟的化合物。这些卤代化合物非常顽固，处处困扰人类。它们抵达平流层，破坏臭氧层，在我们体内堆积成脂肪，从母体传给腹中胎儿或哺乳期婴儿。这些物质（如聚氯乙烯、PVC 塑料）不仅在生产中会对工人造成危险，而且在火灾事故或焚烧炉中危险更大（Connett，1988c）。

生产者延伸责任（EPR）

即将有新的法律出台，强制要求生产商和零售商回收客户使用完毕的产品和包装，他们预料到这会发生（Product Policy Institute，n. d.）。事实上这已经在发生：已经有了要求生产商必须回收电子设备的法律。英国现在有了《废弃电气及电子设备管理法》[The Waste Electrical and Electronic Equipment（WEEE）Directove]。该法规定：电气及电子设备生产商在客户用毕后必须支付回收、处理、修复设备的费用。法律也规定，繁华街区和网上零售商须同意消费者免费退换电子废品。这些规定发布在英国环境署的官网上（Environment Agency，2012）。有了此法，一些毒性大的材料就不会流入环境中造成危害，同时公司从产品中回收基金和其他珍贵金属，又节约了资金。

一些生产商甚至在法律生效前就开始行动了。他们发现，回收利用产品中的零件和材料能同时节约生产和废物处理成本。欧洲的施乐公司就是一个很好的例子，他们用一批同型卡车将新机械运往欧盟不同国家，再从这些国家收集旧设备运回。这些旧设备被运到了荷兰维尼雷的大仓库中，分成四类：（1）清洗后即可再用设备；（2）更换零件后即可再用的设备；（3）经重组后可再用的设备；（4）可作为回收材料的设备。所有回收零件都要经清洗、测试并确认可以满足常规尺寸要求。在装配厂，计算机编程后可根据要求选择新旧零件。旧零件生产的成品机床须达到质量要求，就像是用全新零件造的一样。2000 年，该公司回收了这些产品中 95% 的材料，要么用作可再用机床，要么用作可回收零件或材料。取得这样的成绩，是因为了不起的后勤工作，但是更可观的是，施乐公司每年为此节省7 600万美元。其他公司在执行"零浪费"策略时也纷纷公布了资金节省情况（Liss，n.d.）。

第十步：临时填埋

解决填埋场问题的传统方法是运用日益复杂的工程技术，以期控制填埋场的气体排放（甲烷）和液体溢漏（渗滤液）。这涉及每日覆盖、甲烷收集、垃圾袋和滤液收集系统。其主要目标是不管往里投什么，都要控制填埋场垃圾外溢。"零浪费"策略的出发点就是要控制填埋场的纳入。如果我们善于将有毒材料和生物分解材料阻断于填埋场外，我们或许能回到这个想法上来，像过去的采石场那样，填补好地上的洞坑后，不会新增环境问题。我们通过这道过滤筛选，填埋场肯定比原始垃圾填埋场缩小许多，比焚烧炉的灰渣垃圾填埋场安全许多。

垃圾分离、"零浪费"研究（第八步）的任务就是要减少临时填埋场必须填埋的有毒、可生物降解材料的数量。"零浪费"2020策略的目标是：到2020年前，我们以这种方式处理的材料应该少之又少。

10步计划的理据

10步计划能够吸引关心地方环境、地方经济的市民和决策者，吸引目光高远的人们，有几方面原因。最重要的是，人们从心理上接受它，是因为其可行性。开头是众人双手托举起这个计划，最后却是学术界和工业界最智慧的头脑也加入了进来。以下是"零浪费"10步计划的可圈可点之处。

（1）技术含量不高，因此大多数设备能被当地企业设计和生产。

（2）它使大部分资金进入地方体制中，创造就业机会和微小企业。

（3）每个计划都在世界上某个地方得到了实施。

（4）有利于健康、经济和地球环境。

（5）剩余物分离和研究将"自律"的理念引进制度中。

（6）研究中心的解决对策融入高等教育中。

（7）这些理性、积极的步骤大部分得市民的赞同。

（8）它凝聚人心："零浪费"高于政治。

（9）挑战市民与决策者的创新能力。

（10）为孩子们带来对未来的更多憧憬。

"零浪费"逐渐被取代

不幸的是，我们发现在某些地区，"零浪费"策略正在逐渐被取代和放弃，有两个字打击着我们实现"零浪费"和可持续发展的积极性：填埋。读者们应认识到："零废品填埋"这种术语只是接受某些混合物焚烧方式的委婉说法。

比较焚烧和"零浪费"策略

很难理解，一个活在 21 世纪的理性的人在面对可持续解决办法这道必须破解的难题时，却能无视将有限物质资源和巨大财力耗费在焚烧这样不可持续的事情上。下面对包含焚烧的治污策略和不包含焚烧的"零浪费"策略所进行的简单比较，对某些人具有很好的说服力。

三四吨垃圾一烧就成了一吨无人要的灰渣。而"零浪费"则将三吨垃圾转化为一吨化肥、一吨可回收物和一吨"教育"。"零浪费"理念对每个市民、每个教授和学生、每个决策者和生产者都有教育作用。

就全球影响而言，回收和堆肥节约的能源，比焚烧产生的电能多 3 ~ 4 倍。[5] 个体材料的一些差异比较令人震惊。例如，回收 PET 塑料（通常用于一次性水杯）比焚烧处理节约 26 倍的能量（ICF Consulting，2005）。来自欧洲的一份报告显示：回收堆肥处理一吨废品产生的全球温室气体比焚烧一吨废品发电产生的温室气体少 46 倍（Smith et al.，2001）。

就地方经济而言，"零浪费"策略比焚烧更经济可行，也提供更多的就业机会。此外，花在"零浪费"项目的钱仍然用在了当地社区建设中，而花在焚烧上的钱脱离了社区。伦敦经济学院教授罗宾·毛瑞（Robin Murray）在其著作《从废品中创造财富》（*Creating Wealth from Waste*）（Murray，1999）中已就"零浪费"对当地经济的显著效益进行了说明。

结　论

固体垃圾将政治无能的真相暴露无遗。巨型填埋场和焚烧炉既不为人接受，也根本不必存在。我在这篇综述性文章里，概括了一个较好的替代策略："零浪费"2020 不仅有益于健康（更少毒性）和地方经济（更多就业机会），也有益于孩子（更多希望）和我们的星球（更可持续）。然而，仍然存在一种障碍，我将其称之为"污染的消极定律"。当我们比较不同社区、不同省份和不同国家时，我们发现腐败程度越高，污染程度也越高。社区越腐败，污染越严重。幸运的是，也存在"污染的积极定律"：当公众参与度提高时，污染就会下降。简而言之，我们需要净化政治体制，才能净化环境。对于这点，我们最需要挥舞舆论这把榔头，去影响和实现我们想要的改变。

没有比持续推广大型填埋场和焚烧炉更透明的政治腐败。一些人在腐败中获得暴利，而其余的人——包括我们的子孙都要在未来以各种方式为这些人的腐败买单。海伦·斯皮格尔曼（Helen Spiegelman，2013）警告我们要提防"市政工业综合征"：地方政府官员和废品焚烧提倡者一唱一和，他们支持焚烧和废物填埋，没有真正投入"零浪费"与可持续性行动。围绕焚烧和填埋的交锋产生了一大好处，就是激发公众进行激烈的反对。正是这当中的激情和协作成为替代性"零浪费"策略的推手。

如今，支持焚烧的政府和支持"零浪费"的市民间的抗争在意大利最为显著，因为污染问题，我到访过意大利 56 次。世界都在关注那不勒斯这座城市对污染危机的反应。我去那不勒斯访问和演说不下 10 次，但迄今为止，从未跟那些刻意回避我与之分享信息的政客们有过直接对话。事情在急剧改变。最近，那不勒斯的几个社区通过了"零浪费"策略。2011 年 10 月，我获那不勒斯新市长邀请，在市政大楼就"零浪费"和可持续发展发表演讲。在演讲当天，市长宣布，那不勒斯将开始实施"零浪费"策略。对于我个人和那些渴望实现这一目标的万千意大利人民而言，这是一个激动人心的时刻。这一策略在那不勒斯实施，会使我们的努力产生显著成效。

在这一替代策略中，我们排在头两位的需求是：创新和决心。这些事务需要领导力创新，世人曾在文艺复兴时期和科技革命时代的意大利见识过这样的领导力，我们需要"我能做"这样的精神，这种精神在美国尤其是在旧金山能常看到。旧金山已实现甚至超越 2010 年前转移百分之七十五填埋废物（无焚烧）的中期目标，并努力在 2020 年实现最终目标："零浪费"。

"零浪费"作为迈向可持续发展工具的魅力在于：每个人每天都绕不开这个问题。每天我们都在制造废品，这个星球上不可持续的生活方式我们都是一分子。但是，如果每天我们对废弃物品进行分类，不使用不需要的产品和包装，我们也能"不产生浪费"，成为这个星球可持续生活方式的一分子。

把可持续的"零浪费"这一启示带往世界各国，我总视为一种荣幸。我将"零浪费"与可持续发展的理念带向世界的各个社区。我已打磨好多枚"钉子"，现在我们需要有更多的"铁锤"把它们敲进去。

注　释

1. 文中述及录像带，作者保罗·康内特可提供拷贝件，来函地址：纽约坎顿贾德森街 82 号 13617，电子邮箱 pconnett@gmail.com。
2. 全球焚化炉替代方案联盟官网请输入 no-burn.org。《物的故事》在线观看网址请输入 storyofstuff.com。
3. 以上信息由可持续发展专家、环保官员罗伯特·卡瓦略先生提供，在此谨致谢忱。
4. 欲知居民对新斯科舍方案的看法，请联系戴维·温伯利，电子邮箱 davidwimberly@eastlink.ca。
5. 杰弗里·莫里斯博士对回收节能和焚烧节能有过比较研究，欲知详情，可联系他本人 jeff.morris@zerowaste.com。

参考书目

1.Connett, P. (1988a) *Waste Management: As If the Future Mattered*, 1988 Frank P. Piskor Faculty Lecture, 5 May, St. Lawrence University, Canton, NY
2.Connett, P. (1988b) *Waste Management: As If the Future Mattered*, video recording, Videoactive Productions
3.Connett, P. (1991) *Community Composting in Zurich*, video recording, VideoActive productions
4.Connett, P. (1988c)'Municipal waste incineration: a poor solution for the 21st century', presentation given at the *Fourth International Management Conference on Waste to Energy*, Amsterdam
5.Connett, P. (1999) *Zero Waste: Idealistic Dream or Realistic Goal?*, video recording, GG Video, accessed 10 January 2011
6.Connett, P. (2001a) *Target Zero Canada*, video recording, GG Video
7.Connett, P. (2001b) *On the Road to Zero Waste, Part 1: Nova Scotia*, video recording, GG Video, accessed 10 January 2011

8.Connett, P. (2001c) *On the Road to Zero Waste, Part 2: Burlington, Vermont*, video recording, GG Video, accessed 10 January 2011

9.Connett, P. (2004) *On the Road to Zero Waste, Part 4: San Francisco*, video recording, GG Video, accessed 10 January 2011

10.Durning, A. (1992) *How Much is Enough? The Consumer Society and the Future of the Earth*, Worldwatch Environmental Alert Series, Norton, New York, NY

11.Environment Agency (2012)'Waste electrical and electronic equipment (WEEE)', Environment Agency, accessed 7 November 2012

12.Garden Organic (n.d.)'Who are master composters?', accessed 30 October 2012

13.Global Footprint Network (2012)'World footprint: do we fit on the planet', accessed 7 November 2012

14.Goodyear, C. (2007)'San Francisco first city to ban plastic shopping bags', *San Francisco Chronicle*, 28 March, accessed 10 November 2011

15.Hanley, R. (1988)'Pay-by-bag trash disposal really pays, town learns', *New York Times*, 24 November, accessed 10 January 2011

16.Hawken, P. (1995) *The Ecology of Commerce: A Declaration of Sustainability*, HarperBusiness, New York, NY

17.ICF Consulting (2005) *Incineration of Municipal Solid Waste: A Reasonable Energy Option?*, Fact Sheet 3, accessed 10 January 011

18.Internet Brands (2009)'Diapers, diapers and more diapers', *The New Parents' Guide*, accessed 30 October 2012

19.Knox, R. (2007)'Towns tilting to pay-per-bag trash disposal', *Boston Globe*, 8 November, accessed 20 January 2011

20.Leonard, A. (2007) *The Story of Stuff,* accessed 20 January 2011

21.Liss, G. (n.d.)'Zero waste business profiles', GrassRoots Recycling Network, accessed 7 November 2012

22.Lowy, J. (2004)'Plastic left holding the bag as environmental plague; nations around world look at a ban', *Seattle Post-Intelligencer*, 21 July, accessed 20 January 2011

23.McDonough, W. and Braungart. M. (2002) *Cradle to Cradle: Remaking the Way We Make Things*, North Point Press, New York, NY

24.Mendoza, S. (2011)'Citywide plastic ban: Muntinlupa takes giant step', *Philippine Daily Inquirer*, 29 January, accessed 10 November 2011

25.Murray, R. (1999) *Creating Wealth from Waste*, Demos, London

26.Planet Ark (2012)'Government action in Australia', accessed 24 October 2012

27.Product Policy Institute (n.d.)'Extended producer responsibility', accessed 6 Novermber 2012

28.Rosenthal, E. (2008)'Motivated by a tax, Irish spurn plastic bags', *New York Times*, 2 February, accessed 10 November 2011

29.SF Environment (2012)'San Francisco set North American record for recycling and composting with 80 percent diversion rate', 16 October, accessed 30 October 2012

30.Sloley, C. (2010)'LWaRB pledges £8m to set up London reuse network', 12 July, accessed 10 November 2011

31.Smith, A., Brown, K., Ogilvie, S., Rushton, K. and Bates, J. (2001) *Waste Management options and Climate Change: Final Report to the European Commission*, DG Environment, AEA Technology, Abingdon, Oxford, accessed 20 January 2011

32.Sound Resources Management Groups (1992)'Review of waste management options', City of Halifax, Nova Scotia

33.Spiegelman, H. (2013, forthcoming)'Multi-material curbside recycling and producer responsibility', in P. Connett (ed) *Zero Waste: Un-Trashing the Planet One Community at a Time,* Chelsea Green, White River Junction, VT

34.Thorpe, B. (2009a) *What is Clean Production?*, Greenpeace and Clean Production Action, accessed 6 November 2012

35.Thorpe, B. (2009b) *How Companies Can Eliminate Their Use of Toxic Chemicals*, Greenpeace and Clean Production Action, accessed 6 November 2012

36.Walker, S. (2004) *The Nova Scotia Solid Waste Resource Accounts*, GPIAtalantic, Canada, accessed 20 January 2011

18　精神食粮：临时住所的食品垃圾堆肥系统设计

克丽·贝尔　　芭芭拉·科思　　斯蒂芬·莱曼

【提要】

当今环境挑战的潜在解决办法中，人的行为变革可谓居于中心地位，但这其实又是难以实现的。所以，环境心理学的很多研究都想解密推动环保行为的个人内在因素。对于某些环保活动，基础设施适用性等具体场所的环境因素会影响到行为。本章阐述的荣誉研究项目力图找到在临时住所这个特定场所中，影响居住人口参与食品垃圾收集系统的环境因素——住所类别的作用给予了特别关注。而后借助环境因素发现设计食品垃圾收集系统这一基础设施，这是一个旨在最大限度减少参与障碍的系统。在基础设施试用的四周内，还补充有一场宣传交流活动。从调查场所要素到设计基础设施和交流活动的整个研究过程及试用结果都一一呈现在此。

导言：食品垃圾源分离

早在 1973 年，（美国）图森市就有了开创性的图森垃圾项目（Rathje，1992），标志着与住宅消费模式息息相关的生活垃圾构成正式跻身学术研究和政策分析范畴，而生活垃圾的考古发掘则受到了冷落。图森研究项目提供的确凿证据表明，社会上正在兴起一次性消费伦理，物资吞吐量大得惊人。澳大利亚作为《巴塞尔控制风险废品越境转移公约》（Basel Convention on the Control of Transboundary Movements of Hazardous Wastes）的缔约国，国际上要承担实施环保可持续的垃圾管理义务，最大限度减少有害垃圾的产生（COAG Standing Council on Environment and Water，2012），国内要面对与日俱增的垃圾量带来的垃圾处理问题。假如因为回收率提高、垃圾填埋场转移等举措，将垃圾年增长率控制在 1.5%（根据人口增长预测），那么在 2006—2007 年度基数上，截至 2020—2021 年度，预计也会新增 1 000 万吨垃圾（Environment Protection and Heritage Council，2010a）。一些城镇和城市在 2009 年就预计，5 年内将没有垃圾填埋场可用。从全国范围看，填埋场目前虽然还够用，但是，运输成本、不可避免的温室气体排放以及社区对新建填埋场的反对都成为驱动垃圾填埋最小化、提高回收利用的因素（Environment Protection and Heritage Council，2009）。就地方议会或填埋场营运商而言，处理填埋垃圾成本也在上涨；根据《澳大利亚清洁能源法》（Australia's Clean Energy Act，2012），若填埋设施每年的甲烷直接排放达到 25 000 二氧化碳当量，将承担法律责任，支付甲烷排放中的碳排放费用（COAG Standing Council on Environment and Water，2012）。

国际义务也好，国内问题也罢，都回避不了食品浪费这个主要问题：一吨吨食品垃圾进入填埋场，在厌氧化条件下分解产生甲烷，这种温室气体使全球变暖的潜能比二氧化碳大 21 倍（Lou & Nair，2009）。2004 年，填埋场家庭食品垃圾分解产生的排放量估计与同年钢铁生产供给产生的排放量相当（Baker et al.，2009）。虽然《全国食品浪费数据评估》（National Food Waste Data Assessment）（Mason et al.，2011）的结论是由于数据不足，不能就全国食品浪费数据给予明确陈述，据澳大利亚学会估计，澳大利亚人每年浪费、倒掉的食品价值高达

52 亿澳元（Baker et al.，2009）；据《国家浪费 2010 年度报告》（*National Waste Report 2010*）（Environment Protection and Heritage Council，2010a），这大约占城市垃圾的 35%。

食品浪费的影响在澳大利亚国家浪费政策中已经有所体现，加大可生物降解资源的回收、减少填埋场温室气体排放成为该政策的关键目标（Environment Protection and Heritage Council，2009）。实现这些目标提出的重要策略便是再利用生物降解垃圾，由此可获得潜在的终端产品包括堆肥、土壤调节剂、生物碳、垃圾发电厂和生物沼气池（Environment Protection and Heritage Council，2009）。为解决物流和废物流可持续管理问题（Lehman，2010），任何城市都必须确定其最有针对性的解决办法或称为"地方性反应"，2010 年度及 2011 年度的《全国浪费政策实施报告》（National Waste Polity Implemention）显示，自《全国浪费政策》发布以来，州政府主管部门已相继修订了有关政策、纲领和战略计划。针对填埋场可回收利用物资加大征税与免税力度，为有机资源回收投资铺平了道路（COAG Standing Council on Environment and Water，2012；Environment Protection and Heritage Council，2010b）。国家政策实施前，在奇夫利（澳大利亚首都圈）、伯恩赛德（南澳州）和新南威尔士的几个自治市，已开始试点同时收集食品垃圾和花园有机物，在新南威尔士州的一些地区和维多利亚州的两个地区启动了相关服务的落实（Environment Protection and Heritage Council，2007）。虽然城市收集食品垃圾在澳大利亚并未普及（Environment Protection and Heritage Council，2010a），将食品垃圾等有机物制成堆肥或许因为技术成熟之故，成了新的最重要的有机资源回收举措。

防止浪费的最终目标是保护宝贵资源，减少填埋场衍生温室气体排放。从全社会看，粮食的巨大浪费表明，购买粮食和是否意识到粮食种植、收获、储藏、加工、包装、运输消耗了自然资源和能量二者间存在脱节（Bartling，2012）。新南威尔士州 2010 年发起了"珍惜粮食、反对浪费"运动，其宗旨是唤醒公众对粮食浪费造成环境、经济影响的觉悟，减少进入填埋场的粮食浪费（COAG Standing Council on Environment and Water，2012）。

由英国政府资助机构——浪费和资源行动计划组织（Waste and Resources Action Program，2008）在 2008 年进行的一项研究发现，人们倒掉食物有五大原因，而这些食物如能妥善保管本来可以食用：

（1）餐后盛放在盘碟里；

（2）过了保质期；

（3）色、香、味不佳；

（4）霉变；

（5）烹饪后的剩料。

城市环境下，在短时间内，从废物流中分离食品垃圾，厌氧化条件下制成堆肥，不失为减少填埋场衍生温室气体排放的一种可行而又见效快的策略（Lou & Nair，2009），堆肥可增加土壤肥力（Favoino & Hogg，2008）。这会促进珍贵资源的再利用，减缓填埋场的使用率，有助于参与者重新重视食品的内在价值（Waste and Resources Action Program，2011）。食品垃圾在厌氧化条件下制成堆肥，必须和其他垃圾分离。食品一般缺乏完整结构，一旦融入混合垃圾流就很难分离——所以，食品垃圾一经产生要即时就地对其分流。这样，源头分流的责任就落到了各个家庭和企业头上，必须常备专用容器储存、收集食品垃圾。

20 世纪 80 年代中叶，德国、奥地利、瑞士、荷兰率先试点在城市收集食品垃圾，以便从填埋场转移食品垃圾，现在，食品垃圾收集在欧洲许多地方已十分普遍，在加拿大和美国也越来越广泛地被采用（Department of Environment and Conservation NSW，2007）。食品垃圾收集在澳大利亚的城市普及开来，还要假以时日，食品垃圾通常和园林绿色有机物收集到一起（Davison et al.，2012）。这些系统的成功离不开社区参与；但是，由于人们认为环保行为含有个人附加费用，环保活动参与率因而大打折扣。人们觉得，在家庭进行食品垃圾源分离处理，会是一番臭气熏天、污秽不堪、蝼蚁横行的景象，不仅令人不快，而且还占用宝贵空间（Brook Lyndhurst，2010；Ölander & Thøgersen，1995；Refsgaard & Magnussen，2009；Truscott Research，2009；Waste and Resources Action Program，2009）。

直接将食品垃圾投放至户外垃圾桶，源分离的有效性可能受到削弱，因为天气不好等因素会阻碍人们将食品垃圾和其他垃圾分开（Brook Lyndhurst，2010）。市政服务机构如提供套有或不套有降解袋的台式容器，供室内临时存放食物残渣，将有助于食品垃圾的分类储存。通风台式容器加上透气降解袋，可以最大限度减少厌氧分解及其伴随异味。来自澳大利亚的试验报告显示，此类基础设施颇受用户青睐，使用它们，用户参与率和垃圾转移率都达到了最高值（Department of Environment and Conservation NSW，2007；Zero Waste SA，2010）。不过，在英国，人们使用实心台式容器加降解内套来实现高端转移率（表18.1）。降解内套对提高食品垃圾储存美观性起着重要作用。对英国用户的研究表明，人们认为内套有助于保持容器清洁；避免直接接触垃圾；封口后放进户外垃圾桶，又能较好地防止垃圾和异味外泄（Brook Lyndhurst，2010）。表18.1的转移率一览表中，列出了阿德莱德试点项目（Zero Waste SA，2010）和英国较成熟方案（2～3年期）（Brook Lyndhurst，2010）的实践样例，学习这些样例，可以实现转移率提高。这些样例间存在巨大差异，说明内套对转移率可能有决定性作用。垃圾整体收集频率似乎也有作用。

表18.1　城市食品垃圾收集对比

地点	数据收集时间	容器尺寸	垃圾桶袋类别	每周收集的食品垃圾	垃圾整体收集频率	食品垃圾平均转移率
阿德莱德（澳）	2010年	7升	V	垃圾桶袋	每周一次	28%
阿德莱德（澳）	2010年	7升	V	垃圾桶装	两周一次	54.5%
阿德莱德（澳）	2010年	7升	S	无	每周一次	9.3%
贝克斯利（英）	2007年	7升	S	纸袋（购买用）	每周一次	35%
剑桥（英）	2008年	5升	S	纸袋（根据要求）	两周一次	28%
哈克尼（英）	2007年	7升	S	无	每周一次	21%
汤顿迪恩（英）	2006年	5升	S	垃圾桶袋（购买用）	两周一次	53%

注释：V=通风，S=实心
来源：Brook Lyndhurst（2010：15-26）和Zero Waste SA（2010：4）

　　表中最高转移率虽已略高于50%，但仍有提升空间。此外，住宅环境所用元素大体相同，但设计元素在所有环境下并非普遍有效。多层建筑就是一个例子，到目前为止，这些片区参与率和物质收益低下，而食品垃圾污染却走高（Waste and Resources Action Program，2008），这说明必须有不同策略和基础设施。把具体环境和目标受众记在心间，针对性地设计行为变革指南，成功的概率最高（Mckenzie-Mohr，2000；Mosler et al.，2008；Steg & Vlek，2009）。所以，不是简单移植成功市政系统的一些元素，而是要开展研究，量体裁衣地设计适合临时旅游住宿的收集系统，从而为居家外条件下最大限度提高个人配合度迈出重要的一步。食品浪费、基础设施约束、食品垃圾处理"方法"的根本理据可能各不相同。只住一晚的旅客遗忘食物致其过期的可能性不大；不过，野营空间有限，保存剩余食品的能力受限，极易造成食物变质，因而，暂住人口离开前很可能将剩余食物"倒掉"。为此，了解决定人们是否参与食品垃圾源分离的确切因素是极为重要的。长远目标是将可持续行为移植到多样的环境和活动中。

行为变革理论和食品垃圾堆肥处理

解决很多环境问题似乎都有赖于行为变革，因而，环境心理学的目标定位在寻求一种可以恒久解释人们采取环保行动的行为模式也就不足为奇了。自 20 世纪 70 年代以来，这方面有过大量研究（Lehman & Geller，2005）。虽然有关垃圾管理的最佳行为模式尚未达成普遍共识，有两种模型（或者是它们的组成要素或是整体结构）却成为该领域大部分研究的支点：由阿耶兹和菲什拜因理性行为理论（Ajzen & Fishbein，1980）延伸的计划行动理论和施瓦兹的规范激活模型（Schwartz，1977）。

规范激活模型是一种利他行为模型，此模型的实践者相信环保行为源于道德律令，受道德律令的支配，个人出于广义的善的考虑，甘于牺牲，乐于付出。规范激活模型解释社会规范（是否持有他人重要的信念关乎道德的对与错）如何被个人接纳成为个人的自我规范，个人在此过程中逐渐认识到不作为会有种种后果，且要为这些潜在后果承担责任。这些认识的内在化（Davies et al.，2002）会促使个人作出恰当行动。规范激活模型模型已被用来阐释几种环保行为，包括回收行为（Ebreo et al.，1999；Guagnano et al.，1995；Hopper & Nielsen，1991）。

相反，计划行动理论假定，人们是否打算承担某一行为，是理性考量的结果（Tucker & Douglas，2006），这些考量基于他们对行为所持的不偏不倚态度，基于他们感到遵守（主观规范）承受社会压力的大小及他们认定的自我行为控制程度（Ajzen & Madden，1986）。最后一个因素，感知行为控制，受个人感知障碍和有利条件影响，譬如，是否有适宜的基础设施可用，他或她的自我效能感——相信自己拥有足够知识和技能（Ajzen &

Madden，1986，Bandura，1977）。计划行动理论被用来阐释诸如回收（Knussen et al.，2004；Taylor & Todd，1995；Tonglet et al.，2004）和堆肥（Taylor & Todd，1995）等垃圾管理行为。

除了上述模型，还有其他因素对人们的堆肥回收行为具有预测价值，这些因素包括人口特征（家庭生命周期阶段、婚姻状况、教育程度、收入和年龄）（Aung & Arias，2006；Davies et al.，2002；Edgerton et al.，2009；Garces et al.，2002；Knussen et al.，2004；Tucker & Speirs，2001；Vining & Ebreo，1990）、既往经历（Knussen et al.，2004；Tonglet et al.，2004）、习惯、旧行为和惯性（Knussen & Yule，2008）。习惯总是反复再现，习俗根深蒂固，要打破惯常"表现"的周期循环，需要对物质、物品和基础设施诸要素予以清理（Shove，2012）。

这些概念中除了感知行为控制（解释为间接外在因素）外，主要与行为内在（个人）影响有关。环境（外在）因素联动可能会提高或降低从事某项活动的成本，有几位著作者同时强调外在因素决定回收行为所起的关键作用，回收要求基础设施作为支撑（Derksen & Gartrell，1993；Glanz & Bishop，2010；Guagnano et al.，1995；Knussen et al.，2004；Ölander & Thøgersen，2006）。设计基础设施若能洞察具体环境因素，完善个人日常生活和空间需求（Refsgaard & Magnussen，2009；Tonglet et al.，2004），清除活动障碍（McKenzie-Mohr，2000），参与回收活动便可发挥最大效益。因此，又有几位著作者宣称，回收等垃圾管理行为是由个人内在因素和行为发生的结构条件共同决定（Glanz & Bishop，2010；Guagnano et al.，1995；Nordlund & Garvill，2002；Thøgersen，1994）。瓜尼亚诺（Guagnano et al.，1995）等提出的 ABC 回收模型提供了一种简便方法，用以思考内在因素（动机强度和合规意图）与外在因素的相互关系如何影响行为结果的问题。

按照 ABC 回收模型（Guagnano et al.，1995），可以预知外在条件（C）影响态度（A）决定行为结果（B）的程度。最初的著作者使用了态度这一标签，这个概念最好称为内在或个人条件，因为每次使用该模式，态度都是一个总括性术语，用以指称规范激活模型（Guagnano et al.，1995）和计划行动理论（Ölander & Thøgersen，2006）模型中的概念，这些概念汇总起来基本上可描述个人遵守规范动力或意图的强度。瓜尼亚诺等

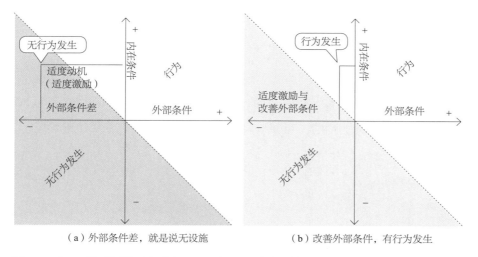

（a）外部条件差，就是说无设施   （b）改善外部条件，有行为发生

图 18.1   "ABC 循环模型"示意图图示——图中显示，态度和外部条件的互相作用支配着目标行为是否会发生。
来源：改编自瓜尼亚诺等（Guagnano et al.，1995：703）

（Guagnano，1995）认为，A 和 C 的相关值决定目标行为是否会发生。图 18.1 以图表的形式说明这一关系。对角线由公式 A+C=0 确定，对角线下的所有点表示 A 和 C 的组合值，从这些组合值可以预测有没有在场行为发生。当 A 和 C 的组合值等于或大于 0 时，可以预测有行为将要发生。

根据 ABC 模型可以预知，外在条件表现出极大妨碍性时（如缺少必要的基础设施），行为受到阻碍，纵有强烈信念也难于实施，此时态度（内在因素）对行为结果的作用非常小。结构条件变得较方便时，态度的作用增大，从中可预知将有行为应用。瓜尼亚诺等人（Guagnano，1995）以规范激活模型概念表示在回收条件下的态度，奥朗德和索根森（Ölander & Thøgersen，2006）借助计划行动理论模型概念，以食品浪费为例证实了 ABC 模型在上述两种假定中的预测价值。该模型的另一预告是，当条件极利于采取行为时，态度对采纳行为的作用会再度减弱，但是这个作用还有待经验证明。简言之，有了这一模型，态度理论的边界也就划定了，当外在条件趋于极端时，态度–行为理论本有的预测能力可能会丧失（Guagnano et al.，1995）。

因此，ABC 模型为设计食品垃圾收集系统提供了一个简化框架；理论上讲，只要设计便利的基础设施，只要将自我效能、态度等个人自我因素往积极方向操控，优化客人参与效率是可以实现的。就本研究项目而言，可以预知，有限室内空间等特定场合因素可能使临时住所有别于住宅环境，因而要求有不同的基础设施设计。这种可能性也是有的，空间等因素使不同类型的临时住所相互间也有分别。譬如，一般而言，非永久住所类型提供的室内生活空间较小，在此暂住的客人要自备垃圾储存用具；相反，永久住所提供的室内空间更大，还备有垃圾桶。

项目场地

研究项目的场地是一个大型都市活动住宅园区，里面有永久性住宅（小屋）和非永久性住宅（大篷车、帐篷、露营车）。项目开张时，园区实行双箱垃圾系统，每个垃圾站都配备一般垃圾箱和混合回收流动（带轮的）垃圾箱。永久性住宅和非永久性住宅的客人都被要求在他们的住宿地收集垃圾，并将其放置进垃圾站合适的垃圾箱里。小屋只在结账时提供家政服务。研究项目进行期间，园区没有综合基础设施供所有客人将食品垃圾同一般垃圾流分开，但在划定空间进行了一个短期试点。项目建立了一套系统回收园区咖啡店和工作人员房间的食品，现场对食品垃圾进行堆肥处理，但这个环节并非本研究的重点。

项目概况

研究项目分期进行，包括背景数据收集、设计试验和评估几个阶段（Bell，2011）。与园区随机抽样的客人进行了半结构式访谈（接受率达 90%，受访者有 39 名小屋客人、121 名非永久性住宅客人），与工作人员进行了小组座谈，目的是：

- 了解客人的垃圾处理行为；
- 鉴定食品垃圾源分离的障碍；
- 鉴定客人在家里进行食品垃圾源分离的动力因素。

在干预阶段前期，一个由外部承包商承办的综合废品审计结果派上了用场。将客人类别和他们在食品垃圾收集系统缺失情形下垃圾处理行为的影像显现出来，就可能预知现有行为会如何妨碍食品垃圾的源分离和存储。要使参与满意度最大化，就必须借力诸多基础设施元素，完善现有行为，减少任何约束。食品垃圾收集系统传播策略考虑的根本是客人在家里进行食品垃圾源分离的动力因素。

　　这样生成的系统在淡季进行了为期四周的试运行。该系统收集的食品垃圾每天都要审计。系统试运行期间，还就食品垃圾站的一般垃圾流和回收垃圾流另外给予了为期七天的审计，其目的是确定食品垃圾收集系统从填埋场转移食品垃圾的百分数。小屋设有监控，记录客人使用系统的情况，客人结账前一天下午，会向各住宿点散发一份简短的自助结账问卷调查，了解受访者参与食品垃圾源分离的意愿；自述参与食品垃圾收集系统、使用存储基础设施的情况；他们参与的满意程度和动力原因。客人也可就系统改进提建议。本章其余部分将说明这个三阶段研究项目的成果，重点关注客人访谈如何影响基础设施。

家庭食品垃圾源分离动因分析与交流活动反馈分析

　　半结构式访谈受访人员中有 55% 自述，他们在家会将食品垃圾与其余垃圾分开，以备再用。尽管并未逐一询问他们再用食品垃圾的潜在动机，但他们中超过 85% 的回答（n=27）涉及一个主题：为自身好处使用资源（即他们提到：他们再利用食品垃圾可得到花园堆肥等最终产品）（图 18.2）。有 11% 的参与者的回答可归到另一主题下：道德规范与律令要求不可以浪费。通过这些回答可以看出，参与人对填埋食品垃圾产生的不良环境影响几乎没有认识。之所以造成这种情形，到底是因为在人们心目中回收食品垃圾有立竿见影的个人好处，还是因为根本没有认识食品垃圾的环境影响，还难以说清楚。

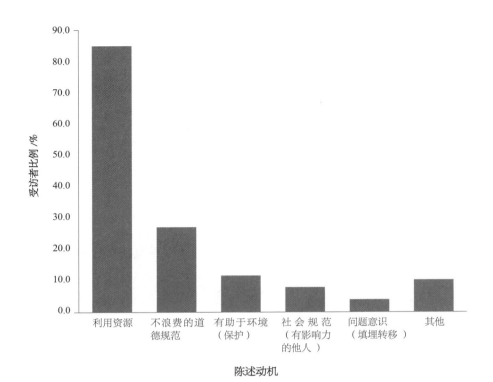

图 18.2　家庭食品垃圾源分流与再利用动因（ n = 27 ）。
来源：克丽·贝尔根据半结构式访谈数据绘制

　　由于抽样人数少，归纳总结这些调查结果需慎之又慎，不过，自述受个人利益驱使的受访者比例大，这是确凿的事实。这意味着，利他主义对于激发食品垃圾回收行为并无重大作用，这与早前堆肥研究的结果完全一致（Edgerton et al.，2009）。不做个人用途的食品垃圾源分离类似于干垃圾回收，利他主义动机在此项活动中可能有作用空间。项目交流活动呼吁参与者避免浪费食品垃圾，因为食品垃圾是宝贵资源，而这些人本就有为自身好处而利用食品垃圾的习惯；同时，此次活动言论也力图激活利他主义动机。报告概述了食品垃圾填埋中个人造成的集体影响，以此突出个人责任。活动宣传单罗列了食品垃圾填埋的环境影响。仅仅提供知识很难改变行为（McKenzie-Mohr，2000），这虽是一条定论，但鉴于几乎没有受访人提及填埋场有机物分解的作用，帮助人们对此产生可有潜在好处的认识。指令表和指示牌附有大量图像，可为客人提供正确参与的程序与知识。

为评估宣传活动是否影响到参与度，试验问卷收集了试验系统参与人的动机自述。参与食品垃圾收集系统最普遍的动机可归结为一个主题"回收利用资源"。相形之下，试验前的访谈提供的动机更加多样化（图 18.3）。利他主义更加突出，包括关心环境、避免填埋、支持系统、关爱下一代和感受到个人责任。利他主义动机增多了，可能是因为客人参与并没有物质收益，也可能反映出人们参加交流活动后，随之了解到进行食品垃圾源分离可带来额外的环境效益。此结果进一步深化了如下认识：参与食品垃圾源分离与参与食品垃圾回收利用二者相比，利他主义对于前者更重要。

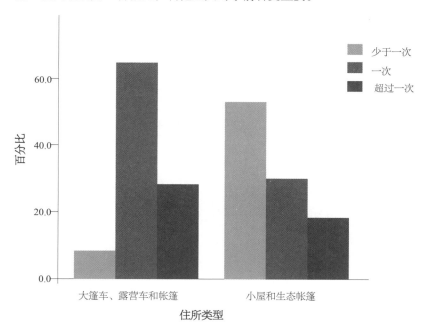

图 18.3　采用食品垃圾收集系统的动因（$n = 80$，得到了多样答复）。
来源：本文作者根据结账问卷所得数据绘制

临时住所实行食品垃圾源分流的障碍

本以为就地临时储存食品垃圾有助于转移率的最大化，然而试验前的访谈发现，分离与储存食品垃圾面临障碍。研究现场的食品垃圾源分流存在三大主要障碍：倒垃圾间隔时间短、不希望等到垃圾变味和储存空间有限。

垃圾存储时间短对节约使用降解袋构成潜在障碍，尤其是在非永久性住宅。降解袋对转移率最大化似乎有重要作用，但是也会大幅提高免费垃圾处理系统的运营成本。如果在降解袋收集垃圾达到应有容量前就不断更换，经济效益的副作用就会增加。2011 年 4 月进行的垃圾审计显示，以每个住所点 24 小时产生的垃圾量为基础，装满市售普通大小的台式食品垃圾容器，要三至四天时间（Bell，2011）。然而，74% 的参与人自述他们每天都倒一次垃圾，或者超过一次。

　　小屋客人垃圾存放时间比非永久性住所的（即大篷车和帐篷）客人长，52% 的受访人说他们存放垃圾会超过一天，而非永久性住所的客人只有 8%（图 18.4）。垃圾处置频度差异显著，双向分类卡方（χ^2=25.58，df=2，P<0.001）。

　　倒垃圾动因包括"垃圾容器装满""日常程序""每餐后"和"其他原因"（图 18.5），"其他"原因有"正在做清洁""刚好有时间"和"不希望招来异味、蚂蚁、鸽子和鸭子"。垃圾桶装满才清空在永久性住所的客人中比例更高，永久性住所和非永久性住所客人垃圾处理动因分布的统计差异并不显著。

　　若对这些垃圾处理行为的自我解释进行主题分析，两类住所在动因上明显表现出令人信服的差异：避免异味对于非永久性住所垃圾存放是个重要因素。食品垃圾肯定有不受欢迎的气味，有些参与人日常处理垃圾时高于一切的考虑便是要避免异味："如果垃圾臭了，立刻就要处理——比如食物残渣"，以及"即使垃圾袋未装满，只要有异味，我们就会倒掉"。对于另外一些人而言，避免异味是他们养成的一种习惯："一天到头总是要倒垃圾——保持洁净、排除异味是习以为常的习惯。"这同时还涉及烹饪，有人爱在室外烹饪，是为了烹调的油烟味不进入室内："做饭时由于有油烟味，尽量在室外做。"人们回避的不只是食物分解产生的气味，还有食物本身的种种味道。

　　关于一般垃圾，非永久住宅中仅有小部分客人谈到垃圾异味的问题，但是说到可能有的食品垃圾收集系统，两组客人明显表示高度关注。这个时候，他们又说，食品垃圾有潜在的卫生隐患，处理麻烦，又招蝇蚁。城市环境里也有这些担忧。

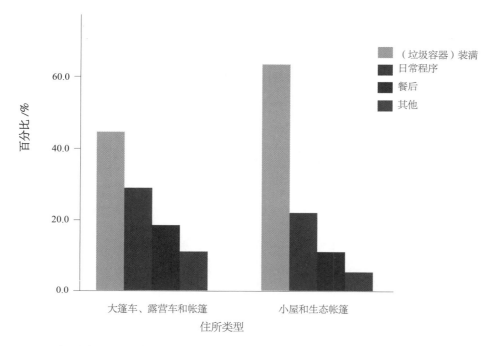

图 18.4　每天垃圾入垃圾桶次数（ $n = 105$ ）。
来源：克丽・贝尔根据半结构式访谈数据编

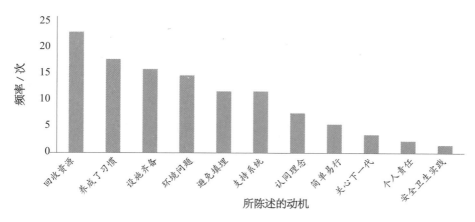

图 18.5　垃圾处理的动因（ $n = 98$ ），"其他"原因包括"正在做清洁""刚好有时间"和"不希望招来异味、蚂蚁、
鸽子和鸭子"。
来源：克丽・贝尔根据半结构式访谈数据绘制

自发反应中显示，垃圾处理频度与保持清洁的愿望有关。有些情形下，明显与非永久住所的客人所受的空间制约有关。颇具说明性的话语包括："由于没有足够空间，我们尽可能保持整洁"，"每一天我们都要处理垃圾，这是习惯，也是为了洁净"，"一天将尽时倒垃圾是习惯，由于空间限制，我只有一个小垃圾桶"。非永久住宅的参与人回答能否另外纳入一个室内容器用于食品垃圾源分流的问题时，他们明确地说，再备一个垃圾桶，室内空间有限，有很大困难。据报道，存储空间有限也是家庭环境食品垃圾源分流的障碍（Ölander & Thøgersen，1995）。

看来食品垃圾源分流在临时住所和城市环境存在相同的障碍，但是空间越小，障碍越大。这一总体趋势也表现在家庭环境下，和公寓、连栋房屋的居民相比，半独立式住宅 / 独立式住宅住户不大可能认为食品回收那么令人败兴（Brook Lyndhurst，2010）。

排除障碍：基础设施设计的回应

食品垃圾实心储存容器密封好，耐风雨又可防御觅食动物，这种容器可减少气味逃逸，不招害虫。这些装置满足了人们喜欢在室外存放一般垃圾和因担心异味厌恶在室内存放食品垃圾的需求，还为一些人提供了在室外存放垃圾的可能，否则，他们为预防前来觅食的有害动物，只好把垃圾放在室内。提供这一基础设施时，为实现经济效益最大化，所选容器和桶套（约 4.5 升）都小于城市收集系统的常用尺寸，这有双重好处，既减少了装满桶套的存放时间，还可能克服空间有限的问题。这些容器提供给了一些抽样小屋（永久住所）和动力大篷车场地（非永久住所）。

活动住宅的所有客人均可从配送器获取降解袋使用，配送器用三个 A 字形支架固定，架上装有叠层信息单夹子，但是信息单上没有研究区域外食品垃圾收集的计量数字。得到食品垃圾储存器的客人按要求在使用容器时要同时用桶套，但是抽样住所区外的客人可以把桶套套在自己的容器里。桶套也可单独用来收纳食品垃圾，不需为垃圾桶另辟空间。现有垃圾站 1/3（15 个）以上都提供指定颜色的食品垃圾桶，且都符合澳大利亚食品垃圾标准。

试验结果与讨论

在为期一个月的试验期内，由于引进了食品垃圾系统，共265千克的食品垃圾被转移出填埋场。根据审计结果，各垃圾站设有可用食品垃圾桶，实现了22%的转移率，这是一个中下水平的转移率，低于平均水平（Bell，2011）。这一结果虽比见诸报道的阿德莱德都市成绩低（图18.1），但需置于下述条件中审视：园区工作人员在宣传活动中未能发挥太大作用，园区人口周转率高，大都怀有一种假日心态，这个问题列在食品垃圾源分流系统员工注意事项手册里。

令人遗憾的是，问卷答复率不高（25%），答卷者多是在家就习惯进行食品垃圾源分流的人。返回结账问卷的人中有81%说他们在家参与某种形式的食品垃圾回收（$n=122$）。而半结构式访谈发现，回收利用食品垃圾的人为55%，这高出一大截的差异说明自我选择在起作用。将这些结果一般化需慎重。

总体来看，报告系统满意度的比例很高，88%的受访者要么是"完全满意"，要么是"大体上满意"（$n=88$）。不同储存方式的受访者满意度没有显著差异［Kruskal-Wallis：（$^2=2.24$，$df=3$，$P>0.05$）］（注：在不使用系统提供的基础设施的地方，存储类别有报纸、纸袋和自有容器）。有些受访者会先存储食品垃圾然后处理，有些则不是，他们的满意度之间没有明显的统计学差异。先存储食品垃圾然后处理的参与人中，1/3以上的人报告他们只用降解袋。58%参与食品垃圾收集的客人报告，在将食品垃圾倒入垃圾桶前并未存储（$n=79$）。这意味着要么这一选择更方便，要么基础设施没有充分排除食品垃圾存储的主要障碍，譬如，免除异味、保持清洁和空间受限。

园区小屋直接测量基础设施使用频度，台式容器和降解袋的组合使用被认定为较成功的基础设施选择。小屋用这个组合的频度（基础设施使用时间为33%）高于单纯用降解袋（基础设施使用时间为19.5%）。这个差异从统计学上看是较大的（双向分类卡方：$^2=6.13$，$df=1$，$P<0.05$）。这些结果显示，永久性住宅客人期望向他们提供临时食品垃圾存储容器。出现这种心理，是因为一般来说小屋"设施完备"，小屋更像一个家，而非永久性住所的客人必须自备设备。鉴于提供台式容器住所的客人参与率更高，可较保险地建议在永久性临时住所提供该套基础设施。

图 18.6　A 字形降解桶套和信息表发放器。
来源：承蒙克丽·贝尔拍摄，2011

无法对非永久住所进行类似比较。遗憾的是，由于场地编号柱旁大量容器失窃，加之问卷答复率低，不能下一般性结论。不过，小屋室内食品垃圾储存是排在第二位的系统改进建议（27% 的受访者答复了这个问题，n =26），非永久性住宅的客人却没有此储存请求。他们不要求台式容器，看来能凑合着用所供基础设施、自有设备或者二者都用，他们已感到相当满足，因此，提供降解袋和可用食品垃圾桶可能已经够了。必须承认，这些参与者中很大一部分已经在家里参与食品垃圾源分流活动。事实表明，这一行为有助于提高对食品垃圾源分流活动的认识（Refsgaard & Magnussen，2009），减少人们对相关活动费用的担忧（Ölander & Thøgersen，1995）。这极可能是参与者过去的经历淡化了他们对食品垃圾源分流障碍的感知，增强了他们克服这些障碍的愿望。临时住所提供台式容器，对于以往未尝试食品垃圾源分流的人们，排除了异味等障碍，有利于提高他们的参与率。

可以肯定，小屋客人因为获得了垃圾容器，参与更多，但这与确切的转移率没有关系。从理论上讲，要了解哪种临时存储基础设施最有效，就得监控各个住宿点的转移率，以便确定哪种设施收集的食品垃圾量最大。这在后勤上是难以实现的。非永久性住所的客人把他们的个人垃圾放入垃圾桶，不可能监控到个人转移率。即便是在永久性住所，许多客人也是自己清空垃圾桶，如果只小住几天，更是如此。牵扯到伦理的话，该技术无论是在客人、园区管理方还是伦理委员会眼里都是对隐私的不当侵犯。

试验期间，为减轻人们害怕食物异味充满室内的担忧，也为方便室外储存和容器清洁，一律使用实心容器。可是，研究人员注意到，有些容器打开时会释放出难闻的臭味，这可能是因为容器内的物质发生了厌氧分解。实心容器和降解袋的组合使用在英国的接受度非常好（表 18.1），但是澳大利亚的气候更温和，厌氧分解速度更快，易产生更多无法忍受的气味。就阿德莱德食品垃圾试点收集系统而言，实心容器带来的转移率较低，其后续使用度（60%）低于家用通风容器（74%）；到处是异味，苍蝇在厨房饱餐腐食，户外垃圾桶发出一股股气味，台式容器还得常洗，这些话语多半指的是实心容器（Truscott Research，2009）。在宽敞的临时住所，食物气味不成为大问题，通风容器不失为好选择。由于时间期限和样本房限制，这两个选择的比较研究不在本项目范围内，将来再进行调查和研究会更为稳妥。

借用行为变化跨理论模型（Prochaska & DiClemente，1983）中的概念来设计问题，目的在于按受访人参与食品垃圾源分流意愿将其分类。由于行为变化是本系统的一个重要目标，如果"不太乐意"参与食品垃圾源分流的人们参与了，加上已在家里进行此活动的人，那可以说系统是尤为成功的。系统参与者有 19% 自述在家没有回收食物残渣，9% 不认为食品垃圾送进填埋场是环境问题。这些研究结果和"设施齐备"及"这简单易行"等激励方式表明，也是瓜尼亚诺等（Guagnano et al.，1995）主张的，对于某些人，仅仅提供简单合用的基础设施（加上一些鼓励）便足以引起行为变化。尽管人数不多，但这个结果令人鼓舞地证明了，如果提供充足的基础设施，行为变化在临时住所也会发生。参与食品垃圾源分流（Ölander & Thøgersen，1995）可以提高认识（Refsgaard & Magnussen，2009），减轻困难感。鉴于这些自述，在临时住宅短住时"尝试"该活动，以往从未分离过食品垃圾的人也大有可能在将来采纳这一行为。

污染：食品垃圾收集的巨大掣肘

最终堆肥产品的质量，无论其内部成分还是外观，都因无机物污染而有所削弱。试验阶段食品垃圾桶的平均污染率达到了 18%（0% ~ 100% 的范围）。公用厨房日均收集食品垃圾最多（2 千克），但是那里的垃圾桶最常受到无机物污染（有 75% 的时间）。露营地垃圾桶一般接受成袋垃圾，易于清除（图 18.7），而厨房与之比较，却是各色物品和食品垃圾混杂不分（图 18.8）。

图 18.7 露营地食品垃圾袋受到成袋垃圾污染示例。
来源：承蒙克丽·贝尔拍摄，2011

图 18.8 典型厨房食品垃圾袋中污染食品垃圾的成分。
来源：承蒙克丽·贝尔拍摄，2011

试验期间，研究人员没看见有客人从信息站取走说明卡，也没在任何时间注意到补充信息表减少了。研究人员对此感到怀疑，客人们根本没有使用这些卡片，他们或许自知哪些材料是可降解材料，这或许很可能是有机污染低的原因。而无机物污染对研究中的堆肥系统是不利的，可以向住宿客人发出个人呼吁来减少此类污染，事实表明，个人呼吁是社会营销活动中最有效的手段之一（McKenzie-Mohr & Smith，1999）。也可以将说明图直接发放给客人，作为减少无机物污染的辅助手段。

食品垃圾桶的污染率大大高于城市系统不到 5% 的报道数值（Department of Environment and Conservation NSW，2007）。然而，需要注意的是，澳大利亚收集系统大多采用"有机"桶，居民们会将绿色花园垃圾和食品垃圾同时投入其中（Davison et al.，2012）。花园垃圾有可能"稀释"污染度；如此一来，套用城市系统的基准就成了问题。不管怎样，妥善处理污染是一个耗时的过程，运行食品垃圾收集系统，污染构成了最大障碍，可以建议在考虑投放这一系统的地方，把最大限度提高现存垃圾分类设定为一个初级目标。这个结果与多用户居住条件下迄今为止污染程度较高是一致的（Zero Waste SA and Integrated Design Commission，2012）。

活动住宅园区内的员工发现，当垃圾场里垃圾对号入座装满垃圾桶后，人们往往会将垃圾误投进不该放的桶里。这在忙碌的时间段肯定会发生，但是食品垃圾桶经常受污染与时间节点无关。由于试验用的垃圾桶是在现有基础设施上的"增补"，往往排在了垃圾场的末尾（图 18.9）。研究人员注意到几个实例，客人走向某个食品垃圾桶，只是因为这个垃圾桶距离他们最近。根据这些观察，存在这种可能性，有些食品垃圾桶污染率高，因为是距离"最近的那个桶"。很多参加半结构式访谈的客人讲到，他们会在天黑尤其是餐后倒垃圾。有可能天黑之后，桶上标志和桶盖颜色都难于看清，削弱了他们正确使用垃圾桶的条件。也可能是下述情形：有报告说孩子们常常去倒垃圾，他们可能没看见，也没有读或理解桶上的标志；员工在小组座谈会上说，有些"粗枝大叶"的度假客也要对污染食品垃圾桶负责任。应该考虑另外的研究，以了解污染发生的原因；隐蔽地开展人种学观察有助于理解污染行为，也有利于制定策略以减少其发生率。

图 18.9　垃圾场尽头的食品垃圾桶。
来源：承蒙克丽·贝尔拍摄，2011

结　论

　　巴里等（Barr et al.，2011）明确指出，科研和政策迫切需要从强调家庭为可持续环境行为的"实践场所"转向全方位研究碳密集型地区，因为有个体及相关社会群体在此出入往来。休闲环境食品垃圾堆肥处理的调查结果表明，不管是家庭堆肥行为还是家庭外活动住宅园区的食品垃圾源分流活动，都与巴里等人（Barr et al.，2011）的预期结果有出入。家庭进行食品垃圾源分流似乎没有利他主义考虑，多数情况下，分开食品垃圾回收再用是为了个人好处。此外，可持续食品处置障碍在临时住所和家庭有相似之处；担忧因素包括空气异味、卫生状况、害虫、处置麻烦及有限的室内容器存放空间。不过，有证据显示，这些障碍，特别是空气异味和储存空间有限，场地越小就越突出，这使得人们讨厌在室内存放食品垃圾，存放时间也不会长。对于小屋一类较宽敞的住所，应该提供临时储存容器和配套用降解袋。帐篷和大拖车等非永久性住所还没有明晰解决办法。对于该群体住宿者而言，避开临时存放垃圾的问题，直接提供可用食品垃圾桶，或许足以确保他们参与食品垃圾源分流。

试验后的抽样客人中有 19% 是第一次接触食品堆肥行为。给这组人提供降解袋和密封好、不受天气影响的小尺寸容器，可提高他们的参与率和食品垃圾转移率。不过，这样一个系统中还应考虑一点，即食品垃圾从产生到被送至垃圾桶的过程中，有其他干预因素。看来高调宣传食品垃圾的作用，可提供临时住宿者参与所需的利他主义动力。参与食品垃圾源分流的人中，有很大比例习惯在家将食品垃圾与一般垃圾分开，这说明宣传活动将食品垃圾堆肥现场的规范性动机定性为良好现场行为，令过去从未进行过食品垃圾源分流的人更多地参与了进来。另外，旅游景点增设堆肥系统，既实现了欢乐主义的目标诉求（觉得增加了额外的环境效益），又满足了以增益为导向（基于激励的）的目标诉求（Lindenberg & Steg，2007）。不过，鉴于依靠客人自述会遇到种种问题，进行隐蔽观察不失为确立基准参与率的良策。

在多用户临时住宿设施成功运行食品垃圾收集系统，食品垃圾收集桶遭受污染成为最大障碍，发生污染可能有多种原因。在多用户临时住宿设施投放食品垃圾桶以前，审慎的做法是要最大化利用循环回收等现有源分流系统，这个过程需要调查造成污染的各种缘由。此外，充分实施食品垃圾源分流方案，而非此次的淡季试点，迫切需要员工参与，帮助客人认识这样一个系统的存在，并在某些方位设置信号强化以下内容：作为一种新兴的、不断发展的有责任担当的环保行为，食品垃圾回收利益多多。

致　谢

承蒙合作机构无偿提供研究场地，本文作者在此表达诚挚谢意，特别致谢活动住宅园区全体工作人员和环保专员艾美·克里斯塔（Iome Christa）女士，她为项目付出了大量时间。感谢 2011 年度帕姆·基廷"零浪费"纪念奖学金及 2011 年度芭芭拉·哈迪奖学金提供经费支持。

参考文献

1.Ajzen, I. and Fishbein, R. (1980) *Understanding Attitudes and Predicting Social Behaviour*, Prentice-Hall, Inglewood Cliffs, NJ

2.Ajzen, I. and Madden, T.J. (1986) 'Prediction of goal-directed behavior: attitudes, intentions, and perceived behavioral control', *Journal of Experimental Social Psychology*, vol 22, no 5, pp453-474.

3.Aung, M. and Arias, M.L. (2006)'Examining waste management in San Pablo del Lago , Ecuador: a behavioural framework', *Management of Environmental Quality*, vol 17, no 6, pp740-752

4.Baker, D., Fear, J. and Dennis, R. (2009) *What a Waste：An Analysis of Household Expenditure on Food*, The Australia Institute, Canberra, ACT

5.Bandura, A. (1977) 'Self-efficacy: toward a unifying theory of behavioural change', *Psychological Review*, vol 84, no 2, pp191-215

6.Barr, S., Shaw, G. and Coles, T. (2011)'Sustainable lifestyle: sites, practices, and policy', *Environment and Planning A*, vol 43, pp3011-3029

7.Bartling, H. (2012)'A chicken ain't nothin'but a bird: local food production and the politics of land use change', *Local Environment*, vol 17, no 1, pp23-34

8.Bell, K. (2011)'Food for thought compost: design of a food waste collection system to optimise guest separation of food waste from the general waste stream in a caravan park', Honours Dissertation, University of South Australia at Adelaide, South Australia

9.Brook Lyndhurst (2010) *Enhancing Participation in Kitchen Waste Collections*, Defra Waste and Resource Evidence Programme (WR0209), Technical Report, Department for Environment, Food and Rural Affairs, accessed 25 September 2012

10.Council of Australian Governments (COAG) Standing Council on Environment and Water (2012) *National Waste Policy: Waste Less, More Resources, Implementation Report* 2011, Department of Sustainability, Environment, Water, Population and Communities, Canberra, ACT

11.Davies, J., Goxall, G.R. and Pallister, J. (2002) 'Beyond the intention-behavior mythology', *Marketing Theory*, vol 2, no 1, pp29-113

12.Davison, S., Thompson, K., Sharp, A. and Dawson, D. (2012)'Reducing wasteful household behavior: contributions from psychology and implications for intervention design', in S. Lehmann and R. Crocker (eds) *Designing for Zero Waste: Consumption, Technologies and the Built Environment*, Earthscan, London, pp67-88

13.Department of Environment and Conservation NSW (2007) *Co-Collection of Domestic Food and Garden Organics：The Australian Experience*, South Sydney, NSW

14.Derksen, L. and Gartrell, J. (1993)'The social context of recycling', *American Sociological Review*, vol 58, no 3, pp434-442

15.Ebreo, A., Hershey, J. and Vining, J. (1999)'Reducing solid waste: linking recycling to environmentally responsible consumerism', *Environment and Behavior*, vol 31, no 1, pp107-137

16.Edgerton, E., Mckechnie, J. and Dunleavy, K. (2009)'Behavioral determinants of household participation in a home composting scheme', *Environment and Behavior*, vol 41, no 2, pp151-169

17.Environment Protection and Heritage Council (2009) *National Waste Policy: Waste Less, More Resources*, Department of Environment, Water, Heritage and the Arts, Canberra, ACT

18.Environment Protection and Heritage Council (2010a) *National Waste Report* 2010, Department of Environment, Water, Heritage and the Arts, Canberra, ACT

19.Environment Protection and Heritage Council (2010b) *National Waste Policy: Waste Less, More Resources Status Report, November* 2010, Department of Environment, Water, Heritage and the Arts, Canberra, ACT

20.Favoino, E. and Hogg, D. (2008)'The potential role of compost in reducing greenhouse gases' , *Waste Management and Research*, vol 26, no 1, pp61-69

21.Garces, C., laFuente, A., Pedraja, M. and Rivera, P. (2002) 'Urban waste recycling behavior: antecedents of participation in a selective collection program', *Environmental Management*, vol 30, no 3, pp378-390

22.Glanz, K. and Bishop, D. B. (2010)'The role of behavioral science theory in development and implementation of public health interventions', *Annual Review of Public Health*, vol 31, pp399-418

23.Guagnano, G. A., Stern, P. C. and Dietz, T. (1995)'Influences on attitude-behavior relationships', *Environment and Behavior*, vol 23, no 2, pp195-220

24.Hopper, J. R. and Nielsen, J.M.C. (1991)'Recycling as altruistic behavior: normative and behavioral strategies to expand participation in a community recycling program', *Environment and Behavior*, vol 23, no 2, pp195-220

25.Knussen, C. and Yule, F. (2008) '"I'm not in the habit of recycling"', *Environment and Behavior*, vol 40, no 5, pp683-702

26.Knussen, C., Yule, F., MacKenzie, J. and Wells, M. (2004) 'An analysis of intentions to recycle household waste: the roles of past behavior, perceived habit, and perceived lack of facilities', *Journal of Environmental Psychology*, vol 24, no 2, pp237-246

27.Lehman, P.K. and Geller, E. S. (2005)'Behavior analysis and environmental protection: accomplishments and potential for more', *Behavior and Social Issues*, vol 13, no 1, pp13-32

28.Lehmann, S. (2010) 'Resource recovery and materials flow in the city: zero waste and sustainable consumption as paradigms in urban development', *Sustainable Development Law and Policy*, vol 11, no 1, pp28-38

29.Lindenberg, S. and Steg, L. (2007) 'Normative, gain and hedonic and goal-frames guiding environmental behavior', *Journal of Social Issues*, vol 63, no 1, pp117-137

30.Lou, X.F. and Nair, J. (2009) 'The impact of landfilling and composting on greenhouse gas emissions; a review', *Bioresource Technology*, vol 100, no 16, pp3792-3798

31.McKenzie-Mohr, D. (2000)'Fostering sustainable behavior through community-based social marketing', *American Psychologist*, vol 55, no 5, pp531-537

32.McKenzie-Mohr, D. and Smith, W. (1999) *Fostering Sustainable Behavior: An Introduction to Community-Based Social Marketing*, New Society Publishers, Gabriola Island, BC, Canada

33.Mason, L., Boyle, T., Fyfe, J., Smith, T. and Cordell, D. (2011) *National Food Waste Data Assessment: Final Report*, prepared for the Department of Sustainability, Environment, Water, Population and Communities by the Institute for Sustainable Futures, University of Technology, Sydney, NWS

34.Molser, H-J., Tamas, A., Tobias, R., Rodríguex, T.C. and Miranda, O.G. (2008)'Deriving interventions on the basis of factors influencing behavioral intentions for waste recycling, composting, and reuse in Cuba', *Environment and Behavior*, vol 40, no 4, pp522-544

35.Nordlund, A.M. and Garvill, J. (2002)'Value structures behind proenvironmental behavior', *Environment and Behavior*, vol 34, no 6, pp740-756

36.Ölander, F. and Thøgersen, J. (1995)'Understanding of consumer behavior as a prerequisite for environmental protection', *Journal of Consumer Policy*, vol 18, no 4, pp345-385

37.Ölander, F. and Thøgersen, J. (2006) 'The ABC of recycling', *European Advances in Consumer Research*, vol 7, pp297-302

38.Prochaska, J. O. and DiClemente, C. C. (1983)'Stages and processes of self change of smoking: toward an integrative model of change', *Journal of Consulting and Clinical Psychology*, vol 51, pp390-395

39.Rathje, W. (1992) *Rubbish! The Archaeology of Garbage*, HarperCollins, New York, NY

40.Refsgaard, K. and Magnussen, K. (2009)'Household behavior and attitudes with respect to recycling food waste: experiences from focus group', *Journal of Environmental Management*, vol 90, no 2, pp760-771

41.Schwartz, S.H. (1977) *Normative Influences on Altruism*, Academic Press, New York, NY

42.Shove, E. (2012)'Putting practice into policy: reconfiguring questions of consumption and climate change', *Contemporary Social Science*, vol 7, pp1-15

43.Steg, L. and Vlek, C. (2009)'Encouraging pro-environmental behavior: an integrative review and research agenda', *Journal of Environmental Psychology*, vol 29, no 3, pp309-317

44.Taylor, S. and Todd, P. (1995) 'An integrated model of waste management behavior', *Environment and Behavior*, vol 27, no 5, pp603-630

45.Thøgersen, J. (1994)'A model of recycling behavior, with evidence from Danish source separation programmes', *International Journal of Research in Marketing*, vol 11, no 2, pp145-163

46.Tonglet, M., Phillips, P. S. and Read, A. D. (2004)'Using the theory of planned behavior to investigate the determinants of recycling behavior: a case study form Brixworth, UK', *Resources, Conservation and Recycling*, vol 41, no 3, pp191-214

47. Truscott Research (2009) *Zero Waste SA, Food Waste Pilot Survey*, market research report, Zero Waste SA, St Peters, SA, Australia, accessed 21 March 2012

48. Tucker, P. and Douglas, P. (2006) *Understanding Household Waste Prevention Behavior*, University of Paisley Environmental Technology Group, Paisley, Scotland

49. Tucker, P. and Speirs, D. (2001) *Understanding Home Composting Behavior: A Technical Monograph*, University of Paisley, Paisley, Scotland

50. Vining, J. and Ebreo, A. (1990) 'What makes a recycler? A comparison of recyclers and nonrecyclers', *Environment and Behavior*, vol 22, no 1, pp55-73

51. Waste and Resources Action Program (2008) *Case Study: Food Waste Collection Trials: Food Waste Collections from Multi-Occupancy Dwellings*, accessed 10 October 2011

52. Waste and Resources Action Program (2009) *Evaluation of the WRAP Separate Food Waste Collection Trials*, accessed 5 October 2011

53. Waste and Resources Action Program (2011) *Literature Review—Relationship between Household Food Waste Collection and Food Waste Prevention*, accessed 28 March 2012

54. Zero Waste SA (2010) *Valuing Our Food Waste, South Australia' s Household Food Waste Recycling Pilot: Summary Report* 2010, Zero Waste SA, Adelaide, Australia

55. Zero Waste SA and Integrated Design Commission (2012) *Report for State Waste Management, Guidance for Medium Density, High Density and Multi-Unit Developments in Metropolitan Adelaide: A New Approach for Municipal Waste—Delivering the Strategy*, prepared by GDH Pty Ltd for Zero Waste SA and the Integrated Design Commission, June 2012, accessed 19 October 2012

19　木材走进城市：低碳建筑系统中预制多层木建筑的社会认可

斯蒂芬·莱曼　　加布里埃尔·B.菲茨杰拉德

【提要】

预制实木板工程结构系统具有隔绝和存储二氧化碳的效能。模块化交叉层压木板（cross-laminated timber, CLT）是低碳工程结构系统的基石，用实木板在空隙地建造的住宅楼房可达 10 层以上。纯实木建造 4 层至 10 层的多层公寓楼房目前还是个新鲜事物，近年在欧洲发展良好，但在澳大利亚和北美，其社会文化认可度尚不明确。只有它被用户接受，将来方有商业利用价值。

笔者着力研究两大问题：第一，城市填充模型，交叉层压木板结构系统为在旧城区空地添建新房提供了良好模型，可为促进宜居城市的建设发挥重要作用。第二个问题关注社会对多层实木建筑的认可，使用交叉层压木板系统向资源优化的填隙式建筑转向，要求行为和价值观念的转变，以便居住者将来全盘接受这些建筑。

木材因其低能耗和特有属性而成为今天重要的建筑资源。交叉层压木板等预制实木板工程系统作为一种可持续建筑系统，其潜力才刚刚释放。由于木材是为数不多的几种能够长时间大量存储碳的材料之一，用实木板施工，实际上获得了开展碳工程以便将建筑变成"碳库"的机会。

因此，"棕色"地带的交叉层压木板建筑可以部分扭转城市开发建设累积的历史性环境负面效应。

笔者介绍了一些国际先例，探究对它们的接受度，也即对近年伦敦、维也纳、柏林和特隆赫姆等城市修建的木材住宅建筑进行案例研究。

消费者何以喜欢购买这些楼房公寓，需要厘清其中缘由。还必须做深入研究，进行深度用后评价，评价体系要纳入业主、住户、邻居、建筑师、地产专家、开发商的各方意见，还要设计高层木建筑的寿命评估。这些一手信息对于提升澳大利亚多层木建筑的社会认可度具有非常宝贵的作用。

导　言

关于全球变暖的原因和环境效应，科学家们正不断提出试验证据。必须进行大胆变革来减少碳排放。面对全球变暖，我们不得不重新思考如何解决人口增长、城市发展、碳密集型和资源密集型建筑系统、不可持续的线性物流模式、消费及城市生活等一系列问题。城市必须进行渐进式改造，以增强其可持续性和适应力（Girardet，2004）。有证据显示，由于其经济的规模性及连通性，大城市资源利用效率优于较小城市；还有证据显示，城市密度大，内部连通性好，人均产生的碳排放更少（Droege，2008；Lehmann，2010；Schiller et al.，2010；GBCA，2011；West，2011）。

住房建设作为澳大利亚经济的一股驱动力和基本社会需求有着特别的意义。澳大利亚森林木制品协会新近的一份报告指出，"只要采纳新兴技术、设计、材料技术、住房施工过程管理各领域都有改进的巨大潜力，可是迄今为止，相比其他发达国家，澳大利亚建筑业在新技术采用上一直行动迟缓"（FWPA，2012）。

澳大利亚需要建设紧凑内向型城市，在此过程中，城市加密和旧城生活的社会与文化认可成为一个突出问题。"棕色"地带的城市加密开发意味着，城市将更趋紧致密实，居民离公共交通、多功能区域和工作场所都很近便；也意味着人们将从郊区迁回城市中心，接受多层公寓楼房和连栋住房。我们的研究反映出，在6层紧凑楼房区，材料和能源利用异常高效；共享循环流通、防火墙、地基和屋顶等建筑元素，使所需的建筑材料减少了20%（Lehmann，2010）。然而，要从文化上接受旧城生活，需要开发更好的填充住房模式。过去10年，悉尼和墨尔本开发了一些较典型的旧城公寓楼房，常常不受好评：价格贵，私密性差，音响质量低，楼层空高低（楼层间最低高度仅有2.4米），所以，这些楼房被贬称为"鸡舍"。

我们的线性经济系统和现行城市化模型建构在以下理念基础上：城市工业的持续增长、消费的不断扩大、一次性使用产品、资源的耗竭、垃圾和污染的产生（Girardet，2004；EPHC，2010；McKinsey & Company，2008；Meadows et al.，1972）。人们将资源源源不断地从地球提取出来后，加工、生产成零部件，再装配成产品，产品又被经销、出售到四面八方，产品使用后会被丢弃处理，又为新产品所置换。沃克（Walker，2006）指出，"该系统资源能源呈线性单向流动：大部分资源未能回收，最后落得进填埋场的结局"。该系统中，物质资源的回收再用、建筑元件的维修翻新尚未占据重要位置。一个可在其中实现 100% 的再循环、全部元件可拆解再用的建筑系统必将是一个更好的系统。

明确问题：优化旧城住房模型以利于城市加密

不可持续的"功能城市"模型是在化石燃料极廉价的汽车时代慢慢发展起来的。澳大利亚和北美地区的城市尤其需要向高密度、紧凑的城市形态改造，通过填补加密减少对汽车的依附、减少温室气体的高排放和土地的高消耗（Girardet，2004；Lehmann，2010）。在棕色地带实施加密填充式开发项目，也能建设既有紧凑城市形态又有混合住宅类型的绿地，这些开发项目中的绝佳范例有：沃邦—弗莱堡（德国）、哈马比-斯德哥尔摩（瑞典）、马尔默海滨，以及走向复兴的柏林、哥本哈根和巴塞罗那。

澳大利亚也迫切需要在棕色地带建设城市加密项目，开发宜居、负担得起的旧城住房模型（Commonwealth of Australia，2010；Govermment of South Australia，2010）。如果此开发能与低碳预制建筑系统结合，开发商就能缩短建设周期，迅速交付这些可负担的新建楼房，避免建筑噪声干扰周围居民的生活。澳大利亚人要接受这些新模型，就必须改变行为。我们的价值观和行为决定了我们渴望何种生活。只要我们就旧城生活和消费模式改变观念和行为，我们就能够显著改善和遏制环境恶化和全球变暖的威胁（Hawken et al.，2000；Garnaut，2008；Gilding，2011）。

人们大都要作出审慎的度量，才会将大笔的钱投入到住房上。要了解消费者进行种种决策的原因，需要进行相关研究并收集定性数据。现在，一些重要的人口结构变化正在悄然发生，具体而言，家庭规模缩小、人口老龄化趋势日渐明显。由此，我们的生活方式和我们对生活的希冀都在发生变化。譬如，在格拉坦研究所发布的《我们乐于选择的住房》（*The House We Would Choose*）（Grattan Institute，2011）报告中可以发现，住所带花园和庭院的重要性排位已从第二跌至第二十三，澳大利亚人现在反倒认为住所距离工作场所近、可便利搭乘公共交通工具十分重要。该研究所近年来关于澳大利亚人住房偏好的研究显示，旧城理想的位置对住宅选择影响最大；此外，能否感受到社区存在和有不同住房类型可供选择也变得越来越重要。因而，城市致密化和加密住房已然成了现代澳大利亚城市设计政策的既定特点（Rickwood et al.，2008）。

马列内和马利（Maliene & Malys，2009）基于可用性、可及性、品质、经济实用性、生态性、舒适性和安全性等特点，提出在英国建设、开发可持续的住房模型。要切实推行可负担又可持续的住房模型，就必须得到消费者和周边社区的双重社会认可（Winston，2009）。在澳大利亚城市中，经济可负担的旧城住房的短缺已成了一个大问题。

全国住房供给委员会最新的年度报告揭示，2011 年澳大利亚城市住房的供需差距增加了 28 000 多套，差不多有 20 万套的需求量（NHSC，2011；见 Demographia，2011）。该报告同时指出，在现有城区（"棕地"）内，适合低收入者的旧城住房严重不足，使他们错失享有城市生活方式的机会。而如果居民过上这种生活方式，就能散步、骑单车，参加种种活动，通过锻炼使健康得到系统性恢复，同时还减少了碳排放和空气污染。

我们需要开发低碳系统，将系统的组成要素和元件快速装配成加密建筑，同时还要确保得到用户认可。

针对两大问题的研究项目

正在开展的此项研究的目标是研究两大问题：首先，需要研发更好的城市加密住房模型；其次，要集中研究如何运用交叉实木板建造好的加密模型，为建设宜居城市发挥重要作用。此外还要深入分析近年来投建的交叉实木板建筑案例，探查其相关结果。

模块化交叉层压木板是低碳工程施工系统的基石，该系统利用实木板可建设高达 10 层甚至更高的加密住宅楼房。这些预制实木板工程结构系统可以隔绝存储二氧化碳（木材成为碳库，二氧化碳在光合作用下经生物固碳过程，转化成生物量）。

就现有文化对加密木材建筑的排斥和观念来看，仍然存在知识盲区。社会急需接受用多层实木板建造的城市加密公寓。城市致密化程度需要增大，交叉层压木板为实现这一目标提供了途径，在"棕地"和"灰地"上填充可负担又美观的中密度住宅。

木材作为世上最古老的建材，拥有其他建材不能比的固碳潜质。德国、奥地利、瑞士三国的亚高山地区蕴藏着丰富的森林资源，1995 年左右，工程木材设备在该地区首次面世。用来建造多层住宅楼的交叉层压木板技术作为一种现代建筑技术，如今已经被引进到欧洲其他几个国家（以交叉层压木材或实木的名义，由高品质的中型制造商生产并进口到英国等国家）。近年来，加拿大、新西兰也抓住机会采纳了该技术，开创了工业化的非现场施工方法。

澳大利亚要引进实木板施工设备，这意味着必须重新思考和设计建筑标准，重新重视利用数字设计工具开发预制施工设备系统，还必须重视物质文化，重新审视住宅开发的整体实践。用工程木材设备系统建造城市加密建筑，可以实现资源优化，这一转向要求相应的行为变化，以确保居住者居于其间将毫无保留地接受这些建筑。

和常见的混凝土与钢筋相比，选用木材仍被认为存在风险。人们常说的风险有火险、虫害和隔音不良。人们对木材持有偏见，这都是诱因。为在澳大利亚有效推行预制工程实木板系统，要求用户认可、资源获取、适当设计中的知识转移和地方制造施工能力四个条件缺一不可。否则，生产成本高，潜在居住者（买主）又不认可，交叉层压木材系统是运行不起来的。

本章案例的研究对象都是近年修建的住宅木建筑（6 例外国建筑，1 例澳大利亚本土建筑，高度为 4 ~ 10 层）（深入分析，见 Lehmann，2012）。这些建筑先例分别建于伦敦、维也纳、柏林和特朗赫姆，澳大利亚首例高层木建筑在 2012 年建于墨尔本。消费者愿意买下这些建筑中的公寓，需要厘清其中原因，如能发现重要证据，对鼓励澳大利亚全社会接受同类木建筑会起到重要的作用。

城市发展：城市加密和旧城可持续生活的理据

城市作为消费中心，需要集中大量能源、建材、水、粮食和土地，而所需的数量之大超出了自然界的供给力（Brown，2009；Lyle，1994；Mumford，1961）。布朗（Brown，2009）认为，大量集聚的物质又以垃圾、污水、污染物形式进入空气、水和填埋场，这正是世界各地城市面临的同一挑战。这意味着城市设计探讨住宅类型学和致密化策略已经迫在眉睫。

近年，澳大利亚多数大城市都制订了未来 20 年的总体规划，以迎接预期的人口增长（据目前预测，澳大利亚人口将从 2012 年的 2 300 万增加到 2045 年的 3 600 万，COAG，2011），为实现这一增长，悉尼、墨尔本和阿德莱德等城市加密比例将从现有的 35% 左右增加到 60% ~ 70% 的预定目标。这些城市的战略核心是：确定以交通为导向的开发用地，并许可在运输走廊沿线加大开发密度。澳大利亚大城市的总体规划在目标和策略上有着极大的相似性。澳大利亚政府再度重视城市规划，令其下属的澳大利亚政府理事会和联邦政府主要城市单元两大机构对提供可负担、可持续的旧城住房表现出巨大关注。可是，混凝土和钢筋建造传统公寓楼是一个单向度且高能耗的过程，还向大气层释放大量温室气体。实现可负担、可持续住房目标的一大策略便是利用模块化预制低碳结构系统，设计并生产"绿色"成套件，用来大规模定制建筑物。"建筑不产生污染"的愿景将最终成为现实（COAG，2011）。

行为变化常被列为降低消费、倡导环保行为和高能效、高物效低碳未来的头号顽敌（Lehmann & Crocker，2012；McKenzie-Mohr et al.，1995；Newton，2011）。"行为"一词可被定义为对现有环境问题的积极应对，而这种应对又被其实施者自认为是利于环保的。要解决城市开发和扩展双双引发的碳排放强度问题，必须寻求低碳性替代方案进行城市加密开发。如能将技术嵌入社会文化系统中，便可激发最大效力。文化被认为是价值、规范、习俗、思维方式和意义模式的总和。然而，关于可持续生活问题，居民的内在要求和投入付出并不十分明了。

城市像森林，城市建筑像林中树木

木材作为建材，拥有几大重要的环保优势。首先，木材具有再生性，当碳与二氧化碳分隔后，木材将其封存于大气中；其次，木材再生速度快，重复利用的优势得天独厚，如从有合法证明的可持续林地开采的木材妥善加以回收，就成了一种碳中性能源或建材。

一立方米木材可存储多达一吨的二氧化碳，因而木材用作建材有积极的环境效益。一般而言，木建筑一次性能耗和导致全球变暖潜势都低于混凝土和钢筋，二者的差异可达 25% 或更高。

让我们用一半的资源建同一座大厦！

（Kaufmann，2011）

森林、树木、木板和碳库

木材堪称太阳能的载体，它是二氧化碳的高效收集器。用木材建造住宅楼目前存在两大中心问题：绿色供应链和资源优化的施工系统。只要以负责任的方法植树造林，只要有木材来源证明，证明产地距离不太遥远（避免运输过程产生温室气体），木材建筑就可有效存储二氧化碳。

我们的目标是发展、衍生新的木材结构和设计，以处理建筑造成的巨大环境负面效应，寻求经济高效、资源需求少的全新建筑方法。新开发的工程木材性能比混凝土和钢筋都优越，生产 1 吨钢材产生 1.5 吨的碳排放，生产 1 吨水泥产生 1.1 吨的碳排放。未来生产周期短的软木将备受青睐，种植这种木材可用来压制大型实心结构板。

中高层（4 ~ 10 层）加密项目植入现有城市结构，正在普及开来。将来在旧城建设住宅，将采用低碳轻型结构系统和包层，强调建筑速度、碳排放和减重；这些预制结构主要指高性能木材面板，譬如交叉层压木板，现场施工很方便。

由于当代技术革新，木建筑的改装组合发生了根本性变化（Vessby et al.，2009），木建筑防御火险、虫害及抗腐能力得到了明显提升（Frangi et al.，2009；Gereke et al.，2011）。木材因其固碳能力，极可能成为 21 世纪的首选建材。开采自管理良好的林场、并拥有独立来源证明（如 PEFC，FSC）的工程木材很可能掀起建筑业的一场革命，可持续建筑的实现已经指日可待（BEIIC，2010；DPI NSW，2008；John et al.，2009）。

就木制品和木建筑进行的能量预算显示：它们的生命周期（生产、使用、维护和处置）耗用能量低于生命周期结束时回收拾回的能量，即呈能量正数。世上任何建材都没有木材那样的综合节能效率，因而不能像木材一样有效地保护气候。

（Wegener et al.，2010：4）

什么是实木面板结构？它有什么优点？

按照澳大利亚木材协会（TDA，2011）给出的定义，交叉层压木板这一结构系统是用结构胶黏剂将大尺寸木板黏合到一起，各层纵、横纹理方向交替变换，以此来制作实心承重木板。交叉层压木板不只是一件"产品"；作为公认的结构系统，它已经取代钢筋和混凝土，在欧洲得到越来越多的应用。

作为工程结构型材，大尺寸实木板可用作大型承重墙和楼板。交叉层压木板是在胶合板技术基础上发展起来的，胶合板恰当的称谓应是"巨型胶合板"，一层又一层的薄板黏合到一起，各层纹理呈90°角交替变换（因而不同于单板层积材或胶合层积材）。在交叉层压多层木板中，木材承重纹理呈双向分布，因而提高了结构性能，这意味着实木板可用来构筑完整的地面、墙面和屋顶。而由此带来的优势令人无比激动——木板远比混凝土轻，施工安装也就更为轻便与安全（Lehmann，2011；Sathre & Gustavsson，2009；WoodWisdom-Net，2009）。

新近的一项概括研究验明了澳大利亚城市加密开发中提供实木板建筑的现有能力，同时也略述了需要开展的后续研究（Lehmann & Hamilton，2011）。研究项目就交叉层压木板，包括澳大利亚社会采用交叉层压木建筑、建立交叉层压木板结构系统采访了主要的利益相关人，了解他们的看法，他们所感知到的障碍和机会。一方面，研究发现，锐意创新的建筑师分外青睐交叉层压木结构系统，十分愿意将这一系统纳入多层住宅开发中。但另一方面，也存在重大障碍：本土不生产这个产品，人们对其不熟悉；能否获批建筑消防性能许可尚不可知（包括施工中的防火）；加密开发建造的木建筑及其宜居性能否得到潜在居住者广泛的社会认可（Lehmann & Hamilton，2011）。

交叉层压木结构面临的其他障碍就是木材作为建材的不利因素，人们担心木材的维修保养费用高，缺乏耐久性（常常要担心防火、防噪声、防潮和防虫害）；木材尤需防御白蚁、真菌等虫害；同时，木材又易于腐烂变质。不过，多数技术性挑战已得到了解决。比如，在建筑物正面搭建雨屏，雨水冷凝后会风干，木板由此得到了保护。

实木建筑有诸多一目了然的优点。笔者实地考察了这些建筑，审阅了相关研究文章和木制品产业战略，并与供应链上的行业利益相关人进行了大量探讨，拟出了下面的条目：

- 交叉层压木板预制建筑结构可在现场快速组装（由于预制结构很轻便，组装速度至少可提升 30%）；

- 大型交叉层压木板以其声学性能和热性能，在一定程度上可减少节能和消声所需的附加隔层数量；

- 相比于木框建筑，交叉层压木板的防火性能预期更高（高密度大型木板只能表面烧焦，不会整个着火燃烧，烧焦表层既是防火屏障又可保护木板承重）；

- 每座交叉层压木建筑都可以储存碳（吸收二氧化碳）；

- 与钢筋、混凝土及铝建筑相比，用出自合法渠道木材建造的木建筑可减少碳足迹（建材生产能耗少，体现了能耗的减少）；

- 轻便性——质量仅占混凝土建筑的 1/4，交叉层压木建筑的构造便是资源节约型构造，因而大幅度减少了浪费；

- 交叉层压木住宅冷热调节十分简便，提供宜人的室内气温条件（运行能耗减少了，居民的能源费用也减少了）。

20 世纪 70 年代，建筑构件的生产采用现场外齐一性的工业化生产，造成建筑的千篇一律。而今，建筑信息模型技术采用计算机辅助计算和数码式生产方法，可提供多样性的个性解决途径（大规模定制）。场外精确预制交叉层压模板，模块化结构的诞生终成现实；同时，运用高效数码设计技术的力度也得到大为提升。交叉层压墙面板可在现场外精准切割成窗口和门洞，某些情形下，还可安装配套绝缘层、外包层。某些高层建筑的地面、屋顶、天花板、电梯轴和楼梯井都采用预制板（Östman & Källsner，2011；Pons & Wadel，2011；Waugh & Thistleton，2011）。范围研究考察建筑案例的过程中，注意到现场施工快捷迅速这一大亮点，9 层高的楼盘施工周期只有 3 ～ 4 个月（Lehmann & Hamilton，2011）。与传统高层施工方法比较，施工时间如此短，噪声影响、现场事故风险、对周围地区的干扰和垃圾均有减少。按常规，约有 40% 的固体垃圾出自建筑施工和拆建。上述优势当然不局限于交叉层压木建筑，也为一切使用预制墙、地、顶建筑元素的现代建筑方法所共享。

澳大利亚眼下尽管没有交叉层压木板的生产设施，但来自欧洲的供货渠道却早已就位（就在本文写作之际，新西兰和加拿大已有公司开始生产交叉层压木板），澳大利亚地产商联盛集团（Lend Lease）正筹划以国产的辐射松为支撑，建立国内供应链，结束对海外产品的依赖（2012，个人通信）。最近的材料测试显示，澳产松木的品质与欧洲杉木和新西兰松木不相上下。澳大利亚首栋交叉层压木制住宅楼是修建在墨尔本港区布瑞克街的福泰大厦。

城市环境下的 CLT 建筑样板：欧洲案例研究和澳大利亚的首次使用

以实木板建造多层公寓楼这种做法在欧洲已经蔚然成风，这些项目有的已经建成，有的处于建设中，分布在欧洲不同城市（奥地利、瑞士、德国、意大利、挪威、芬兰和英国都有大型项目）。到目前为止，澳大利亚设计、提交并等待开发许可的交叉层压木建筑只有几例。公寓楼的建筑成本虽远高于独门独户住宅，但交叉层压木结构有望改变这一格局。悉尼（悉尼西的麦克阿瑟花园和布朗格鲁的一幢办公楼）和阿德莱德（该市一幢学生公寓及鲍登的另一幢公寓楼）分别各有两个开发项目，都计划建成交叉层压木板建筑，但是在本文写作之际，项目设计仍处于概念初创阶段。图 19.1 到图 19.8 展示了今年用交叉层压木板系统建成的住宅楼。

根据拉特克和莱曼（Lattke & Lehmann，2007）的观点，交叉层压木板结构在欧洲建成了一些突破性的示范项目，其中很多他们都有详尽分析。目前，差不多每幢大型木建筑都成了样板。考夫曼（Kaufmann）认为，"要确切纳入城市规划和获得建筑许可，标准化是十分必要的"（Kaufmann，2011：42）。人们接受、吸纳交叉层压木板结构的热情是巨大的：交叉层压木板系统首次在英国建筑业使用不过是在 10 年前，但此后增长很快，现在英国计划的交叉层压木板项目多达数十个——2012 年，尤以中高层住宅楼和校舍为明显。

表 19.1 和表 19.2 列举了一些精选建成案例，总结了这些用大型木板结构建成的高层公寓楼的某些性能：通过这些较复杂的欧洲住宅项目，可以了解木板系统给设计带来的多样可能。

图 19.1a 和图 19.1b　位于墨尔本港区布瑞克街的 10 层木质公寓楼福泰大厦，2012。
来源：莱曼（Lehmann，2012）

表19.1 CLT建筑：3层以上住宅楼全球案例研究的7个实例

实例	高度	住房	造价（百万）	建筑机构	述评
1. 布里德波特大厦（Bridport House），英国伦敦哈克尼（2011年10月竣工）	8层	41套（1~4卧室公寓）	5.9 英镑	Karakusevic & Carson, London with Eurban; Stora Enso	规范级别4终生的家园 建设周期：2010年10月—11月（12周）（此处原书有书写误。编著） CLT供应商Stora Enso（现场30地次交付）
2. 施塔德豪斯（Stadthaus）公寓楼，伦敦哈克尼穆雷格罗夫（2009年1月竣工）	9层，其中8层为CLT结构	29套公寓，部分为社会公益住房	3.5 英镑	Waugh & Thistleton Architects with Techniker Limited Engineers	耗用KLH CLT：926立方米 CLT墙面和楼板；木楼梯和升降机槽；4名木工花12周组装CLT墙面和楼板，平均每层楼3天，总建筑时间49周。压缩载荷造成的蠕变缩短，墙体可忽略不计，地面为0.6毫米0.02英寸）
3. Svartlamoen 公寓楼，特隆赫姆，挪威/2004年5月	5层，CLT结构 平面图尺寸 6×22米	2个楼盘 总面积1080平方米，单套面积120平方米	2.16 欧元	Brendeland & Kristoffersen Architects, 特隆赫姆	底楼兼有商业房。挪威落叶松外包层，室内承重元件木材表面未作处理 4名工人仅用10个工作日完成了主体结构的搭建。公共住房，主要供学生居住
4. Am Muehlweg 住房项目，奥地利维也纳弗洛里茨多夫（CLT新区）2005年6月	3~4层 CLT 混凝土底座	数幢CLT建筑，200住户，总面积约7000平方米	11 欧元	Hubert Riess, Dietrich Untertrifaller, Hermann & Johannes Kaufmann, Schwarzach, Vorarlberg, 奥地利	3大场地互利相连 充分利用木材和混合结构的生态经济效益。排屋和一幢L形建筑把庭院环绕在中间，庭院是免费的公共区域，执行BBS低能耗标准30千瓦/平方米/帕"木材被动式节能屋"
5. Wagramer -strasse, corner Eipeldauer Strasse要，奥地利维也纳，2012-13	主楼6层 3幢指状副楼、CLT板、混凝土底层 建筑时间10周	101套（公共住房）	15 欧元	Michael Schluder With Hagmueller Architeckten, 维也纳	设计大赛作品，维也纳标志性建筑。维也纳市欲通过高质量住房推动其'木材走进城市'项目。该项目侧重在内城兴建'3~8层木建筑。奥地利最高木材公寓楼高7层（6层CLT1层混凝土）；一幢混合结构大楼，混凝土楼梯间。CLT板材总用量2400立方米（19500平方米），生产商为Binderholz；这个用量的板材可吸收二氧化碳约2400吨

续表

实例	高度	住房	造价（百万）	建筑机构	述评
6. "e3" 公寓楼，3 Esmarchstrasse，Berlin Prenzlauer Berg，德国，2008（2008 年 4 月竣工）	7 层城市加密建筑（高 23 米）	7 套公寓住宅（每层一套大套房）	2.5 欧元（约合 2 100 欧元/平方米）	Kaden & Klingbeil Architekten，柏林	德国于 2002 年修订了建筑法规，允许修建高度不超 5 层的木建筑（使用 CLT 和胶合板的混合结构）。这座 7 层的加密公寓楼是与柏林消防部门共同开发的；混凝土的疏散楼梯与主楼是分开的；执行标准为 27 千瓦·时/平方米/安培，二氧化碳中性建筑

表 19.2 澳大利亚首幢高层 CLT 公寓楼

实例	高度	住房	造价（百万）	建筑机构	述评
7. "福泰"，澳大利亚维多利亚州墨尔本维多利亚港，布瑞克街 807	10 层住宅楼（高 32.17 米）9 层 CLT 混凝土地基	23 套公寓住宅，底层零售商店，配备了充足的消防喷淋装置；没有泊车位	15 欧元	Lend Lease（澳大利亚）室内设计	澳大利亚的首幢高层木建筑。CLT 板材从奥地利进口，生产商 KLH。现场施工于 2012 年 2 月开始，10 月完工。福泰大厦了有 7 套单卧室公寓房（59 平方米），14 套双卧室公寓房（80 平方米），2 套带双阳室的屋顶公寓（102 平方米）

CLT 建筑案例 1：伦敦哈克尼穆雷格罗夫的多层公寓楼施塔德豪斯

"施塔德豪斯"高 9 层，建于 2008 年，是地方开发商和都市住宅协会的一个项目。这栋公寓楼有 19 套私人公寓、10 套公益住房，大楼设有住宅办公室一间，此外就是带有单卧室、双卧室或三卧室的不同户型公寓（Wells，2011）。客户指示：为免受人们排斥，大楼需要呈现混凝土建筑的外观 。底楼建好后，剩下施工都不需要固定起重机作业了，4 个木工花 3 天时间就完成了各楼层组装。整个建筑时间共 49 周，其中，交叉层压木板结构部分的 8 层只花了 12 周。交叉层压木板墙面板楼板来自奥地利的 KLH：长达 12 米的交叉层压木板板材就跟一套零件似的（由于运输问题，尺寸有限制——12 米是从英吉利海峡运往英国的最大许可尺寸）。板材的质量限制又方便移动式起重机作业。地基是（现浇）混凝土桩，设计承载量是一栋相同混凝土框架建筑的质量——这保证人们购房时又多一重选择。韦尔斯（Wells，2011）注意到，即便是升降机机芯和楼梯井都是实木的。这位建筑师还说，交叉层压木板建筑要达到建筑规范的防火要求是比较容易的，这仰仗于

图 19.2a 图 19.2b "施塔德豪斯"（左）和惠特莫尔道（右）都位于伦敦哈克尼，在建中。其作为世界上最高的木材住宅楼，获得了全球声誉。
来源：建筑师

木材自我保护的性能，一旦发生火险，木建筑比钢筋建筑受力时间更长（Ward，2009；Waugh，2010）。起初，开发商对公寓买家一直隐瞒了交叉层压木板这种非常规结构系统，为避免干扰潜在买主的决定，内墙面甚至全部盖上了石膏板。可是，这种新型木结构却被泄露给了媒体，报纸登载了这些传闻。不可否认的是，29套公寓房在两小时内就全部售罄，说明许多人都看好这一更环保的建筑方法。

CLT 建筑案例2：伦敦哈克尼布里德波特大厦

布里德波特大厦高8层，和施塔德豪斯大厦算是英国最高（本文写作时）的交叉层压木板建筑（两幢大厦都是同一开发商和伦敦哈克尼区的项目）。二者把交叉层压木板建筑的边界提高到8层楼，只是施塔德豪斯大厦要高一层且是混凝土地面，而布里德波特大

图19.3a和图19.3b　伦敦哈尼布里德波特大厦，于2012年8月竣工。
来源：莱曼（Lehamnn，2012）

厦从下往上都是交叉层压木板结构。布里德波特大厦地盘上原来是 20 世纪 50 年代的一栋楼房，现在一栋楼房变成了两栋互相连接的楼房，有 41 套公寓。楼房所有元件包括电梯轴都使用交叉层压木板，交叉层压木板的生产供应商是奥地利的 Stora Enso 木制品公司。地面下，椽子、地脚和升降机坑都用钢筋和混凝土构筑。还在大厦设计阶段时，交叉层压木板系统就被拿来跟混凝土、钢结构进行详细比较〔厄尔班（Eurban）有过详尽的比较分析〕。选择用交叉层压木板有几大特点，其一是质量。交叉层压木板远比替代性结构材料轻巧，场地下方，有维多利亚时代的一条大型下水道经过，需要避免点载荷。另一优势是施工速度，施工时间只有传统钢筋混凝土框架的一半。此外，施工过程受恶劣天气影响不大。史蒂芬·波尼（Stephen Powney，2011）《木材和可持续建筑刊物》（*Timber & Sustainable Building Magazine*）上有过评述，使用 CLT 虽然有运输的问题，但是其碳储蓄可达 2 113 吨，超过钢筋混凝土；其固碳量节省的能源，可保障大厦未来 139 年的使用期以及 20% 的能源需求。

CLT 建筑案例 3：挪威特隆赫姆多层公寓楼 Svartlamoen

该开发项目（建筑师：Brendeland & Kristoffersen，特隆赫姆，2005）包括两幢楼房，总面积约 1 000 平方米（Lattke & Lehmann，2007）。主楼高 5 层，有一些商用房，上面 4 层有若干套面积为 120 平方米的公寓，每套可供 5 人住宿。整个建筑由交叉层压木板构成，外包材质是挪威落叶松（图 19.4）。大厦一度引起过争议，两名建筑师中的 Brendeland 有这样的话："Svartlamoen 住宅区开张那天，一些混凝土公司在市报上用一个整版登载了一幅木楼熊熊燃烧的图片，这是采用了恐吓战术，目的是要人们注意木材的火灾风险。"（Fourth Door，2010）目前正在进行大厦的使用后评价。2012 年 4 月，调查人员遇到一些住户，跟他们谈起他们选择的生活方式。他了解到，希望到大厦居住的人有一长串；人们很向往跟这栋绿色大楼发生关联。住户们提到，大厦使用的可循环材料令他们欢喜，他们都知道大厦具有可持续性，珍视其"木材特质"；譬如，室内气温宜人且有利于健康。

CLT 建筑案例 4：维也纳——弗洛里茨多夫 the Am Muehlweg 住宅群

the Am Muehlweg 项目的设计操盘手有休伯特·里斯（Hubert Riess）、迪特里希和特特里法勒（Dietrich & Untertrifaller）及赫尔曼和约翰尼斯·考夫曼（Hermann & Johannes Kaufmann）联合建筑师事务所。在相互连通的 3 块土地上各修建了 100 套公共住宅公寓，意欲充分发挥木材和混合结构的生态和经济优势。排屋和一栋 L 字形大楼将一个内部庭院围绕其间，内庭开辟成为公共空间。该项目占地总面积为 6 750 平方米，共建有 13 幢楼、70 套住所（欲知详情见 Kaufmann，2011）。地基是混凝土地基，上面 3 层楼都用交叉层压木板组建，施工时间 15 个月。楼房 1 至 4 层都有落叶松外包层（图 19.5）。笔者跟相遇的住户讨论了他们决定在这个住宅区生活的原因，发现其原因与挪威案例中人们给出的原因颇为相似：住户们深知这种建筑方法是"绿色"环保的；他们喜欢源于自然的建材，对这些建筑的可持续性方面也有所了解。

图 19.4a　挪威特隆赫姆 Svartlamoen 住宅大厦外观

图 19.4b 和图 19.4c　居民马特（左）和赫拉（右）。
来源：莱曼（Lehmann，2012）

图 19.5a 和图 19.5b　奥地利维也纳 the am Muehlweg 住宅项目的住户芭芭拉。
来源：莱曼（Lehmann，2012）Lehmann

CLT 建筑案例 5：维也纳 Wagramerstrasse 公共住房

这是维也纳交叉层压木板系统建造的最高住宅楼：7 层高的主楼共有 101 套公寓，侧边有 3 座 3 层指形副楼，主楼、副楼中间有庭院。6 层交叉层压木板建筑建在混凝土基座上（Brinkmann，2012）。这一设计方案是维也纳市 2009 年设计大赛的获奖作品。建筑采用了混凝土芯与交叉层压木板系统结合的复合结构，工程师沃尔夫冈·温特（Wolfgong Winter）预言，"未来大型高层实木建筑多半将是混合结构，使用混凝土或砂浆，将特别提高隔音效果"（2012 年 4 月，人际传播）。2 400 立方米的木结构可储蓄约 2 400 吨二氧化碳（等于 1 600 辆小轿车的年排放量）。交叉层压木板由 Binderholz Bausysteme 生产，项目于 2013 年 2 月竣工。公寓有双卧室、三卧室、四卧室不同户型，面积为 60 ~ 105 平方米；部分是跨两层的复式公寓。

图 19.6a 和图 19.6b　维也纳 Wagramerstrasse 公寓大楼，这是维也纳"木材进城市"倡议下的子项目。这项倡议将木建筑的许可高度提高到 32 米；项目处于在建中。建筑核心部分和地面平台为混凝土。
来源：莱曼（Lehmann，2012）

图19.7　柏林Esmarchstrasse"e3"加密楼房,高7层的城市加密住宅楼,装有混凝土楼梯;遗憾的是,大楼外墙抹灰处理后看不见原有木材的踪影。
来源：建筑师

CLT 建筑案例 6：柏林 Esmarchstrasse "e3" 多层公寓楼

e3 公寓楼由建筑师卡登（Kaden）和克林拜尔（Klingbeil）设计，在柏林严字当头的建筑规范前，这个项目只能是作为一个特殊例外，才有可能出现。这座 7 层高的木框建筑在遍布石材建筑的柏林，依然显得异乎寻常；这幢混合结构的大楼采用了交叉层压木板的墙面板和胶合木元件（楼板结构合成的主要方法是"木板垛叠"法）。今天，大型多层木建筑大多由不同工程木材系统合成（Ballhausen，2012）。大楼的设计和消防措施（应急疏散通道短）足以满足消防队的需要：大楼外部紧挨一道独立式混凝土楼梯，朝向跟大楼防火墙保持一致——若发生火情，楼梯既不会着火，也不会被烟雾笼罩。大楼外墙进行了抹灰处理，白色粉底使大楼看上去像是常规的城市加密建筑，而不会被当作木建筑。该建筑具有高质量的保温性能，最大年能耗仅为每平方米 40 千瓦·时。多年前，德国巴伐利亚州建设局实施科研、试点项目，修订建筑法规，以推动木结构建筑和交叉层压木板建筑的发展趋势，如今，这一趋势已经以加密原型的形式抵达（柏林等）人口稠密的内陆城市。这种可持续的建筑风格会否得到推广，将取决于有关当局能否广泛接受和愿意灵活地批准新的建筑方法。

CLT 建筑案例 7：澳大利亚墨尔本港区福泰公寓楼

高 10 层、坐落在墨尔本港区的福泰住宅楼是澳大利亚首栋大型交叉层压木板建筑，也是澳大拉西亚地区木材业具有里程碑意义的项目。大厦有交叉层压木板楼层 9 层，楼层下面是混凝土基座。底楼作零售空间用。联盛集团是大厦的开发商，其在澳洲的首席执行官马克·梅因纽特（Mark Menhinnitt）有如下的一番展望，"他们规划中的住宅楼有30% ~ 50% 将来要建成交叉层压木板楼房"；他还认为，"传统建筑方法是碳密集型方法，该项目为此提供了一可行的替代方案，必将开启一个全新的可持续发展时代"（联盛集团，引自 Hopkins，2012）。他期望交叉层压木板结构能发挥更多用途，包括在教育、社区和商业建筑领域。

交叉层压木板的优势在维多利亚港区可以得到淋漓尽致的展现：质量轻，地面下的地基

图 19.8a 和图 19.8b　墨尔本港区布瑞克街的 10 层公寓楼福泰大厦，在建中（2012 年 7 月）；760 张交叉层压木板保管在工地旁的库房。木材是理想的预加工材料。
来源：莱曼（Lehmann，2012）

处理可节约大笔费用，建筑周期快，适合极为拥挤的场地。福泰大厦是澳大利亚首座获得认证的五星级绿色"建成"住宅楼。据开发商测算，福泰采用交叉层压木板技术，比之钢筋、混凝土建筑，减少超过了 1 400 吨的碳排放。这些优势还会向居住者辐射：23 套公寓的冷热处理比等量钢筋、混凝土公寓减少 25% 的能耗。大厦的碳中性状态至少可延续 10 年。

修建大厦用了 760 张交叉层压木板，这些板材用了 25 个集装箱，从奥地利运输到澳大利亚（由于集装箱尺寸是固定的，板材长度限定在 12 米），建设周期从 2012 年 2 月到 10 月（图 19.8）。组装过程中，每天约组装 20 张板材。不过，建成大厦的外墙却并没露出木材的真容，反倒是每单元都有了一面"特色墙"。早期的设计方案提出整栋楼采用木材外包，但是"后来又决定为减少售房风险，要消减木材美学"（Menhinnitt，引自 Hopkins，2012）。开发商决定"外墙要显出寻常，大厦不要显得太超凡脱俗"。开发商还决定"大厦要有全覆盖的喷淋设施，看上去要安全，简化消防审批程序，尽管消防部门并未对此有要求"（联盛集团，引自 Hopkins，2012）。2012 年 8 月，开发商联合《财富观察家》（*Property Observer*）杂志展开了一次在线调查，其中有个问题是，"您愿意购买木材建造的公寓房吗？"67% 的受调人员给出了肯定答复；虽然这表明木材建筑是大有希望的，但是却不知道受调查人的可靠数字（2012 年 9 月，个人通信）。

建筑师和开发商对 CLT 建筑的看法

相较于其他结构系统，建筑设计行业对交叉层压木板建筑设计及不同设计对填充式开发碳足迹的影响仍知之甚少。在澳大利亚，我们仍需努力提高其接受度及行业能力，以便快速接受工程实木结构系统。市场渗透潜力及建筑师和开发商使用交叉层压木板建筑进行城市空地建设的接受度是目前存在的根本问题。通过分析案例表明：要将交叉层压木板系统更广泛地介绍到澳大利亚，不仅需要技术创新，更需要社会创新。

自 20 世纪 90 年代中期以来，加拿大和几个欧洲国家已引入交叉层压木板建筑模式。在加拿大，"5 至 7 年时间内，其市场渗透率达到 15% 是能够实现的"（FPInnovations，2011）。在欧洲，工程木材业发展迅速：《森林信使》（*Holzkurier*，2010）上刊登的一篇文章概述了欧洲形势。它指出，交叉层压木板结构系统的前 16 名生产商在 2009—2010

年以 120% 的产能运营，并预计 2010—2011 年产量将增长 20%。该文章指出，2009 年交叉层压木板的总产量为 26.95 万立方米。预计 2012 年产量（包括捷克共和国、意大利和奥地利的新生产商及新工厂）将逾 52 万立方米。如今中欧已接受交叉层压木板建筑。尽管许多北欧国家蕴藏着丰富的森林资源，但他们尚未完全接受交叉层压木板系统。在北欧国家，木材建筑所占的市场份额很小，其原因有待研究。

对可能存在的障碍已有所研究。鲁斯等（Roos et al.，2010）认为，建筑师主要负责实用设计，这种设计同时应带给客户美的感受。另一方面，他们也看到，开发商建设规划中力求规避风险，他们对材料的选择受成本制约。概括研究期间，跟建筑师和开发商（Lehmann & Hamilton，2011）的讨论，揭示出澳大利亚对交叉层压木板产品怀有极大兴趣，建筑师和开发商都热衷于将交叉层压木板建筑设计与传统的钢筋、混凝土建筑设计相比较。建筑信息模型与区域信息模型技术越来越广泛地应用于建筑和社区设计，对交叉层压木板感兴趣的建筑师也热衷于与结构工程师合作，增加对替代性低碳建筑系统的了解。建筑信息模型正在改变着建筑采购与交付过程的性质。新建模软件的开发究竟会怎样顺应这种趋势，人们将拭目以待。采用最新的 CAD–CAM 技术预制件，可建造具有许多不同独立元素的复杂住房，建筑物中的每个元素都有其特定位置。

建筑师和开发商越来越关注耐久性和声学性能。例如，保持木材"干净"外表必需的维护保养。无论是国际研究合作，还是借鉴欧洲经验，知识共享极其重要。技术层面的关注点包括交叉层压木板建筑的结构和稳定性、抗震设计、耐用黏合剂、声学性能和振动、防火设计和能源效率。

业界要能接受交叉层压木板建筑，那么在引进新技术前，文化、组织和政策方面首先应有所改变。实现这一创新需要提升监管水平以及利益相关者的参与度，其本身依赖于行为的改善。这种文化转变对实现更好的项目成果必不可少，且对可持续性发展和行业转型至关重要。同样，在实施任何创新技术的过程中，社会认可度都起着关键性作用（Yuan et al.，2011）。

虽然技术进步了，但法规和建筑规范仍显滞后。加拿大的不列颠哥伦比亚省最近修改了建筑标准，允许高层建筑物使用木材，但仍然限制其可用高度不超过 6 层（相比之下，英国、挪威和新西兰对木质高楼并无高度限制）。

表 19.3 汇集了由建筑师和开发商鉴定的部分障碍与机会，而图 19.9 列出了对不同材料规格的要求。

表 19.3 利益相关人问题：地产开发商和建筑师

动　因	存在的障碍	存在的机会
刺激澳大利亚地产开发市场	开发商、建筑商不熟悉 CLT 产品	开发停车场场地的政府援助
获批停车场顶级开发项目	澳大利亚不生产 CLT，需要从海外进口	在城市中心锁定填充式开发项目，锁定基础设施促进服务增长
处理建筑垃圾	需要找到内城填充式开发的解决途径	教育公众，使其认识到木材住房优于砖房或混凝土住房
采纳创新	银行业是否资助 CLT 项目前景不明朗	需要打造成高端市场产品
希望将 CLT 技术用于区域项目	CLT 不算是"可负担的、社会公益住房"建材	生产——从中国或越南进口以降低成本？
希望得到率先采用 CLT 设计的机会	公共教育缺失；用户认可？	开展 CLT 设计和钢筋、混凝土结构的比较研究
希望积累 CLT 设计经验	消防工程，达到消防监管许可	消防测试研究中引入设计思维
追求知识	消防测试成本	成本和可购性需要成为可持续性的组成部分
分享可行性、可购性的知识	开发商对获得审批许可的信心——无人想当 CLT 技术的开路先锋	
	提高耐久性：防风化、真菌和白蚁	
	需开展行业培训（提高技能）。对项目数量规模的关切	

消费者和居民：发动行为变革，建设宜居的可持续发展城市

建筑史上有许多此类先例：对新兴建筑方法或材料人们最初持怀疑态度，如约瑟夫·帕克斯顿（Joseph Paxton）的水晶宫使用了当时被看作新材料的铁和玻璃，其后被广泛使用。使用新建筑材料或技术而建成的公共建筑常常成为"变革推动者"。将观念转化为新建筑形式是建筑师担当的重要任务。例如，尽管在屋顶种植物和打造花园最初并不受公众待见，面临诸多文化障碍，因为这种做法被误认为会让建筑结构不牢固引发漏水，然而最近"绿色屋顶"已逐渐覆盖世界各地的建筑物屋顶。这证明现有规范的确会变，其他选择是可能的（Buckminster Fuller，1969）。

如何能让消费者接受全木制公寓呢？对经济实用、可持续的新住房项目的使用后评价是行之有效的方法，借此可分析居住者舒适度、用户行为和能源消耗。这将有助于研究人员开发"理想"模型并使其得到认同，此模型通过使用交叉层压木板为澳大利亚城市空地建设这类住房。出人意料的是，这些住房研究很少使用深度用后评价，也很少专门评定其社会目标是否实现（Pullen et al.，2009；Stevenson & Leaman，2010）。

用户的期望和需求集中体现在建筑的可用性、可购性、舒适性、文化价值和高远目标诸方面，而技术解决方案或建筑系统本身对他们而言并不十分重要。要实现交叉层压木板充式建筑，首先要转变行为，要保证居住者接受这类建筑物。这种新式"被动房"标准正为消费者所接受，这表明它具有前景并有望实现。

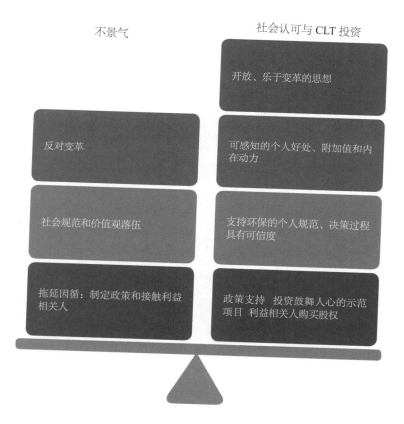

图 19.9 倾斜点：CLT 建筑用户投资。
来源：作者

人类行为由本能、情感、过去、当前社会文化信念和价值观，以及同伴或社会群体控制。改变住房消费者的行为需要深刻的洞见和巨大的感召力，需要有紧迫感或事件促使其思考并重新评估其行为或信念，从而开启变革的进程。木制房对澳大利亚人来说并不陌生。"昆士兰人"是一个预制实木板建筑，可以拆卸并在其他地方重新组装。然而，在珀斯市，木制老房子常常受白蚁和火灾困扰，它们不如砖砌建筑耐用而且转售价值很低。木材建筑通常被认为不如混凝土或砖石建筑那么"牢固"和值钱，其中原因包括身份认知、根深蒂固的价值观及有关耐久性、防火和白蚁的担心。

管理变革有一个启动和应对变革的过程，这一过程的实施、文化和人的管理需要工具和技术（Davis & Dart，2005）。人们对于变革要么反对要么支持，两种行为都有所谓的"认知先兆"即求变的意愿（Armenakis et al.，1993：681）。对改革的抵制，管理反对变革的行为，由于其性质使然，往往会十分棘手（人们感到对变革的反对无处不在；Mabin et al.，2001）。诺德和杰米尔（Nord & Jermier，1994：396）认为改革者应采取"主动策略努力抵制对变革的反对，而非去刻意控制"。维科夫（Wycoff，2004）找到了变革失败的常见原因。其中包括未能创造支持创新的文化环境，还有相关利益者未入股与取得所有权（Hicks & McCracken，2011；Lewin，1947；Madsen et al.，2006；Rempel et al.，1985）。不利于变革的其他因素还包括：

- 没有配备资源或激励措施支持变革进程；
- 未将示范项目作为持续促销手段考虑；
- 未能为必要的变革做充分的准备。

有关影响变革成功的诸要素，其他研究人员与维科夫（2004）的发现是吻合的（De La Harpe & Thomas，2009）。最有可能促成变革成功的因素有：创建鼓舞人心的愿景；组建一个囊括所有利益相关者团体的变革领导团队；使新的文化观念扎根；与利益相关者沟通并确保他们入股；制造紧迫感；巩固成绩的同时扩大、深化变革；开创短期和长期的双赢局面。总之，"不论客观还是主观地看，当变革预期与其所需付出投入相当时"（Hicks & McCracken，2011：83），变革极可能获得巨大成功并得到认可。问题在于要兼顾上述所有因素。比如，将交叉层压木板作为重要建材使用，比使用混凝土、钢筋和砖等传统结构材料在许多方面更合理，利益相关者参与这一过程尤为重要。因此，买下交叉层压木板建筑中的一套公寓，不仅是建筑商，连购房者都会颜面大增，不管他们是将产品转售、出租还是供自己居住。

生活方式、信仰和价值观问题

交叉层压木板结构系统在欧洲的引进（如上所述）有力地说明了，当行业受制于根深蒂固的"古老运作模式"时，就需要采取行动了。

阿耶兹（Ajzen，1985，1991）的"计划行为理论"认为，人的行为可由行为意图来预测，而决定行为意图的因素包括人对某一给定行为的态度、对他人认可的感知、对获得激励性收益的感知（Axelrod & Lehman，1993；Fishbein & Ajzcn，2010；Hicks & McCracken，2011）。该理论提出了如下假设：人的行为不仅由个人对某种给定行为的态度决定，而且还由社会影响和执行所说行为的能力决定（Fishbein & Ajzcn，2010）。后者是可变因素，关乎感知行为控制且能获取信息、技能、机遇等要素，这些是完成某一给定行为的必要条件。一个人可能会实施某种行为，从感知行为控制可得到反映。一个人支撑其行为的决定性前因可见图19.10。然而，个人总是依据其个体境遇、态度和价值观满足自身需要，寻求效用最大化。因此，如果选择交叉层压木板提供的效益大于其他行为选择，人们就有望选择支持交叉层压木板了。

要改变设计和建筑套路，我们需要重新认识"优质"住宅设计的理念。虽然交叉层压木板多层公寓建筑目前还不符合消防规定，也与久已形成的家庭住宅理念相左，但却冲击着我们"生活在木箱里"的老套观念。许多新式建筑最初都具有挑战性和创新性，挑战文化价值观和传统理念，但随后都为用户所接受和包容（Lilley，2009）。建筑行业就其本质而言是因循守旧的，排斥改革或转型；它不可能一夜发生改变。所以，最需要的是为积极改革建立创新示范项目，以供人们参观、研究和分析。

人们对于旅游行为和汽车使用方面的行为变革已进行了广泛探索。如大多数规划者会发现，规划某个区域供汽车专用，司机就会产生优越感。人们更倾向于认为：自行车和公共汽车是落后的运输工具，只有穷人会使用。但若针对自行车和特快巴士进行规划，则公众对这两种运输工具的态度也会改变。

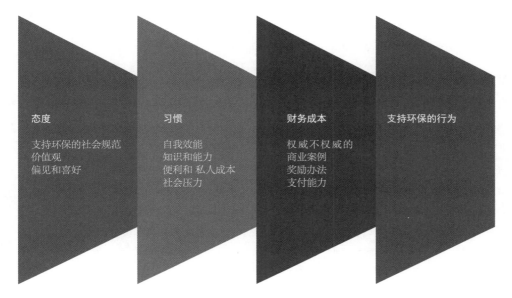

图 19.10　决定行为的先在因素。
来源：作者提供

目前石油价格上涨可能促使人们接受新型建筑材料，如交叉层压木板建筑。随着油价上涨，人们渐渐意识到他们无法承受上涨的交通费，因此得搬回城市。同时，建筑成本也会上升，因为建材的生产和运输成本也取决于石油价格。这种费用压力，加之靠近城市生活的需求激增，极可能引起人们的行为变化，从而接受交叉层压木板等新型建筑系统。

因此，至关重要的是倡导全新的生活方式，打破传统（例如，质疑住在郊区平房这种过时的"美国或澳大利亚梦"），验证先入为主的偏见，重塑我们关于城市生活方式和后工业时代现状的观念（Lehmann，2010）。然后，我们就能转变对城内公寓生活所持的价值观和态度。

客户乐于求变，感受到这种新型建材好用且有用，这是迈向迫切需要的交叉层压木板社会认可的重要步伐。行为变革需有积极态度，对交叉层压木板持怀疑主义会导致主动与被动的双重阻力。接受交叉层压木板若有回报，则会鼓励对这种新型建材的接纳，同样，在示范建筑中展现交叉层压木板的性能将进一步扩大公众的接纳。为提高认识，试点项目处的标牌作为一种社会规范工具，上面可标示每栋楼节省了多少资源，避免了多少吨二氧化碳和多少吨废物排放（Woodsolutions，2011）。

行为驱动消费和资源利用。阿鲁普（Arup）在他最近的一项深度用后评价中发现，即使是贝丁顿（BedZED）零能耗这样的开发项目（建于 2002 年，位于伦敦南部），也可以发现各租户间能效差异很大。能源消耗因个人行为和用户习惯存在巨大差异。调查发现，即使是完全相同的户型，部分贝丁顿居民在能耗上也比其他人高出 8 倍（Head，2008）。

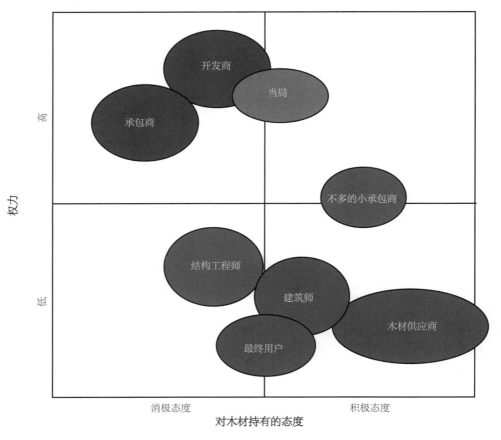

图 19.11　选材过程中的权力与态度图示。
来源：改编自鲁斯等（Ro os et al.，2010）

经济、可持续住房项目居民的行为和观念对于这些项目的成功具有重要的决定作用（例如，培育可持续行为，如涉及能效、减少浪费等行为）。房屋开发商的决策须紧贴消费者的需求，满足他们的期待愿望，同时还须与居民的收入水平、教育背景、家庭状况及其他社会结构相适应。一旦消费者入住，那么这些关联势必会对消费者在自家屋内继续践行可持续性行为产生重大影响（Carre，2010；Pullen et al.，2009）。公寓购买者已经准备好为入住绿色环保公寓支付更高成本，这种论调已经有过争论。例如，建筑学家迈克尔·格林（Michael Green）就曾说过，"95% 的消费者都表示愿意为住进绿色小区付出更高的成本，但是真正愿意这么做的人只有 5%"（Green & Karsh，2012）。

不是所有创新方法都能轻而易举地从欧洲嫁接到澳大利亚。澳洲大陆幅员辽阔，建筑相应地富有地域特色。欧洲却地势狭小，许多城市上百年来一直拥挤不堪。与欧洲不同，澳大利亚人在生活方式上倾向于选择价格合理的带花园的平房（1/4 英亩的地段），地段位于郊区，但设施相对齐全。日渐增多的退休人口倒很乐意搬往面积较小的房屋居住，因为这样房屋维护容易，生活宜居，门一关就能外出旅行。他们也许更愿意选择市中心的房子或老旧公寓，因为几乎不需要维护，也无须打理花园。

掌握循证数据，充分了解住户反馈，就可知道住户行为和建筑性能二者间或许有关联。如果研究结果能反映"行为"关联性的属性（如同我们认为的那样），那么，也可以证明行为是可以改变的。另一方面，要制订更高标准，高标准带动的决策或许比消费者的个体决策更高明（Daley et al.，2011；Dola et al.，2011）。

鼓励人们拿后院换阳台：进一步研究的方法论，包括可接受性及合意性

要更好地了解社会对交叉层压木板的认可度和城市中心的高层公寓生活，有待于进一步的研究工作（例如，人们究竟是何故要前往城市中心，住进木材高楼，选择一种绿色的城市生活方式）。为把交叉层压木板结构系统引进澳大利亚的建设发展部门，可持续设计与行为（sd +b）研究院"零浪费"中心的研究人员正在计划两个科研项目，以提升必备知识库。第一个项目（"CLT 1"）涉及为交叉层压木板建筑通过监管审批，提出令人满意的解决方案，并破解技术障碍，确保有一个安全而又广受认可的系统，以进行城市填

充开发，包括消防安全这个显而易见的问题。过去的 10 年，交叉层压木板和高层木建筑的防火性能一直在接受广泛的检测和详尽的评估（如交叉层压木板材的火势蔓延速度约为每分钟 0.6 毫米）（Bootle，2006；Dehne & Krueger，2006；Finch et al.，2011；Frangi et al.，2009）。

第二个项目（"CLT 2"）尚有待完善，研究侧重交叉层压木板建筑的用户认可、澳大利亚城市填充开发、行业供应链持续保障 2030 年前需求的能力。研究方法包括《德尔菲法》（the Delphi Approach），此法认为团队意见比个人意见有效，希望专家小组就一些问题消除主观意见（但意见不一），达成共识。

明年，sd+b 中心计划对上述 7 个研究案例开展综合分析和深度用后评价，将与负责这些案例的开发商和政府机构进行密切磋商。居民要完成若干份问卷调查，有许多描述性指标用来确定木质房屋的性能，包括：运行能耗和用水量、可购性、环境可持续性、室内环境及可取性、适宜性、社会认可性等社会可持续性因素。研究进行过程中，重点由简单的技术效率问题过渡到被选交叉层压木板建筑居民的行为和态度问题，将他们的家庭消费和现在的住房管理办法转化成量化证据。研究人员将对使用后评价结果和案例研究目标进行比较，为将来的交叉层压木板住房开发提供资信。我们也将考虑社区其他住户如何看待交叉层压木板建筑居民的社会地位，同时还准备听取居民的建议，以利这方面的改进提高。

这项研究的目的是研发澳大利亚交叉层压木板住房建设的综合模型，要考虑未来消费者的需求与愿望，考虑住房开发商的立场，还有要求提高可购性和可持续性而呈现的结构性挑战，为将来交付可负担、可持续的住房提供有效指导。第二步便是使用后评价，除了深度分析所选案例，还有影射练习来比较概念和经验现实。最后得到一个综合指标矩阵，有了它，我们就能研发出精细模型，根据这个模型在澳大利亚开展交叉层压木板项目。因此，我们必须回答以下几个问题：

- 可持续住房过渡存在什么障碍？

- 建筑师、地产经纪人及工程师各有什么目标和作用？

- 公众在交叉层压木板项目中的参与度有多强？

● 最后，本研究通过探究改革障碍和加速革新的政策杠杆，探讨澳大利亚现状下城市填充开发中 CLT 建筑的宜居性和认可度，利用"CLT 1"项目中得到的知识，借助入住满意度调查，评估了居民的期望和经历。

结论和进一步讨论

亟待规划者和工程师有所建树的领域包括以下几个方面：

● 可再生能源以及环境绿化过程中的水源和废弃物；

● 与公共健康息息相关的宜居城市规划及绿化带；

● 低碳建筑系统；

● 市中心房屋建造模式，吸引人们重返城市中心，让住所与工作单位的距离拉近。

较好的住房设计能明显改善居住者的健康状况。推广可负担又有可持续的住房模型对日后澳大利亚都市地区的发展与再开发至关重要。笔者认为，人类技术总能冲破重重壁垒。因此，我们应将低碳建筑系统研究置于首要地位，致力于产业改革，从而实现长远改善。在澳大利亚，仅由少数创始人在木材建筑领域施行赢利创新远远不够。我们需要找到适应城市人口增长的可持续性方法，同时也对用户的观点进行附加调查。

本章重点介绍了工程木材技术中前景最为广阔的交叉层压木板。该材料背后潜藏的驱动力将有望贯穿到其他工程木材结构系统和复合材料中去。

自 2005 年以来，许多著名的标志性建筑物都运用了交叉层压木板技术。目前，欧洲、英国及加拿大已建立起交叉层压木板建筑体系。其最大的障碍不是技术，而是建筑行业对它接受较慢，以及消费者对城市空地建设和新建筑材料／系统的抵触。居民若得知新增建筑所用的都是绿色材料，他们是否更能接受这类建筑呢？这一问题需展开进一步研究才能作出分析。在选择供研究的社区时应充分考虑，将目标锁定在拥有较高密度且发展状况良好的街区。从对国际大都市的研究中可看出，市政当局在争取到社区广泛支持后，有关大都市的建设都要经商讨，制订一致的意见和计划。最近，由格拉坦研究所发布的《城市：谁来做主》（Cities：Who Decicles，Grattan Institute，2010）报告显示，鼓励社区有效参与到有关该地的市政决策中来，才能制定赢得社区支持与认可的计划。为成功实施城市空地建设项目，提出加大建筑密度与多层木材建设，我们需要在 21 世纪推出新的"澳大利亚梦"。有史以来，澳大利亚人对公寓住房的排斥较为普遍，在城市空地的处理上也显得经验不足；这都意味着我们需学会如何更好地实施空地建设。

这些研究案例为城市木材的使用提供了强有力的支撑。从居民的角度看，交叉层压木板建筑的社会接受度将受宜居性、舒适度以及随之产生的社会、经济结果（公众对交叉层压木板建筑的看法、地位等）等因素的影响。一般群众与建筑业界仍然缺乏交叉层压木板建筑设计方面的认知；相比其他现代建筑方式，人们对空地建设中影响碳足迹的各种设计特征也缺乏认识。教育者应开设新课程，重视新材料和低碳建筑系统的研究方法，旨在把具备专业知识的建筑师培养为日后建筑行业内极具影响力的改革者。

笔者希望政府与建筑行业能参与到这项正在进行的研究中来，因为这不仅有利于增进对交叉层压木板建筑性能的了解，还有利于提出更好的决策，从而鼓励人们将交叉层压木板建筑应用到城市空地建设计划中去。研究应在实际住房开发上展开，并交付示范试点项目。为此，政府和建筑业应做到以下几点：

• 修改建筑条例，规范可持续性建设实践和城市空地建设工程。划分出城市周边具有汽车依附性的未开发地，并重新对安全需求做出评估。

• 利用交叉层压木板建筑系统创造出实惠、具可持续性的示范住房项目，以此展示其优势。致力于打造能体现系统能力的示范建筑，以此提升其认知度。

• 听取坚定投资者、交叉层压木板住房业主与居民的建议，从而在其所在城市内积极推行绿色改革。

• 将实践计划与性能数据检测相结合。

• 对行为变革进行深入研究，以促进和加快向建造更多深受居民欢迎的市中心住房的转向。

• 与国际上相关行业、大学和政府合作伙伴一同确定交叉层压木板技术转让的辅助商，识别可能遇到的障碍，并为投资者提供可行性报告。报告中需明确给出既定市场上最具商业可行性的木材建设方案。还需向投资者提供实施路线图（例如，确保充足的木材供应，以便为预制实木板系统提供大量材料）。

- 通过持续、专业的培训活动，提高业内专业人员（从建筑师、工程师到建筑商）的工作技能水平，从而确保长期性的实施策略。

- 为建造住房设立标准的工序质量保障和施工细节，创立技术规范文献。

- 为国内交叉层压木板制造建立绿色供应链，并根据市场需求、现有技术和木材资源适当在国内启用交叉层压木板系统制造战略。

- 通过对新兴木材工程技术的认知与运用支撑澳大利亚设计业、建筑业和木材工业。

- 通过以用户为中心的方式来推行基于现实证据的政策与实践，以便进行住房使用评估，并对反馈内容进行有效理解。

- 在建筑领域贯彻"零浪费"思想。对将要送到填埋场的建筑垃圾进行清理。

- 将体现能源与资源／材料效能划归为政府政策重点，定出建筑节能的最低标准。

- 鼓励各级政府租赁交叉层压木板高层建筑，并为建造此类建筑制定拨款计划，以此在建筑领域带头创新。

- 通过在世界各地宣传关于工程木材的标准化信息等手段来产出经同行评审过的材料，以确保市场和产品信心。

- 发布技术手册，并召开关于实木交叉层压木板生产与建设相关的发布会。

在本章中，笔者评价了交叉层压木结构在现有城市加密开发中建造新型耐久性住宅所发挥的潜在作用。这一替代法基于环保责任和社会责任的双重概念。由于木材具有吸碳能力，在棕色地带使用交叉层压木结构，等于有了机会，可以开展碳工程，将建筑转化成"碳库"，从而最大程度减少传统开发施工留下的负面环境后遗症。旧城区采用精心设计的交叉层压木板结构建设住宅，可重建丰富物质文化和持久价值观的内涵概念，从而深刻地强化人们的社会观念。

城市重构短期内当然要付出一些代价，但是，过渡到低碳木结构系统，也会产生诸多可观效益，比如健康的生活、工作环境（减少现场事故）。转向低碳经济的长远利益正在日渐明朗，我们真该抓住眼前绽放的大好机会。有快速发展的数码技术的支撑，预制工程实木板结构如今是一项极具潜力的成本竞争技术，将取代混凝土、钢筋结构，减少生态足迹，提供健康的室内环境。

突破性技术和新生过程要实现规模化，需要有政府的帮扶（比如财政补贴和法规改革）。技术采纳光有经济上的成熟（采纳者有利可图）是不够的，新技术的采纳裹足不前的根源往往来自市场不成熟和劳动力教育缺失。应该出台一揽子技术、制度、政策和金融措施，以应对引进交叉层压木板结构带来的挑战（例如，改变建筑规章，结合激励和教育措施）。

住宅建设中采用交叉层压木板涉及的问题有待于深入、细致的研究。技术、社会因素交互共生，研究这些因素，将为人们提供成熟的视角，从中窥见这一领域影响行为变革的大难题。预期研究成果或许将会回答如下问题：交叉层压木板在建筑中的使用不断增加，消费者在多大程度上与此有关？如果使用中有障碍，那么是关系整个环境的全局性问题，还是与用户的不熟悉和惰性有一定关系？行为变革这个问题要求建筑业、地方规划者和家家户户的联合行动。

简而言之，城市使用实木板结构，意味着城市建筑将更为快速、轻便，将有良好性能和适应力。木材，这一昔日传统的建材，将成为未来的建材之星。

致　谢

感谢南澳大学可持续设计与行为"零浪费"研究中心、联合国教科文组织亚太城市发展和低碳 CRC 教席的科研人员，他们的著作给本文以借鉴参考。同事们对本文初稿不吝赐教，评论家们提出了建设性意见，在此一并致谢。

参考文献

1.Ajzen, I. (1985)'From intention to action: a theory of planned behaviour', in J. Kuhl and J. Beckermann (eds) *Action Control: From Cognition to Behaviours*, Springer, New York, NY, pp126-134

2.Ajzen, I. (1991)'The theory of planned behavior', *Organisational Behaviour and Human Decision Processes*, vol 50, no 2, pp179-211

3.Armenakis, A. A. Harris, G. H. and Mossholder, K.W. (1993) 'Creating readiness for organizational change', *Human Relations*, vol 46, no 6, pp681-703

4.Axelrod, L. and Lehman, D.(1993)'Responding to environmental concerns: what factors guide individual action?'*Journal of Environmental Psychology*, vol 13, no 2, pp149-159

5.Ballhausen, N. (2012)'Den Holzbau radikalisieren', *Bauwelt*, No 21. 12,'Holzbau fur die Stadt', pp35-41.

6.Bootle, K. R. (2006) *Wood in Australia* (2nd edn), McGraw-Hill, Sydney, NSW

7.Brinkmann, U. (2012) 'In einer Minute gewachsen', *Bauwelt*, no 21.12, 'Holzbau für die Stadt', pp35-41

8.Brown, L. R. (2009) *Plan B* 4.0 *Mobilizing to Save Civilization*, Norton, New York, NY

9.Buckminster Fuller, R. (1969) *Operating Manual for Spaceship Earth*, Penguin Group, New York, NY

10.Built Environment Industry Innovation Council (BEIIC) (2010) *Built Environment Industry Innovation Council Recommendations Report*, Commonwealth of Australia, Canberra, ACT, accessed 25 July 2011

11.Carre, A. (2010) *A comparative Life Cycle Assessment of Alternative Constructions of a Typical Australian House Design*, RMIT University Centre for Design, for Forest and Wood Products Australia (FWPA), Melbourne, VIC

12.Commonwealth of Australia (2010) *State of Australian Cities*, Infrastructure Australia, Major Cities Unit, Canberra, ACT

13.Council of Australian Government (COAG) (2011) *National Strategy on Energy Efficiency—Annual Report* 2010–2011, accessed 25 April 2012

14.Daley, J. Edis, T. and Reichl, J. (2011) *Learning the Hard Way: Australian Policies to Reduce Carbon Emissions*, Grattan Institute, Melbourne, VIC

15.Davis, R. and Dart, J. (2005) *The 'Most Significant Change (MSC) Technique' : A Guide to its Use*, Care International, UK, accessed 3 March 2012

16.Dehne, M. and Krueger, U. (2006)'Fire protection in multi-story timber construction', *Detail*, no 10, pp1142-1144

17.De La Harpe, B. and Thomas, I. (2009)'Curriculum change in universities: why education for sustainable development is so tough', *Journal of Education for Sustainable Development*, vol 3, no 11, pp75-85

18.Demographia (2011) *7th Annual Demographia International Housing Affordability Survey* 2011, accessed 25 July 2011

19.Department of Primary Industries of New South Wales (DPI NSW) (2008) *Report*, Department of Primary Industries, Sydney, accessed 3 March 2012

20.Dola, K., Rusli, A. and Noor, K. (2011)'Investigating users'acceptance in designing and marketing sustainable new product', *International Journal of Business & Social Science*, vol 2, no 6, pp254-261

21.Droege, P. (ed) (2008) *Urban Energy Transition; From Fossil Fuels to Renewable Power*, Elsevier, Oxford

22.Environment Protection and Heritage Council (EPHC) and Department of Environment, Water, Heritage and the Arts (2010) *National Waste Report* 2010, Australian Government, Canberra, accessed 25 July 2011

23.Finch, G., Ricketts, D., Wand, J., Thivierge, C. and Morris, T. (2011)'Enclosure', in S. Gagnon and C. Pirvu (eds) *CLT Handbook: Cross-Laminated Timber*, FP Innovations, Québec, Canada

24.Fishbein, M. and Ajzen, I. (2010) Predicting and Changing Behavior: The Reasoned Action Approach, Psychology Press, New York, NY

25.Forest and Wood Products Australia (FWPA) (2012) 'A review and update of emerging technologies in residential timber constructions', *Report*, June 2012, Sydney, accessed 3 September 2012

26.Fourth Door (2010)'Svartlamoen', *Annular*, accessed 3 March 2012

27.FPInnovations (2011) *Cross-Laminated Timber*, FPInnovations Handbook, Québec, Canada

28.Frangi, A., Fontana,M., Hugi, E. and Joebstl, R. (2009) 'Experimental analysis of cross-laminated timber panels in fire', *Fire Safety Journal*, no 44, pp1078-1087

29.Garnaut, R. (2008) *The Garnaut Climate Change Review*, Commonwealth of Australia, Canberra

30.Gereke, T., Gustafsson, P. J., Persson, K. and Niemz, P. (2011)'The hygroscopic warping of cross-laminated timber', in V. Bucur (ed) *Delamination in Wood, Wood Products and Wood-based Composites*, Springers, Heidelberg, pp269-285

31.Gilding, P (2011) *The Great Disruption*, Bloomsbury Press, New York, NY

32.Girardet, H. (2004) The matabolism of cities, in S. Wheeler and T. Beatley (eds) *The Sustainable Urban Development Reader*, Routledge, London, pp125-132

33.Government of South Australia (2010) *The 30-year Plan for Greater Adelaide: A Volume of the South Australian Planning Strategy*, Department of Planning and Local Government, Adelaide

34.Grattan Institute(2010) *Cities: Who Decides*, Grattan Institute, Melbourne, accessed 20 December 2011

35.Grattan Institute (2011) *The Housing We Would Choose*, Grattan Institute, Melbourne, accessed 20 December 2011

36.Green Building Council Australia (GBCA) (2011) *Building a Sustainable Future. Putting a Price on Pollution: What it Means for Australia's Property and Construction Industry*, accessed 3 March 2012

37.Green, M. and Karsh, J. E. (2012) *The Case for Tall Wood Buildings,* mgb Architecture + Design, Vancouver, Canada

38.Hawken, P., Lolvins, A. and Lovins, H. (2000) *Natural Capitalism: Creating the Next Industrial Revolution,* Little, Brown and Company, Boston, MA

39.Head, P. (2008)'Entering the ecological age: the engineer's role', Brunel Lecture, Institution of Civil Engineers, accessed 25 July 2011

40.Hicks, R. and McCracken, J. (2011)'Readiness for change', *Physician Executive,* vol 37, no 1, pp82-84

41.*Holzkurier* (2010) *Brettsperrholz Special, Holzkurier,* no 48 (2 December 2010), pp13-14, accessed 10 September 2012

42.Hopkins, P. (2012)'Timber challenges steel as the new apartment building stock', *Sydney Morning Herald,* 16 July, quoting M. Menhinnitt. See also: 'World's largest wooden apartments', in : Docklands News, June 2012, Melbourne

43.John, S., Nebel, B., Perez, N. and Buchanan, A, (2009) *Environmental Impacts of Multi-Storey Buildings Using Different Construction Materials,* Research Report 2008-02, New Zealand Ministry of Agriculture and Forestry, Christchurch, New Zealand

44.Kaufmann, H. (2011) *Wood Works: Ökorationale Baukunst – Architecture Durable,* Springer, Berlin

45.Kaufmann, H. and Nerdinger, W. (eds) (2011) *Building with Timber: Paths into the Future,* Prestel, Munich

46.Lattke, F. and Lehmann, S. (2007)'Multi-storey timber constructions: recent trends', *Journal of Green Building,* vol 2, no 1, pp119-130

47.Lehmann, S. (2010) *The Principles of Green Urbanism: Transforming the City for Sustainability,* Earthscan, London

48.Lehmann, S. (2011)'Developing a prefabricated low-carbon construction system using timber for multi-storey inner-city housing', in C. Daniels and P. Roetman (eds) *Creating Sustainable Communities in a Changing World,* Crawford House Publishing, Adelaide, SA, pp43-54

49.Lehmann, S. (2012)'Sustainable construction for urban infill development using engineered massive wood panel systems', *Sustainability,* vol 4, no 10, pp2707-2742

50.Lehmann, S. and Crocker, R. (eds) (2012) *Designing for Zero Waste: Consumption, Technologies and the Built Environment,* Earthscan/Routledge, London

51.Lehmann, S. and Hamilton, C. (2011) *Sustainable Infill Development Using Low Carbon CLT Prefabrication: Adaptation for the South Australian Context,* Zero Waste SA Research Centre for Sustainable Design and Behavior, University of South Australia, Adelaide

52.Lewin, K. (1947)'Frontiers in group dynamics', *Human Relations,* no 1, pp5-41

53.Lilley, D. (2009)'Design for sustainable behavior: strategies and perception', *Design Studies,* vol 30, no 6, pp704-720

54.Lyle, J. T. (1994) *Regenerative Design for Sustainable Development,* Wiley, New York, NY

55.Mabin, V. J., Forgeson, S. and Green. L. (2001)'Harnessing resistance: using the theory of constraints to assist change management', *Journal of European Industrial Training,* vol 25, no 2, pp168-191

56.McKenzie-Mohr, D., Nemiroff. L. S., Beers, L. and Desmarais, S. (1995)'Determinants of responsible environmental behavior', *Journal of Social Issues,* vol 51,no 4, pp139-156

57.McKinsey & Company (2008) *An Australian Cost Curve for Greenhouse Gas Reduction,* McKinsey Australia, Sydney, NSW

58.Madsen, S. R., John, C. R. and Miller, D. (2006)'Influential factors in individual readiness for change', Journal of Business and Management, Vol 12, no2, pp93-110

59.Maliene, V. and Malys, N. (2009)'High-quality housing: a key issue in delivering sustainable communities', *Building and Environment,* no 44, pp426-430

60.Meadows, D., Meadows, D. L., Randers, J. and Behrens, W.W. (1972) *Limits to Growth,* Report for the Club of Rome, Potomac, New York, NY

61.Mumford, L. (1961) *The City in History: Its Origins, its Transformations, and its Prospects,* Harvest Books Harcourt, New York, NY

62.National Housing Supply Council (NHSC) (2011) *Annual Report* 2010–2011, NHSC, Canberra, ACT

63.Newton, P. (ed) (2011) *Urban Consumption*, CSIRO Publishing, Melbourne, VIC

64.Nord, W. R. and Jermier, J. M. (1994)'Overcoming resistance to resistance; insights from a study of the shadows', *Public Administration Quarterly*, vol 17, no 4, pp396-409

65.Östman, B. and Källsner, B. (2011) *National Building Regulations in Relation to Multi-Storey Wooden Building in Europe*, SP Trätek and Växjö University, Sweden

66.Pons, O. and Wadel, G. (2011)'Environmental impacts of prefabricated school buildings in Catalonia', *Habitat International*, vol 35, no 4, pp553-563

67.Powney, S. (2011)'Another CLT star is born: more cross-laminated timber of the London skyline', *Timber & Sustainable Building Magazine*, 18 September

68.Pullen,S., Zillante, G., Arman, M., Wilson, L., Zuo, J. and Chileshe, N. (2009) *Ecocents Living Affordable and Sustainable Housing for South Australia*, University of South Australia, Adelaide

69.Rempel, J. K. Holmes, J. G. and Zanna, M. P. (1985)'Trust in close relationships', *Journal of Personality and Social Psychology*, vol 49, no 1, pp95-112

70.Rickwood, P., Glazebrook, G. and Searle, G. (2008) 'Urban structure and energy: a review', *Urban Policy and Research*, vol 26, no 1, pp57-81

71.Roos, A., Woxblom, L. and McCluskey, D. (2010)'The influence of architects and structural engineers on timber in construction: perceptions and roles', *Silva Fennica*, vol 44, no 5, pp871-884

72.Sathre, R. and Gustavsson, L. (2009)'Using wood products to mitigate climate change; external costs and structural change', *Applied Energy*, no 86, pp251-257

73.Schiller, P., Bruun, E. and Kenworthy, J. (2010) *An Introduction to Sustainable Transportation: Policy, Planning and Implementation*, Earthscan, London

74.Stevenson, F. and Leaman, A. (2010)'Evaluating housing performance in relation to human behavior: new challenges', *Building Research & Information*, vol 38, no 5, pp437-441

75.Timber Development Association of Australia (TDA) (2011) *Australian Timber Database*, accessed 3 March 2012

76.Vessby, J., Enquist, B., Petersson, H. and Alsmarker, T. (2009)'Experimental study of cross-laminated timber wall panels', *European Journal of Wood and Wood Products*, vol 67, no2, pp211-218

77.Walker, S. (2006) *Sustainable by Design: Explorations in Theory and Practice*, Earthscan, London

78.Ward, R. (2009)'Going to new heights. Building the world's tallest and mixed-use wood structure', *Structure Magazine*, August, accessed 3 March 2012

79.Waugh, A. (2010)'Bigger, taller, better', PowerPoint Presentation, In Touch with Timber Conference 2010, 18 May, London

80.Waugh, A. and Thistleton, A. (2011) *Murray Grove: The World's Tallest Modern Timber Residential Building*, accessed 3 March 2012

81.Wegener, G., Pahler, A. and Tratzmiller, M. (2010) *Bauen mit Holz = aktiver Klimaschutz. Ein Leitfaden*, Holzforschung Muenchen, Munich

82.Wells, M. (2011) 'Tall timber buildings: applications of solid timber constructioin in multi-storey buildings', *CTBUH Journal*, no 1, pp24-26

83.West, G. (2011) *The Surprising Math of Cities and Corporations*, TED talk, accessed 3 March 2012

84.Winston, N. (2009)'Regeneration for sustainable communities? Barriers to implementing sustainable housing in urban areas', *Sustainable Development*, vol 18, no 6, pp319-330

85.Woodsolutions (2011) *New ECO2 Module*, accessed 3 March 2012

86.WoodWisdom-Net (2009)'Networking and integration of national programmes in the area of wood material science and engineering in the forest-based value chains', report by the EU-funded timber research group, accessed 3 March 2012

87.Wycoff, J. (2004) *The Big Ten Innovation Killers and How to Keep Your Innovation System Alive and Well, Innovation Network*, accessed 3 March 202

88.Yuan, X. L., Zuo, J. and Ma, C. Y. (2011)'Social acceptance of solar energy technologies in China: end users'perspective', *Energy Policy*, vol 39, no 3, pp1031-1036

后记　消费困境：从行为变革到"零浪费"

斯蒂芬·莱曼　罗伯特·克罗克

　　行为变革的紧迫性已引起了广泛关注；许多群体纷纷致力于探究我们为何应减少消费，选择可持续的生活方式。我们汇编此书的出发点是要发现过度消费的诱因及消费和不可持续行为发生的条件。我们有哪些教训要吸取呢？

　　本书各章涉及的共同主题对决策者、设计师、教育工作者和其他各类参与"行为变革"的人员均有重要作用。第一，单纯依靠宣传活动打动消费者，促使其个人改变行为的看法曾经流行一时，但现在证明这一看法是错误的，明显应该通过优化政策和策略取代宣传运动培养消费者的公民意识（见 Newton，第 2 章；Chapman et al.，第 3 章；Fudge & Perers，第 4 章；du Plessis，第 5 章；Murray 第 7 章）。当下的品牌专家和决策者十分看重传统广告营销手段，可是除营销学外，其他学科研究发现，这也是有问题的（Crocker，第 1 章；Muratovski，第 9 章；Common Cause，2012）。第二，本书第二部分多个章节清楚表明：大量文献证实，媒体和多数广告营销活动对环保行为和态度造成了负面影响，传统营销活动的后果有待进一步讨论（Crompton，第 6 章）。一个再清楚不过的事实是：无所不在的广告营销活动使我们感到"晕头转向"，过度消费本是天真的、对环境不负责任的行为，广告营销却反复渲染消费者从过度消费中得到的所谓个人利益，这急需引起政策制定者和营销专家的注意，刻不容缓（见 Crompton，第 6 章；Litchfield，第 8 章；Muratovski，第 9 章）。设计的功能也是本书的一大焦点：如果说自 20 世纪 20 年代以来，设计与广告营销一道成为"文化媒介"，那么现在就该反思我们在产品、家庭、建筑、社区、系统、城市等不同层面赋予设计的不同功能、美感、意义和形式（见 Crocker，第 1 章；Newton，第 2 章；Murray，第 7 章；Walker，第 10 章；Vezzoli，第 14 章；Lehmann & Fitzgerald，第 19 章）。

这个问题引出了本书第三部分提出的第三个问题，即质疑固有观念对当今设计师、消费者和生产者的角色定位。第三，传统经济学中的消费者是被动个体，本书第三部分认为，这既是全球消费主义的症候和后果，同时也强调，这一受限制的被动角色可通过互助合作、本地参与的"合作生产"和"共同消费"得到改造（见 Manzini & Tassinari，第 11 章；Penin 第 12 章；Edmonds，第 13 章；Vezzoli，第 14 章）。由于各种关系体系，过度消费对于我们大多数人既"正常"又"必不可少"，而以设计为导向的社会创新具有改造这些体系的潜力。进行这一干预必须面对社会结构，要成功制定富有成效的政策，需要详察社会结构（见 Newton，第 2 章；Fudge & Peters，第 4 章；Robinson et.，第 15 章）。

在此有必要指出：各位著作者并不反对消费本身，他们质疑的是现行体系流程引起的"过量"消费和由此造成的资源浪费。过度消费自 20 世纪 50 年代以来一直在渐进式膨胀，到今天已在全球范围内弥漫，这一现象的产生与形成，许多社会技术系统都脱不了干系（例如，批量生产产品，内置报废系统和使用不可回收的有害生产组件），对此，必须进行大规模的设计主导的重构，这一重构不能单纯依靠心理干预、社会干预来实现（见 Crocker，第 1 章；Newton，第 2 章；第三部分和第四部分各章）。因此，第四，社会心理学必须配合社会创新和其他设计主导的协作策略，才能在城市、地区、民众、工场、商业机构和家庭有效展开物资重组，本书从头至尾反复再现这一主题，特别是在最后两部分。

第五，也是最后一个主题（尤其是第四部分各章）：我们必须重塑物质性关系，减少资源消耗、不必要报废、环境破坏和浪费。浪费本质上是十足的"资源配置失当"（Lehmann，2010），与扩张性消费社会有千丝万缕的牵连，是过度消费和消费主义的直接产物（见 Zaman & Lehmann，第 16 章；Connett，第 17 章；Bell et al.，第 18 章）。解密激励人们减少消费的动因，必然成为一个核心研究课题，既是寻求行为变革的社会科学家的课题，也是各地浪费管理专家的课题（Lehmann & Crocker，2012）：把浪费转嫁成"他人的问题"不可再继续了（Crocker，2012）。

资源变废品须经过消费渠道（Baudrillard，1968）。早在 40 年前，罗马俱乐部的报告《增长的极限》（*Limits to Growth*）（Meadows et al.，1972）就告诫大家：一个资源有限的星球不可能有无限增长和消费，这给我们过度消费的"梦游"社会敲响了警钟。可是，衡量发展和进步的尺度至今保持不变，发展和进步仍然是看开采、生产、消费和浪费的速度。安妮·里奥纳德的纪录片《物的故事》（The Story of Stuff，Leonard，2010）传递出有关消费主义和浪费的强大信号。此外，保罗·霍肯（Paul Hawken，1993）、迈克·布朗嘉（Braungart & McDonough，2002）和许多一流科研人员纷纷投入"零浪费"理论和一次性社会行为变革领域，辛勤探索和耕耘。

这里有个核心概念——"零浪费"，从多方面看，"零浪费"是谋求上文提及的"重组"物质关系的重要手段，是"行为变革"概念对应的物化概念，与之并行又支撑后者。本质上，"零浪费"是一种可持续途径，强调物流效率和资源利用率，杜绝当今全球工业化时代制造距离和"遮挡屏蔽"的做法（Clapp，2002）。"零浪费"概念表明：将所有环境成本外在化的物质关系是短视、短期的物质关系，在此基础上形成的拙劣设计、拙劣组织结构和低下的技术效率对我们现今的生态危机应该承担很大的责任。迈克·布朗嘉和威廉·麦克多诺（William McDonough）在他们的著作《从摇篮到摇篮》（*Crdle to Cradle*）（Braungart & McDonough，2002）中，从生产和物资利用的角度概述了"零浪费"的方法：我们制造的物品再无"刚造好就坏"的说法（Slade，2006）：我们使用后就处理掉的资源，如果不是全部，那么至少大部分都应该转移或者重复使用，这应该是一个不断循环的过程，就像自然界的循环系统一样。只有到了那个时候，我们方可以说，我们生活的社会是一个在物质上可持续的社会。

浪费跟行为变革一样也是个全球问题。要充分认识消费主义，有必要仔细检视全球生产系统、产品消费系统及与此相关的物流。从全球看，现有消费模式极不公平。一方面，高消费国家中的铺张浪费和"过度消费"成了最具挑战性的一大难题，而"消费不足"的阴影又怪诞地在最贫穷国家盘桓，困扰着这些国家。譬如，美国人口仅占全球的5%，但却消费了全球30%的资源，产生了全球30%的浪费［见"购买旧物"倡议（Buy Nothing New，2012）］。长期以来，消费都处于失衡状态，全球废品处理系统（有害废物向非洲和印度的转移）可以反映全球消费系统存在的许多不公和不平等（Meadows et al.，2004；Sagoff，2001）。全球性过量垃圾也反映出资源正在耗竭并越来越匮乏的现状。我们耗尽物资的速率是惊人的，不久的将来就会面临短缺，包括我们现在倒进填埋场的一些材料，如铅、铜、镉、钨和锌。获取这些物资已经有问题了，这从不断上涨的市价便可见一斑。伦敦基金会管理人杰里米·格兰瑟姆（Jeremy Grantham）指出，"世人正以惊人速度耗尽自然资源，为此，这些资源的价值将发生永久性变化。我们每个人都应改变行为适应环境，越快越好"（Grantham，2011：1）。格兰瑟姆列举的有关资源不仅有石油，还包括水、食品和金属，他同时又指出，也得到了众多专家的回应："资源全面告罄的巅峰时刻"一天天逼近，最沉重的负担注定会落到那些最穷、环境最脆弱、人口最多的国家头上。

塑料垃圾和有害电子垃圾这两枚定时炸弹也在咔嗒作响（Lehmann & Crocker，2012）。目前，大部分电子垃圾都没有真正得到回收，常常是为提取贵重金属，不负责任而又"随便地"简单"开采"，这意味着要给未来几代人留下一笔剧毒遗产，尤其是在几个"偏远的"热点地区。为什么电子产品报废速度这么快，以新换旧比修理更划算（Slade，2006）？这并不是个无聊的问题，这个市场当然不只是靠革新来驱动，虽然常常呈现这样的假象。让我们都来支持所有工业部门使用单一材料和可回收原部件。1960年，文化批评家和消费主义理论家万斯·帕卡德（Vance Packard）出版了其开创性著作《垃圾制造者》（*The Waste Makers*）（Packard，1960），对计划报废提出了批评。他还指出，消费者若知道生产商投资让产品更快报废，可能会转向提供耐用产品选择的生产商（如果存在的话）（Zaman & Lehmann，2011）。

安·索普（Ann Thorpe）在其著作《建筑、设计和消费主义》（*Architecture and Design versus Consumerism*）中写有下面这段话：

> 消费主义和经济增长包医百病的心态真正是可持续性面临的最大障碍之一，

但是，看来这种心态不会有任何变化，也想不出变化来。建筑和设计尽管历来被视为驱动消费主义和增长的双引擎，越来越多的设计人员对增长带来的问题却深感忧虑。可是，设计师们自身也面临一个悖论：在可持续消费设想中，当消费和建筑活动大量削减时，还有什么事务留给设计师们做呢？

（Thorpe, 2012：iix）

回答这个问题可能要重温"可持续设计"的含义，就是这部论文集已经讨论了的论题（见 Crocker，第 1 章；Walker，第 10 章；Manzini & Tassinari，第 11 章）。看看可持续消费的问题，就会发现各行各业——例如，建筑、设计和城市规划——都面临不同挑战。建筑师面临的核心问题包括：使用具有可持续性的建材，不只是选择坚固耐用的建筑结构，还要考虑生命周期分析和供应链；不管是新建筑还是旧建筑改造项目，要确定最合适的材料——污染最小、最易回收、最节能并来自可持续的供应渠道（见 Walker，第 10 章；Manzini & Tassinari，第 11 章；Lehmann & Fitzgerald，第 19 章）。建筑师和设计师必须拿出良策，帮助大家应对愈演愈烈的消费主义，转向一种新型经济，其优先考虑是真正的福祉而非简单的经济增长（见 duPlessis，第 5 章；Walker，第 10 章，Manzini & Tassinari，第 11 章；Penin，第 12 章；Edmonds，第 13 章）。

澳大利亚、亚太地区其他高消费国家要赶上别国的资源回收利用政策和资源报废政策，仍然任重道远：这些目标在日本、德国、奥地利及美国加州早就得到了支持，相关政策和政策实施已经遥遥领先。我们需要超越瓶子换现金的回收项目和别的狭隘实用主义，全面系统地审视物资流动和使用，抓住机会优化效率和有效重复使用（比如建筑业特有的巨大机会）。例如，南澳州的容器回收计划的确获得了成功，但自 1997 年运行以来，到现在已接近极限了。我们需要回答一个问题：在回收领域仅仅依靠行为变化能够实现"零浪费"吗？我们的研究发现：仅有回收是根本不够的；任何单一办法不可能解决这个问题（见 Zaman & Lehmann，第 16 章）。关键在于要从源头杜绝浪费产生，重构产品、建筑物的设计和生产方式，以便这些产品和建筑物在报废前能够得到重复使用和拆解（Lehmann，2011）。问题关键的转变，带来了"零浪费"这个影响力极大也颇有争议的理念。从纯经济角度看，浪费不具任何生产效益。但是，要逆转现有的浪费型工商系统和生产实践，却是一个耗时、花钱又困难重重的过程。我们如果从一开始就合理布局，将浪费排除在局外，就不仅能回收最后的产品，连投入到产品或建筑物的时间、精力和材料也能一并回收。

关于垃圾管理和垃圾循环回收有大量误报和错误消息。媒体报道的多半是回收率和轻描淡写的"绿色"改良举措，根本没有敦促我们真正反思自身的消费模式、价值体系和浪费行为。例如，2012年2月14日，《费尔法克斯传媒》（Fairfax Media）曾报道了悉尼的回收循环工作进行的并非如过去以为的那么好，特别是瓶子的回收率低于预期（澳大利亚饮料瓶罐回收率官方数字是52%，一些环保团体对此持有争议，它们提出的数字是38%）（COAG Standing Council on Environment and Water，2011：18）。回收数字在家庭内外存在很大差异。关于瓶子换现金回收项目是否有效，零零碎碎的争论在澳大利亚一直没有停歇，而瓶装公司则谨慎地建议："更多垃圾桶"将有助于提高回收率。一般而言，通过征税和立法来制约奢华包装、一次性容器与塑料袋等用后即扔的产品，只是战术层面的手法，上升不到宏大的战略层面。这样的战术可以理解，也能起一些作用，但是真正遇到大难题，也就不顶用了。我们要看到"大局"，面对过度消费这个实实在在的问题，要大胆摸索，找到杜绝浪费和改变行为的路径（Princen et al.，2002）。

长期以来，我们浪费成性，将宝贵资源扔到填埋场。我们必须首先认识到，废品是珍贵的"配置不当的资源"（Lehmann，2010）。自工业革命和福特制时代以来，我们从原材料开采到批量生产、分配，再到消费、处理和浪费，施行了线性程序。在《"零浪费"设计》（Designing for Zero Waste）一书中，我们无可辩驳地指出，"我们应从根本上反思设计、生产、使用产品和建筑的方法，要使它们的重复使用、维修使用和减少浪费变得简单容易"（Lehmann & Crocker，2012：13）。

浪费既是一个全球性问题，也是一个地方性问题，但是其效应往往在地方层面感受最直接。所以，对于紧迫的浪费问题，各个城市正在寻找可行解决办法，不断提高浪费减少率和资源回收率，是其中的一些办法（Grin et al.，2010）。目前，阿德莱德和堪培拉实现了全澳大利亚最高的填埋场转移率：达到60%以上。有一个必须要问的问题：100%（或接近100%）的转移率或回收率是否可能？我们如果停止生产不可回收产品，回收每一件消费品，实现100%的回收率是可行的。我们的社会需要承担环境责任，而不要过于注重消费（Campbell，2012）。杜绝浪费、个人、集体消费模式上的行为变化是实现"零浪费"的基本先决条件。

因此，未来10年至关重要。"零浪费"目标必须确定。我们应该瞄准这一目标，使用诸多可用手段最大化减少浪费，杜绝浪费产生。但是仅仅依靠技术解决浪费问题是不够的：社会因素、重新设计浪费产生的系统和生产过程同样重要（Hawkins，2006；Papanek，1984）。"零浪费"概念涵盖可持续设计的许多概念，包括节减、再利用、再设计、再生、循环回收、维修和再生产。所以，突破性技术和新设计、新程序都需要政府支持，通过修订规章、加大奖励和完善示范项目实现规模化效应（见 Lehmann & Fitzgerald，第19章）。

今天，"零浪费"是城市固体垃圾管理系统中讨论最多的概念。"零浪费"理念提倡从系统与生活方式的大视野出发，审视资源的生产与分配、使用与浪费，否定资源替换周期过短与物质主义价值观。为实现"零浪费"的努力已是一项席卷全球的运动，运动号召我们要彻底变革设计、建造、营运、维护、拆建、回收产品、建筑和城市的方式。简而言之，"零浪费"指产品生命周期的任一阶段都不发生不必要的浪费（sd+b，2012）。产品、建筑设计阶段的决策决定其品质、可回收性和使用寿命。跟"行为变革"一样，"零浪费"精神也是一种宏大诉求，会在诸多层面产生激进影响，自上而下、政府操盘的途径满足不了需求。要成功实现"零浪费"目标，广大民众和社会团体、商业和实业界需广泛采纳和施行这一理念。浪费管理专家保罗·康内特认为：

> 20世纪的中心问题是浪费管理和如何有效消除浪费，以最大限度地降低健康与环境损害。
>
> 21世纪的中心问题必须转向资源管理和未来的可持续发展。所以，问题的本质在于每个人如何与自身的过度消费抗衡。
>
> （Connett, 2010：5，补充强调）

澳大利亚即将通过生产者延伸责任立法，按要求，生产商需对产品的整个生命周期承担责任，提交回收协议，改变消费品回收办法。生产者延伸责任制度是提高回收率的一项主要策略，但仅限于直接介入产品的寿命实效阶段。总的看来，此项立法仍然值得支持：有了生产者延伸责任制度，生产商从产品设计到营销、零售，再到使用寿命终止管理系统的每一阶段，都有办法帮助提高总回收率；工业界必须接受清洁生产的新伦理，包装与设计需符合"零浪费"原则规定的责任。

可持续设计与行为（sd+b）"零浪费"研究中心就消费社会和鼓励减少浪费、行为变革开展了新一轮研究。研究发现：人们可受多种因素激励而减少消费，包括个人、社会、经济和环境因素（Lehmann & Crocker，2012）。"消费"一词原本指"挥霍、用光和破坏"的意思。人们肯定受直接经济利益驱动，故此，南澳州瓶子换押金的退款额才会一直见涨。此外，实现"零浪费"目标，其他因素也可发挥重要作用，诸如可用循环设施（回收桶或回收站）、政策与法规（填埋禁令、填埋征税）和社会文化因素（行为变化）。除了路边放置回收桶外，减少浪费举措还包括家庭堆肥、重复使用、容器再装和维修使用。凡不能回收、重复使用或制成堆肥的产品，工业界就不要生产，消费者也不应购买。同时，大家也清楚：浪费不仅是一个技术问题，也是媒体、企业、教育界、组织机构和建筑设计、工业设计界需共同面对的问题。

今天，要建设一座"零浪费"和"零碳排放"城市，技术上已没有任何问题。但问题是：我们有这个意愿吗？愿意从消费者文化转向公民文化吗？"不浪费"意识意味着要从设计和管理产品的体系及流程上杜绝清除过量浪费和材料耗用。也就是要摒弃现有的"管道"思维（切断消费、经济增长与加大物资投入的联系），从设计、生产到回收每一阶段要有思维和技术创新。工业设计、建筑设计中耐用性、持久性的质量要求要予以恢复。还要探索新的所有权形式，譬如产品服务体系和协作消费（见 Penin，第 12 章，Vezzoli1，第 4 章）。"零浪费"解决方案是可行的，这些方案远远超出纯粹回收的范畴，除了依靠这些方案取代现有"购买、使用、丢进填埋场和焚烧炉"的管理体制外，别无他法。

在没有回报的情况下，极易出现"眼不见心不想"的心态。在"零浪费"目标问题上，社区地方政府往往比国家政府采取更为积极有效的行动，启动了许多创新项目。这再一次显示地方化"合作生产"与"协作消费"的力量，地方化协作模式赋予"消费者"权力，使其成为参与集体变革的合作伙伴，不再是"预制垃圾"产品和短期服务的被动接受个体（见 Manzini & Tassinari，第 11 章）。教育和提高地方公共参与意识有助于人们认识浪费的存在；我们研究中心的一些项目举办艺术与教育活动，地方组织参与后，增进了对浪费及其相关责任的认识。

安妮·里奥纳德、保罗·霍肯、蒂姆·杰克逊（Tim Jackson）和其他重要环保主义者有以下共识：越来越多的人认识到气候变化的负面作用，纷纷主动寻求"零浪费"解决办法。推动有效回收的最佳途径包括：信息共享、协作社区计划和帮助人们体验、认识回收的诸多益处。改变行为堵住浪费产生的源头是提升回收系统整体性能的根本。虽然污染流造成的污染（比如污染流中的有机污染）有所下降，但是有大批廉价可用商品不断推陈出新，回收系统的整体性能并未得到提高，却看似已经触顶，达到了极限（见Crocker，第1章）。安妮·里奥纳德认为：

> 设计改革可以是循序渐进式的改进，譬如清除一条生产线上的某一毒素不再使用。变化也可以是真正意义上的变革，重构我们的一些根深蒂固、鄙陋狭隘的臆想——我们的若干范式。

（Leonard，2010：103）

编者在汇编本书的过程中，鼓励每一位作者从集体和系统层面深入研究过度消费的诱因，以及消费和不可持续行为产生的条件；我们相信我们的诸多疑难问题没有"绝无仅有的"技术社会解决办法，因此，我们竭力避免对本书施加一个理论或实践框架。另一方面，也没有理由幻想：任何形式的"一切正常"都合情合理，可无限期维持下去。我们需要鼓足干劲去认识问题，探索其解决方法和途径。本书深入探讨了我们现在习以为常的框架、价值、习惯、惯例和社会技术系统，发现有许多需要重塑或重新设计。

从这个角度看，可持续设计是一个指向全球范围内社会物质关系重组的伟大战略进程，而非在明显不可持续的关系网络里针对某特定目标、体系或环境，采取某个"绿色"行动的简单战术。我们现在这种奢侈浪费的破坏性生活方式有其离不开的内外环境，只有当内外环境渐次向可持续关系、减少资源使用消耗的节约型模式转化时，方可期待有系统性"行为变革"发生，"零浪费"也才能得以实现。

参考文献

1.Baudrillard, J. (1968) *The System of Objects*, Verso, New York, 1966 edn (original 1968)

2.Braungart, M. and McDonough, W. (2002) *Cradle to Cradle: Remaking the Way We Make Things*, North Point Press, New York, NY

3.Buy Nothing New (2011) accessed 3 June 2012

4.Campbell, T. (2012) *Beyond Smart Cities: How Cities Network, Learn, and Innovate*, Earthscan, London

5.Clapp, J. (2002), 'The distancing of waste: overconsumption in a global economy', in T. Princen, M. Maniates and K. Conca (eds) *Confronting Consumption*, MIT Press, Cambridge, MA, pp155-176

6.COAG Standing Council on Environment and Water (2011) *Packaging Impacts Consultation Regulation Impact Statement*, Canberra, Standing Council on Environment and Water, accessed 3 June 2012

7.Common Cause (2012) 'Common Cause: the case for working with values and frames', accessed 12 September 2012

8.Connett, P. (2010) *Zero Waste: A Key Move Towards a Sustainable Society*, accessed 12 September 2012

9.Crocker, R. (2012) '"Somebody else's problem": consumer culture, waste and behavior change: the case of walking', in S. Lehmann and R. Crocker (eds) *Designing for Zero Waste: Consumption, Technologies and the Built Environment*, Earthscan/Routledge, London, pp11-34

10.Grantham, J. (2011) 'Time to wake up: days of abundant resources and falling prices are over forever', *GMO Quarterly Letter*, April, accessed 3 June 2012

11.Grin, J., Rotmans, J. and Schot, J. (2010) *Transitions to Sustainable Development*, Routledge, London

12.Hawken, P. (1993) *The Ecology of Commerce: A Declaration of Sustainability*, HarperCollins, New York, NY

13.Hawkins, G. (2006) *The Ethics of Waste*, Rowman & Littlefield, Lanham, MD

14.Lehmann, S. (2010) *The Principles of Green Urbanism*, Earthscan, London

15.Lehmann, S. (2011) 'Zero waste and zero emission cities: transforming cities through sustainable design and behavior change', in P. E. J. Roetman and C. B. Daniels (eds) *Creating Sustainable Communities*, Crawford House, Adelaide, SA, pp30-42

16.Lehmann, S. and Crocker, R. (eds) (2012) *Designing for Zero Waste：Consumption, Technologies and the Built Environment,* Earthscan/Routledge, London

17.Leonard, A. (2010) *The Story of Stuff*, Free Press, New York; accessed 12 September 2012

18.Meadows, D. H., Meadows, D. L., Randers, J. and Behrens, W. W. (1972) *The Limits to Growth: Report for the Club of Rome*, Universe Books, New York, NY

19.Meadows, D. H., Meadows, D. L. (2004) *Limits to Growth: The 30 Year Update*, Chelsea Green, White River Junction, VT

20.Packard, V. (1960) *The Waste Makers*, Pocket Books, New York, NY

21.Papanek, V. (1984) *Design for the Real World*, Academy Chicago, Chicago, IL

22.Princen, T., Maniates, M. and Conca, K. (2002) *Confronting Consumption*, MIT Press, Cambridge, MA

23.Sagoff, M. (2001) 'Consumption', in D. Jamieson (ed) *A Companion to Environmental Philosophy*, Blackwell, Oxford, pp473-475

24.Slade, G. (2006) *Made to Break: Technology and Obsolescence in America*, Harvard University Press, Cambridge, MA

25.Strasser, S. (2000) *Waste and Want: A Social History of Trash*, Henry Holt, New York, NY

26.Thorpe, A. (2012) *Architecture and Design versus Consumerism*, Routledge, London

27.Zaman, A. U. and Lehmann, S. (2011) 'Urban growth and waste management optimization towards "zero waste city"', *City, Culture and Society*, vol 2, no 4, pp177-187

28.Zero Waste SA Research Centre for Sustainable Design and Behavior (sd+b), University of South Australia, Adelaide, accessed 12 September 2012

图书在版编目（CIP）数据

激励变革：建成环境中的可持续设计与行为 / （澳）
罗伯特·克罗克 (Robert Crocker)，（澳）斯蒂芬·莱
曼 (Steffen Lehmann) 著；侯海燕，邓小渠译 . -- 重
庆：重庆大学出版社，2021.9
（绿色设计与可持续发展经典译丛）
书名原文：Motivating Change: Sustainable
Design and Behavior in the Built Environment
ISBN 978-7-5689-0293-9

Ⅰ.①激… Ⅱ.①罗… ②斯… ③侯… ④邓… Ⅲ.
①环境设计—研究 Ⅳ.① TU-856

中国版本图书馆 CIP 数据核字 (2016) 第 327136 号

绿色设计与可持续发展经典译丛

激励变革：建成环境中的可持续设计与行为
JILI BIANGE: JIANCHENG HUANJING ZHONG DE KECHIXU SHEJI YU XINGWEI
〔澳〕罗伯特·克罗克（Robert Crocker）
〔澳〕斯蒂芬·莱曼（Steffen Lehmann）　　著

侯海燕　邓小渠　译

策划编辑：张菱芷

责任编辑：杨　敬　许红梅　　装帧设计：张菱芷

责任校对：张红梅　　　　　　责任印制：赵　晟

*

重庆大学出版社出版发行

出版人：饶帮华

社址：重庆市沙坪坝区大学城西路 21 号

邮编：401331

电话：（023）88617190　88617185（中小学）

传真：（023）88617186　88617166

网址：http://www.cqup.com.cn

邮箱：fxk@cqup.com.cn（营销中心）

全国新华书店经销

重庆共创印务有限公司印刷

*

开本：787mm×1092mm　1/16　印张：33.5　字数：604 千

2021 年 9 月第 1 版　2021 年 9 月第 1 次印刷

ISBN 978-7-5689-0293-9　定价：138.00 元